人工智能
通识导论

微课版

侯荣旭 卢增宁 任金林 ◎ 主编

张翼英 符颖卓 赵婷婷 ◎ 副主编

人民邮电出版社

北京

图书在版编目（CIP）数据

人工智能通识导论：微课版 / 侯荣旭，卢增宁，任金林主编. -- 北京：人民邮电出版社，2025. --（高等学校数智人才培养 AI 通识精品系列）. -- ISBN 978-7-115-66718-2

Ⅰ. TP18

中国国家版本馆 CIP 数据核字第 20255WH412 号

内 容 提 要

人工智能是近年来发展最为迅猛的新兴交叉学科，也是新质生产力的重要推动因素。本书作为人工智能学科的入门通识教材，通过由浅入深、理论与实践有机结合的方式，全方位阐述了人工智能相关的历史背景、理论脉络、关键技术及典型应用。全书共分 12 章。第 1 章阐述了人工智能的定义、发展历史和发展趋势。第 2 章到第 5 章是人工智能学科的理论基础，分别介绍了基于知识、学习、大模型的人工智能，人工智能安全与伦理问题等内容。第 6 章到第 12 章从人工智能的应用领域出发，主要阐述了智能视觉、智能博物馆、智能机器人、智能穿戴设备、智能驾驶、智能医疗、智能教育等方面的应用技术及方法，并以案例分析的形式详细介绍了人工智能的具体应用。

本书是人工智能学科的"零基础"入门级通识教材，可以作为高校学生的人工智能通识教材，也可以作为人工智能爱好者及相关研究人员进行人工智能相关培训、开发及研究工作的参考资料。

- ◆ 主　　编　侯荣旭　卢增宁　任金林
  副 主 编　张翼英　符颖卓　赵婷婷
  责任编辑　王　宣
  责任印制　胡　南
- ◆ 人民邮电出版社出版发行　　北京市丰台区成寿寺路 11 号
  邮编　100164　电子邮件　315@ptpress.com.cn
  网址　https://www.ptpress.com.cn
  固安县铭成印刷有限公司印刷
- ◆ 开本：787×1092　1/16
  印张：17.5　　　　　　　　　2025 年 10 月第 1 版
  字数：416 千字　　　　　　　2025 年 10 月河北第 2 次印刷

定价：59.80 元

读者服务热线：**(010)81055256**　印装质量热线：**(010)81055316**
反盗版热线：**(010)81055315**

前言

❖ 时代背景

当今世界，人工智能（Artificial Intelligence，AI）已成为推动社会进步和经济发展的关键力量。随着技术的飞速发展，人工智能不仅改变了我们的工作方式，还深刻影响着我们的生活方式。作为一门新兴的交叉学科，人工智能融合了计算机科学、认知科学、心理学等多个领域的知识，展现出强大的生命力和广阔的应用前景。本书旨在为读者提供一个全面、系统的人工智能学科入门指南。我们从基础理论知识出发，深入探讨关键技术，并通过行业典型应用案例，使理论与实践有机结合，以帮助读者全方位理解人工智能的历史背景、理论脉络、关键技术及典型应用。

❖ 写作初衷

2024 年 3 月 5 日，《政府工作报告》提出了"深化大数据、人工智能等研发应用，开展'人工智能+'行动"。2025 年的《政府工作报告》指出"持续推进'人工智能+'行动"。这不仅为人工智能的发展指明了方向，还为本书的编写提供了指导思想。人工智能领域的大模型等前沿技术不仅为物理、化学、生物等基础学科带来了新的研究视角和工具，而且在电力、交通、医疗等行业的应用中提供了创新的研发方式。人工智能的发展以数据为基础、以算法为核心、以算力为支撑，这三者相辅相成，共同推动了人工智能技术的快速进步和广泛应用。

❖ 本书内容

本书编者由来自教育界和产业界的专业人士及资深专家组成，他们对人工智能的理论知识进行了细致的分类和总结，本书结合了编者各自在人工智能领域的理论研究和丰富的实践经验，力求以通俗易懂的方式，从基础概念入手，逐步深入到复杂问题，将复杂的理论简化为易于理解的知识。全书共分为 12 章，系统地介绍了人工智能学科的发展现状、关键技术和典型应用，旨在为读者提供一个全面而深入的人工智能学科概览。

第 1 章主要阐述人工智能的定义、发展历史和关键技术等。

第 2 章介绍了基于知识的人工智能，主要从知识表示的方法、推理方式和搜索策略等几个方面展开论述，深刻阐述了人工智能对操作对象的表示和理解这两个基本问题。

第 3 章从基于学习的人工智能的角度出发，详细阐述了机器学习、深度学习及强化学习等人工智能关键技术，深化读者对人工智能本质的理解。

第 4 章主要介绍人工智能大模型技术，旨在带领读者学习大模型的概念，理解大模型技术，通过大模型的应用案例来带领读者了解其强大的表现力及广泛的应用范围。

第 5 章主要阐述人工智能新技术带来的安全及伦理问题，并着重从人工智能在安全领域的双重角色出发，全面分析其影响和应对人工智能自身安全问题的策略。

第 6 章到第 12 章从人工智能典型应用出发，分别阐述了人工智能在智能视觉、智能博物馆、智能机器人、智能穿戴设备、智能驾驶、智能医疗、智能教育等多个行业的典型应用。

❖ 本书特色

1. 知识多元，体系完备

本书构建了全面且系统的知识网络，从人工智能的基础原理到前沿应用，各知识点紧密相连。其内容涵盖了人工智能学科的发展现状、关键技术和典型应用，展现了学科的全貌，为读者构建系统的知识体系，使其能深入浅出地学习和理解人工智能这一复杂的新兴领域。此外，本书采用分类细致的知识结构，以通俗易懂的方式呈现内容，使得读者能够更轻松地理解人工智能的概念、原理和应用。

2. 科技赋能，智联交互

本书积极引入人工智能新技术，从人工智能在智能视觉、智能博物馆、智能机器人、智能穿戴设备、智能驾驶、智能医疗、智能教育等多个领域的典型应用出发，让读者多角度、多方式了解人工智能技术在实践中的应用情况，以期深度融入人工智能的新形态建设。

3. 案例鲜活，场景真实

本书引入大量鲜活案例，这些案例来源广泛且多元，涉及医疗、交通、金融等众多领域。从智能诊断系统助力疾病检测，到智能驾驶技术改变出行方式等，每个案例皆紧密贴合实际场景，生动展现人工智能在现实世界中的具体应用，不仅让抽象的知识具象化，还为读者提供了可借鉴的实践范例，以期培养读者运用人工智能技术解决实际问题的能力，使其所学能直接应用于未来工作与生活的各类场景之中。

❖ 编者团队

本书由侯荣旭、卢增宁、任金林担任主编，张翼英、符颖卓、赵婷婷担任副主编，侯荣旭参与了全部章节的编写，参与编写的老师还有张传雷、张茜、吴超、贺琳、戴凤智、彭淑环、赵宇、马兴毅、张贤坤等。同时，感谢苗贵芝、赵宏鑫、王宇轩、密士傲、王晓琨、刘鑫、孙嘉杰等硕士研究生在本书写作素材整理等方面所做的工作。

希望本书能够对关心人工智能技术和产业发展的高校师生，以及产业链相关各领域的从业人员、投融资人士等读者有所裨益，并且能够为我国人工智能产业发展添砖加瓦。

由于编者水平及时间所限，各位编者写作风格各异，书中难免有不足之处，敬请广大读者不吝指正。

编者
2025 年 4 月

目 录

第 1 章
1 人工智能

1.1 人工智能概述·················1
　1.1.1 人工智能简介·············2
　1.1.2 人工智能流派·············4
　1.1.3 人工智能的三大核心要素···6
1.2 人工智能发展史···············8
　1.2.1 人工智能的早期发展·······8
　1.2.2 人工智能的寒冬与复苏····10
　1.2.3 现代人工智能的崛起·····11
1.3 人工智能关键技术概述········14
　1.3.1 机器学习··············14
　1.3.2 深度学习··············16
　1.3.3 知识图谱··············17
　1.3.4 自然语言处理···········18
　1.3.5 计算机视觉············19
1.4 大语言模型·················19
　1.4.1 大语言模型的定义·······19
　1.4.2 大语言模型的特点·······20
　1.4.3 大模型的分类··········20
本章小结······················21
习题·························21

第 2 章
22 基于知识的人工智能

2.1 知识建模和表示··············22
　2.1.1 本体论设计和分类学······22

2.1.2 语义网络和框架···········23
2.1.3 知识图谱和图数据库·······26
2.2 知识搜索···················26
　2.2.1 启发式搜索·············27
　2.2.2 搜索树················29
　2.2.3 遗传算法··············31
2.3 知识推理···················32
　2.3.1 线性和非线性推理·······34
　2.3.2 确定性和不确定性推理····35
　2.3.3 模糊推理··············39
　2.3.4 概率推理··············40
本章小结······················41
习题·························41

第 3 章
43 基于学习的人工智能

3.1 机器学习···················43
　3.1.1 机器学习概述···········43
　3.1.2 分类及回归············47
　3.1.3 聚类及降维············53
3.2 深度学习···················55
　3.2.1 卷积神经网络···········57
　3.2.2 递归神经网络···········66
　3.2.3 生成式神经网络·········69
3.3 强化学习···················73
　3.3.1 基于值函数的学习方法····75
　3.3.2 基于策略的学习方法······78
　3.3.3 Actor-Critic 方法·······81

本章小结 ………………………… 84
习题 ……………………………… 84

第 4 章
85 基于大模型的人工智能

4.1 大模型概述 …………………… 85
4.2 大模型技术简介 ……………… 87
4.3 典型大模型 …………………… 88
　4.3.1 通用大模型 DeepSeek ……… 89
　4.3.2 通用大模型 ChatGPT ……… 92
　4.3.3 通用语言模型 GLM ……… 94
　4.3.4 视频生成大模型 ………… 97
　4.3.5 图像生成大模型 ………… 99
　4.3.6 音乐生成大模型 ……… 100
　4.3.7 语言识别大模型 ……… 101
本章小结 ………………………… 103
习题 …………………………… 103

第 5 章
104 人工智能安全与伦理问题

5.1 人工智能安全概述 ………… 104
　5.1.1 人工智能安全形势分析 …… 105
　5.1.2 人工智能安全风险分析 …… 105
　5.1.3 应用案例——数据脱敏
　　　 技术 ……………………… 107
　5.1.4 各方应对人工智能安全
　　　 问题的举措 ……………… 107
5.2 人工智能安全体系架构 …… 108
　5.2.1 人工智能内生安全 …… 110
　5.2.2 人工智能衍生安全 …… 110
5.3 人工智能助力安全 ………… 111
　5.3.1 人工智能助力防御 …… 111
　5.3.2 人工智能辅助攻击 …… 113
　5.3.3 针对人工智能自身安全
　　　 问题的攻击 …………… 115
　5.3.4 针对人工智能自身安全
　　　 问题的防护 …………… 116

5.4 人工智能伦理问题 ………… 117
本章小结 ………………………… 120
习题 …………………………… 120

第 6 章
122 智能视觉

6.1 智能视觉概述 ……………… 122
6.2 智能视觉关键技术 ………… 123
　6.2.1 图像获取与预处理 ……… 123
　6.2.2 特征提取与表示 ……… 125
6.3 典型应用案例 ……………… 128
　6.3.1 安防监控：守护安全的
　　　 "智慧之眼" …………… 128
　6.3.2 医疗影像分析：辅助医生
　　　 精准诊断 ……………… 129
　6.3.3 智能驾驶与辅助驾驶：引领
　　　 未来出行方式 ………… 130
　6.3.4 新零售与智能家居：打造
　　　 智能生活新体验 …… 133
　6.3.5 农业智能化：推动农业生产
　　　 变革 ……………… 136
6.4 智能视觉发展趋势 ………… 138
本章小结 ………………………… 139
习题 …………………………… 139

第 7 章
140 智能博物馆

7.1 人工智能与博物馆：新时代的
　　融合 ……………………… 140
7.2 人工智能在博物馆的关键应用 …… 141
　7.2.1 藏品保护与场馆管理 …… 141
　7.2.2 展览设计与展示 …… 147
　7.2.3 观众服务与体验 …… 150
7.3 未来趋势与发展方向 ……… 155
　7.3.1 人工智能技术在博物馆中的
　　　 应用趋势 …………… 155

7.3.2　人工智能与博物馆的可持续

　　　　发展 ···········156

本章小结 ·················157

习题 ···················157

第 8 章
158　智能机器人

8.1　智能机器人的"智能" ·······158

　　8.1.1　为机器人的智能提供支撑的

　　　　　三种关键技术 ·······158

　　8.1.2　人工智能加持下的机器人 ···159

8.2　智能机器人的主要传感器及其

　　应用 ·················169

8.3　智能机器人的前沿探索 ·······173

　　8.3.1　深度学习在智能机器人中的

　　　　　应用 ···········173

　　8.3.2　柔性机器人与软体机器人 ···174

　　8.3.3　群体智能与多机器人协作 ···176

本章小结 ·················179

习题 ···················179

第 9 章
180　智能穿戴设备

9.1　智能穿戴设备概述 ··········180

　　9.1.1　智能穿戴设备简介 ·······180

　　9.1.2　发展历程 ···········182

　　9.1.3　智能穿戴设备种类 ······186

9.2　智能穿戴设备技术基础 ········187

　　9.2.1　常见智能穿戴设备测量

　　　　　原理 ···········187

　　9.2.2　无线通信技术 ········190

　　9.2.3　低功耗芯片技术 ·······193

　　9.2.4　软件开发技术 ········193

9.3　智能穿戴设备应用案例 ········194

　　9.3.1　智能穿戴设备解锁汽车：

　　　　　开启便捷出行新时代 ···194

9.3.2　Apple Watch：促进健康生活

　　　　方式的转变 ·········195

9.4　智能穿戴设备的未来 ·········196

　　9.4.1　未来技术发展方向 ······196

　　9.4.2　虚拟现实技术的融合 ·····197

　　9.4.3　应用趋势 ··········197

本章小结 ·················198

习题 ···················199

第 10 章
200　智能驾驶

10.1　智能驾驶系统概述 ·········200

　　10.1.1　智能驾驶的起源与发展

　　　　　 背景 ··········200

　　10.1.2　智能驾驶的定义 ······202

　　10.1.3　智能驾驶应用场景 ·····203

　　10.1.4　智能驾驶全面数据解读 ···204

10.2　智能驾驶关键技术 ·········205

　　10.2.1　智能驾驶中的环境感知 ···205

　　10.2.2　智能驾驶中的目标识别 ···210

　　10.2.3　智能驾驶中的动态决策 ···212

10.3　智能驾驶应用案例 ·········213

本章小结 ·················221

习题 ···················221

第 11 章
223　智能医疗

11.1　智能医疗概述 ···········223

　　11.1.1　智能医疗的主要特点 ····223

　　11.1.2　智能医疗发展历史 ·····224

11.2　智能医疗关键技术 ·········226

　　11.2.1　计算机视觉 ········226

　　11.2.2　机器学习和深度学习 ····228

　　11.2.3　物联网 ··········229

11.3　典型应用案例 ···········230

　　11.3.1　药物发现 ·········230

11.3.2　医学影像分析 ·············· 232

11.3.3　医疗保健 ·················· 235

11.3.4　生物医学大数据分析 ······· 238

11.4　智能医疗的技术挑战和发展

　　　趋势 ·························· 240

11.4.1　技术挑战 ················· 240

11.4.2　发展趋势 ················· 241

本章小结 ······························ 242

习题 ································· 243

第 12 章

244　智能教育

12.1　智能教育概述 ················ 244

12.1.1　智能教育背景 ············· 244

12.1.2　智能教育的必要性 ········· 245

12.1.3　发展趋势 ················· 246

12.2　智能教育技术 ················ 248

12.2.1　人工智能技术 ············· 248

12.2.2　虚拟现实与增强现实 ········ 250

12.2.3　智能化学习辅导：基于

　　　　大模型的个性化教育 ······· 252

12.3　个性化教育 ··················· 253

12.3.1　实现方式 ·················· 254

12.3.2　应用场景 ·················· 254

12.3.3　案例介绍 ·················· 255

12.3.4　个性化学习优势 ··········· 257

12.4　基于 AI 的教育平台 ·········· 258

12.4.1　教育服务优化 ············· 258

12.4.2　知识生产与获取变革 ······· 260

12.4.3　教育大模型 ··············· 261

12.5　推荐教育或学习资源网站 ····· 265

本章小结 ······························ 269

习题 ································· 269

271　参考文献

第1章
人工智能

本章导读

在人类历史的长河中，我们从未停止过对自我超越的追求。从最早的工具制作到现代科技的飞速发展，人类的智慧一直在推动着文明的进步。在这一过程中，人工智能（AI）的出现标志着一个全新的里程碑。人工智能在科学领域并不是一个新概念，它早在20世纪50年代就已经诞生了。多年以来，人工智能一直作为计算机科学的一个分支在不断发展，它不仅仅是一个学科分支，更是人类智慧的一种延伸，代表着我们对于创造智能机器的渴望和努力。著名人工智能专家吴恩达（Andrew Ng）认为："人工智能带来的影响不亚于100多年前的电"。

在21世纪，人工智能几乎无处不在，它正在以前所未有的速度和规模改变我们的工作和生活方式。从智能手机中的语音助手到复杂的医疗诊断系统，从智能驾驶汽车到个性化的在线推荐，人工智能的应用正在扩展到每一个行业和业务领域。了解人工智能不仅是为了跟上技术的步伐，更是为了在这个快速变化的世界中保持竞争力。

本章我们将学习以下内容。

- 人工智能的定义
- 人工智能发展史
- 人工智能关键技术概述
- 大语言模型

1.1 人工智能概述

人工智能是计算机科学的一个分支，它旨在创建能够执行人类智能活动的机器或软件系统。这些智能活动包括学习、判断、解决问题、理解人类语言、识别图像和语音、决策和翻译等。人工智能的研究可以追溯到20世纪50年代。如今，它已经取得了显著的进展，并在多个领域中得到了应用。在党的二十大报告中，强调了"推动战略性新兴产业融合集群发展，构建新一代信息技术、人工智能、生物技术、新能源、新材料、高端装备、绿色环保等一批新的增长引擎。"这表明人工智能已成为中国现代化产业体系的重要组成部分，对于推动经济社会发展具有重要意义。

人工智能的定义

人工智能有力地促进了科技进步。2024年，诺贝尔物理学奖和化学奖均与人工智能研究相关。2024 年，诺贝尔物理学奖授予美国普林斯顿大学教授约翰·J. 霍普菲尔德（John J. Hopfield）和加拿大多伦多大学教授杰弗里·E. 辛顿（Geoffrey E. Hinton），以表彰他们"在人工神经网络机器学习方面的基础性发现和发明"，如图 1.1（a）所示。2024 年，诺贝尔化学奖的部分获奖者也是为人工智能领域做出贡献的科学家，其肖像如图 1.1（b）所示。这表明人工智能已成为推动基础学科发展的重要工具，它不仅助力解决传统科学方法难以应对的问题，还推动了科学研究突破边界，实现了多领域基础科学的新进展。例如，人工智能模型"阿尔法折叠（AlphaFold）"预测了自然界几乎所有蛋白质的三维结构，在以前这可能需要通过数年时间的实验才能完成。

（a）物理学奖获得者肖像　　　　　　　　（b）化学奖获得者肖像

图 1.1　2024 年诺贝尔物理学奖及化学奖获得者肖像

当然，人工智能的发展也带来了新的挑战，例如确保技术被负责任地使用、保护个人隐私、符合伦理要求以及应对就业变化等问题。这些问题需要科学家、政策制定者和整个社会共同思考和解决。同时，人工智能技术的快速发展也提醒着我们，需要更加谨慎、合理地应用这些技术。

▶▶▶ 1.1.1　人工智能简介

1. 什么是智能？

人类作为地球上最高级的生物物种，其智能程度也是最高的。然而，在人类诞生之后的很长一段时间内，人类的大脑中并没有产生"智能"这一概念。在"智能"这一概念出现之后，它的内涵和外延随着人对自身认识的深化而不断变化。

例如，在中国古代思想家的头脑中，"智"与"能"是两个需要分开理解的概念。《荀子·正名》中有云："所以知之在人者谓之知，知有所合谓之智。所以能之在人者谓之能，能有所合谓之能。"其中，"智"指人在认识活动时的某些心理特点，"能"指人在从事活动时的某些心理特点。而"智能"则是一个现代概念，最初是在心理学领域诞生的。在西方，有两位美国心理学家分别在不同时期给出了对智能的不同表述和理解。

爱德华·李·桑代克（Edward Lee Thorndike）把智能分为三类：社会性的智能，即了解和管理别人或善于顺应人际关系的能力；机械性的智能，即了解和应用工具与机械的能力；抽象性的智能，即了解和应用观念与符号的能力。

霍华德·加德纳（Howard Gardner）在 1983 年提出了著名的多元智能理论。该理论指出，语言、逻辑—数学、空间、肢体—动觉、音乐、人际、内省（自我认知）、自然观察等 8 项智能组成了人类的多元智能，每个人具有不同的智能优势。

根据生命与智能的关系，结合对人类智能的一般理解，我们在这里给出一个关于智能的综合定义：智能是个体主动针对问题，感知信息并提炼和运用知识，理解和认知环境，采取合理可行的策略和行动，解决问题以实现目标的综合能力。

　　上述针对智能的定义涵盖了对所有生命的智能的理解，其包含三层含义，具体分析如下。

　　第一，智能是生命灵活适应环境的基本能力，无论对低级生命还是对高级生命都是如此。

　　第二，智能是一种综合能力，包括获取环境信息，在此基础上适应环境，利用信息提炼知识，采取合理可行的、有目的的行动，主动解决问题等能力。其中，利用信息提炼知识是人类才有的能力。其他生物只能利用信息，而不能提炼知识。

　　第三，人类的智能具有主观意向性且人类智能是多元智能，如图 1.2 所示。人的智能除了本能的行为以外，任何行为都有主观意向性，都可体现主观自我意识和意志。这种主观意向性的深层含义是人类具有将概念与物理实体相联系的能力，具体包括感觉、记忆、学习、思维、逻辑、理解、抽象、概括、联想、判断、决策、推理、观察、认识、预测、适应、行为等，其中除了适应和行为是人脑的内在功能的外在体现（显智能）外，其余都是人脑的内在功能（隐智能），也是人类智能的基本要素。

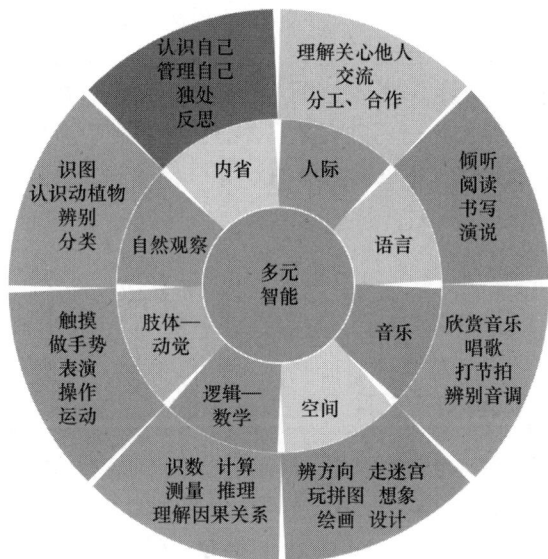

图 1.2　多元智能

　　爱因斯坦说："智能的真正标识不是知识，而是想象。"人们对智能的定义和理解，都是基于智能的外在表现并通过观察、总结、归纳而得出的。人类薄薄的脑壳下面所包裹的大脑是如何通过神经细胞及其组成的网络，以及各种感觉器官，连同身体产生了感知、认知这个世界的智能的呢？这些问题至今都还是"剪不断，理还乱"的谜团。上述关于智能的综合定义和解释有助于读者全面地理解和认识人工智能。那么，什么是"人工智能"呢？

2. 人工智能的定义

　　所谓人工智能，就是用人工的方法在机器（计算机）上实现的智能，也称为机器智能（Machine Intelligence）。

　　20 世纪 50 年代，当时阿兰·马西森·图灵（Alan Mathison Turing）提出了"图灵测试"，即通过与人类进行自然语言交流来判断计算机是否具有智能，如图 1.3 所示。这一哲学层面的讨论为人工智能的正式提出奠定了基础。

图灵测试：

多名评委在隔开的情况下，通过设备向一个机器人和一名人类随意提问。
多次问答后，若超过30%的人不能确定被测者是人还是机器，那么，该机具备人类智能。

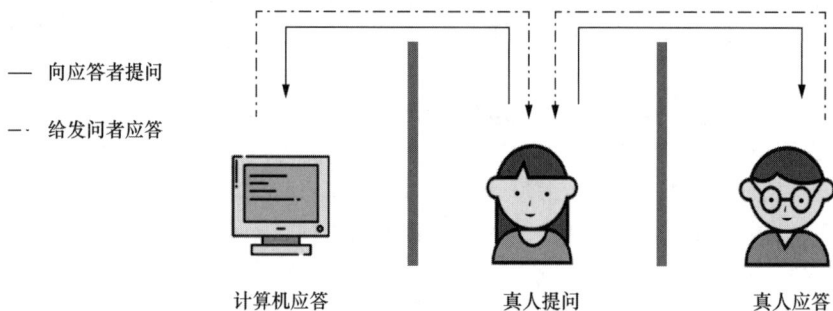

—— 向应答者提问

- - 给发问者应答

计算机应答　　　　　　真人提问　　　　　　真人应答

图 1.3　图灵测试示意

1955 年 8 月，一份关于召开国际人工智能会议的提案由约翰·麦卡锡（John McCarthy）、马文·明斯基（Marvin Minsky）、IBM 公司的纳撒尼尔·罗切斯特（Nathaniel Rochester）、信息论的提出者克劳德·埃尔伍德·香农（Claude Elwood Shannon）联合递交。一年之后，在美国达特茅斯学院的夏季研讨会上，约翰·麦卡锡首次提出了"人工智能"这一术语，并将其定义为"制造智能机器的科学与工程"。此次会议被认为是人工智能领域的一个重要转折点，标志着人工智能作为一门独立学科的诞生。在此之前，人工智能的早期思想可以追溯到古希腊时期，但直到 20 世纪，随着计算机科学的发展，人工智能的概念才逐渐成形。

人工智能的这种智能行为包括但不限于学习、推理、解决问题、感知、理解和语言交流等能力。人工智能旨在创建能够执行人类智能活动的机器或软件系统，这些系统能够模仿人类的认知功能，甚至在某些情况下其能力可能超越人类。

▶▶▶ 1.1.2　人工智能流派

人工智能作为计算机科学的重要分支，自诞生以来就承载着模拟人类智能、扩展人类能力的梦想。从最初的逻辑推理到如今的深度学习，人工智能的发展历程波澜壮阔，其间形成了三大主要流派：符号主义（Symbolism）流派、连接主义（Connectionism）流派和行为主义（Behaviorism）流派。每个流派都有其独特的方法论、理论基础和应用领域，如图 1.4 所示。

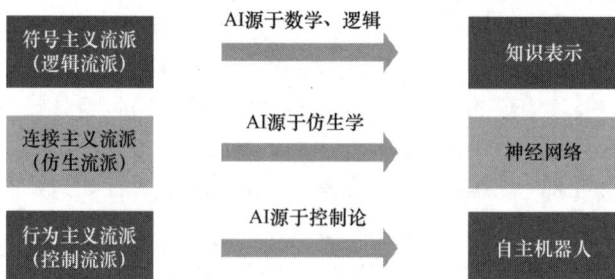

图 1.4　人工智能的三大流派

1. 符号主义流派

符号主义流派又称逻辑主义流派、计算机流派，它主张用符号和逻辑来模拟人类的思维过程。符号主义流派认为，人类认知和思维的基本单元是符号，智能是符号的表征和运算过程。因此，符号主义流派致力于将人类的思维形式化为符号、知识、规则和算法，并通过计算机来实现这些符号、知识、规则和算法的表征与计算。

符号主义流派的代表性成果包括启发式程序、专家系统、知识工程等。这些系统能够模拟人类专家在某一领域的推理和决策过程，为复杂问题的解决提供有力工具。然而，符号主义流派在处理模糊和不确定性问题时存在困难，且难以模拟人类的直觉和创造性思维。

2. 连接主义流派

连接主义流派又称仿生流派或生理流派，它强调智能活动是由大量简单单元通过复杂连接后并行运行的结果。连接主义流派认为，既然生物智能是由神经网络产生的，那么就可以通过人工方式构造神经网络来模拟智能。

连接主义流派的代表性成果包括感知机、霍普菲尔德网络、反向传播网络、卷积神经网络等。这些网络模型通过模拟神经元之间的连接和权值调整来实现学习和适应。连接主义流派在图像识别、语音识别、自然语言处理等领域取得了显著成果，是人工智能领域的重要研究方向。然而，连接主义流派也存在一些局限性。例如，神经网络的训练需要大量的时间和计算资源，且缺乏可解释性。此外，连接主义流派在处理符号和逻辑推理问题时也存在困难。

3. 行为主义流派

行为主义流派又称进化主义流派或控制论流派，它强调智能取决于感知和行为，取决于对外界复杂环境的适应。行为主义流派认为，生物智能是自然进化的产物，生物通过与环境及其他生物之间的相互作用发展出智能。因此，人工智能也可以通过模拟生物与环境的相互作用发展出智能。

行为主义流派的代表性成果包括六足行走机器人、波士顿动力机器人等。这些机器人通过感知环境并做出相应行为来实现对环境的适应。行为主义流派在自动控制、机器人、智能驾驶等领域具有广泛应用前景。然而，行为主义流派在处理复杂逻辑和推理问题时存在困难，且难以实现高层次的抽象思维。

人工智能三大流派的演进关系和代表成果如图 1.5 所示。这三大流派各自从不同的角度解释了智能的实质，并在人工智能的发展中发挥了重要作用。随着研究的深入，这些流派之间也出现了相互借鉴和融合的趋势，共同推动了人工智能领域的发展。

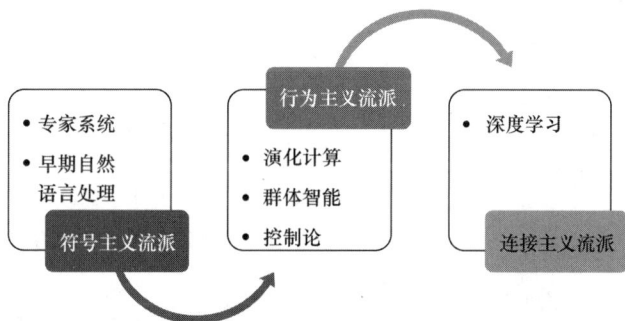

图 1.5　人工智能三大流派的演进关系和代表成果

如图 1.5 所示，最初的人工智能研究偏向于符号主义，以专家系统、自然语言处理（Natural Language Processing，NLP）等基于推理的研究为主。随着技术的不断发展，以控制论为基础的行为主义流派逐渐成为人工智能的主流。在行为主义流派的发展过程中，越来越多的算法被提出，并成为了当前人工智能领域的基石。行为主义流派最为成功的两类模型就是演化算法和神经网络。其中，演化算法已经成为求解各类 NP 难问题的基本搜索方案。而神经网络则独立成为一个新的研究领域，并演化成为连接主义。

▶▶▶ 1.1.3 人工智能的三大核心要素

当今科技飞速发展，人工智能作为引领未来科技变革的重要力量，正以前所未有的速度改变着我们的生活、工作，乃至整个社会的面貌。人工智能之所以能够取得如此显著的成就，离不开其背后的三大核心要素：数据、算力和算法，如图 1.6 所示。其中，GPU 表示图形处理单元（Graphics Processing Unit），ASIC 表示专用集成电路（Application Specific Integrated Circuit），FPGA 表示现场可编程门阵列（Field Programmable Gate Array）。这三者相互依存、相互促进，共同构成了人工智能发展的基石。

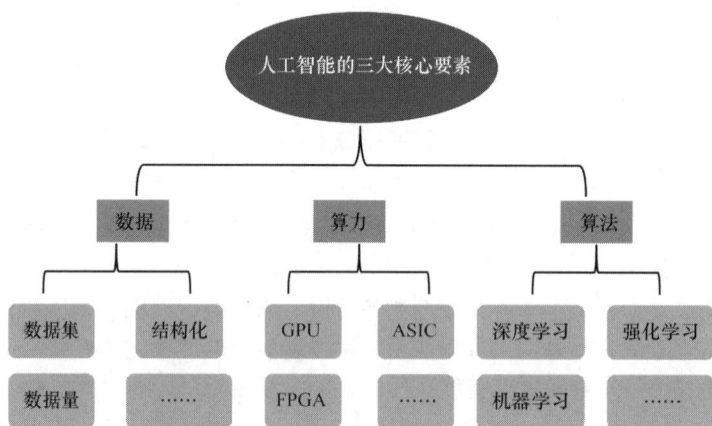

图 1.6　人工智能的三大核心要素

1. 数据：人工智能的"燃料"

数据，作为人工智能系统的生命线，是驱动 AI 进步不可或缺的基础资源。在 AI 的发展过程中，数据被视为"燃料"。它不仅是算法训练和改进的原材料，也是 AI 系统从经验中学习、提升性能的关键，如图 1.7 所示。高质量、大规模的数据集为 AI 模型提供了丰富的信息，使其能够识别模式、建立联系并做出准确的预测和决策。数据在人工智能中起到的作用如同现实中学习资料对于我们的作用。

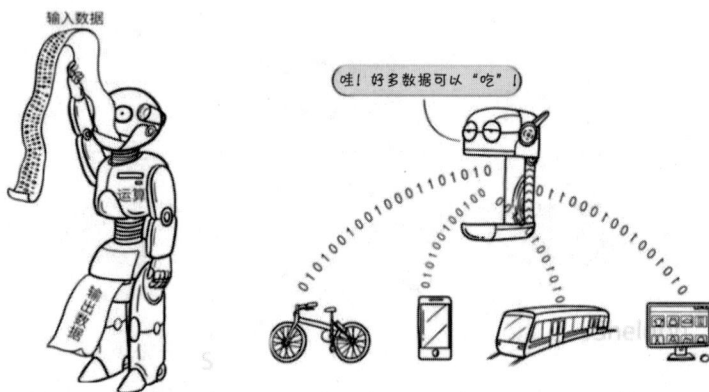

图 1.7　人工智能的"燃料"——数据

（1）数据的收集与处理

数据的收集是 AI 应用的第一步。现代社会中，数据无处不在，从社交媒体上的文字、图片、视频，到物联网设备产生的传感器数据，再到金融交易记录、医疗影像资料等，这些数据构成了 AI 学习的丰富资源。然而，原始数据往往存在噪声、缺失值、不一致性等问题，因此，数据清洗、标注和预处理成为数据准备过程中的重要环节。

（2）数据的重要性

数据的质量和数量直接影响 AI 模型的性能。高质量的数据集能够训练出更精准、更健壮的模型；而大规模的数据则有助于模型捕捉更细微的模式和特征，提高泛化能力。此外，数据的多样性也是不可忽视的因素，它有助于 AI 系统在不同场景下都能保持良好的表现。

2. 算力：人工智能的"动力"

算力，即计算机的处理能力，是人工智能发展的"动力"。随着 AI 算法的日益复杂和数据规模的不断扩大，AI 系统对算力的需求也日益增长。强大的算力支持使得 AI 系统能够快速处理海量数据、执行复杂算法，从而完成各种智能任务。

（1）算力的提升途径

算力的提升主要依赖于硬件技术的发展，包括 CPU（Central Processing Unit，中央处理器）、GPU、FPGA、TPU（Tensor Processing Unit，张量处理器）等专用计算芯片的研发和应用。其中，GPU 因其高度并行的计算能力在深度学习任务中得到了广泛应用；而 TPU 则是谷歌公司专门为加速机器学习任务设计的处理器，其在特定场景下的计算效率远超传统 CPU 和 GPU。算力的突破——传统 CPU 与新兴运算加速技术的对比如图 1.8 所示。

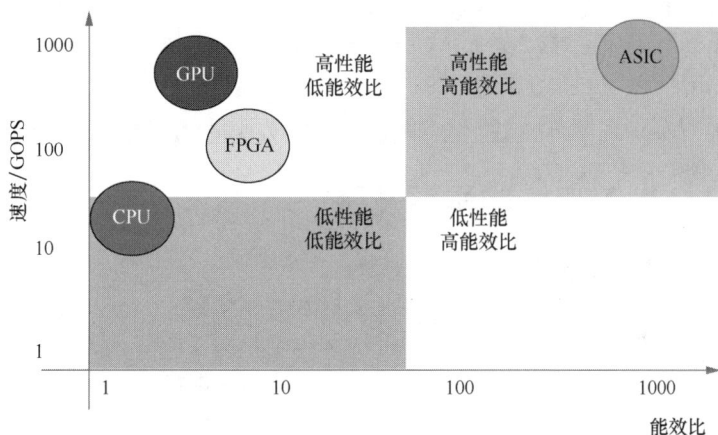

图 1.8　算力的突破

图 1.8 中，GOPS 代表"Giga Operations Per Second"，即每秒十亿次运算；能效比（Computational Efficiency，CE）特指数据中心算力与 IT 设备和网络设备功耗的比值，即数据中心每瓦功耗所产生的算力。

（2）算力的优化与分配

除了硬件升级外，算力的优化和合理分配也是提高 AI 系统效率的重要手段。通过采用先进的算法优化技术、合理的任务调度策略和高效的资源管理技术，可以在不增加硬件成本的前提下提升算力的利用率和整体性能。

3. 算法：人工智能的"大脑"

算法是人工智能系统的"大脑"，它决定了 AI 如何进行学习、推理和决策。算法的种类繁多，包括决策树、支持向量机、朴素贝叶斯、逻辑回归等传统机器学习算法，以及卷积神经网络（Convolutional Neural Networks，CNN）、递归神经网络（Recurrent Neural Networks，RNN）、生成对抗网络（Generative Adversarial Networks，GAN）等深度学习算法。这些算法各有其特点和应用场景，共同构成了丰富多样的 AI 算法体系。

（1）算法的创新与发展

算法的创新是推动 AI 进步的关键因素之一。近年来，深度学习算法的突破性进展使得 AI 在图像识别、语音识别、自然语言处理等领域取得了显著成就。深度学习通过模拟人脑神经元之间的连接和信号传递机制，实现了对复杂数据的有效处理和模式识别。此外，强化学习、迁移学习等领域新型算法的不断涌现也为 AI 的发展注入了新的活力。

（2）算法的选择与优化

在实际应用中，选择合适的算法并对算法进行优化是提升 AI 系统性能的关键步骤。不同的应用场景对算法的要求不同，需要根据具体需求选择合适的算法类型。同时，通过调整算法参数、改进算法结构等优化手段可以进一步提升算法的性能和效率。

1.2 人工智能发展史

随着科技的车轮滚滚向前，我们正站在一个新的历史起点上——人工智能（AI）的时代。尤其在过去两年，人工智能生成内容（Artificial Intelligence Generated Content，AIGC）出现并快速发展，如同一股不可阻挡的洪流，席卷了整个社会。这不仅仅是一场技术的革新，更是一次思想的解放，一次人类对未知世界的探索。但这一切辉煌成就的背后，是漫长而曲折的发展历程。本节将带领读者穿越时间的长廊，回顾 AI 的起源、成长与蜕变，探寻那些推动 AI 走向今日辉煌的关键时刻。

人工智能发展史

▶▶▶ 1.2.1 人工智能的早期发展

1. 图灵测试：机器能否"骗过"人类

数字电子计算机正式诞生之后，很快就有科学家开始探索，是否可以通过计算机来实现"智能"。1950 年，阿兰·马西森·图灵（见图 1.9）在 *Mind*（《心灵》）杂志上发表了一篇非常重要的论文"Computing Machinery and Intelligence"（《计算机器与智能》）。

在论文开头，他就提出了一个灵魂之问："我提议思考这样一个问题：'机器可以思考吗？'"。图灵在论文中仔细讨论了创造"智能机器"的可能性。由于"智能"一词很难定义，因此，他提出了著名的图灵测试。

图灵测试最初被称为"模仿游戏"，其设计既简单又巧妙。它涉及三个角色：一位人类评判者、一位真实的人类和一台机器。评判者通过文本消息与这两方进行交流，但不知道哪一方是人，哪一方是机器。评判者的任务是在有限的时间内，根据对话内容判断哪一方是机器。如果机器能够让评判者在多次测试中无法准确分辨出其身份，或者让至少 30% 的评判者误认为它是人类，那么这台机器就被认为通过了图灵测试。

图 1.9 阿兰·马西森·图灵

图灵的论文在学术界引起了广泛的反响。越来越多的学者被这个话题所吸引，参与到对"机器智能"的研究之中。其中，就包括达特茅斯学院的年轻数学助教约翰·麦卡锡以及哈佛大学年轻的计算机和认知科学家马文·明斯基。

2. 达特茅斯会议：人工智能的起点

1955 年 9 月，约翰·麦卡锡、马文·明斯基、克劳德·埃尔伍德·香农、纳撒尼尔·罗切斯特四人，共同提出了一个关于机器智能的研究项目。在项目中，首次引入了"Artificial Intelligence"这个词，也就是人工智能。

1956 年 6 月，十余位来自不同领域的专家，聚集在美国新罕布什尔州汉诺威镇的达特茅斯学院，召开了一场为期将近两月的学术研讨会，专门讨论机器智能，就是著名的达特茅斯会议（Dartmouth Workshop），如图 1.10 所示。会议的初衷是探讨如何用机器模仿人类的学习和其他智能行为。当时，计算机刚刚崭露头角，但还没有形成一个统一的学科来研究机器智能。参与者们希望通过这次集思广益，为未来的智能机器研究奠定基础。

图 1.10　参加会议的部分学者

尽管达特茅斯会议并没有得出什么重要的结论或宣言，但是认可了"人工智能"的命名，也大致明确了后续的研究方向。这次会议，标志着人工智能作为一个研究领域正式诞生，也被后人视为现代人工智能的起点。

3. 符号主义流派与专家系统

达特茅斯会议之后，人工智能进入了一个快速发展阶段。参与研究的人变得更多了，而且逐渐形成了几大学术流派。其中，包括符号主义流派、连接主义（也叫联接主义、连结主义）流派、行为主义流派。这里我们要提到的是符号主义流派及其重要应用——专家系统。

符号主义流派早期的代表性成果是 1955 年赫伯特·西蒙（Herbert A. Simon，也译为司马贺）和艾伦·纽厄尔（Allen Newell）开发的一个名为"逻辑理论家（Logic Theorist）"的程序。"逻辑理论家"被认为是人类历史上第一个人工智能程序，并且在达特茅斯会议上进行了演示。它将每个问题都表示成一个树状模型，然后选择最可能得到正确结论的那条路线来求解问题。

1957 年，赫伯特·西蒙等人在"逻辑理论家"的基础上，又推出了通用问题解决器（General Problem Solver，GPS），它也是符号主义流派的早期代表。进入 20 世纪 60 年代，符号主义流派也进入了一个鼎盛时期。在自然语言理解、微世界推理、专家系统等领域，人工智能取得了突破性的进展，也逐渐成为公众关注的对象。

专家系统是符号主义流派的一个重要应用，并在 20 世纪 70 年代到 80 年代得到了广泛的发展。专家系统是计算机程序，它模拟人类专家在特定领域中的推理和决策过程，解决复杂的专门问题。1958 年，约翰·麦卡锡正式发布了自己开发的人工智能编程语言——LISP（LIST Processing，表处理）。后来的很多知名 AI 程序，都是基于 LISP 开发的。

1966 年，美国麻省理工学院的约瑟夫·魏登鲍姆（Joseph Weizenbaum）发布了世界上第一个聊天机器人——Eliza。Eliza 的名字源于萧伯纳戏剧作品《卖花女》中的主角名。它只有 200 行程序代码和一个有限的对话库，可以针对提问中的关键词进行答复。Eliza 其实没有任何智能性可言。它基于规则运作，既不理解对方的内容，也不知道自己在说什么。但即便如此，它还是在当时引起了轰动。Eliza 可以说是现在 Siri、小爱同学等问答交互工具的"鼻祖"。

▶▶▶ 1.2.2　人工智能的寒冬与复苏

在 20 世纪 70 年代和 80 年代，人工智能领域经历了两次"寒冬"时期。这是过高的预期与技术进展缓慢之间的巨大差距所导致的。

1. 第一次寒冬：20 世纪 70 年代

人工智能的早期发展依赖于符号主义和专家系统。符号主义通过规则和逻辑推理模拟人类智能，专家系统在特定领域取得了一定成功。然而，这些系统在应对复杂、动态环境时表现出以下局限。

（1）计算能力不足：当时的硬件无法支持复杂的 AI 算法。

（2）符号主义的局限：符号主义只能处理结构化和确定性的问题，无法应对模糊性和不确定性。

（3）不切实际的期望：大众和政府对 AI 的期望过高，实际成果与其无法匹配，导致研究资金减少。

由于这些因素，AI 领域的研究资金被削减，许多项目被迫中止，AI 进入了第一次寒冬。

2. 第二次寒冬：20 世纪 80 年代后期

20 世纪 80 年代，专家系统在商业领域（如医疗诊断系统 MYCIN）一度取得进展，但其局限性很快显现出来。

（1）知识获取难题：专家系统依赖手工编码规则，扩展和维护困难。

（2）系统不灵活：面对复杂的、动态的现实世界任务，专家系统难以适应，导致其商业应用逐渐减少。

1987 年，AI 市场崩溃，第二次寒冬到来。

3. 复苏：神经网络与反向传播

尽管符号主义和专家系统陷入低谷，神经网络的研究却在 20 世纪 80 年代末逐渐复兴。神经网络的概念源自模拟人脑神经元的工作原理，早在 20 世纪 50 年代就有初步研究，但由于计算能力不足和理论上的限制（如感知机的单层结构局限），这一领域一度被忽视。

1986 年，杰弗里·E. 辛顿等人提出了反向传播算法，这成为神经网络复兴的关键。这一算法解决了多层神经网络的训练问题，使得网络能够通过调整权重来逐步逼近期望的输出，从而能够学习更复杂的模式。尽管当时计算能力仍有限，反向传播算法的提出还是为神经网络的发展铺平了道路。

进入 20 世纪 90 年代，AI 领域迎来了复苏，主要得益于以下几方面。

（1）计算能力的提升：摩尔定律推动了计算机性能的飞速发展，尤其是 GPU 的兴起，为神经网络提供了强大的计算支持。

（2）大数据的涌现：互联网的发展产生了海量的数据，为机器学习算法提供了丰富的训练素材。

（3）统计学习方法的崛起：90 年代，基于数据驱动的机器学习方法（如支持向量机、决策树）在处理分类和预测任务中表现优异，推动了 AI 研究从规则驱动向数据驱动的转变。

20 世纪 90 年代最重要的 AI 事件，当数 1997 年 IBM 超级计算机"深蓝（DEEP BLUE）"与国际象棋大师加里·卡斯帕罗夫（Garry Kasparov）的世纪之战，如图 1.11 所示。

图 1.11　卡斯帕罗夫（Kasparov）与"深蓝（DEEP BLUE）"

此前的 1996 年 2 月，"深蓝"已经向卡斯帕罗夫发起过一次挑战，结果以 2∶4 败北。1997 年 5 月 3 日至 11 日，"深蓝"再次挑战卡斯帕罗夫。在经过六盘大战后，最终"深蓝"以 2 胜 1 负 3 平的成绩，险胜卡斯帕罗夫，震惊了世界。

这是 AI 发展史上人工智能首次战胜人类。当时"深蓝"所引起的热潮，丝毫不亚于后来的 ChatGPT。几乎所有的人都在想人工智能时代是否真的到来了，人工智能到底会不会取代人类。

▶▶▶ 1.2.3　现代人工智能的崛起

进入 21 世纪，得益于计算机算力的进一步飞跃，以及云计算、大数据的爆发，人工智能开始进入一个更加波澜壮阔的发展阶段。

2006 年，多伦多大学的杰弗里·E. 辛顿在 *Science*（《科学》）期刊上，发表了重要的论文 "Reducing the dimensionality of data with neural networks"（《用神经网络降低数据维数》），提出了深度置信网络（Deep Belief Network，DBN）。

这标志着深度学习（Deeping Learning）正式诞生了。2006 年被称为深度学习元年，杰弗里·E. 辛顿也因此被称为"深度学习之父"，如图 1.12 所示。

图 1.12　杰弗里·E. 辛顿

深度学习是机器学习的一个重要分支。更准确来说，机器学习底下有一条"神经网络"路线，而深度学习是加强版的"神经网络"学习。经典机器学习算法使用的神经网络，具有输入层、一个或两个隐藏层和一个输出层。数据需要由人类专家进行结构化或标记（监督学习），以便算法能够从数据中提取特征。深度学习算法使用隐藏层更多（数百个）的深度神经网络。它的功能更强，可以自动从海量的数据集中提取特征，不需要人工干预（无监督学习）。

2006 年，在斯坦福大学任教的华裔科学家李飞飞意识到，业界在研究 AI 算法的过程中，没有一个强大的图片数据样本库提供支撑。于是，2007 年，她发起创建了 ImageNet 项目，号召民众上传图像并标注图像内容，如图 1.13 所示。

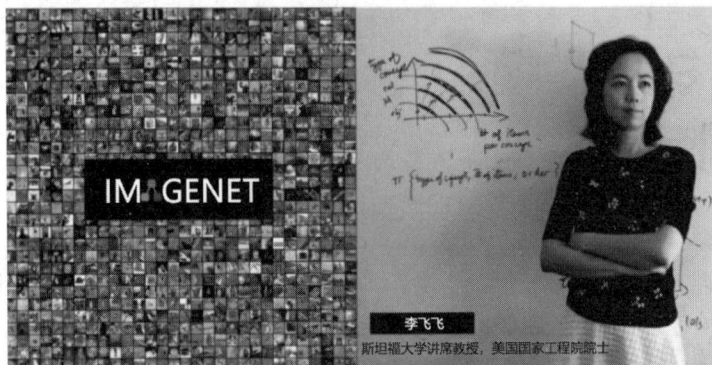

图 1.13　ImageNet 和李飞飞

2009 年，大型图像数据集——ImageNet 正式被发布。这个数据库包括超过 1400 万张的图像数据，2 万多个类别，为全球 AI 研究（神经网络训练）提供了强大支持。

自 2010 年起，ImageNet 每年举办大规模视觉识别挑战赛，邀请全球开发者和研究机构参与人工智能图像识别算法的评比。2012 年，杰弗里·E. 辛顿及其学生伊利亚·苏茨克弗（Ilya Sutskever）和亚历克斯·克里切夫斯基（Alex Krizhevsky）参加了这项比赛。他们设计的深度神经网络模型 AlexNet 以压倒性优势赢得了第一名，将 Top5 错误率降低至 15.3%，比第二名低了 10.8 个百分点。这一成果在业界引发了巨大的轰动，甚至一度有人质疑其比赛结果存在作弊行为。

值得一提的是，三人用于训练模型的仅仅是两张英伟达 GTX 580 显卡。GPU 在深度神经网络训练中展现出的惊人计算能力，改变了许多个人和公司的命运，从此推动了人工智能迈向新纪元。

2013 年—2018 年，谷歌公司在人工智能领域表现得尤为活跃。2014 年，谷歌公司收购了专注于深度学习和强化学习技术的人工智能公司 DeepMind。2016 年 3 月，Google DeepMind 开发的人工智能围棋程序 AlphaGo 在对战世界围棋冠军、职业九段选手李世石的比赛中，以 4∶1 的总比分获胜，震惊全球，如图 1.14 所示。这场比赛标志着人工智能在复杂博弈问题上取得了突破性进展，也深刻影响了人们对 AI 能力的认知。

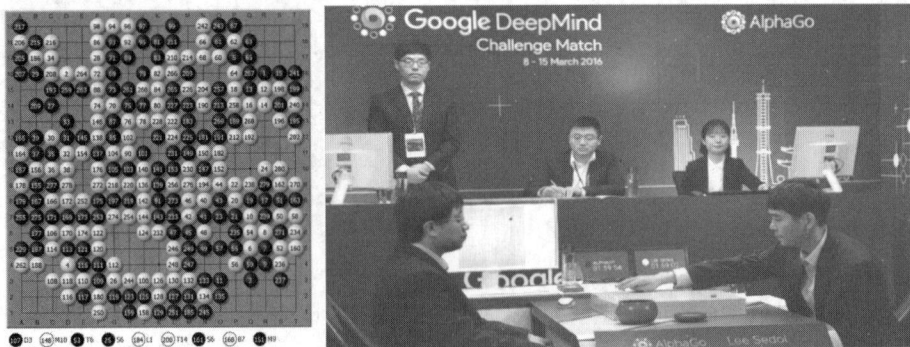

图 1.14　AlphaGo 与李世石

AlphaGo 展现了强大的自我学习能力，能够通过收集大量围棋对弈数据和名人棋谱，模仿并学习人类的下棋方式。2017 年，AlphaGo 的第四代——AlphaGo Zero 问世。该版本在没有任何数据输入的情况下，仅通过 3 天的自我学习，便以 100∶0 的绝对优势击败了第二代

AlphaGo。在学习 40 天后，AlphaGo Zero 又战胜了第三代 AlphaGo。这一现象引发了全球范围内的广泛讨论，AlphaGo Zero 强大的自学能力甚至一度引发了部分人对人工智能的恐慌情绪。

虽然谷歌公司凭借 AlphaGo 在人工智能领域风光无限，但他们未曾预料到，一家在 2015 年悄然成立的公司会迅速崛起，取代他们成为人工智能的焦点，这家公司就是 OpenAI。

在深度学习兴起之后，早期的应用主要集中在判别类场景，例如猫、狗图像分类等问题。然而，随之而来的一大问题是：深度学习是否可以不仅仅限于识别，是否也可以用于创造或生成新的内容。

2014 年，蒙特利尔大学的博士生伊恩·古德费洛（Ian Goodfellow）受博弈论中的"二人零和博弈"启发，提出了生成对抗网络（GAN）。生成对抗网络通过两个神经网络——生成器（Generator）和判别器（Discriminator）之间的对抗性训练，在不断的竞争与迭代中逐渐进化出强大的生成能力，如图 1.15 所示。这一创新不仅为深度学习的应用领域开辟了新的可能性，还为生成式人工智能的发展奠定了理论基础。

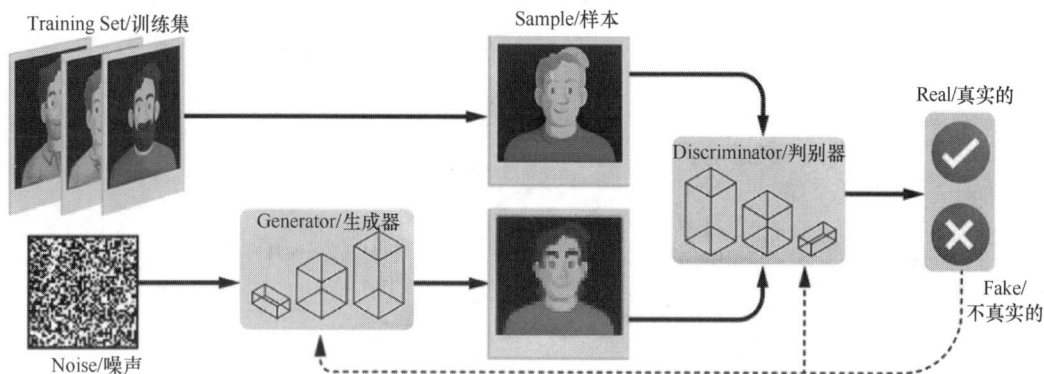

图 1.15　生成对抗网络架构

生成对抗网络（GAN）的出现，对无监督学习、图像生成等领域的研究起到了极大的推动作用，并且逐步拓展至计算机视觉（Computer Vision，CV）的各个领域。2017 年 12 月，谷歌翻译团队在顶级学术会议 NIPS 上发表了一篇具有里程碑意义的论文，题为"Attention is All You Need"（"注意力即全部"）。该论文提出仅使用"自注意力"（Self-Attention）机制来训练自然语言模型，并将这种架构命名为 Transformer（变换器）。所谓"自注意力"机制，指的是模型仅关注输入信息之间的关系，而不再依赖输入与输出之间的关系，从而减少了对人工标注的依赖。这一变化被认为是深度学习领域的重大革命。

Transformer 的问世，彻底改变了深度学习的发展路径，不仅对完成序列到序列任务、机器翻译以及其他自然语言处理任务产生了深远影响，还为后来的生成式人工智能（AIGC）奠定了坚实的基础。AIGC 的时代由此拉开帷幕。

2018 年 6 月，OpenAI 公司发布了第一代生成式预训练模型——GPT-1，并发表了论文"Improving Language Understanding by Generative Pre-training"（《通过生成式预训练提升语言理解》）。GPT 是"Generative Pre-trained Transformer"的缩写，代表生成式预训练变换器。**Generative**（生成式）意味着该模型能够生成连贯且有逻辑的文本内容，如对话、故事创作、代码编写等；**Pre-trained**（预训练）表示该模型首先在大规模未标注的文本语料库上进行训练，以学习语言的统计规律和潜在结构。

紧随其后，2018 年 10 月，谷歌公司发布了拥有 3 亿参数的 BERT（Bidirectional Encoder Representations from Transformers，来自 Transformers 的双向编码表示）模型。BERT 和 GPT-1

都基于深度学习和注意力机制，且具备较强的自然语言理解能力。两者的主要区别在于，BERT 使用文本的上下文信息进行训练，而 GPT-1 则主要依赖上文进行生成。基于双向编码的特点使 BERT 在当时的表现明显优于 GPT-1。

2022 年 11 月，OpenAI 公司推出了基于 GPT 模型的人工智能对话应用——ChatGPT（也可视作 GPT-3.5），这一产品迅速引发了全球的广泛关注。ChatGPT 结合了大量人类生成的对话数据进行训练，展现了丰富的世界知识、复杂问题求解能力、多轮对话的上下文追踪功能，以及与人类价值观的高度对齐能力。其在人机对话方面的出色表现，掀起了一股全球范围内的 AI 浪潮。继 ChatGPT 之后，OpenAI 公司继续发布了 GPT-4、GPT-4V、GPT-4 Turbo、GPT-4o 等，进一步巩固了其在生成式人工智能领域的领导地位。

除了文本生成，生成式 AI 也在积极向多模态方向发展，即向处理图像、音频、视频等多种媒体形式发展。DALL-E、Stable Diffusion、Midjourney 等图像生成模型，Suno、Jukebox 等音乐生成模型，以及 SoRa 等视频生成模型，都是其中的典型代表。全球范围内针对各个垂直领域大模型的研究，仍在如火如荼地进行着，如图 1.16 所示。

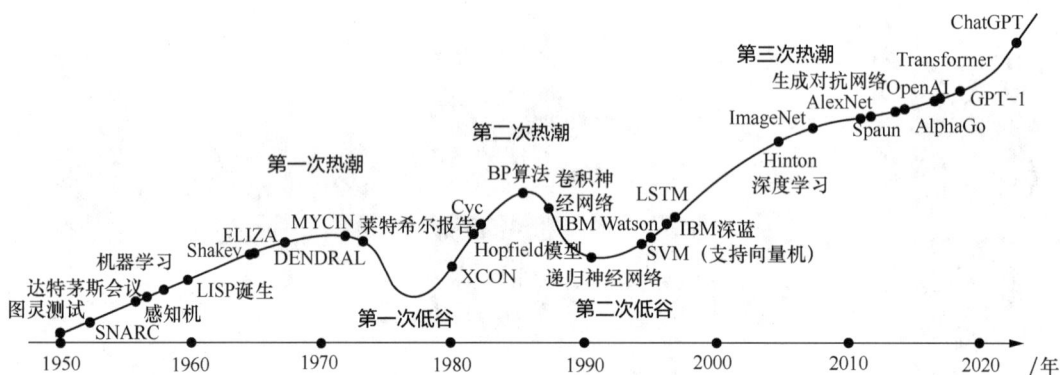

图 1.16　人工智能技术发展过程

1.3　人工智能关键技术概述

人工智能作为 21 世纪最具颠覆性的技术之一，正以前所未有的速度发展，其关键技术和典型应用也在不断演进和拓展。人工智能的关键技术包括机器学习、深度学习、知识图谱、自然语言处理、计算机视觉等。这些技术在智能家居、智能助手、智能驾驶、医疗健康、金融服务、教育和娱乐等领域有着广泛的应用和前景。随着技术的不断进步和应用的不断拓展，人工智能将在未来继续发挥重要作用并推动社会的进步和发展。

人工智能关键技术
概述

▶▶▶ 1.3.1　机器学习

机器学习是一种多领域交叉学科，它涉及概率论、统计学、逼近论、线性代数和高等数学等多个学科。简而言之，机器学习就是让计算机（或机器）能够类似人类一样，通过观察大量的数据和训练，发现事物规律，并获得某种分析问题、解决问题的能力的技术。它是实现人工智能的核心技术之一，即以机器学习为手段解决人工智能中的问题。

机器学习的算法类型有 4 种，其中包括监督学习、半监督学习、无监督学习及强化学习。

1. 监督学习

监督学习是一种通过使用数据集训练模型来预测目标变量的算法。在这种算法中，每个训练样本都有一个已知的标签或输出值，模型通过学习这些输入输出对之间的关系，构建一个预测模型。这个模型能够对新的、未知的输入数据进行准确的预测或分类。简而言之，监督学习就是使用带有标签的数据来训练模型，使其学习输入与输出之间的映射关系。

监督学习的主要任务包括分类和回归。回归任务用于预测连续型变量的值，例如房价预测；分类任务用于预测离散型变量的值，例如垃圾邮件分类。在监督学习中，每个样本都有标签（标记），模型可以利用这些标签来学习分类模型。

具体而言，监督学习可以通过大量的示例（图片和名称），学习如何将输入（图片）与输出（名称）关联起来，如监督学习在车辆目标检测中发挥着重要作用，可以根据不同特征检测和区分车辆，并统计各类别的数量以辅助智能交通管理。这种方法可以对图像中存在的多目标进行识别和分类，具有检测速度快、识别精度高的特点。监督学习用于车辆目标检测如图 1.17 所示。

图 1.17　监督学习用于车辆目标检测

2. 无监督学习

无监督学习是指对没有类别标签（标记）的样本进行学习，其目标是从无标签的数据中发现隐藏的结构和模式，而不需要预先定义的目标变量的算法。无监督学习的核心思想是通过对数据的统计特性和相似性进行分析，发现数据中的潜在结构和模式。它不需要事先标记好的训练数据，而是通过对数据的自动处理和聚类来进行学习，如图 1.18 所示。

图 1.18　无监督学习用于图像分割

无监督学习的主要任务包括聚类和降维。聚类任务旨在将数据分成不同的组和簇，使得同一组内的数据相似度高，不同组之间的相似度低；降维任务旨在将高维数据映射到低维空间，以减少特征维度、降低数据复杂性。

举例来说，在教小朋友识别动物的过程中，小朋友事先并不知道每个动物的具体分类，无监督学习就像试图找出这些动物的相似之处并分类，例如羚羊、斑马只在陆地生活，则属于陆生动物，而金鱼只在水中生活，属于水生动物等。

3. 半监督学习

半监督学习是一种介于监督学习和无监督学习之间的机器学习算法。半监督学习结合了监督学习和无监督学习的特点。它利用少量的有标签数据和大量的无标签数据进行训练，通过结合这两种数据来提高模型的性能。在有标签数据稀缺而无标签数据丰富的实际应用场景中，半监督学习能够发挥重要作用。

在大量无标签数据上训练模型的效果往往不尽如人意，手动标注所有标签成本很高，并且需要长达数月的时间来完成，而半监督学习算法无须将标签添加到整个数据集，而是仅对一小部分数据进行标注，使用半监督学习算法训练模型，然后将其应用于未标记数据，效果往往比使用无监督算法好。

在教小朋友识别动物的过程中，小朋友也可以进行猜测，半监督学习就像小朋友利用了解到的有限的分类信息和大量没有分类的动物猜测小动物属于哪一类，例如绵羊的食物主要是草和树叶等，与羚羊的食物相似，可以猜测绵羊也属于陆生动物。

4. 强化学习

强化学习是一种通过与环境的交互来学习策略，以最大化累积奖励的机器学习算法。在强化学习中，一个智能体（Agent）被放置在一个环境中，通过观察环境的反馈来不断调整自己的行为，以获得最大的奖励。智能体根据当前状态选择一个动作来影响环境，环境根据智能体的动作返回一个新的状态和奖励，智能体再根据奖励来更新自己的策略，以便在未来获得更好的奖励。

在教小朋友识别动物的过程中，为了让其更有耐心和兴趣，可以在其每猜对一个动物名称的时候，就给其加一分，猜对动物分类加两分，猜错不加分，最后根据分数来决定小朋友可以获得的奖励。强化学习就像这个过程，算法通过不断尝试和从结果中学习来找到获得最大奖励的行为策略。

▶▶▶ 1.3.2 深度学习

深度学习是机器学习的一个子领域，通过模拟人脑的神经网络结构来处理数据和创建模式。深度学习的发展可以追溯到 20 世纪 40 年代，但直到 21 世纪初，随着计算能力的提升和大数据的可用性，深度学习才开始取得显著的进展。

深度学习是机器学习的一个分支，它通过构建和训练深层神经网络模型，使计算机能够从经验中学习并以概念层次结构的方式理解世界。这种学习方法的核心在于利用数据驱动的方法自动从大量数据中学习和提取特征，以实现复杂任务的自动化处理和决策。深度学习模型由多层神经元组成，每一层都能够学习到数据的不同层次的特征表示。通过不断地调整网络中的参数（例如权重和偏置），网络能够从原始数据中学习到合适的特征表示，并在输出层进行预测或决策。深度学习的神经网络主要包括卷积神经网络（CNN）、递归神经网络（RNN）、生成对抗网络（GAN）等。

1. 卷积神经网络

卷积神经网络是一种基于卷积运算的神经网络，属于前馈神经网络，其基本原理是通过卷积和池化等操作来提取输入数据的特征，并将这些特征映射到一个高维特征空间中，最后通过全连接层对特征进行分类或回归。卷积层通过卷积运算提取输入数据的特征，池化层则用于对特征图进行降维，减少计算量并抑制过拟合，如图1.19所示。

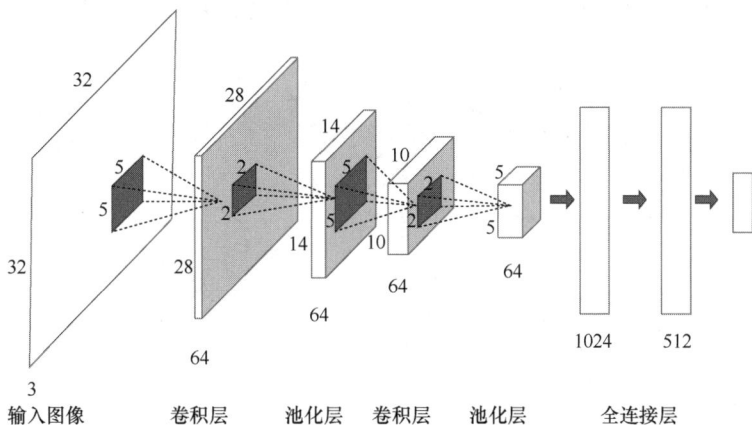

图1.19　卷积神经网络架构

核心包括卷积层和池化层两层，通过多个卷积核对输入数据进行滑动卷积，提取出输入数据中的局部特征，并生成特征图。组合不同的卷积核可以提取出多种复杂的特征。池化层通常接在卷积层之后，对特征图进行降维处理，减少计算量。

2. 递归神经网络

递归神经网络是一种专门用于处理序列数据的神经网络。与其他神经网络不同，递归神经网络能够捕捉序列中的时间动态信息，这使得递归神经网络在处理时间序列分析、自然语言处理（NLP）、语音识别等领域的问题时非常有效。递归神经网络的核心在于其循环连接，允许信息在网络中循环传递。具体来说，递归神经网络的每一个时间步（或称为每一个节点）都会接收来自前一时间步的隐藏状态（Hidden State）和当前时间步的输入，并输出一个当前时间步的隐藏状态和可能的输出。

递归神经网络中，输入层用于接收当前时间步的输入数据；隐藏层用于处理输入数据和前一时间步的隐藏状态，并生成当前时间步的隐藏状态和可能的输出；输出层用于根据当前时间步的隐藏状态生成输出（在某些情况下，可能并不在每个时间步都生成输出）。

▶▶▶ 1.3.3　知识图谱

知识图谱（Knowledge Graph）以结构化的形式描述客观世界中概念、实体间的复杂关系，或者将互联网的信息表达成更接近人类认知世界的形式。知识图谱用来表示现实世界实体（即对象、事件、状况或概念）的网络，并说明实体之间的关系。这些信息通常存储在图形数据库中，并以图形结构直观呈现出来，即知识"图"。一个知识图谱主要由三部分组成：节点、边和标签。场所或人员都可以被视作节点，边定义了节点之间的关系。

知识图谱的技术架构指的是构建模式的结构，如图1.20所示。图1.20中展示了知识图谱的构建过程和更新过程。知识图谱的构建是从原始数据开始的，原始数据包括结构化、半结构化和非结构化数据。通过一系列自动或半自动的技术手段，从原始数据库和第三方数据库中提取知识，并将其存入知识库的数据层和模式层。这个过程包括数据采集、知识提取、知识融合、知识加工和知识应用这五个步骤，每次更新迭代都包含后四个步骤。

知识图谱的构建方式主要有自顶向下和自底向上两种。自顶向下是先定义知识图谱的本体和数据模式，然后将实体添加到知识库中。这种构建方式需要利用一些现有的结构化知识库作为基础知识库，例如 Freebase 项目就是采用这种方式，它的大部分数据来自维基百科。自底向上是从开放链接数据中提取实体，选择置信度较高的实体加入知识库，然后构建顶层的本体模式。对于大多数制造业企业而言，由于缺乏大量的实证数据，因此，在应用初期主要使用自顶向下的构建方式。

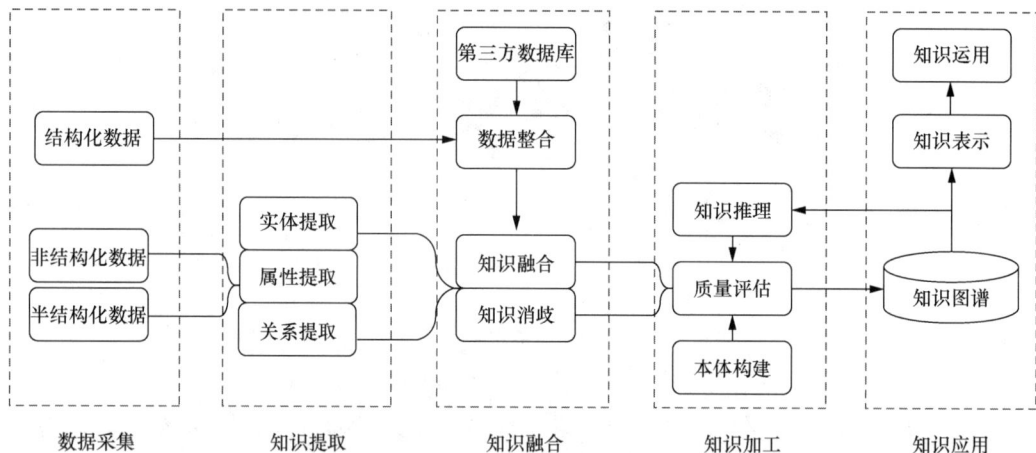

图 1.20　知识图谱的技术架构

▶▶▶ 1.3.4　自然语言处理

自然语言处理（NLP）是指利用计算机技术来分析和处理人类自然语言（如中文、英文等）的学科。比尔·盖茨说过"自然语言处理是人工智能领域皇冠上的明珠。"自然语言处理是一个多学科领域，它融合了计算机科学、人工智能和语言学，使计算机能够理解、解释和生成人类语言。它旨在使计算机能够"理解"人类语言的含义、语法、语义和上下文，并从中提取有用的信息。

NLP=NLU+NLG（自然语言处理=自然语言理解+自然语言生成）

其中，自然语言理解（Natural Language Understanding，NLU）负责将机器变得类似人一样，具备正常人的语言理解能力；自然语言生成（Natural Language Generation，NLG）负责将机器生成的非语言格式数据转换成人类可以理解的语言格式。也就是说，NLU 负责理解内容，NLG 负责生成内容。

NLP 技术包括 NLP 基础技术和 NLP 核心技术，如图 1.21 所示。NLP 基础技术涵盖语料库构建、中文分词、词性标注、句法分析、词干提取与词形还原、词向量化，以及命名实体消歧与识别，共同构成自然语言处理的核心框架。NLP 核心技术涵盖语义分析、信息检索与抽取、文本分类与挖掘、情感分析、问答系统、机器翻译及自动摘要等。

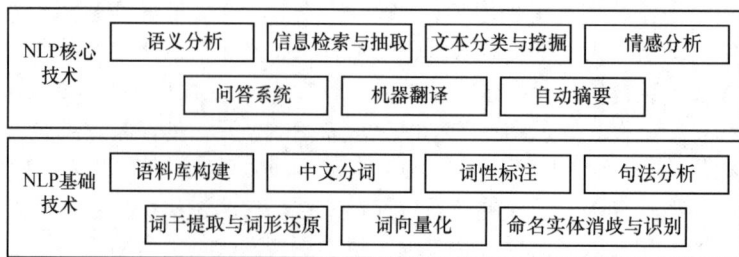

图 1.21　NLP 技术

▶▶▶ 1.3.5 计算机视觉

计算机视觉是指用图像传感器和计算机代替人眼对目标进行识别、跟踪和测量等机器视觉任务的技术。计算机视觉还可以进一步处理图像，得到更适合人眼观察或传送给仪器检测的图像。计算机视觉主要利用计算机算法和模型来模拟人类视觉系统，以实现对图像或视频中的目标进行识别、跟踪、定位、分割等操作。其主要包括图像采集与预处理、特征提取、特征匹配、目标检测与识别、图像分割与语义分析等步骤。

视觉问答（Visual Question Answering，VQA）是近年来计算机视觉非常热门的一个方向，方法也由过去的非深度算法跨越向深度学习算法，精度也逐步提高，其研究目的旨在根据输入图像，由用户进行提问，而算法自动根据提问内容进行回答。除了问答以外，还有一种标题生成（Caption Generation）算法，即计算机根据图像自动生成一段描述该图像的文本，而不进行问答。这类跨越两种数据形态（如文本和图像）的算法有时候也被称为多模态或跨模态问题。视觉问答的应用示意如图 1.22 所示。

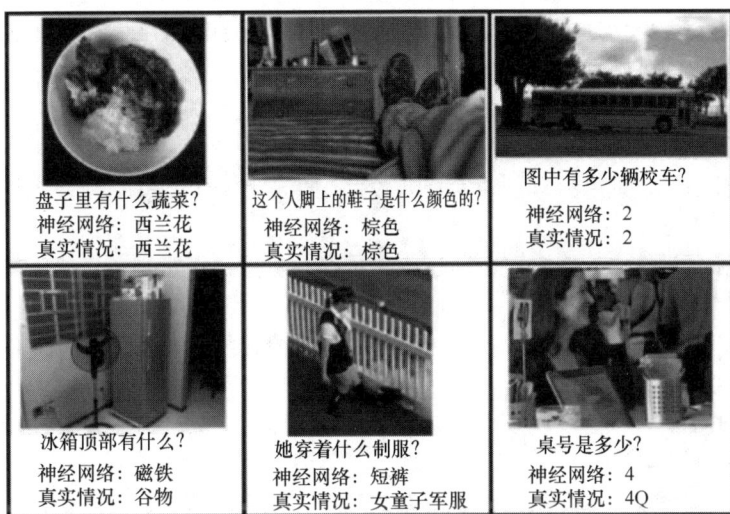

图 1.22　视觉问答的应用示意

1.4　大语言模型

▶▶▶ 1.4.1　大语言模型的定义

大语言模型（Large Language Model，LLM）是指具有大规模参数和复杂计算结构的机器学习模型。这类模型通常由深度神经网络构建而成，拥有数十亿，甚至数千亿个参数。大模型的设计目的是提高模型的表达能力和预测性能，以处理更加复杂的任务和数据。大模型在各种领域都有广泛的应用，包括自然语言处理、计算机视觉、语音识别和推荐系统等。大模型通过训练海量数据来学习复杂的模式和特征，具有更强大的泛化能力，可以对未知的数据做出准确的预测。

ChatGPT 对大模型的解释更为通俗易懂，也体现出了类似人类的归纳和思考能力：大模型本质上是一个使用海量数据训练而成的深度神经网络模型，其巨大的数据和参数规模，实现了智能的涌现，展现出类似人类的智能。

▶▶▶ 1.4.2 大语言模型的特点

大语言模型的特点如下。

巨大的规模。大模型包含数十亿个参数，模型大小可以达到数百吉字节，甚至更大。巨大的模型规模使大模型具有强大的表达能力和学习能力。

涌现能力。涌现（Emergence）是指许多小实体相互作用后产生了大实体，而这个大实体展现了组成它的小实体所不具有的特性。引申到模型层面，涌现能力指的是当模型的训练数据突破一定规模，模型突然涌现出之前小模型所没有的、意料之外的、能够综合分析和解决更深层次问题的复杂功能和特性，展现出类似人类的思维和智能。涌现能力也是大模型最显著的特点之一。

更好的性能和泛化能力。大模型通常具有更强大的学习能力和泛化能力，能够在各种任务上表现出色，包括自然语言处理、图像识别、语音识别等。

多任务学习。大模型通常会并行学习多种 NLP 任务，如机器翻译、文本摘要、问答系统等。多任务学习可以使模型学习到更广泛和泛化的语言理解能力。

大数据训练。大模型需要海量的数据来训练，数据集规模通常在 TB 以上，甚至 PB 级别。只有大量的数据才能发挥大模型的参数规模优势。

强大的计算资源。训练大模型通常需要数百，甚至上千个 GPU，以及大量的时间（通常在几周到几个月）。

迁移学习和预训练。大模型可以通过在大规模数据上进行预训练，然后在特定任务上进行微调，从而提高模型在新任务上的性能。

自监督学习。大模型可以通过自监督学习在大规模无标签数据上进行训练，从而减少对标记数据的依赖，提高模型的效能。

领域知识融合。大模型可以从多个领域的数据中学习知识，并在不同领域中进行应用，以促进跨领域的创新。

高效。大模型可以自动化执行许多复杂的任务，如自动编程、自动翻译、自动摘要等，以提升工作效率。

▶▶▶ 1.4.3 大模型的分类

按照输入数据类型的不同，大模型主要可以分为以下三大类，如图 1.23 所示。

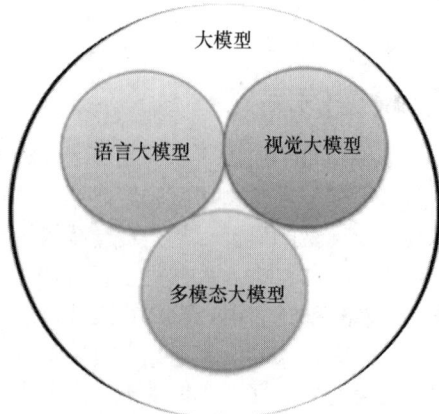

图 1.23 大模型的分类

语言大模型

它是指在自然语言处理（NLP）领域中使用的大模型，通常用于处理文本数据和理解自然语言。这类大模型的主要特点是它们在大规模语料库上进行了训练，以学习自然语言的各种语法、语义和语境规则。典型大模型代表为 GPT 系列（OpenAI 公司）、Bard（Google 公司）、文心一言（百度公司）。

视觉大模型

它是指在计算机视觉领域中使用的大模型，通常用于图像处理和分析。这类模型通过在大规模图像数据上进行训练，实现各种视觉任务，如图像分类、目标检测、图像分割、姿态估计、人脸识别等。典型大模型代表为 VIT 系列（Google 公司）、VIMER-UFO（百度公司）、盘古 CV（华为公司）、INTERN（商汤公司）。

多模态大模型

它是指能够处理多种类型数据的大模型，例如文本、图像、音频等多模态数据。这类模型结合了 NLP 和 CV 的功能，以实现对多模态信息的综合理解和分析，从而能够更全面地理解和处理复杂的数据。典型大模型代表为 DingoDB 多模向量数据库（九章云极 DataCanvas 公司）、DALL-E（OpenAI 公司）、悟空画画（华为公司）、Midjourney。

本章小结

本章深入探讨了人工智能的基本概念、发展历程以及关键技术，揭示了 AI 如何通过模拟人类智能活动，借助数据、算力和算法三大核心要素，实现在多个领域的应用和突破。从符号主义、连接主义到行为主义，AI 的发展经历了多个流派的演变，形成了如今多样化的技术体系。人工智能的研究起源于 20 世纪中叶，经历了多次起伏，包括早期的逻辑推理、专家系统的兴衰，到现在诺贝尔奖的授予进一步凸显了 AI 对推动科学研究的重要性。同时，机器学习、深度学习、自然语言处理等关键技术的不断进步，为 AI 的未来发展奠定了坚实的基础，使其在智能家居、医疗、金融等行业中展现出巨大的潜力和价值。随着技术的不断成熟，人工智能正成为推动社会进步和经济发展的重要力量。

习题

1．简述人工智能的定义及其在现实世界中的主要应用。
2．人工智能的发展历程中，经历了哪些重要的里程碑事件？
3．解释符号主义、连接主义和行为主义三大人工智能流派的主要区别和特点。
4．什么是深度学习，它与传统的机器学习有何区别？
5．什么是知识图谱，它在人工智能中的作用是什么？
6．讨论数据在人工智能中的作用，并举例说明数据如何影响 AI 模型的性能。

第 2 章
基于知识的人工智能

本章导读

对操作对象的表示和理解，是人工智能面对的两个基本问题。而符号表示、符号处理是经典人工智能技术定义和表示对象的主要手段。知识的搜索与推理是人工智能研究"问题理解能力"的核心问题。

本章将带领读者学习如何对知识进行建模和表示，包括本体论设计和分类学、语义网络和框架以及知识图谱等概念；同时，讲解知识搜索的基本方法，包括启发式搜索、搜索树和遗传算法，以帮助读者理解如何通过搜索找到问题的最佳解决方案；最后，介绍了线性与非线性推理、确定性与不确定性推理，以及模糊推理和概率推理，用以帮助系统在面对复杂信息时做出合理的判断。

本章我们将学习以下内容。

- 知识建模和表示
- 知识搜索
- 知识推理

2.1 知识建模和表示

知识建模是对知识进行结构化组织和描述的过程，通过运用特定的方法和技术，梳理知识之间的内在联系、逻辑结构以及层次关系等，进而构建出一个能准确反映相关知识体系的模型。就好比搭建一个建筑模型，需要按照建筑的实际构造、功能分区等要素，有规划地将各部分组合起来，知识建模也是如此。知识建模按照知识的实际情况进行有条理的构建，旨在让知识能够被计算机系统更好地理解、存储、共享以及应用。

知识表示

知识表示是指将知识以一种特定的符号、结构或者形式化语言等方式表达出来，使其能够被计算机系统识别、存储、处理和运用。简单来说，就是选择一种合适的"语言"把知识"说"给计算机听，让计算机能够明白这些知识的含义和用途。

▶▶▶ 2.1.1 本体论设计和分类学

1. 本体论设计

本体论设计（Ontology Design）旨在创建一个系统化的模型，以定义特定领域中的概念及其关系。它可以被理解为一种知识的结构化框架，用以帮助机器理解和处理复杂信息。本体论设计中，通常需要定义实体（事物或概念）、属性（实体的特征）和关系（实体之间的相互作用）。例如，在一个关于动物的本体中，我们可能会定义"猫"和"狗"是"动物"的子类，它们都有"四条腿"这一属性。

本体论设计的优点是它能以精确的方式表示领域知识，适合处理复杂、动态的信息系统。它不仅仅可以简单地分类，还可以捕捉实体之间丰富的关系，以实现语义理解能力更强的模型。

2. 分类学

分类学（Taxonomy）则是一种更简单的知识表示方式，主要是对概念进行层次化的分类。分类学通常从一般到具体进行逐层分解，例如"动物"可以进一步分为"哺乳动物"和"鸟类"，"哺乳动物"可以再细分为"猫科"和"犬科"等。分类学提供了一种简单而清晰的组织知识的方式，使得信息能够以层次结构表示出来。

分类学的优势在于其简单明了，容易被理解和应用，适合用于组织大规模的信息。例如，图书馆使用分类学对书籍进行分类，可以使读者很方便地找到特定领域的书籍。

3. 本体论设计与分类学的区别

本体论设计与分类学的区别在于，本体论设计更关注概念之间复杂的关系，而分类学更侧重于按层次进行分类。在人工智能中，本体论设计通常用于构建复杂系统，而分类学则用于知识的初步组织和划分。

▶▶▶ 2.1.2 语义网络和框架

1. 语义网络

语义网络是一种以网络格式表达人类知识构造的形式。它由节点和节点之间的弧组成，节点表示概念（如事件、事物），弧表示它们之间的关系。在数学上，语义网络是一个有向图，与逻辑表示法对应。这种结构化的知识表示方式在人工智能程序中用于自然语言理解和命题信息表示。简单来说，语义网络就是使计算机能够理解人类语言的知识表示方式。

语义网络由下列 4 个相关部分组成。

词法部分：决定词汇表中允许哪些符号，它涉及各个节点和弧线。

结构部分：叙述符号排列的约束条件，指定各弧线连接的节点对。

过程部分：说明访问过程，这些过程能用来建立和修正描述，以及回答相关问题。

语义部分：确定与描述相关的含义的方法，即确定有关节点的排列及其占有物和对应弧线。

例 2.1　张三的实习经历是这样的：他 2009 年进入 IBM 公司做实习生，参与了网站建设的项目。用语义网络表示如图 2.1 所示，ISA 表示"是一个"。

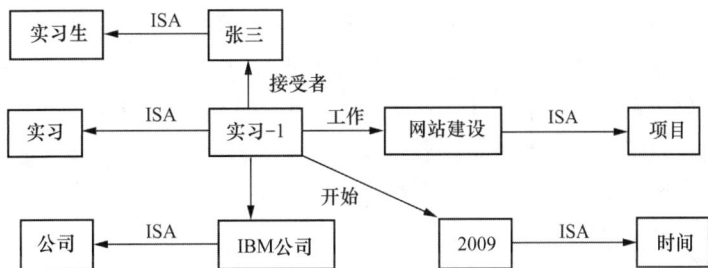

图 2.1　用语义网络表示

2. 框架

框架表示法是一种结构化的知识表示方法，由美国知名的人工智能学者明斯基于 1975 年提出。它的原理是：人们对现实世界中各种事物的认识都以一种类似于框架的结构存储在记忆中，当面临一个新事物时，就从记忆中找出一个合适的框架，并根据实际情况对其细节加以修改、补充，从而形成对当前事物的认识。简单来说，就是把一个事物具体化。例如，一间教室就是一个框架，将教室的大小、黑板的个数、桌椅的数量以及颜色等细节具体化到教室这个框架中，便得到了一个教室框架的具体事例。这是该学者关于一个具体教室的视觉形象的描述，称为事例框架。

框架是一种描述对象属性的数据结构，对象可以是一件事物、事件或一个概念。一个框架由若干个"槽"组成，根据实际情况，每个槽又可以被分为若干个"侧面"。一个槽用于描述当前对象某个方面的属性，一个侧面用于描述相关属性的某个方面。槽和侧面所拥有的属性值分别称为槽值和侧面值。一般情况下，一个用框架表示的知识系统会包含多个框架，一个框架包含多个不同的槽、不同的侧面，不同的框架、槽、侧面分别有不同的框架名、槽名以及侧面名。框架、槽或侧面一般都会附加一些说明性的信息，一般是一些约束条件，作用是指出能填入对应框架、槽和侧面中的合适值。

以下为框架的一般表示形式。

<框架名>

槽名 1：侧面名 11   侧面值 111，侧面名 112，…，侧面名 $11P1$

        侧面名 12   侧面值 121，侧面名 122，…，侧面名 $12P2$

        ……

        侧面名 $1m$ 侧面值 $1m1$，侧面名 $1m2$，…，侧面名 $1mPm$

槽名 2：侧面名 21   侧面值 211，侧面名 212，…，侧面名 $21P1$

        侧面名 22   侧面值 221，侧面名 222，…，侧面名 $22P2$

        ……

        侧面名 $2m$ 侧面值 $2m1$，侧面名 $2m2$，…，侧面名 $2mPm$

        ……

槽名 n：侧面名 $n1$ 侧面值 $n11$，侧面名 $n12$，…，侧面名 $n1P1$

        侧面名 $n2$ 侧面值 $n21$，侧面名 $n22$，…，侧面名 $n2P2$

        ……

        侧面名 nm 侧面值 $nm1$，侧面名 $nm2$，…，侧面名 $nmPm$

约束：约束条件 1

        约束条件 2

        ……

        约束条件 n

由此可以看出，一个框架可以包含数目有限个槽；同样地，一个槽可以包含数目有限个侧面；一个侧面可以包含数目有限个侧面值。槽值、侧面值可以是数值、字符串、布尔值，也可以是一个满足某个给定条件时需要执行的动作或过程，还可以是另一个框架的名字，以便实现一个框架对另一个框架的调用，这样有助于表示出框架之间的横向联系。约束条件是任意选择的，若没有附加约束条件，则表示没有约束。

以下将给出案例，以便说明建立框架、用框架表示知识的基本方法。

例 2.2 学生框架的建立。

框架名：〈学生〉

姓名：单位（姓、名）

年龄：单位（岁）

性别：范围（男、女），缺省为男

学历：范围（小学、中学、大学）

专业：单位（系）

住址：〈住址框架〉

该框架共有 6 个槽，分别描述了"学生"的 6 个属性，每个槽都给出了一些说明信息，用于限制对槽的填写。对于以上这个框架，当将具体化的信息填入槽或侧面后，就可以得到对应框架的一个事例框架。例如，把某个学生的一组信息填入学生框架的各个槽，就可得到以下事例框架。

框架名：〈学生-1〉

姓名：张明

年龄：21

性别：男

学历：大学

专业：物联网工程

住址：〈住址框架〉

图 2.2 所示关于自然灾害的新闻报道中所涉及的事实经常是可以预见的，这些可预见的事实就可以作为代表所报道新闻的属性。例如，将下列地震消息用框架表示为"某年某月某日，某地发生 6.0 级地震，若以膨胀注水孕震模式为标准，则三项地震前兆中的波速比为 0.45，水氯含量为 0.43，地形改变为 0.60。"

解：地震框架如图 2.2 所示。地震框架也可以是"自然灾害事件框架"的子框架，地震框架中的值也可以是一个子框架，图 2.2 中的"地形改变"就是一个子框架。

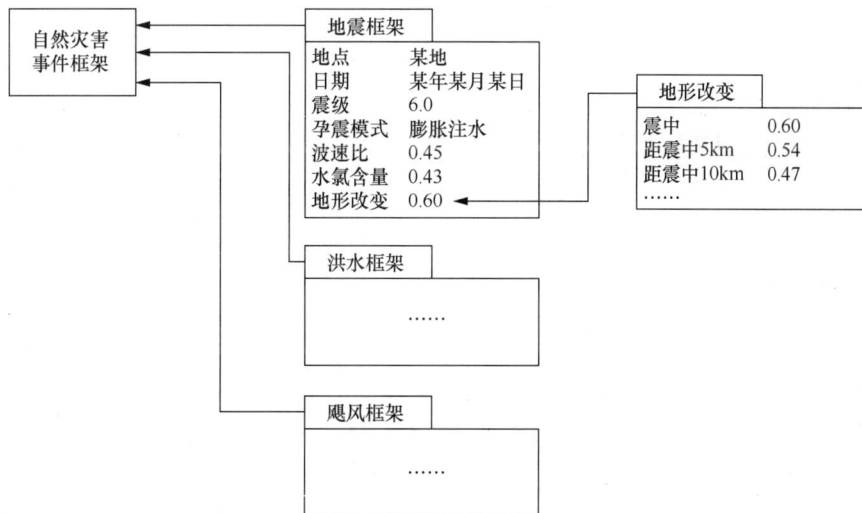

图 2.2　地震框架

框架表示法最突出的特点是便于表达结构性知识，能够将知识的内部结构关系及知识间的联系表示出来，所以它是一种结构化的知识表示方法。框架表示法不仅可以表示因果关系，还可以表示更复杂的关系。

框架表示法通过使槽值为另一个框架的名字实现不同框架间的联系，建立表示复杂知识的框架网络。在框架网络中，下层框架可以继承上层框架的槽值，也可以进行补充和修改，这样不仅减少了知识的冗余，而且较好地保证了知识的一致性。

▶▶▶ 2.1.3 知识图谱和图数据库

知识图谱是一种特殊的语义网络，本质上是一个多关系图，用于存储和表示实体之间的关系。在这种图中，节点代表现实世界中的实体，边则代表这些实体之间的各种关系。与普通图不同，多关系图可以包含多种类型的节点和边，因此它能够更丰富地描述实体间的复杂联系。在知识图谱中，实体相当于图中的节点，它们代表具体的事物；而关系则相当于边，它们表达了不同实体之间的联系。这些实体和关系都可以拥有自己的属性，从而提供更详细的信息。

构建知识图谱的第一步是从不同的数据源中抽取数据。这一过程是后续应用开发的基础，因为只有通过整合和组织数据，知识图谱才能发挥其作用。知识图谱主要有两种存储方式：资源描述框架（Resource Description Framework，RDF）和图数据库，其特点如图 2.3 所示。RDF 的设计原则是促进数据的发布和共享，它以三元组的形式存储数据，但不包含属性信息。相比之下，图数据库更注重高效的图查询和搜索功能，并且支持属性图，这意味着实体和关系都可以附带属性，从而更准确地模拟现实世界的业务场景。

RDF	图数据库
○ 存储三元组（Triple）	○ 实体和关系可以带有属性
○ 标准的推理引擎	○ 没有标准的推理引擎
○ W3C标准	○ 图的遍历效率高
○ 易于发布数据	○ 事务管理
○ 多用于学术界场景	○ 多用于工业界场景

图 2.3　RDF 和图数据库

简而言之，知识图谱通过多关系图的形式，将实体和关系以结构化的方式组织起来，为各种应用提供了强大的数据支持。而 RDF 和图数据库作为其主要的存储方式，各有侧重点，分别用于满足不同的应用需求。

2.2　知识搜索

人的思维过程可以被认为是一个搜索的过程。很多智力游戏问题就是搜索过程，例如传教士与野人问题：在河边有 3 个传教士和 3 个野人准备渡河，岸边只有一条船，每次最多只能有 2 人乘渡。但是为了确保安全，传教士应如何规划摆渡方案，使任何时刻在河的两岸以及船上的野人数目总是不超过传教士的数目（但允许在河的某一岸或者船上只有野人而没有传教士）。若让你来规划摆渡方案，在每次渡河后都会有几种渡河方案可供你选择，但是选择哪个方案既能满足题目的约束条件又能顺利过河呢？这便是搜索问题。

知识搜索

当找到一种解决方案时，这个方案是否是最优解？若不是，那么怎么才可以找到最优解？如何在计算机上实现这样的搜索？本节我们将介绍这些搜索问题，求解搜索问题的技术被称为搜索技术。一般情况下，假定一个搜索过程的中间状态，如图 2.4 所示。图 2.4 中节点表示状态，实心圆表示已经扩展（即已经生成出了连接该节点的所有后继节点）的节点，空心圆表示还没有被扩展的节点。

图 2.5 所示为一个搜索空间的示意图。其表明了如何在一个较大的问题空间中，只通过搜索较小的范围就可以寻找到问题的解。不同的搜索技术，找到解空间的范围是有区别的。一般情况下，对于一些大空间问题，搜索策略的关键是要解决组合爆炸问题。

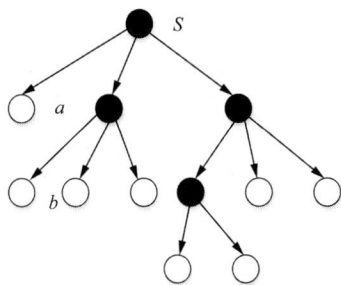

图 2.4　搜索示意图

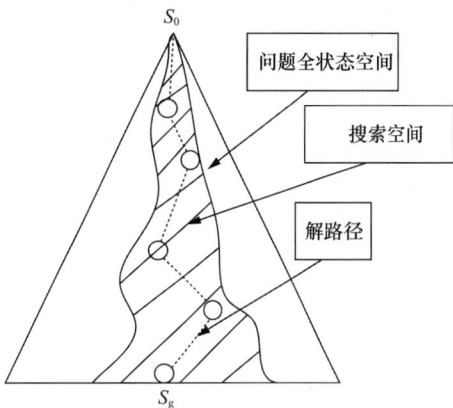

图 2.5　搜索空间示意图

搜索策略的主要目标是确定选取规则的方式。其有两种基本方式：一种是不考虑给定问题所具有的特定知识，系统根据事先确定好的某种固定排序，依次调用规则或随机调用规则，这实际上是盲目搜索方法，一般称为无信息引导的搜索策略；另一种是考虑问题领域可应用的知识，动态地确定规则的排序，优先调用较合适的规则，这就是启发式搜索策略，或者称为有信息引导的搜索策略。

▶▶▶ 2.2.1　启发式搜索

一般情况下，搜索问题可以转换为图搜索问题。例如，先前介绍的传教士与野人问题，设初始状态传教士、野人以及船都在河的左岸，目标是全部到达河的右岸，但需满足问题的约束条件。若用传教士人数、野人人数以及船是否在左岸表示一个状态，那么在任何时刻，该问题的状态都可使用三元组(M, C, B)表示，其中M表示河左岸的传教士人数，C表示河左岸的野人人数，B表示船是否在左岸，船在左岸用$B=1$来表示，船在右岸用$B=0$来表示。显然该问题的初始状态是$(3,3,1)$，目标状态是$(0,0,0)$。那么如何求解出一条从$(3,3,1)$到$(0,0,0)$的路径呢？这便是图搜索问题。路径是给出的一个状态序列，而序列的第一个状态是初始状态，最后一个状态是目标状态，序列中任意两个相邻的状态之间通过一条连线连接，如图 2.6 所示。

上述问题若在选节点时利用了与问题相关的知识或启发信息，则称其为启发式搜索，否则就称其为盲目搜索。在搜索过程中引入启发信息，以减少搜索范围，有助于尽快求解。

常用的启发式搜索算法有 A 算法和 A*算法，以下将介绍 A 算法。

图 2.4 所示为搜索过程中得到的搜索示意图，程序需要从图中所有的叶节点中选择一个节点进行扩展。为了寻找

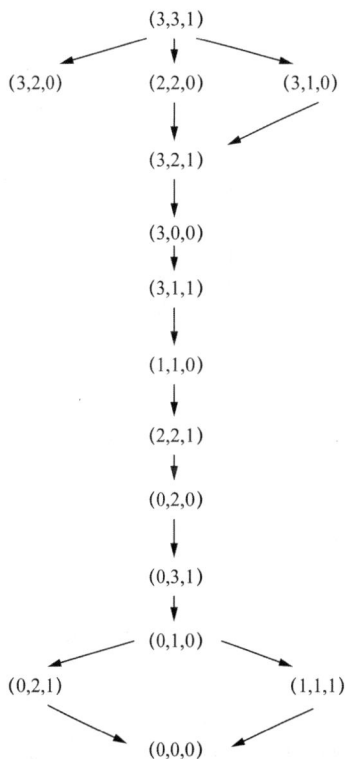

图 2.6　传教士与野人问题状态图

一条从初始节点到目标节点的代价比较小的路径，那么所选的节点需要尽可能在最佳路径（代价最小的路径）上。怎样评价一个节点在最佳路径上的概率呢？A 算法给出了评价函数

的公式：

$$f(n) = g(n) + h(n)$$

该式中，n 为待评价的节点；$g(n)$ 为从初始节点 s 到节点 n 的最佳路径代价的估计值；$h(n)$ 为从节点 n 到目标节点 t 的最佳路径代价的估计值，称为启发函数；$f(n)$ 为从初始节点 s 经过节点 n 到达目标节点 t 的最佳路径代价的估计值，称为评价函数。求解问题不同，代价所表示的含义也有所不同。这里的代价指的是路径的代价，可以表示路径的长度或需要耗费的时间等。若 $f(n)$ 可以较准确地估出 $s-n-t$ 这条路径的代价，那么每次可以选择扩展一个 $f(n)$ 值最小的节点。采用这种搜索策略的算法被称为 A 算法。$f(n)$ 的计算是实现 A 算法的关键，可以通过搜索结果计算得到 $g(n)$。

下面将以八数码问题为例来说明 A 算法的搜索过程，如图 2.7 所示。首先定义八数码问题的启发函数：

$$h(n) = 不在位将牌的个数$$

其含义是将待评价的节点与目标节点进行比较，计算一共有几个将牌所在位置与目标是不一致的，而不在位的将牌个数的多少大致反映了该节点与目标节点的距离。将图 2.7 所示的初始状态与目标状态进行比较，发现 1、2、6、8 四个将牌不在目标状态的位置上，所以初始状态的"不在位将牌的个数"就是 4，也就是初始状态的 h 值等于 4，其他状态的 h 值也按照此方法计算。图 2.8 所示为采用 A 算法求解八数码问题的搜索示意图。

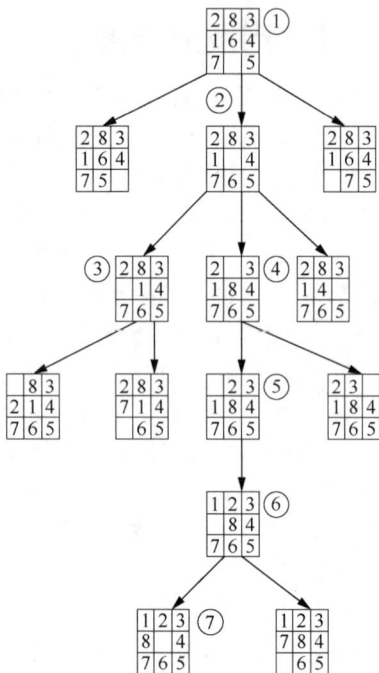

图 2.7　八数码问题示例　　　图 2.8　采用 A 算法求解八数码问题的搜索示意图

A 算法的实现：设置一个表变量 OPEN，作用是存放搜索图中的叶节点，即已经被生成出来但还没有被扩展的节点；搜索图中的非叶节点使用变量 CLOSED 进行存放，即那些被生成出来也被扩展的节点。OPEN 中的节点按照 $f(n)$ 值从小到大排列。每次 A 算法从 OPEN 表中取出第一个元素（即 $f(n)$ 值最小的节点 n）进行扩展，若 n 是目标节点，则算法找到了一个解，算法结束，否则就扩展 n。对于 n 的子节点 m，若既不在 OPEN 中也不在 CLOSED 中，则将 m 加入 OPEN 中；若 m 在 OPEN 中，则说明从初始节点到 m 找到了两条路径，保留代价短的那条路径。若 m 在 CLOSED 中，则表明从初始节点到 m 有两条路径，若新找到的这条路径代价大，则什么也不做；若新找到的路径代价小，则从 CLOSED 中将 m 取出并放入 OPEN 中。对 OPEN 重新按照 $f(n)$ 值从小到大排序，重复上述步骤，直到找到一个解就结束；若 OPEN 为空，算法以失败结束，表明问题没有解。

A 算法中没有对启发函数做出规定，至于 A 算法得到的结果如何也不好评价。若启发函数 $h(n)$ 满足如下条件：

$$h(n) \leqslant h^*(n)$$

则可以证明当问题有解时，A 算法一定可以得到一个代价最小的结果，即一定可以找到最优解。满足该条件的 A 算法称作 A*算法。

一般情况下，$h^*(n)$ 是无法获取的，那么怎样判断 $h(n) \leqslant h^*(n)$ 是否成立呢？需要根据具体问题具体分析。若问题是找到一条从 A 地到 B 地距离最短的路径，则启发函数 $h(n)$ 可被定义为当前节点到目标节点的欧氏距离。尽管 $h^*(n)$ 未知，但两点之间直线最短，所以有 $h(n) \leqslant h^*(n)$。故使用 A*算法就可找到该问题的条最短路径。

可以证明，若 A 算法中所使用的启发函数满足单调条件，则不会发生一个节点被多次扩展的问题。也易证明，满足单调条件的启发函数满足 A*条件，所以一定有 $h(n) \leqslant h^*(n)$。故若启发函数 $h(n)$ 满足单调条件，就不会出现重复节点扩展的情况，而且当问题有解时，一定以找到最优解为结束。但反过来不一定成立，启发函数 $h(n)$ 满足 A*条件但不一定满足单调条件。由此可见，单调条件比 A*条件更强。

▶▶▶ 2.2.2　搜索树

树是一种在计算机科学中常用的数据结构，树结构的特点是没有循环（圈），且任意两个节点之间有且仅有一条简单路径。在树结构中，可以有一个特殊的节点称为根节点，其他节点分为若干个子树。这种数据结构通常用于表示具有层级关系的数据，如组织结构、文件系统等。

树可以分为无根树和有根树，其中无根树不指定根节点，而有根树则明确指定了一个根节点。森林则是由多个树组成的结构，每棵树都是一个独立的连通分量。生成树是指在一个连通无向图中，通过移除一些边，使得剩余的图仍然是一个树，且包含原图中的所有节点。在树中，叶节点是指度数为 1 或 0 的节点，而父节点、子节点、兄弟节点、祖先和后代等术语则描述了节点之间的层级关系。节点的深度是指从根节点到该节点的路径长度，而树的高度则指所有节点中最大的深度。树结构在计算机科学中有广泛的应用，例如在文件系统中组织文件和目录，在数据库中作为索引结构，以及在算法中作为递归和动态规划的基础。

搜索树（Search Tree）是一种特殊的树结构，它用于存储可以进行比较的数据元素，并允许进行快速查找、插入和删除操作，搜索树如图 2.9 所示。搜索树的主要特点是树中的每个节点都遵循特定的顺序关系，这使得查找操作更加高效。以下是几种常见的搜索树类型。

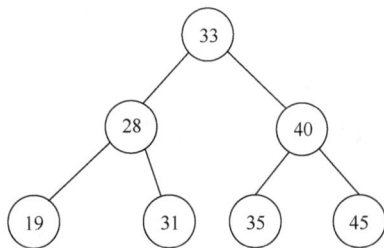

图 2.9　搜索树示意图

二叉搜索树（Binary Search Tree，BST）是一种高效的搜索树，它要求每个节点的左子树上所有节点的值都小于该节点的值，而右子树上所有节点的值都大于该节点的值，且左右子树也必须是二叉搜索树。这种结构保证了二叉搜索树的查找、插入和删除操作的时间复杂度为 $O(\log_2 n)$。然而，普通的二叉搜索树在进行大量插入和删除操作后可能会变得不平衡（见图 2.10），从而导致效率下降。为了解决这个问题，引入了平衡二叉搜索树，其中 AVL（得名于该树的提出者 G. M. Adelson-Velsky 和 E. M. Landis）树和红黑树是两种常见的类型。

AVL 树是一种高度平衡的二叉搜索树，它通过保持任意节点的两个子树高度差不超过 1 来确保树的平衡，如图 2.11 所示。当树失去平衡时，AVL 树会通过一系列旋转操作来恢复平衡。红黑树则是另一种自平衡的二叉搜索树，它通过节点颜色的约束和特定的规则来保证树的大致平衡，从而在进行插入和删除操作后能够快速恢复平衡，如图 2.12 所示。这种树结构特别适用于需要频繁插入和删除的场景。

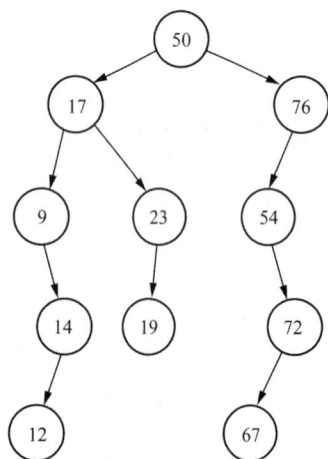

图 2.10　非 AVL 树示意图

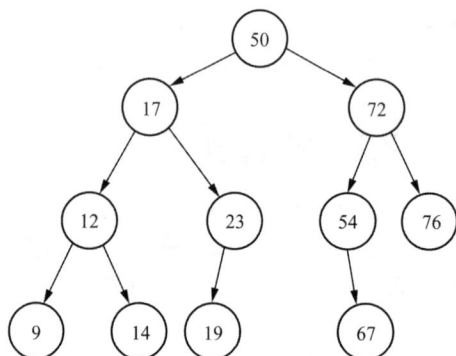

图 2.11　AVL 树示意图

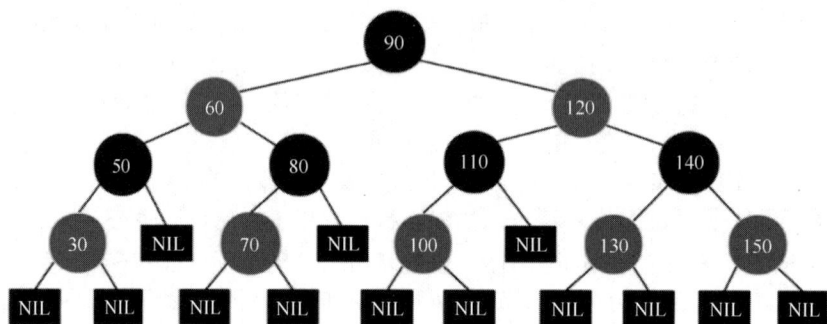

图 2.12　红黑树示意图

这两种平衡二叉搜索树都是为了在保持二叉搜索树的搜索效率的同时，减少因树不平衡带来的性能损失。

B 树和 B+树则是多路平衡搜索树，它们在数据库和文件系统中得到了广泛应用。如图 2.13 所示，B 树允许每个节点有多于两个的子节点，这使得它能够有效地保持数据在磁盘上的有序性，同时减少磁盘 I/O 操作的次数。如图 2.14 所示，B+树是 B 树的变种，它的特点是所有的数据都存储在叶节点中，并且这些叶节点是相互链接的，这使得 B+树在进行范围查询时更加高效。B+树的设计特别适用于存储在磁盘上的大型数据集，因为它可以有效地利用磁盘空间并提升查找性能。这些树结构的共同目标是在保持数据有序的同时，优化数据的存取效率。

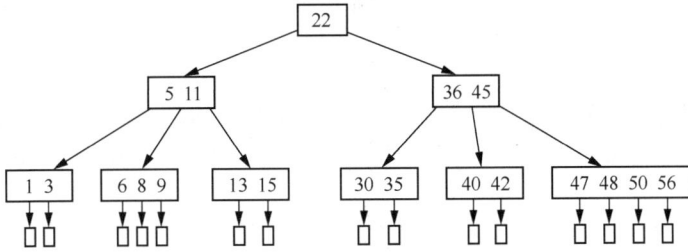

图 2.13　B 树示意图

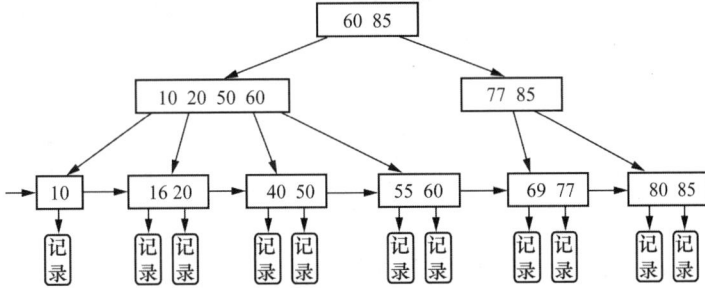

图 2.14　B+树结构示意图

搜索树通过保持元素的有序性，使得查找、插入和删除操作的时间复杂度在最坏情况下也可以达到对数级别，从而提升了数据处理的效率。在实现搜索树时，通常需要考虑如何维护树的平衡以及如何高效地进行节点操作。

▶▶▶ 2.2.3　遗传算法

1. 遗传算法的定义

遗传算法（Genetic Algorithm，GA）是一种基于自然选择和遗传机制的计算机模拟优化技术。它采用随机搜索策略，模拟生物进化过程中的关键步骤，包括选择、交叉和变异。开始时，算法从一个初始种群开始，通过随机选择、交叉操作和变异操作，逐步生成更适应特定环境的新个体。随着种群在搜索空间中的不断进化，这些个体会趋向于更优的状态。如此迭代繁衍，种群逐渐收敛至最适应环境的状态，进而找到问题的较优解。

2. 遗传算法的过程

基本遗传算法，也称为标准遗传算法或简单遗传算法（Simple Genetic Algorithm，SGA），是一种面向群体的优化方法。它作用于整个种群中的每个个体，仅采用三种基本的遗传操作：选择、交叉和变异。SGA 的操作流程直观且易于理解，构成了其他遗传算法发展的基础。它不仅提供了一个遗传算法的基本框架，而且在实际应用中也颇具价值。选择、交叉和变异这三个关键操作算子，共同构成了遗传算法的独特性，使其区别于其他优化方法。

其表示方法如下：

$$\text{SGA}=(C,E,P_0,M,\phi,\Gamma,\Psi,T)$$

其中，C 表示个体的编码方案；E 表示个体适应度评价函数；P_0 表示初始种群；M 表示种群大小；ϕ 表示选择算子；Γ 表示交叉算子；ψ 表示变异算子；T 表示遗传算法终止条件。

遗传算法全过程如图 2.15 所示。

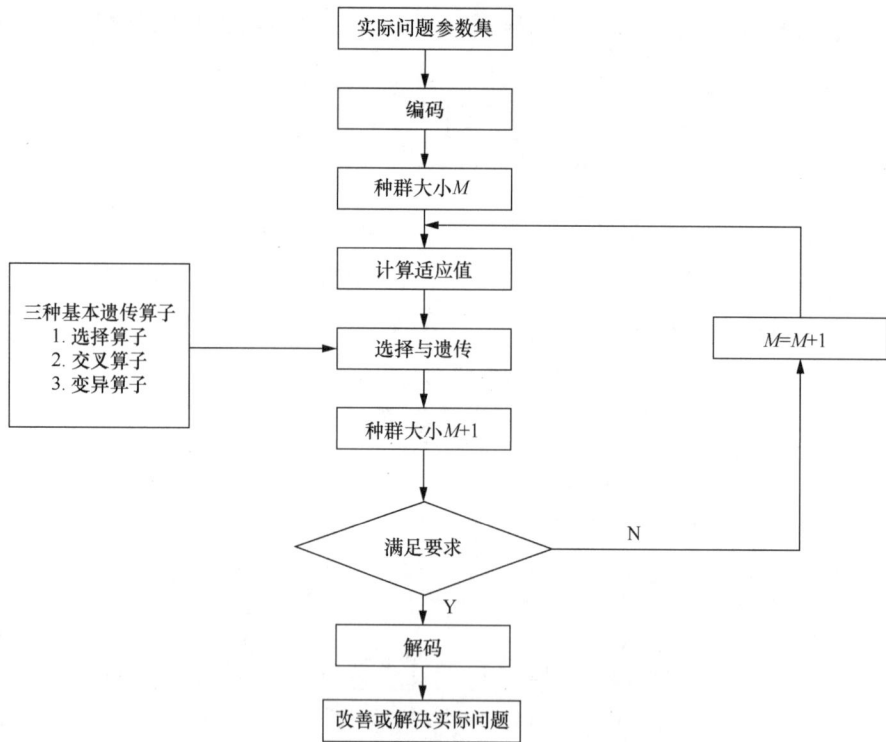

图 2.15 遗传算法全过程

2.3 知识推理

推理过程是求解问题的过程。问题求解的质量与效率不仅依赖于所采用的求解方法（如匹配算法、不确定性的传递算法等），还依赖于求解问题的策略，即推理的控制策略。推理的控制策略主要包括推理方向、搜索策略、冲突消解策略、求解策略及限制策略等。推理方向分为正向推理、逆向推理、混合推理及双向推理四种。

知识推理

1. 正向推理

正向推理就是正向地使用规则，从已知条件出发向目标进行推理。其基本思想是：检验是否有规则的前提被动态数据库中的已知事实满足，如果被满足，则将该规则的结论放入动态数据库中，再检查其他的规则是否有前提被满足；反复该过程，直到目标被某个规则推出结束，或者再也没有新结论被推出为止。由于这种推理方法是从规则的前提向结论进行推理，所以称为正向推理。由于正向推理是通过动态数据库中的数据来"触发"规则进行推理的，所以又称为数据驱动的推理。

例 2.3 设有规则

   r1：IF A and B   THEN C
   r2：IF C and D   THEN E
   r3：IF E   THEN F

并且已知 A、B、D 成立，求证 F 成立。

初始时 A、B、D 在动态数据库中，根据规则 r1，推出 C 成立，所以将 C 放入动态数据库中；根据规则 r2，推出 E 成立，将 E 加入动态数据库中；根据 r3，推出 F 成立，将 F 放入动态数据库中。由于 F 是求证的目标，目标结论成立，因此推理结束。

如果在推理过程中有多个规则的前提同时成立，那么，如何选择一条规则呢？这就是冲突消解问题。最简单的办法是按照规则的自然顺序，选择第一条前提被满足的规则执行。也可以对多个规则进行评估，哪条规则的前提被满足的条件多，哪条规则就优先执行；或者从规则的结论与要推导的目标结论的距离来考虑，最短距离对应的规则优先执行。

2. 逆向推理

逆向推理又称为反向推理，是逆向地使用规则，先将目标作为假设，查看是否有某条规则支持该假设，即规则的结论与假设是否一致，然后看结论与假设一致的规则其前提是否成立，如果前提成立，则假设被验证，结论放入动态数据库中，否则将该规则的前提加入假设集中，一个一个地验证这些假设，直到目标假设被验证为止。由于逆向推理是从假设求解目标成立、逆向使用规则进行推理的，所以又称为目标驱动的推理。

例 2.4　使用逆向推理推导出例 2.3 中的 F 成立？

首先将 F 作为假设，发现规则 r3 的结论可以推导出 F，然后检验 r3 的前提 E 是否成立。现在动态数据库中还没有记录 E 是否成立，由于规则 r2 的结论可以推导出 E，因此依次检验 r2 的前提 C 和 D 是否成立。先检验 C，由于 C 也没有在动态数据库中，因此再次找结论含有 C 的规则，找到规则 r1，发现其前提 A、B 均成立（在动态数据库中），从而推出 C 成立，将 C 放入动态数据库中。再检验规则 r2 的另一个前提条件 D，由于 D 在动态数据库中，因此 D 成立，从而 r2 的前提全部被满足，推导出 E 成立，并将 E 放入动态数据库中。由于 E 已经被推导出成立，因此规则 r3 的前提也成立了，从而最终推导出目标 F 成立。

在逆向推理中也存在冲突消解问题，可采用正向推理部分提到的方法解决。

3. 混合推理

正向推理具有盲目、效率低等缺点，推理过程中可能会推导出很多与问题无关的子目标。逆向推理中，若提出的目标假设不符合实际，也会降低系统的效率。为解决这些问题，可把正向推理与逆向推理相结合起来，使其各自发挥自己的优势，取长补短。这种既有正向又有逆向的推理称为混合推理。另外，在下述几种情况下，一般也需要进行混合推理。

（1）已知的事实不充分

当数据库中的已知事实不够充分时，若用这些事实与知识的运用条件相匹配进行正向推理，可能连一条适用知识都选不出来，这就使推理无法进行下去。此时，可通过正向推理先把与其运用条件不能完全匹配的知识都找出来，并把这些知识可导出的结论作为假设，然后分别对这些假设进行逆向推理。由于在逆向推理中可以向用户询问有关信息，因此就有可能使推理进行下去。

（2）正向推理推导出的结论可信度不高

用正向推理进行推理时，虽然推导出了结论，但可信度可能不高，达不到预定的要求。所以为了得到一个可信度符合要求的结论，可用这些结论作为假设，然后进行逆向推理，通过向用户询问进一步的信息，有可能得到一个可信度较高的结论。

（3）希望得到更多的结论

在逆向推理过程中，由于要与用户进行对话，有针对性地向用户询问，这就有可能获得一些原来未掌握的有用信息。这些信息不仅可用于证实要证明的假设，同时还有助于推出一些其他结论。所以在用逆向推理证实了某个假设之后，可以再用正向推理推出另外一些结论。例如，在医疗诊断系统中，先用逆向推理证实某病人患有某种病，再利用逆向推理过程中获得的信息进行正向推理，就有可能推出该病人还患有什么病。

由以上讨论可以看出，混合推理分为两种情况：一种是先进行正向推理，帮助选择某个目标，即从已知事实演绎出部分结论，再用逆向推理证实该目标或提高其可信度；另一种情况是先假设一个目标进行逆向推理，再利用逆向推理中得到的信息进行正向推理，以推出更多的结论。

先正向、后逆向的混合推理过程如图 2.16 所示。先逆向、后正向的混合推理过程如图 2.17 所示。

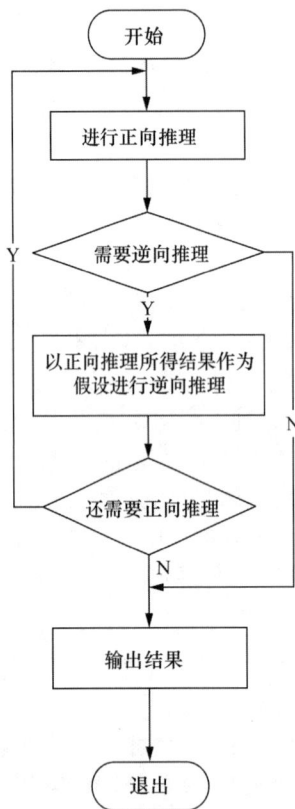

图 2.16　先正向、后逆向的混合推理过程　　图 2.17　先逆向、后正向的混合推理过程

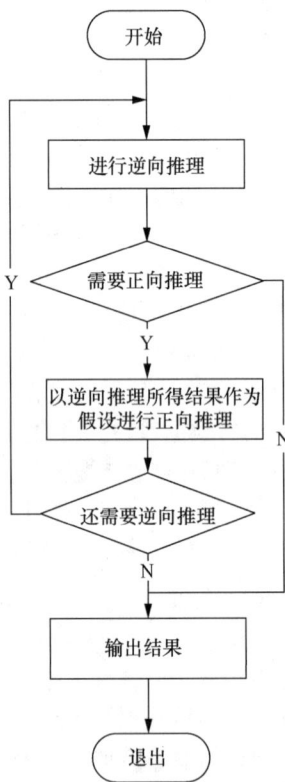

4. 双向推理

在定理的机器证明等问题中，经常采用双向推理。所谓双向推理，是指正向推理与逆向推理同时进行，且在推理过程中的某一步骤上"相遇"的一种推理。其基本思想是：一方面根据已知事实进行正向推理，但并不推到最终目标；另一方面从某假设目标出发进行逆向推理，但并不推至原始事实，而是让它们在中途相遇，即由正向推理所得到的中间结论恰好是逆向推理时所要求的证据，这时推理就可结束，逆向推理时所做的假设就是推理的最终结论。

双向推理的困难在于"相遇"判断。另外，如何权衡正向推理与逆向推理的比重，即如何确定"相遇"的时机也是一个困难问题。

▶▶▶ 2.3.1　线性和非线性推理

线性与非线性是决策与推理中最基本的概念之一。线性指的是在给定条件下，变量之间的关系是一一对应的，可以用线性方程组表示；而非线性则指的是在给定条件下，变量之间的关系不是一一对应的，不能用线性方程组表示。线性模型的优点是简单易用，但是它无法捕捉到复杂系统中的非线性关系，这会导致预测和决策的误差。非线性模型则可以捕捉到复杂系统中的非线性关系，但是它的计算成本较高，存在可解释性差的问题。线性和非线性推理在解决问题和决策制定中扮演着不同的角色。本小节将深入探讨这两种推理方式的定义、特点、应用场景以及它们在人工智能系统中的实现。

1．线性推理

线性推理是一种直接、有序的推理方式，其中每一步推理都是基于前一步的结果，并且整个推理过程呈现出线性、单向的结构。其前提是已知一般性知识或假设。

- **顺序性**：线性推理遵循严格的顺序，每个步骤都依赖于前一个步骤。
- **确定性**：每一步推理的结果都是确定的，没有歧义。
- **简洁性**：线性推理通常涉及较少的分支，使得推理过程简洁明了。

在人工智能中，线性推理可以通过一系列顺序执行的规则或算法来实现。例如，使用决策树来模拟线性推理过程，每个节点代表一个决策步骤，每个分支代表一个可能的结果。线性推理适用于规则明确、步骤清晰的领域，如数学证明、逻辑推理等。

交通信号灯的控制逻辑是一个典型的线性推理应用。信号灯按照预设的时间间隔变换颜色（红灯、绿灯、黄灯），这个顺序是固定的，不受其他变量的影响。每个信号灯的变化都是基于前一个灯的状态，形成了一个简单的线性序列。

2．非线性推理

非线性推理是一种更为复杂和灵活的推理方式，它允许推理过程存在多个分支和反馈循环，使得推理路径不是单一的线性结构。

- **灵活性**：非线性推理可以处理更复杂的情境，允许在推理过程中调整方向。
- **不确定性**：由于存在多个可能的推理路径，非线性推理的结果可能不是唯一的。
- **复杂性**：非线性推理涉及更多的分支和循环，使得推理过程更加复杂。

非线性推理可以通过神经网络、遗传算法、模糊逻辑等技术来实现。这些技术能够处理复杂的数据结构和推理路径，以适应环境和数据的不断变化。例如，神经网络通过学习大量的数据模式来识别复杂的模式，而遗传算法通过模拟自然选择的过程来优化解决方案。非线性推理适用于规则不明确、需要探索多种可能性的领域，如自然语言处理、机器学习等。

3．线性推理与非线性推理的比较

线性推理因其简单的顺序结构而通常更高效，适用于那些规则明确、步骤清晰的应用场景，例如自动化的决策流程。相比之下，非线性推理在处理复杂和不确定的问题时显示出更大的适应性，它能够模拟人类在面对多变情境时的思考方式，通过探索不同的推理路径来寻找解决方案。尽管非线性推理可能需要更多的计算资源和时间，但它在需要考虑多种可能性的领域中，如策略规划和复杂问题解决，具有更广泛的应用范围。

简而言之，线性推理在效率上占优，而非线性推理在处理复杂问题时更为灵活。理解这两种推理方式的特点和应用，可以帮助读者更好地设计和实现人工智能系统，以解决不同的问题和满足不同的需求。通过结合线性推理和非线性推理，读者可以创建更加强大和灵活的人工智能系统，以解决现实世界中的复杂问题。

▶▶▶ 2.3.2　确定性和不确定性推理

1．确定性与不确定性规则

（1）确定性规则的产生式表示

确定性规则的产生式表示形式如下。

$$\text{IF} \quad P \quad \text{THEN} \quad C \quad 或 \quad P{\rightarrow}C$$

在该式子中，产生式的前提是 P，作用是指出式子是否具有可用的条件；C 是一组结论或操作，作用是指出前提 P 指示的条件被满足时，所应当得出的结论或可执行的操作。产生式整体的含义是：如果前提 P 被满足，则结论 C 成立或者执行 C 所规定的操作。例如：

$$r_1: \text{IF} \quad 动物会飞 \quad \text{and} \quad 会下蛋 \quad \text{THEN} \quad 该动物是鸟$$

是一个产生式。在该式子中 r_1 是编号；"动物会飞 and 会下蛋"是前提 P；"该动物是鸟"是结论 C。

（2）不确定性规则的产生式表示

不确定性规则的产生式表示形式如下。

$$\text{IF} \quad P \quad \text{THEN} \quad C（置信度） \quad 或 \quad P{\rightarrow}C（置信度）$$

例如，在医疗诊断专家系统 MYCIN 中有这样一条产生式：

IF　本微生物的染色斑是革兰氏阴性，本微生物的形状呈杆状，病人是中间宿主
THEN　该微生物是绿脓杆菌的置信度为 0.6

它表示当前提中列出的各个条件都得到满足时，结论"该微生物是绿脓杆菌"可以相信的程度为 0.6。这里，用 0.6 表示知识的强度。

（3）确定性事实的产生式表示

在本书中，确定性事实用三元组表示，一般表示为(对象,属性,值)或(关系,对象 1,对象 2)。例如，"小赵的身高是 170cm"表示为 (Zhao, Height, 170)，"小赵和小朱是朋友"表示为 (Friend, Zhao, Zhu)。

（4）不确定性事实的产生式表示

在本书中，不确定性事实用四元组表示，一般表示为(对象,属性,值,置信度)或(关系,对象 1,对象 2,置信度)。例如，"小赵的身高很可能是 170cm"表示为 (Zhao, Height, 170, 0.8)，"小赵和小朱不太可能是朋友"表示为 (Friend, Zhao, Zhu, 0.1)，置信度为 0.1 表示小赵和小朱是朋友的可能性比较小。

产生式又被称为产生式规则；产生式中提到的"前提"有时候又被称为"条件""前提条件""前件""左部"等；而"结论"有时候又被称为"后件""右部"等。本书后面将不再区分地使用这些术语，也不再单独说明。

2．确定性推理和不确定性推理

若按推理时所用知识的确定性来划分，推理可分为确定性推理与不确定性推理。所谓确定性推理，是指推理时所用的知识与证据都是确定的，推出的结论也是确定的，其真值或者为真或者为假，没有第三种情况出现。

经典逻辑推理是最先被提出的一类推理方法，是根据经典逻辑（命题逻辑及一阶谓词逻辑）的逻辑规则进行的一种推理，主要有自然演绎推理、归结演绎推理及与或型演绎推理等。由于这种推理是基于经典逻辑的，其真值只有"真（对）"和"假（错）"两种，因此它是一种确定性推理。

所谓不确定性推理，是指推理时所用的知识与证据不都是确定的，推出的结论也是不确定的。现实世界中的事物和现象大多数是不确定的，或者是模糊的，很难用精确的数学模型来表示与处理。不确定性推理又分为似然推理和近似推理（模糊推理），前者是基于概率论的推理，后者是基于模糊逻辑的推理。人们经常在知识或证据不完全、不精确的情况下进行推理，所以要使计算机能模拟人类的思维活动，就必须使它具有不确定性推理的能力。

一般的逻辑推理都是确定性的，也就是说前提成立，结论一定成立。例如在几何定理证

明中，如果两个同位角相等，则两条直线一定是平行的。但是在很多实际问题中，推理往往具有模糊性、不确定性，如"如果阴天则可能下雨"，但我们都知道阴天不一定就会下雨，这就属于不确定性推理问题。本小节将详细介绍不确定性推理问题。

随机性、模糊性和不完全性均可导致不确定性。解决不确定性推理问题至少要解决以下几个问题：事实的表示，规则的表示，逻辑运算，规则运算，规则的合成。

各种非确定性推理方法各有优缺点，下面以著名的专家系统 MYCIN 中使用的可信度方法为例进行说明。

（1）事实的表示

事实 A 为真的可信度用 CF(A) 表示，取值范围为 $[-1,1]$，当 CF(A) $=1$ 时，表示 A 一定为真；当 CF(A) $=-1$ 时，表示 A 为真的可信度为 -1，也就是 A 一定为假。CF(A)>0 表示 A 以一定的可信度为真；CF(A)<0 表示 A 以一定的可信度 $[-CF(A)]$ 为假，或者说 A 为真的可信度为 CF(A)，由于此时 CF(A) 为负，实际上 A 为假；CF(A) $=0$ 表示对 A 一无所知。在实际使用时，一般会给出一个绝对值比较小的区间，只要在这个区间就表示对 A 一无所知，这个区间一般取 $[-0.2, 0.2]$。

例如，CF(阴天)=0.7，表示阴天的可信度为 0.7。CF(阴天)=-0.7，表示阴天的可信度为 -0.7，也就是晴天的可信度为 0.7。

（2）规则的表示

具有可信度的规则表示为如下形式。

$$IF \quad A \quad THEN \quad B \quad CF(B, A)$$

其中，A 是规则的前提；B 是规则的结论；CF(B,A) 是规则的可信度，又称规则的强度，表示当前提 A 为真时，结论 B 为真的可信度。同样，规则的可信度 CF(B,A) 的取值范围也是 $[-1,1]$，取值大于 0 表示规则的前提和结论是正相关的，取值小于 0 表示规则的前提和结论是负相关的，即前提越成立则结论越不成立。

一条规则的可信度可以理解为当前提肯定为真时，结论为真的可信度。

例如，IF 阴天 THEN 下雨 0.7

表示：如果阴天，则下雨的可信度为 0.7。

IF 晴天 THEN 下雨 -0.7

表示：如果晴天，则下雨的可信度为-0.7，即如果是晴天，则不下雨的可信度为 0.7。

若规则的可信度 CF(B,A) $=0$，则表示规则的前提和结论之间没有任何相关性。

例如，IF 下班 THEN 下雨 0

表示：下班与下雨之间没有任何联系。

规则的前提也可以是复合条件。

例如，IF 阴天 and 湿度大 THEN 下雨 0.6

表示：如果阴天且湿度大，则下雨的可信度为 0.6。

（3）逻辑运算

规则的前提可以是复合条件，复合条件可以通过逻辑运算表示。常用的逻辑运算有"与""或""非"，在规则中可以分别用"and""or""not"表示。在可信度方法中，具有可信度的逻辑运算规则如下。

规则①： $CF(A \text{ and } B) = \min\{CF(A), CF(B)\}$

规则②： $CF(A \text{ or } B) = \max\{CF(A), CF(B)\}$

规则③： $CF(\text{not } A) = -CF(A)$

规则①表示"A and B"的可信度等于 CF(A) 和 CF(B) 中最小的一个；规则②表示"A or B"的可信度等于 CF(A) 和 CF(B) 中最大的一个；规则③表示"not A"的可信度等于 A 的可信度的负值。

例如，已知 CF（阴天）=0.7，CF（湿度大）=0.5，则 CF（阴天 and 湿度大）=0.5；CF（阴天 or 湿度大）=0.7；CF（not 阴天）=-0.7。

（4）规则运算

前面提到过，规则的可信度可以理解为当规则的前提为真时，结论的可信度。如果已知的事实不一定为真，也就是事实的可信度不是 1 时，如何从规则得到结论的可信度呢？在可信度方法中，规则运算的规则按照如下方式计算。

已知"IF A THEN B CF(B,A)"和 CF(B,A)，则 $CF(B) = \max\{0, CF(A)\} \times CF(B,A)$。

由于只有当规则的前提为真时，才有可能推出规则的结论，而前提为真意味着 CF(A) 必须大于 0，CF(A)<0 意味着规则的前提不成立，不能从该规则推导出任何与结论 B 有关的信息，因此在可信度的规则运算中，通过 $\max\{0, CF(A)\}$ 筛选出前提为真的规则，并通过规则前提的可信度 CF(A) 与规则的可信度 CF(B,A) 相乘的方式得到规则的结论 B 的可信度 CF(B)。如果一条规则的前提不是真，即 CF(A)<0，则通过该规则得到 CF(B) = 0，表示该规则得不出任何与结论 B 有关的信息。注意，这里 CF(B) = 0 表示通过该规则得不到任何与 B 有关的信息，并不表示对 B 一定一无所知，因为还有可能通过其他的规则推导出与 B 有关的信息。

例如，已知"IF 阴天 THEN 下雨 0.7"，CF（阴天）=0.5，则 CF（下雨）=0.5×0.7=0.35，即从该规则得到下雨的可信度为 0.35。

再如，已知"IF 湿度大 THEN 下雨 0.7"，CF（湿度大）=-0.5，则 CF（下雨）=0，即通过该规则得不到下雨的信息。

（5）规则合成

一般情况下，得到同一个结论的规则不止一条，也就是说可能会有多个规则得出同一个结论，但是从不同规则得到同一个结论的可信度可能并不相同。

例如，有以下两条规则，且已知 CF（阴天）=0.5，CF（湿度大）=0.4。

① IF 阴天 THEN 下雨 0.8；② IF 湿度大 THEN 下雨 0.5。

从第一条规则，可以得到：CF（下雨）=0.5×0.8=0.4。从第二条规则，可以得到：CF（下雨）=0.4×0.5=0.2。

究竟 CF（下雨）应该是多少呢？这就是规则合成问题。

在可信度方法中，规则的合成计算如下。

设从规则①得到 CF1(B)，从规则②得到 CF2(B)，则合成后有：

$$CF(B) = \begin{cases} CF1(B) + CF2(B) - CF1(B) \times CF2(B), & \text{当}CF1(B)、CF2(B)\text{均大于}0 \\ CF1(B) + CF2(B) + CF1(B) \times CF2(B), & \text{当}CF1(B)、CF2(B)\text{均小于}0 \\ \left[CF1(B) + CF2(B)\right] / \left\{1 - \min\left[|CF1(B)|, |CF2(B)|\right]\right\}, & \text{其他} \end{cases}$$

这样，上面的规则合成后的结果为

$$CF（下雨）= 0.4 + 0.2 - 0.4 \times 0.2 = 0.52$$

如果是三个及三个以上的规则合成，则采用先将两个规则合成为一个新规则，该规则再与第三个规则合成的办法，以此类推，以实现多个规则的合成。

下面给出一个用可信度方法实现不确定性推理的案例。

已知

r_1: IF A1 THEN B1 CF(B1,A1)=0.8

r_2: IF A2 THEN B1 CF(B1,A2)=0.5

r_3: IF B1 and A3 THEN B2 CF(B2,B1 and A3) = 0.8

$$CF(A1) = CF(A2) = CF(A3) = 1$$

计算 $CF(B1)$, $CF(B2)$。

由 r_1 可得：$CF1(B1) = CF(A1) \times CF(B1, A1) = 1 \times 0.8 = 0.8$

由 r_2 可得：$CF2(B1) = CF(A2) \times CF(B1, A2) = 1 \times 0.5 = 0.5$

合成得到：$CF(B1) = CF1(B1) + CF2(B1) - CF1(B1) \times CF2(B1)$

$$= 0.8 + 0.5 - 0.8 \times 0.5 = 0.9$$

$$CF(B1 \text{ and } A3) = \min\left[CF(B1),\ CF(A3)\right] = \min(0.9,\ 1) = 0.9$$

由 r_3 可得：$CF(B2) = CF(B1 \text{ and } A3) \times CF(B2, B1 \text{ and } A3) = 0.9 \times 0.8 = 0.72$

故 $CF(B1) = 0.9$, $CF(B2) = 0.72$。

▶▶▶ 2.3.3　模糊推理

模糊推理是一种基于模糊逻辑的推理方法，它允许我们处理不确定性和模糊性问题。在现实世界中，很多问题都不能用绝对的真或假来定义，而是存在程度上的差别。模糊推理通过使用模糊集合和模糊规则来模拟人类在处理这类问题时的思维方式。

1. 模糊推理的定义

模糊推理是一种近似推理方法，它利用模糊集合论来处理不确定性和模糊性问题，从而得出可能不精确的结论。这种推理方式的特点在于其能够处理不精确的问题，具有灵活性，并且更接近人类处理模糊概念的方式，如"漂亮"或"热"。它在人工智能领域有广泛应用，尤其是在控制系统（如模糊 PID 控制器）、决策支持系统和模式识别（如语音和图像处理）等方面。

2. 模糊推理的实现

在实现模糊推理时，首先需要定义模糊集合和隶属函数，以确定元素对模糊集合的隶属程度。接着，基于专家知识和经验构建模糊规则，这些规则是模糊推理中的条件语句。模糊推理方法，如 Zadeh 法和 Mamdani 法，用以指导如何根据特定规则和输入数据进行推理。最后，去模糊化，将模糊推理的输出转换为具体、精确的值，常用的方法包括最大隶属度法。

总体来说，模糊推理通过模糊集合、模糊规则和特定的推理方法，有效地模拟了人类在面对不确定性和模糊性问题时的决策过程，使其成为解决复杂系统问题的强大工具。

假设我们有一个简单的模糊控制系统，用于调节室内温度。我们定义了以下模糊规则。

r_1：如果温度低，则开大暖气。

r_2：如果温度高，则关小暖气。

我们可以根据室内温度的实时数据，通过隶属函数将其转换为模糊集合（如"低"、"高"），然后应用模糊规则进行推理，最后通过去模糊化得到具体的暖气调节幅度并输出。空调系统中的模糊控制系统可以根据室内外的温度变化，自动调整空调的运行模式（制冷或制热）、风速和温度设定，以保持室内温度的舒适和稳定。例如，如果室外温度骤升，空调可能会自动调低室内温度，以更快地达到令人体感到舒适的室内温度。

▶▶▶ 2.3.4　概率推理

在面对不确定性时，概率推理成为了一种强大的工具，它允许我们量化事件的可能性并据此做出决策。概率推理在人工智能、经济学、医疗、法律和日常决策中都有广泛的应用。本小节将探讨概率推理的基本概念、推理过程和实际应用案例。

1. 定义

概率是衡量事件发生可能性的数值，取值范围为 0（不可能发生）~1（一定会发生）。条件概率是在已知另一事件发生的条件下，某一事件发生的概率。它用 $P(A|B)$ 表示，在事件 B 发生的条件下事件 A 发生的概率。贝叶斯定理描述了一个关于条件概率的公式，它允许我们根据新的证据更新我们的信念。其公式如下：

$$P(A \mid B) = P(B \mid A)P(A)/P(B)$$
$$P(B \mid A) = P(B)P(A \mid B)/P(A)$$

其中，$P(A|B)$ 是在 B 发生的条件下 A 发生的概率，$P(B|A)$ 是在 A 发生的条件下 B 发生的概率，$P(A)$ 是 A 的先验概率，$P(B)$ 是 B 的先验概率。

2. 推理过程

概率推理的过程通常包括以下步骤。

（1）定义问题：明确需要预测或解释的事件。以医疗问题为例，首先，确定要解决的医疗诊断问题，并确定相关的随机变量与随机变量之间的依赖关系。这些随机变量可能包括症状、检验结果、患者病史、遗传信息等。

（2）收集数据：收集与事件相关的数据和信息。例如，收集与随机变量相关的医疗数据，这些数据可以来自电子健康记录、临床试验或医学研究。数据的高质量和完整性对贝叶斯网络的准确性至关重要。

（3）建立模型：构建概率模型来描述数据与事件之间的关系。根据收集的数据和问题要求，确定贝叶斯网络的拓扑结构。这一步骤需要专家知识来定义随机变量之间的因果关系，并构建相应的有向边。

（4）估计概率：根据模型和数据估计事件的概率。使用收集的数据来学习贝叶斯网络中的参数，即条件概率分布。这一操作可以通过最大似然估计、贝叶斯估计或其他统计学习方法来完成。

（5）更新概率：当新的数据或证据出现时，更新概率估计。使用贝叶斯网络进行推理，即根据已知的证据，计算其他节点的条件概率分布。这一操作可以通过前向或后向传播算法来完成。

（6）做出决策：基于概率估计和可能的后果来做出最优决策。

3. 案例

以贝叶斯网络为例，它通过构建节点和边构成的有向无环图来描述随机变量之间的依赖关系，每个节点代表一个随机变量，边表示随机变量之间的条件依赖。在医疗诊断中，贝叶斯网络能够模拟疾病与症状之间的复杂关系，以辅助医生从不确定性中做出准确的诊断，如图 2.18 所示。

在肺结节良恶性鉴别诊断中，通过结合患者病史、人口统计学特征、CT 影像学特征、血清肿瘤标志物指标和部分随访信息，基于动态贝叶斯网络（Dynamic Bayesian Network，DBN）构建了新型肺结节恶性概率静态预测模型。该模型的灵敏度和特异度均有所提升，降低了胸部低剂量 CT 筛查的假阳性率。

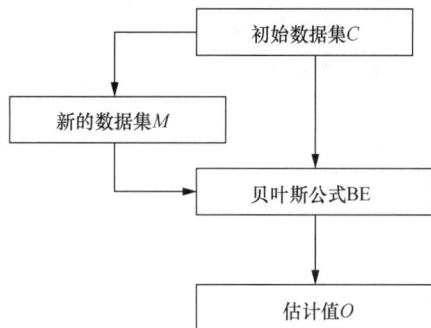

（a）贝叶斯网络

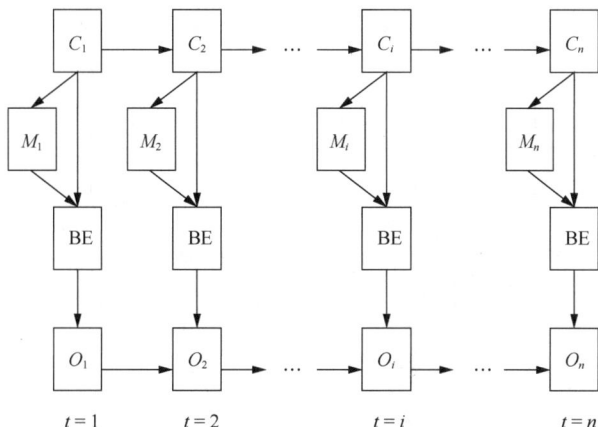

（b）动态贝叶斯网络

图 2.18　贝叶斯网络与动态贝叶斯网络示意图

本章小结

本章深入探讨了人工智能中的核心议题：知识的表示与推理。通过本章的学习，读者可以了解符号表示和处理，这是传统人工智能的基础，使得机器能够理解和操作复杂的信息。通过本体论设计、分类学、语义网络、框架和知识图谱等知识表示技术，人工智能系统能够结构化现实世界的数据，以为智能决策提供支持。同时，本章还介绍了启发式搜索、搜索树和遗传算法等知识搜索方法，这些方法可助力人工智能系统在广阔的可能性中寻找最优解。在推理方面，本章讨论了线性与非线性推理、确定性与不确定性推理，以及模糊推理和概率推理，这些技术使人工智能系统能够在信息不完整或不确定时做出合理判断。综合这些技术，本章提供了一个全面的视角，以理解和实现人工智能的知识处理功能。随着技术的持续进步，这些方法将在未来的智能系统中扮演更加关键的角色，使机器能够更智能地解决现实世界的复杂问题。

习题

1. 什么是知识？它有哪些特性？有哪几种分类方法？

2．用产生式表示：如果一个人发烧、呕吐、出现黄疸，那么得肝炎的可能性有七成。

3．试述产生式系统求解问题的一般步骤。

4．构造一个描述教室的框架。

5．在确定性推理中，应该解决哪几个问题？

6．在不确定性推理中，应该解决哪几个问题？

7．解释双向推理的基本思想。

8．什么是盲目搜索？

9．用深度优先方法求解图 2.19 所示的二阶汉诺塔问题，画出搜索过程的状态变化示意图。

对每个状态规定的操作顺序：先搬柱 1 上的盘，放的顺序是先柱 2 后柱 3；再搬柱 2 上的盘，放的顺序是先柱 3 后柱 1；最后搬柱 3 上的盘，放的顺序是先柱 1 后柱 2。

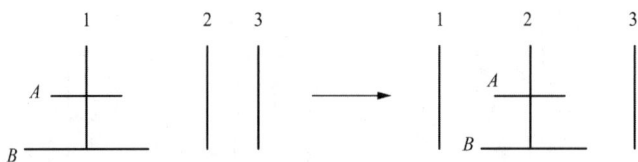

图 2.19　二阶汉诺塔问题

10．请用 A*算法求解图 2.20 所示的八数码问题。

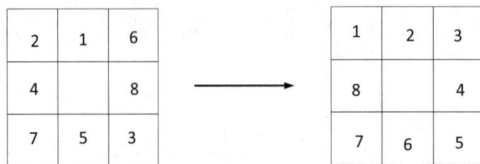

图 2.20　八数码问题

11．在八数码问题中，如果移动一个将牌的代价为将牌的数值，请定义一个启发函数并说明该启发函数是否满足 A*条件。

第 3 章
基于学习的人工智能

本章导读

　　人工智能作为探索智能与自动化边界的先锋领域，正以前所未有的速度推动着科技的进步。其中，基于学习的人工智能更是以其强大的数据处理和模式识别能力，成为当今科技发展的热点。从机器学习到深度学习，再到强化学习，这些技术不仅深化了人们对智能本质的理解，更为各行各业带来了革命性的变革。

　　无论是分类及回归任务中的精准预测还是聚类及降维技术中的数据挖掘与特征提取，机器学习都以其独特的算法和模型，为人们揭示了数据背后的隐藏规律。深度学习作为机器学习的进阶版，以其强大的特征学习能力和泛化性能，引领了人工智能的新一轮浪潮。卷积神经网络在图像识别领域的卓越表现，递归神经网络在自然语言处理中的广泛应用，以及生成式神经网络在创意生成和图像合成方面的独特魅力，都让人们深刻感受到了深度学习的强大力量。而强化学习则为人们打开了一扇通往智能决策的大门。通过模拟环境、设定奖励机制，强化学习让智能体在试错中不断优化策略，从而实现了从简单任务到复杂场景的跨越。基于值函数的学习方法、基于策略的学习方法以及 Actor-Critic 等算法提供了多样化的学习路径，更为智能机器人的控制、游戏 AI 的优化等领域带来了全新的解决方案。

　　本章我们将学习以下内容。

- 机器学习
- 深度学习
- 强化学习

3.1　机器学习

3.1.1　机器学习概述

　　简单来说，机器学习（Machine Learning，ML）是一种让计算机通过数据和经验进行学习和改进的技术。与传统的编程方法不同，机器学习不依赖于人为编写的明确指令，而通过算法从数据中提取规律或模式，并根据这些规律做出预测或决策。机器学习基本过程是通过收集并预处理数据，选择合适的算法模型，利用训练数据集进行模型训练以学习数据中的规律和模式，随后通过验证数据集、调整模型参数以提高泛化能力，最终将训练好的模

机器学习

型应用于新的数据中进行预测或决策，如图 3.1 所示。

机器学习的目标是基于输入的数据来预测结果，所有的机器学习任务都可以用这种方式来表示。数据是机器学习的根本，数据越是多样化，越容易找到相关联的模式以及预测出结果。因此，我们需要以下三部分来训练模型。

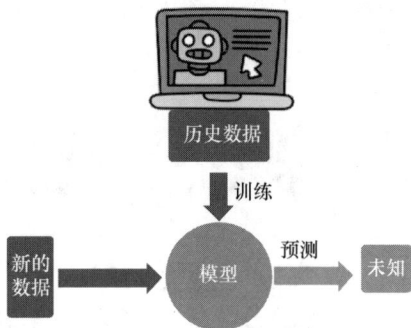

图 3.1　机器学习基本过程

（1）数据：驱动机器学习的动力源泉

数据是机器学习的核心驱动力，没有足够的数据支持，任何模型和算法都将失去意义。数据的质量、数量和多样性对于机器学习的效果具有决定性的影响。在实际应用中，我们需要对数据进行预处理、特征选择、降维等操作，以提取出有用的信息并降低模型的复杂度。此外，我们还需要注意数据的分布和标注问题。数据分布的不均匀性可能会导致模型在某些类别上的性能较差，而标注错误的数据则可能导致模型学习到错误的规律或模式。因此，在数据预处理阶段，我们需要对数据进行仔细的检查和清洗，以确保数据的质量和准确性。

（2）模型：构建机器学习的基石

模型是机器学习的起点，它定义了输入与输出之间的关系，以及如何通过参数调整来优化这种关系。模型的选择对于机器学习的效果至关重要，不同的模型适用于不同的数据特征和问题类型。例如，线性回归模型适用于变量之间具有线性关系的场景，而神经网络则更擅长处理复杂的非线性问题。在构建模型时，我们需要考虑多个因素，如模型的复杂度、计算效率、可解释性等。权衡这些因素，需要根据具体的应用场景来做出选择。同时，我们还需要注意模型的泛化能力，即模型在未见过的数据上的表现。一个优质的模型应该在不同的数据集上都能保持良好的性能。

（3）算法：驱动模型学习的引擎

算法是机器学习中的关键部分，它决定了模型如何提取数据中的规律，并优化模型参数以提高预测准确性。常见的机器学习算法包括决策树、支持向量机、朴素贝叶斯分类器等。每种算法都有其独特的优势和适用场景，需要根据问题的特点来选择合适的算法。在算法的选择上，我们需要考虑算法的复杂度、收敛速度、稳健性等因素。一个优质的算法应该能够在较短的时间内找到最优解，并且对噪声和异常值具有一定的稳健性。此外，我们还需要注意算法的可扩展性和可解释性，以便在实际应用中更好地运用和调试。

机器学习经过几十年的发展，衍生出了很多种分类方法。按学习模式的不同，机器学习大致分为监督学习、无监督学习和强化学习。

1. 监督学习

监督学习是指利用一组已知类别或标签的样本调整分类器的参数，使其达到所要求性能的过程。在监督学习中，训练数据集中的每个样本都包含输入特征和对应的输出标签（目标值）。

假设在生活中，教小朋友辨认水果。拿起一个苹果对小朋友说："这是苹果"。然后拿起一个香蕉对小朋友说："这是香蕉"。通过不断重复这种过程，直到小朋友能准确地辨认苹果和香蕉。这就是监督学习的基本思路。

在机器学习的世界里，监督学习就是让机器从一堆已经标注好的数据中学习，使它可以自己判断新的数据。这些标注好的数据就像是你手中的苹果和香蕉——已经有了正确答案，机器只需要通过学习这些例子，学会"看图识水果"。

应用案例——利用监督学习进行手写数字识别

在手写数字识别中，监督学习发挥着至关重要的作用。这一学习过程的核心在于：利用标签已知的训练数据集，训练模型，使其学会如何将输入特征（如手写数字图像的像素值）

映射到正确的输出标签（即数字 0～9）。

MNIST 数据集（见图 3.2）是完成手写数字识别任务最常用的数据集。MNIST 数据集包含大量的手写数字图像，这些图像以 28 像素×28 像素的灰度形式呈现，每一张图像代表了一个手写数字，取值范围为 0～9 的整数。该数据集被明确划分为训练集和测试集两部分。训练集含有 60000 张图像，用于模型的训练与学习；测试集则包含 10000 张图像，专门用于评估模型的性能。每张图像都配有一个与之对应的标签，指明图像所代表的数字。

在监督学习的过程中，我们首先要对 MNIST 数据集中的图像进行预处理，包括将图像的像素值进行归一化处理，以确保数据的一致性和稳定性。同时，为了适应模型的输入要求，我们还需要将二维的图像数据转换为一维的向量形式。接下来，我们选择一个合适的机器学习模型，如多层感知机（Multilayer Perceptron，MLP）、支持向量机（Support Vector Machine，SVM）或卷积神经网络等。这些模型通过学习训练数据集中的特征与标签之间的关系，逐步建立起对手写数字的识别能力。

模型训练是监督学习的关键环节。首先，我们将训练数据集输入模型中，并通过前向传播计算模型的输出。然后，我们将模型的输出与实际标签进行比较，计算出损失函数，以此评估模型的性能。接下来，使用反向传播算法来计算损失函数对模型参数的梯度，并根据这些梯度来更新模型的参数，从而最小化损失函数。这一过程会重复多次，直到模型在训练数据集上达到一定的准确率或达到预设的迭代次数。

训练完成后，我们使用测试数据集来评估模型的性能。通过计算模型在测试数据集上的准确率，我们可以清晰地了解模型的泛化能力。在 MNIST 数据集上，许多机器学习模型，特别是深度学习模型，如卷积神经网络，取得了令人瞩目的成绩，准确率普遍高于 99%。

图 3.2　MNIST 数据集示例

2. 无监督学习

无监督学习是指在没有明确的类别或标签的情况下，对数据进行分析和处理的机器学习过程。它旨在发现数据中的结构、模式或规律。

我们常说的监督学习就像是给羊群安排了一名牧羊人，让其告诉羊群去哪里吃草（用标签告诉机器哪些是正确的答案）。无监督学习则不一样，它更像是把羊群放在一大片草原上，让它们自己去找最好吃的草，自己摸索出哪里才是最佳的草地（没有标签，机器自己探索数据中的模式）。

应用案例——利用无监督学习进行图片降维

在探索数据科学的广阔领域中，无监督学习扮演着至关重要的角色，它支持从无标签的数据中发掘隐藏的结构和模式。图 3.3 所示为两张关于香蕉的图片。其中，图 3.3（a）所示为原始高维图像，包含了丰富的细节，图 3.3（b）所示为经过降维处理后得到的图像。降维属于无监督学习的技术范畴，如主成分分析（Principal Component Analysis，PCA）或自动编码器，旨在保留数据（在此例中为香蕉图像）最本质、最具代表性的特征，同时去除冗余和噪声。

降维后的图像中，尽管像素数量已被减少，图像分辨率已被降低，但香蕉的主要特征如弯曲的形状、表面的纹理依然清晰可见。这正是无监督学习的魔力所在：它能够在不依赖外部标签或指导的情况下，自动识别并强化数据中的关键信息。通过减少数据的维度，无监督学习不仅简化了数据集，还使得数据中的内在结构和模式更加易于理解和分析。

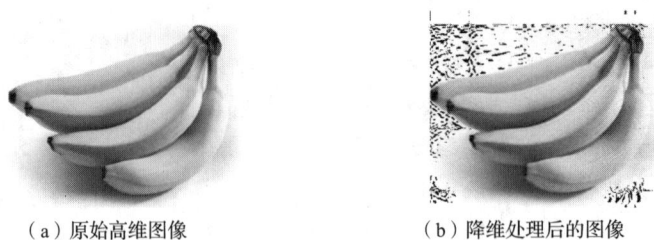

（a）原始高维图像　　　　　　　　（b）降维处理后的图像

图 3.3　原始高维图像和降维处理后的图像

这一过程类似于人类观察者在众多细节中迅速捕捉到物体的本质特征——即便是以简化的形式呈现，也能立即识别出那是香蕉的特征。无监督学习算法正是这样一种强大的工具，它帮助人们在浩瀚的数据海洋中导航，发现那些驱动数据行为的潜在力量，无论在图像识别、市场细分还是推荐系统的优化等场景中，都展现出了其不可估量的价值。因此，无监督学习不仅是数据科学家工具箱中的"利器"，更是连接复杂数据与深刻洞察的"桥梁"。

3. 强化学习

强化学习是一种通过智能体（Agent）在环境中不断进行试验并根据环境反馈的奖励信号学习最优策略的机器学习方法。智能体的目标是最大化长期累积奖励。

强化学习通过反复试验从经验中学习，类似于人类的学习过程。例如，婴儿可以接触冰块或牛奶，然后从负面或正面的强化中学习。

行动：婴儿进行了一些动作，例如接触冰块或者牛奶等。

奖励：婴儿接收到有关该动作结果的奖励反馈，例如接触冰块会觉得冰手、牛奶拿过来可以饮用等。

探索与利用：重复这个过程，直到婴儿了解哪些动作会产生有利的（正面）结果，哪些动作会产生不利的（负面）结果。

应用案例——AlphaGo 战胜围棋选手

围棋因其复杂性和深度被誉为"人类智慧的最后堡垒"。然而，这一堡垒在 21 世纪初被一位不速之客——AlphaGo 所攻破。AlphaGo 由谷歌 DeepMind 团队研发，其核心是将深度神经网络与强化学习深度相结合，包括两个关键部分：策略网络和价值网络。策略网络，如同一位经验丰富的棋手，能够预测每一步棋的最佳落子点；价值网络则像一位深谋远虑的战略家，评估当前棋局的胜负概率。这两者协同工作，使得 AlphaGo 在每一步决策中都能做出最优选择。AlphaGo 的创新之处在于其自我对弈的训练方式。通过不断地与自己下棋，AlphaGo 生成了海量的对弈数据，这些对弈数据被用来训练和优化策略网络与价值网络。这种无监督学习的方式，不仅极大地提高了 AlphaGo 的棋艺，也展示了强化学习在缺乏明确指导情况下的强大功能。除了深度神经网络，AlphaGo 还引入了蒙特卡洛树搜索算法，帮助AlphaGo 在每一步棋之前，模拟出多种可能的未来局面，并选择最有利的行动路径，如图 3.4 所示。

图 3.4　AlphaGo 对阵围棋选手

应用案例——利用机器学习进行房价预测

随着数据科学与机器学习技术的飞速发展，越来越多的领域开始运用这些技术进行预测和决策，房价预测便是其中之一。通过收集和分析历史房价数据，结合机器学习算法，我们能够更准确地预测未来房价走势，为投资者、房地产开发商和购房者提供有价值的参考。

（1）数据收集与预处理

要进行房价预测，首先需要收集大量相关数据。这些数据包括历史房价、地理位置、房屋属性、经济指标等。在收集到数据后，需要进行预处理，如数据清洗、去重、格式转换等，以确保数据的准确性和一致性。

（2）特征工程

特征工程是机器学习中的关键步骤，旨在从原始数据中提取有意义的特征，以便更好地训练模型。对于房价预测，常见的特征包括房屋面积、卧室数量、学区因素、附近设施等。特征工程需要结合领域知识和实践经验，选择与房价相关的特征，并对其进行适当的归一化或编码处理。

（3）模型选择与训练

在特征工程之后，我们需要选择适合的机器学习模型进行训练。常见的房价预测模型包括线性回归、决策树回归、随机森林回归、支持向量回归等。选择合适的模型需要考虑数据的分布、特征的类型以及预测的准确性要求。在训练模型时，还需要确定模型的参数，如迭代次数、正则化强度等。

（4）模型评估与优化

模型训练完成后，需要对模型进行评估和优化。常用的评估指标包括均方误差（Mean Square Error，MSE）、均方根误差（Root Mean Square Error，RMSE）和平均绝对误差（Mean Absolute Error，MAE）等。通过调整模型参数或尝试不同的模型，可以找到最优的模型和参数组合。此外，交叉验证也是评估模型性能的有效方法，它可以减少过拟合和欠拟合的问题。

在实际应用中，还需要考虑如何将机器学习技术与业务场景相结合，以及如何将预测结果转换为具体的决策和建议。这需要深入了解业务需求和市场动态，并结合实际情况进行灵活应用，如图 3.5 所示。图 3.5 所示为基于多模态数据的房价预测流程图。系统使用房地产网站元数据（比如地理位置、面积、房龄等基本信息）、房产经纪人描述文本（如销售人员对房屋的描述）和房屋图片（如外观、内部装修照片）作为输入，通过不同的处理方法提取特征：文本数据经过词向量化与自然语言处理情感分析，图像数据通过 VGG16 深度学习模型提取视觉特征，如房屋的质量、装饰风格等。然后将所有特征与元数据一同输入梯度提升（Gradient Boosting）模型中。该模型是一种常用的机器学习算法，主要用于解决回归和分类问题。它的核心思想是通过多个简单模型（通常是决策树）不断地迭代优化，最终组合成一个强大的预测模型，进而输出房价预测结果。该流程融合了自然语言处理、深度学习和机器学习技术，以实现对房价的精准预测。

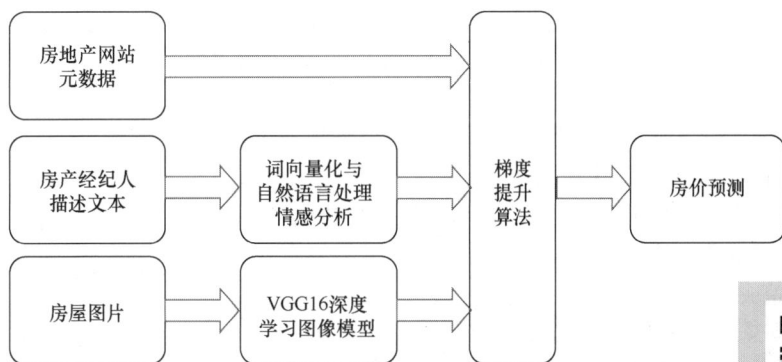

图 3.5　房价预测流程

▶▶▶ 3.1.2　分类及回归

监督学习主要有两种类型：分类（Classification）和回归（Regression）。

分类算法是根据输入的特征向量预测输出所属的类别标签。这里的类别标签是离散的，即输出值属于一个有限的类别集合。常用的分类算法包括支持向量机、决策树等。这些算法通过训练数据集学习一个分类模型，然后将新的输入数据映射到相应的类别标签上。

回归算法是根据输入的特征向量预测一个连续的输出值。这里的输出值是实数范围内的连续值，而不是离散的类别标签。常用的回归算法包括线性回归、逻辑回归等。这些算法通过建立输入特征向量与输出值之间的数学关系（如线性关系、多项式关系等），来预测新的输入数据对应的输出值。

分类就像一个多选题，机器需要从几个选项中选出正确答案。比如判断一封邮件是垃圾邮件还是正常邮件，这就是一个二分类问题——只有两种可能的结果。当然，也有多分类问题，比如辨认不同种类的水果。

回归则更像是一个填空题，机器需要预测一个连续的值，比如预测房价、股票价格等。房价预测中，房子有多大、位置如何这些特征都是填空题的提示，而最终答案就是房子的价格。

1. 分类算法

（1）决策树

决策树（Decision Tree）是一种基于树状结构进行决策分析的算法。它利用已知的各种情况（特征取值）来构建树状决策结构，从而实现对数据的分类。决策树由节点和有向边组成，其中，节点分为内部节点和叶节点。内部节点代表一个特征或属性，叶节点代表一个类别或输出结果。

如图 3.6 所示，决策树的结构很像一棵树，分为以下三部分。

根节点（Root Node）：一开始，我们要问的第一个问题，例如问题 1。

内部节点（Internal Nodes）：根据第一个问题的答案，再问后续问题，例如问题 2、问题 3。

叶节点（Leaf Nodes）：所有问题问完后，得出最终的结论，例如类别。

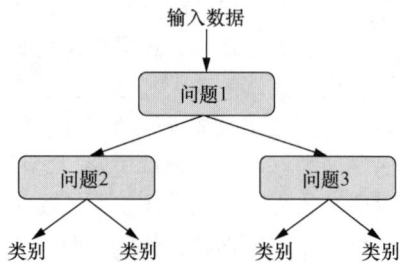

图 3.6 决策树结构

决策树通过一系列的问题和答案，把数据划分成不同的类别或者预测出一个值。

这里，假设我们要做个关于"今天要不要带伞"的决策树。一般来说，人们通常根据天气情况决定是否带伞。以下是我们问的问题。

第一个问题（根节点）：今天会下雨吗？

• 如果答案是"会下雨"，那就带伞（这是一个叶节点，表示已经做完决策）。

• 如果答案是"不会下雨"，继续问第二个问题。

第二个问题：今天天气多云吗？

• 如果答案是"多云"，那就继续问第三个问题。

• 如果答案是"晴天"，那就不带伞（这是另一个叶节点，表示已经做完决策）。

第三个问题：今天要走很远吗？

• 如果答案是"要走很远"，为了安全起见，带伞。

• 如果答案是"不走远"，不带伞。

我们可以把这个过程画成一棵树，如图 3.7 所示。

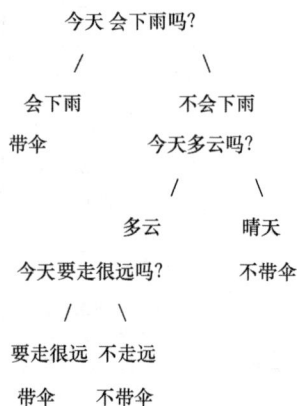

图 3.7 决策树示例

在这棵决策树中，我们一步步地根据不同的条件进行判断，最终决定是否带伞。简单来说，决策树就是一个一步步问题、逐步排除不相关选项、最后做出决定的过程。它是一种很直观的分类或预测工具，逻辑与我们平常做决定时的逻辑一样。

在决策树的构建过程中，特征选择是一个关键环节。上述例子中，我们是基于主观判断来建立决策树的。然而，在实际应用中，训练数据集的样本量通常非常庞大，且特征维度较多，这表明不可能像上面那样仅凭主观经验来生成决策树。因此，在构建决策树时，每次选择特征时都需要遵循一套科学的标准。在每个节点，决策树需要选择一个特征来进行划分，选择的标准通常包括以下几种。

① 信息熵

信息熵（Entropy）是衡量数据集中不确定性的指标。它表示数据中各类别分布的混乱程度。熵值越高，说明数据集中的类别分布越不均匀或越混乱；熵值越低，说明数据集中的类别分布越集中或越纯净。换句话说，熵反映了我们在没有任何额外信息的情况下，从数据集中随机选取一个样本并猜测其类别的困难程度。

例如，如果一个数据集的所有样本都属于同一类别，那么该数据集的熵为零，意味着没有不确定性。而如果数据集中各个类别的样本数量相差无几，那么熵就会达到最大值，因为此时我们无法通过样本本身的类别信息做出有效的预测。

② 信息增益

信息增益（Information Gain）是衡量通过特征划分数据后，数据集中的不确定性（熵）减少了多少的指标。信息增益越大，表示通过选择该特征来划分数据，能够减少更多的不确定性，从而更有效地将数据分类。因此，信息增益是用于特征选择的一个重要指标，反映了某个特征对分类结果的影响。

在构建决策树时，我们通过计算每个特征在划分数据时带来的信息增益，决定选择哪个特征进行划分。信息增益越大的特征，意味着它能够越大程度地减少数据集的混乱程度，是更好的划分依据。

③ 信息增益比

信息增益比（Gain Ratio）是对信息增益的一个改进。信息增益虽然能有效衡量特征的划分效果，但它有一个缺点：它倾向于选择取值较多的特征。例如，如果一个特征有很多不同的取值，这一特征可能会通过细分数据来获得很高的信息增益，但这种划分未必对分类任务有意义。

为了解决这一问题，引入了信息增益比。信息增益比考虑了特征的固有信息量，具体来说，它是信息增益与该特征自身熵的比值。这样，信息增益比可以避免偏向取值很多的特征，以帮助选择那些在数据划分中更有效的特征。

④ 基尼系数

基尼系数（Gini Index）是一种衡量数据集纯度的方法。它主要用于分类与回归树（CART）算法中。与信息熵不同，基尼系数直接度量数据集中的样本如何分布到各个类别中，该值越低，表示数据集越纯净，即同一类别的样本越多。

基尼系数的计算不涉及对数运算，它计算的是数据集中每个类别的概率，并通过这些概率来衡量数据的纯度。基尼系数的值范围为[0, 1]，0 表示完全纯净（即所有样本都属于同一类别），1 表示完全不纯净（即样本类别呈现均匀分布）。

⑤ 经验熵与条件熵

经验熵（Empirical Entropy）：数据集本身的熵，也就是数据集的整体不确定性，衡量的是数据集的混乱程度。

条件熵（Conditional Entropy）：在已知某个特征的条件下，数据集的不确定性。换句话说，条件熵衡量的是给定某个特征后，数据集的剩余不确定性。若某个特征能够将数据集划分得非常纯净（即每个子集几乎都是同一种类别），那么条件熵就会非常小，表示特征的划分效果好。

如何通过这些概念进行特征选择呢？

在决策树的构建过程中，特征选择是通过这些不确定性度量指标来完成的。具体来说，决策树的构建会考虑以下几个步骤。

① 计算信息增益或基尼系数：在每个节点，决策树会计算每个特征对数据集划分的影响。这些影响通常通过信息增益（或基尼系数）来量化。信息增益越大或基尼系数越小，意味着该特征能够将数据集划分得更纯净，从而能更好地帮助决策树进行分类。

② 选择最佳特征进行划分：在每个节点，决策树会选择信息增益或基尼系数最优的特征进行划分。也就是说，决策树会选择那个能最大程度减少数据不确定性的特征，或者能将数据划分得最为纯净的特征。

③ 递归构建树：每选择一个特征进行划分，数据集会被分成不同的子集。然后，决策树会递归地对每个子集进行特征选择，直到满足停止条件（例如数据集足够纯净或达到预设的树深度等）。

④ 剪枝（Pruning）：在决策树构建完成后，可能会进行剪枝操作，以去除一些过度拟合的分支。在剪枝过程中，通常会评估各个节点的纯度（使用信息增益或基尼系数）来决定是否剪枝。

总体来说，决策树通过计算和比较特征的信息增益（或基尼系数），递归地选择最能减少数据集不确定性的特征，并构建最优的决策树。这一过程既通过理论上对信息熵进行了度量，也结合了实际数据的特性，来保证决策树具有良好的预测能力和泛化能力。

（2）支持向量机

支持向量机（SVM）是一种监督学习算法，被广泛用于分类问题。它的核心思想是在特征空间中寻找一个最优的超平面（Hyperplane），使得不同类别的样本被最大化地分开。SVM在分类任务中的表现特别好，尤其在数据维度较高或者样本量较少的情况下。

我们需要深入理解 SVM 的核心概念，包括超平面、支持向量和最大间隔。这些概念是构建和优化 SVM 模型的基础，这些核心概念帮助我们理解如何通过选择最优的超平面来实现高效地分类。

① 超平面：在一个 n 维的特征空间中，超平面是一个 $n-1$ 维的平面，它将空间划分为两个空间。在分类问题中，SVM 的目标是找到一个超平面，这个平面能够将不同类别的样本尽可能地分开。假设我们有一个二分类问题，SVM 要寻找一个超平面，将两个类别的样本尽量分隔开。

② 支持向量（Support Vectors）：支持向量是距离超平面最近的那些样本点。在 SVM中，这些支持向量是决定最优超平面位置的关键点，因为它们"支持"分类边界的定义。事实上，只有支持向量才对超平面的位置起决定作用，其他离边界较远的样本点并不影响超平面的选择。

③ 最大间隔（Margin）：SVM 通过选择一个分类间隔最大的超平面来确保分类器的泛化能力。分类间隔是指超平面到支持向量的距离。最优的超平面是能使得两类样本之间的距离（即间隔）最大化的超平面。这有助于提高模型的泛化能力，即使它在训练集上有一定的误差，也能在新的、未见过的数据上表现得更好。

接下来，让我们深入探讨支持向量机（SVM）是如何工作的。假设有一个二维平面上的二分类问题，我们可以用直线来分隔不同类别的样本点，SVM 的目标是找到一条直线，使得这条直线到每个类别样本的距离尽可能远。这个"尽可能远"就是最大化间隔。

线性可分情况：对于线性可分（即可以用一条直线或超平面完全分开两类样本的情况）的数据，SVM 会寻找一个超平面，使得这个平面能够最大化地分隔这两类样本。这个平面就称为决策超平面，它使得两类样本的边界之间的距离最大化。

线性不可分情况：当数据是线性不可分的（即不能用一条直线或超平面完全分开两类样

本）时，SVM会引入一种叫作"软间隔"的方法，允许有些样本点被误分类。通过调整一个被称为"惩罚因子"（C）的参数，SVM可以控制最大化间隔与允许一定的分类错误之间的权衡。C值较大时，模型对误分类的容忍度较小，偏向于让所有数据点都正确分类；C值较小时，模型会允许更多的误分类，从而可以在复杂数据中找到更好的决策超平面。

当数据本身线性不可分，或者数据维度很高时，SVM可能无法找到合适的超平面来划分数据。为了解决这个问题，SVM引入了核函数（Kernel Function）。核函数的作用是将数据映射到一个更高维的空间，使得在这个新的空间中，原本线性不可分的数据变得线性可分。通过使用核函数，SVM可以在更高维的空间中寻找决策超平面，而不需要显式地计算高维空间中的数据点。这种方法极大地减少了计算的复杂度。常见的核函数包括以下三种。

线性核：适用于数据本身在原始空间中就是线性可分的情况。

高斯核（RBF核）：广泛使用的一种核函数，适用于大部分情况，尤其是数据复杂或者维度较高时。

多项式核：适用于某些特定的非线性问题。

接下来，通过一个简单的例子，我们将更直观地理解SVM的工作原理。假设你是小学老师，班里有两类学生，喜欢猫的学生和喜欢狗的学生，让每个学生对猫和狗的喜欢程度打分，并根据这些信息把学生分成两类：喜欢猫的和喜欢狗的。我们可以把每个学生看作一个点，他们对猫和狗的喜欢程度可以看作两个维度。于是每个学生对应于图上的一个点，图上横轴是喜欢猫的程度，纵轴是喜欢狗的程度。喜欢猫的学生的点会集中在某个区域，喜欢狗的学生的点会集中在另一个区域，如图3.8所示。

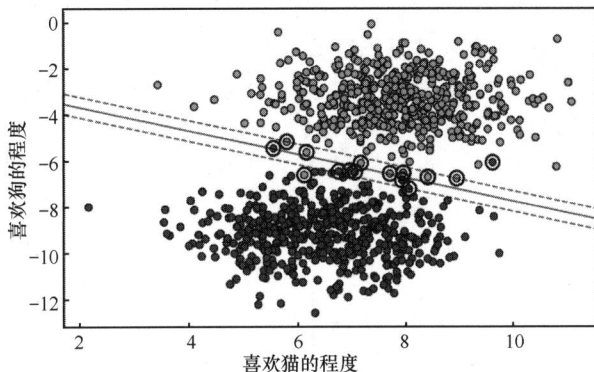

图3.8 SVM分类结果

支持向量机要做的就是在这两个类别中间画一条线，这条线要尽可能清楚地把喜欢猫的学生和喜欢狗的学生分开。SVM不是随便找一条线，而是会找到一条"最宽"的线，也就是说，线两边离得最远的那两个学生（一个喜欢猫，另一个喜欢狗）到线的距离要尽可能大。这样做是为了让分类结果更加稳定，即便以后有新的学生加入，也能更清楚地判断他们属于哪一类。

支持向量：那些离分界线最近的学生就是"支持向量"。为什么它们重要？因为这几个学生决定了分界线的具体位置。如果我们移动这些学生的位置，分界线也会跟着动。

最大间隔：SVM会尽量让这条分界线离两个类别的学生都远一些，以确保它把两类学生清楚地分开。这个"最宽的分界区域"就叫作最大间隔。

想象一下，你和同学站成两排：一排是喜欢猫的；另一排是喜欢狗的。你要在这两排人中间拉一根绳子，SVM的目标就是确保这根绳子不但把两类同学分开，还要离两边的人尽可能远，避免有误差。有时学生的喜好没那么简单，比如有些人可能既喜欢猫又喜欢狗，这时SVM就可以画一条"弯曲的线"或者在高维空间里画一个"面"来分开这两类人。SVM的目标是找到一条超平面，把不同类别的点分开。在二维空间中，它是一条线；在高维空间中，它是一个超平面，SVM的目标是最大化支持向量到这个超平面的间隔。

2. 回归算法

线性回归（Linear Regression）是一种统计方法，它通过建立自变量（特征）与因变量（目标值）之间的线性关系模型来预测或解释一个连续型因变量的值。这种方法旨在找到一条最佳拟合直线，使得所有数据点到这条直线的垂直距离（即误差）的总和最小。

例 3.1　假设我们正在考虑出售一个 265m² 的房子，现要确定最合适的挂牌价格。我们要找到出售的房子所在社区的同类房屋的面积与价格，并绘制这些数据，如图 3.9 所示。当然，一个典型的数据集会有数千，甚至数万个数据点，但我们只用这三栋房子的数据来举例。

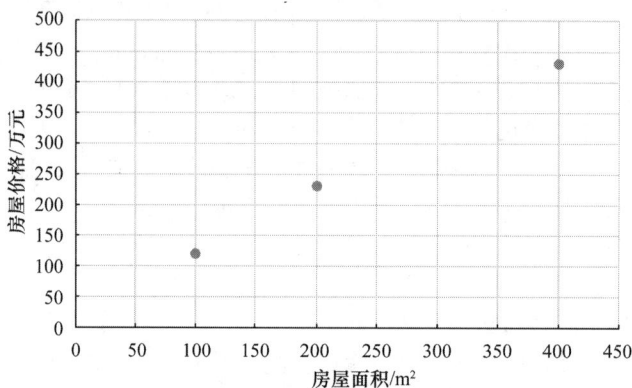

图 3.9　房屋面积与房屋价格的关系

通过观察数据，房屋价格似乎与房屋面积呈线性关系。为了模拟这种关系，我们可以使用一种称为线性回归的机器学习技术。这需要在散点图上画出一条最能代表数据点模式的线，一种可能的情况如图 3.10 所示。

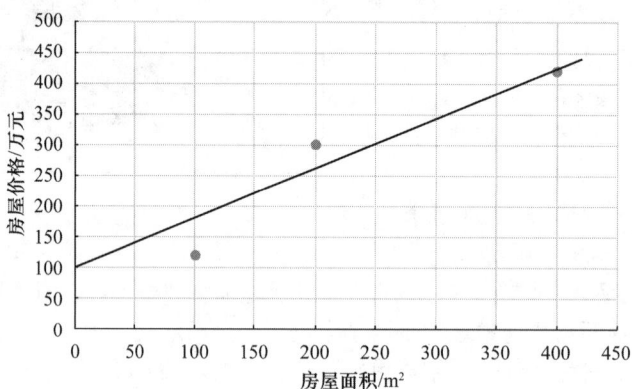

图 3.10　房屋售价预测模型

根据这条线，如图 3.11 所示，265m² 的房子应该卖多少钱？

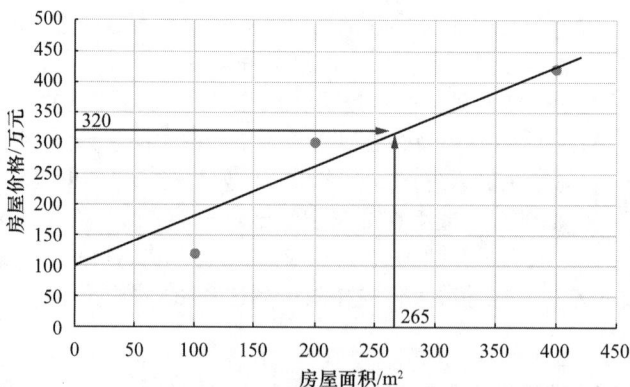

图 3.11　房屋售价预测结果

大概 320 万元。这就是线性回归模型给出的预测结果。

线性回归模型的目标是找到一条最能表示自变量 x 与因变量 y 之间关系的直线。假设我们有 n 个数据点 (x_1, y_1)，(x_2, y_2)，$\cdots$，(x_n, y_n)，我们希望找到一组系数 b_0 和 b_1，使得以下模型最优：$y_i = b_0 + b_1 x_i + \varepsilon_i$。简单来说，我们希望通过调整 b_0 和 b_1，使得模型的预测值与真实值之间的误差最小。其中，y_i 是第 i 个数据点的因变量值；x_i 是第 i 个数据点的自变量值；b_0 是截距，即直线与 y 轴交点的纵坐标值；b_1 是斜率，表示自变量每增加一个单位，因变量变化的量；ε_i 是误差项，表示第 i 个数据点的真实值与预测值之间的差异。

在训练过程中，线性回归通过最小化**损失函数**来优化模型参数（即 b_0 和 b_1）。最常用的损失函数是**均方误差**（MSE），它计算的是预测值与真实值之间差异的平方和的平均值，计算公式为 $\mathrm{MSE} = \dfrac{1}{n}\sum_{i=1}^{n}(y_i - \hat{y}_i)^2$。其中，$y_i$ 是真实值，$\hat{y}_i$ 是模型的预测值，n 是样本数量。

通过最小化 MSE，线性回归找到一组最佳的 b_0 和 b_1，使得模型的预测误差最小，从而能够最好地拟合数据。

▶▶▶ 3.1.3　聚类及降维

无监督学习用于从无标签的数据中发现模式、结构和关系，它不需要预定义的目标变量或结果类别，而是旨在通过数据点之间的相似性和差异性发现数据集中的内在规律。无监督学习常见的算法包括聚类和降维。

聚类旨在根据数据点之间的相似性将其分为多个群集。在无监督学习中，模型不会事先知道输入数据的正确标签或类别，而是通过寻找数据中的模式、结构或分布来进行推断。聚类正是基于这种思想，将数据点根据相似性进行分组，使得同一组内的数据点尽可能相似，而不同组之间的数据点尽可能不同。常见的聚类算法包括 K-Means 算法等。

降维旨在将高维的数据降低到低维，以便更容易地分析和可视化。降维的目的是简化数据的复杂性，减小计算开销，提升模型的可解释性。同时，降维还能帮助人们更好地理解数据之间的关系，并使用这些降维后的数据来做决策。常用的降维算法包括 PCA（主成分分析）等。

1. 聚类——K-Means 算法

K-Means 是一种非常常用的聚类算法，主要用于将数据分成 K 个簇（即群组），每个簇中的数据点彼此之间更加相似，同时与其他簇中的数据点相对不相似。其核心思想是通过不断迭代来找到最佳的簇中心（称为质心），使得每个数据点到其所属簇的质心的距离之和最小。

例 3.2　假设一家连锁咖啡店想要更好地了解其顾客群体，以便定制营销策略和进行产品推荐。他们收集了一段时间内顾客的购买数据，包括顾客每次购买时选择的咖啡类型（如拿铁、美式、卡布奇诺等）、购买时间（如早晨、下午、晚上）、是否添加糖或奶以及消费金额等信息。

为了进行顾客细分，咖啡店可以使用 K-Means 聚类算法，步骤大致如下。

（1）选择 K 值：首先，咖啡店确定要划分顾客群体的数量，比如 $K=3$，意味着他们想将顾客分成 3 个不同的群体。

（2）初始化质心：算法随机选择 3 个顾客的购买数据作为初始的质心。

（3）分配顾客到最近的质心：算法计算每个顾客与这 3 个质心的距离（可以基于购买数据与质心的欧几里得距离），并将每个顾客分配到最近的质心。

（4）更新质心：分配完成后，算法重新计算每个质心，即每个聚类中所有顾客购买数据的平均值。

（5）迭代：算法重复步骤（3）和步骤（4），直到聚类中心不再显著变化，或者达到预定的迭代次数。

通过这个过程，咖啡店可能会得到以下三个顾客群体。

- 群体1：早晨频繁购买拿铁、不加糖和奶的高消费顾客。
- 群体2：下午偏好卡布奇诺、喜欢加糖和奶的中等消费顾客。
- 群体3：晚上偶尔购买美式咖啡、消费金额较低的顾客。

有了这些顾客分类，咖啡店可以针对不同群体定制不同的营销策略。例如，对群体1提供早餐套餐和会员优惠，对群体2推出加糖和奶的定制咖啡选项，对群体3则可以通过社交媒体或晚间促销活动吸引他们。这个例子展示了K-Means算法如何在生活中帮助商家了解并服务不同的顾客群体。

K-Means算法的基本步骤如下。

（1）选择K值：设定聚类的个数K，这意味着将数据划分成K个簇。

（2）随机初始化质心：随机选择K个点作为初始的质心（每个簇的中心）。

（3）分配样本到最近的质心：计算每个样本与所有质心的距离，并将样本归到与其距离最近的质心所在的簇中。

（4）更新质心：对于每个簇，重新计算簇中所有样本的中心点（质心），该中心点作为新的质心。

（5）重复步骤（3）和步骤（4）：直到质心不再变化或变化的幅度非常小（收敛）。

在K-Means算法中通常使用欧氏距离来计算样本与质心之间的距离：$d(x_i, c_k) = \sqrt{(x_i - c_k)^2}$。其中，$x_i$表示第$i$个样本，$c_k$表示第$k$个簇的质心。在质心更新过程中，簇的质心为该簇内所有样本的平均值$c_k = \frac{1}{C_k} \sum_{|x_i \in C_k|} x_i$，其中$C_k$是第$k$个簇中的样本集合。

K-Means算法在以下两种情况时终止：①质心不再移动，即质心的更新幅度非常小，说明簇已经稳定；②达到预设的迭代次数，即达到算法设定的最大迭代次数。

通常，K-Means算法在数次迭代后就会收敛。

K-Means算法的优化目标是最小化簇内所有样本点到质心的距离之和，即簇内平方误差和（Sum of Squared Errors，SSE）：$SSE = \sum_{k=1}^{K} \sum_{x_i \in C_k} \|x_i - c_k\|^2$。通过不断调整簇和质心，K-Means算法力图找到一个划分，使得SSE最小。

2. 降维——PCA

主成分分析（PCA）是一种用于数据降维和特征提取的数学方法。其目标是通过线性变换将原始数据映射到一个新的坐标系，使得在新坐标系中数据的方差最大化。换句话说，PCA通过找到数据中的主成分，将数据投影到这些主成分上，从而实现数据的降维。

在PCA中，主成分是一组线性无关的变量，是通过对原始数据进行线性变换而得到的。这些变量被构造为按照方差递减的顺序排列，因此第一个主成分具有数据中最大的方差，第二个主成分具有次大的方差，以此类推。

PCA的具体步骤如下。

（1）数据标准化：对原始数据进行标准化，使得每个特征的均值为0，标准差为1。这一步是为了消除由不同尺度而可能导致的偏差。

（2）计算协方差矩阵：计算标准化后的数据的协方差矩阵。协方差矩阵描述了数据之间的线性关系。

（3）计算特征值和特征向量：对协方差矩阵进行特征值分解。得到的特征值表示数据在特征向量方向上的方差，而特征向量则是描述这些方向的单位向量。

（4）选择主成分：将特征值按照大小降序排列。选择前 k 个特征值对应的特征向量作为主成分，其中，k 是希望保留的维度数。

（5）构建投影矩阵：用选定的特征向量组成投影矩阵。该矩阵描述了如何将原始数据投影到新的特征空间。

（6）数据变换：将原始数据与投影矩阵相乘，得到在新坐标系下的数据，实现数据的降维。

3.2　深度学习

深度学习是一种使计算机能够从经验中学习并以概念层次结构的方式理解世界的机器学习形式。它通过多层神经网络模型来工作，这些模型由多层神经元组成，通过不断地调整网络中的参数（如权重和偏置），网络能够从数据中学习到合适的特征表示，并在输出层进行预测或决策。

深度学习中的卷积神经网络、递归神经网络以及生成式神经网络是三种各具特色的神经网络模型，它们在人工智能领域有着广泛的应用。神经网络是一种受到生物神经系统启发的人工智能模型，它重现了大脑中神经元之间相互连接的方式。神经网络在诸多领域中取得了显著成就，如图像识别、自然语言处理和语音识别等。接下来，将解释神经网络的构造，以帮助读者理解神经网络的基本工作原理。

1. 神经元——生物的灵感

在理解神经网络之前，我们首先需要了解神经元，这是神经网络的基本构建块。神经元是生物神经系统的工作单位，也是人工神经网络的灵感来源。

神经元的结构：每个神经元都由细胞体、树突和轴突组成，如图 3.12 所示。细胞体包含核心部分，树突接收来自其他神经元的信号，而轴突将信号传递给其他神经元。

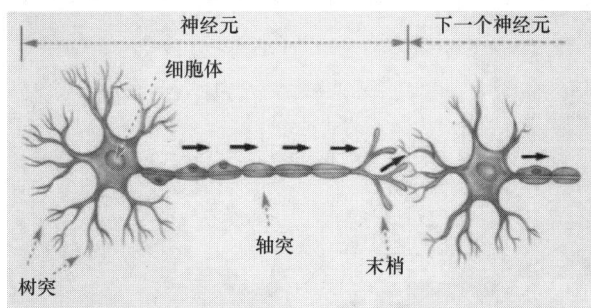

图 3.12　神经元结构

信号传递：神经元之间的通信是通过电化学信号完成的。当信号通过树突传递到细胞体时，如果达到一定阈值，神经元就会被激活并将信号传递给下一个神经元。

2. 人工神经元——数学的力量

现在，让我们将生物神经元的概念转换为数学模型，即人工神经元。人工神经元是神经网络的基本构建块，负责对输入进行处理和传递信号。输入可以类比为神经元的树突，而输出可以类比为神经元的轴突，计算则可以类比为细胞体。

输入和权重：如图 3.13 所示。人工神经元接收多个输入，每个输入都有一个相关联的权重，这相当于人工神经网络的记忆。这些权重决定了每个输入对神经元的影响程度。

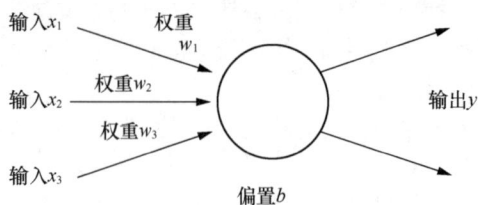

图 3.13　人工神经元的结构

激活函数：在人工神经元中，激活函数决定了神经元是否激活（发送信号）。常见的激活函数包括 Sigmoid、ReLU 和 Tanh 等，其中，ReLU 激活函数如图 3.14 所示。

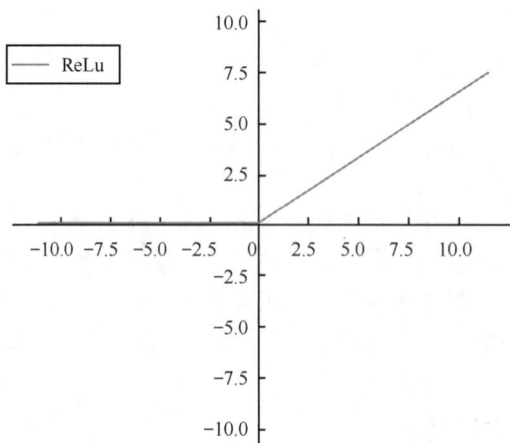

图 3.14　ReLU 激活函数

神经网络是由大量的节点（神经元）相互连接构成的。由两层神经元组成的神经网络称为"感知机"（Perceptron），感知机只能线性划分数据。在输入和权值的线性加权后叠加了一个函数 g（激活函数），加权计算公式为 $z=g(W \times x)$，如图 3.15 所示。

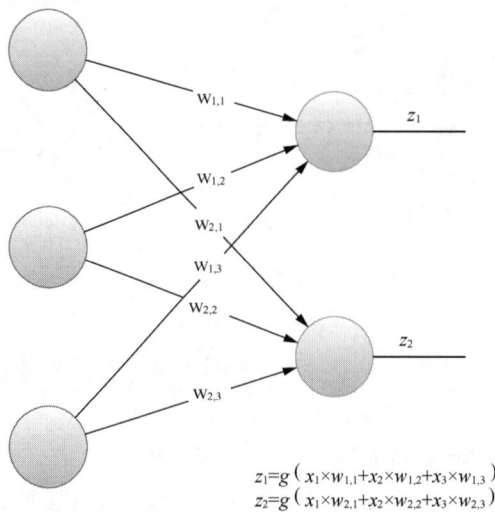

$z_1=g(x_1 \times w_{1,1}+x_2 \times w_{1,2}+x_3 \times w_{1,3})$
$z_2=g(x_1 \times w_{2,1}+x_2 \times w_{2,2}+x_3 \times w_{2,3})$

图 3.15　感知机

3. 神经网络——层层堆叠

将多个人工神经元组合在一起，就形成了神经网络。如图3.16所示，神经网络由多个层组成，包括输入层、隐藏层和输出层，也称为多层感知机。

输入层/Input layer　　　多个隐藏层 Multiple hidden layers　　　输出层/Output layer

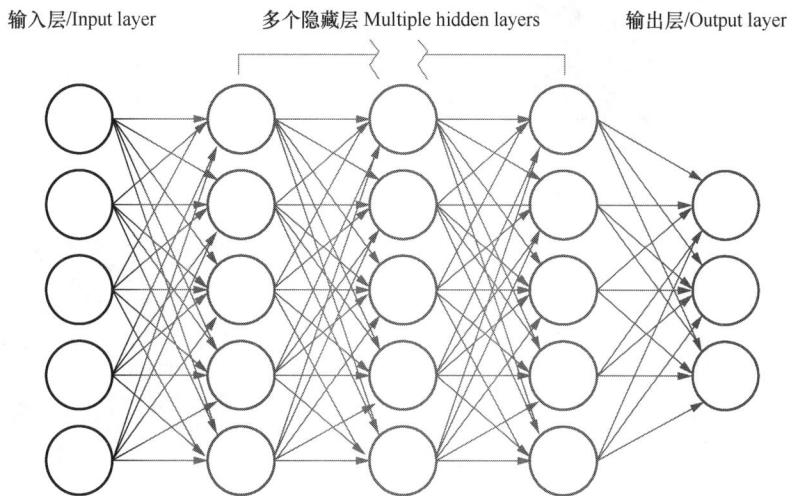

图3.16　神经网络结构

神经网络中需要默认增加偏置神经元（节点），这些节点是默认存在的。它本质上是一个只含有存储功能，且存储值永远为1的单元。除了输出层以外，神经网络的每个层次都会含有这样一个偏置单元。

输入层：接收原始数据的输入，例如图像像素或文本单词。

隐藏层：神经网络的核心部分，包含多个层次的神经元。隐藏层负责从输入中学习特征并生成有用的表示。

输出层：根据学到的特征生成最终的输出。最终输出可以是分类标签、数值或其他任务相关的结果。

4. 训练神经网络——损失函数和反向传播算法

神经网络的关键部分之一是训练过程。在训练中，神经网络通过与真实数据进行比较来调整权重，以使其能够做出准确的预测。

反向传播算法：训练神经网络的核心算法。它通过计算误差并反向传播来更新每个神经元的权重和偏差，从而减小预测误差。

损失函数：损失函数用于度量预测值与实际值之间的差异。训练的目标是最小化损失函数。

▶▶▶ 3.2.1　卷积神经网络

卷积神经网络（CNN）是一种深度学习模型，特别适用于处理具有网格拓扑结构的数据（如图像），它通过卷积层自动提取输入数据的局部特征，并利用池化层减少数据的维度和计算量，最终通过全连接层完成分类或回归任务，具有强大的特征学习能力和泛化性能。

卷积神经网络

1. 图像相关原理

在了解卷积神经网络前，我们先来了解图像的原理。图像在计算机中是一系列按顺序排列的数字（见图3.17），数值范围为0~255。其中，0表示最暗，255表示最亮。

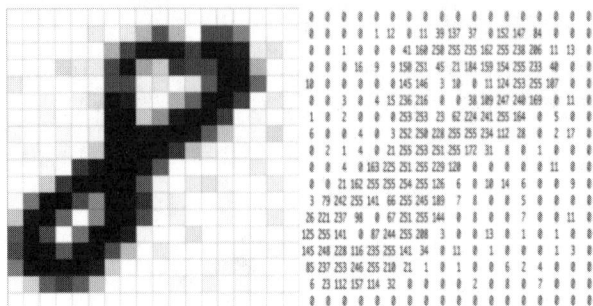

图 3.17　图像在计算机中的表示

图 3.17 所示为只有黑白颜色的灰度图，而更普遍的图像表示方式是 RGB 颜色模型，即红、绿、蓝三原色的色光以不同的比例相加，以产生多种多样的色光。RGB 图像在计算机中表示为有序排列的三个矩阵，也可以理解为三维张量。其中，一个矩阵又叫这个图片的一个通道（Channel），层寸用宽、高、深来描述，如图 3.18 所示。

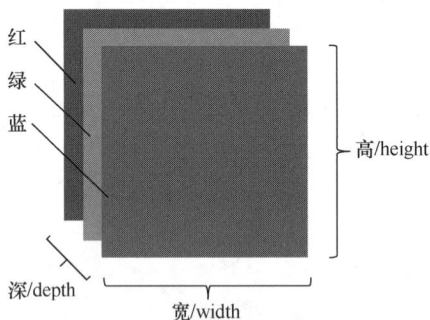

图 3.18　RGB 颜色模型

2. 为什么要学习卷积神经网络

模型对某些变化（如位置、大小、角度、光照等）具有稳健性，即不管这些变化如何，模型都能识别出同一个物体。例如，我们希望一个物体无论是出现在画面的左侧还是右侧，或者发生缩放、旋转，甚至在不同光照条件下，都能被识别为同一物体。这一特点就是不变性。为了实现各种不变性，卷积神经网络（CNN）等深度学习模型在卷积层中使用了卷积操作，这个操作可以捕捉到图像中的局部特征而不受其位置的影响，各种图像不变性示例如图 3.19 所示。

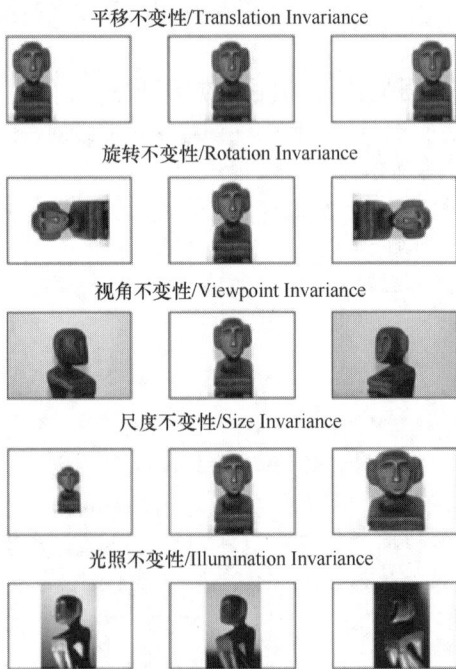

图 3.19　各种图像不变性示例

3. 什么是卷积

在卷积神经网络中，卷积操作是指将一个可移动的小窗口（称为数据窗口，如图 3.20 中虚线矩形框所示）与图像进行逐元素相乘，然后相加的操作，如图 3.20 所示。这个小窗口其实是一组固定的权重，它可以被看作一个特定的滤波器（Filter）或卷积核（如图 3.20 中实线矩形框所示）。这个操作的名称"卷积"，源自这种元素级相乘和求和的过程。

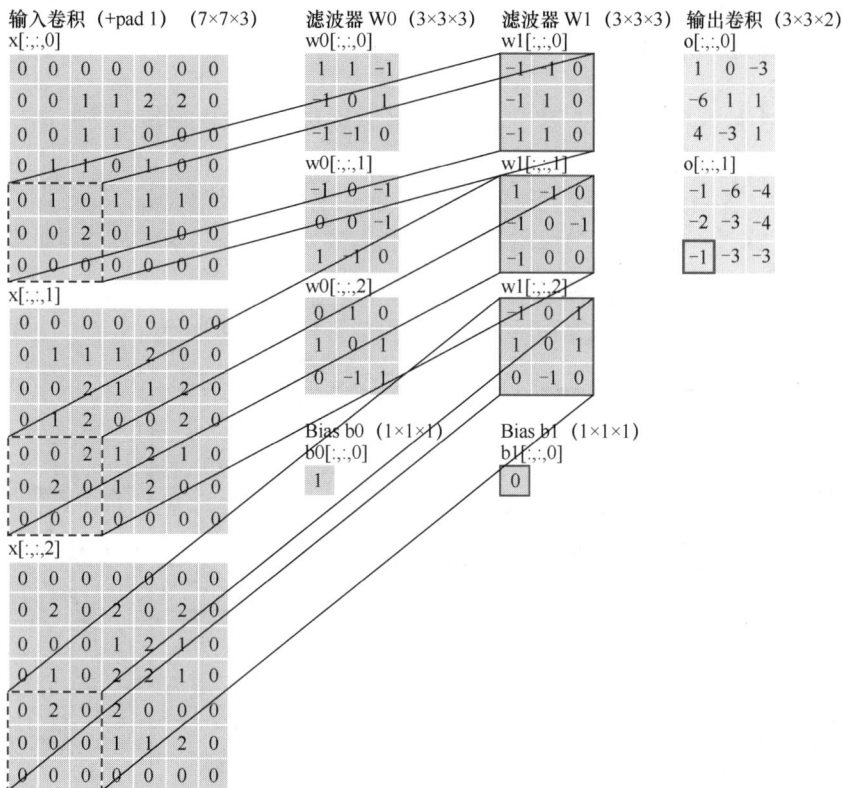

图 3.20　卷积操作

4. 卷积需要注意的问题

卷积需要注意的问题如下。

（1）步长（Stride）：每次滑动的位置步长。

（2）卷积核的个数：决定输出的深度（Depth）。

（3）零填充（Zero-padding）：在外围边缘补充若干圈 0，方便从初始位置以步长为单位可以刚好滑到末尾位置，通俗地讲就是为了总长能被步长整除。

5. 为什么要进行数据填充

假设有一个大小为 4×4 的输入图像：

[[1, 2, 3, 4],

 [5, 6, 7, 8],

 [9, 10, 11, 12],

 [13, 14, 15, 16]]

我们要应用一个 3×3 的卷积核进行卷积操作，步长（Stride）为 1，且填充（Padding）为 1。如果不进行填充，卷积核的中心将无法与输入图像的边缘对齐，导致输出特征图尺寸变小。假设我们以步长为 1 进行卷积，那么在不进行填充的情况下，输出特征图的尺寸将是 2×2。

所以我们要在前述输入图像的周围填充一圈 0，填充设置为 1 意味着在输入图像的周围添加一圈零值。填充后的图像为

[[0, 0, 0, 0, 0, 0],
 [0, 1, 2, 3, 4, 0],
 [0, 5, 6, 7, 8, 0],
 [0, 9, 10, 11, 12, 0],
 [0, 13, 14, 15, 16, 0],
 [0, 0, 0, 0, 0, 0]]

我们将 3×3 的卷积核应用于这个填充后的输入图像，计算卷积结果，得到大小不变的特征图。

数据填充的主要目的是确保卷积核能够覆盖输入图像的边缘区域，同时保持输出特征图的大小不变。这对于在 CNN 中保留空间信息和有效处理图像边缘信息非常重要。

6. 卷积神经网络的基本构造

卷积神经网络的基本结构通常由以下几部分组成，如图 3.21 所示。

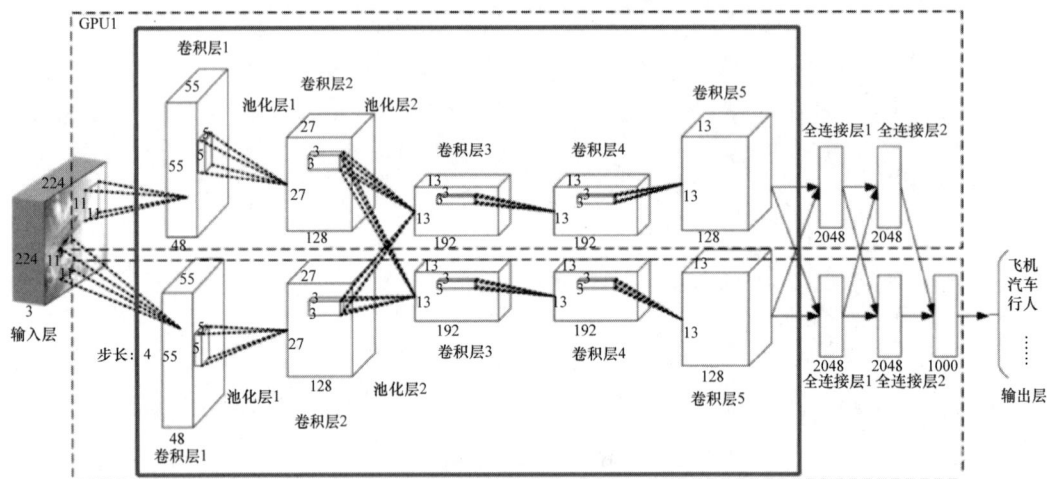

图 3.21 卷积神经网络的基本结构

输入层（Input Layer）：接收原始图像数据或其他类型的网格结构数据。

卷积层（Convolution Layer）：神经网络的核心组成部分，主要负责对输入数据的特征提取。如图 3.22 所示，卷积层对输入数据进行卷积运算，运算结果表示卷积核在输入图像中滑动后取得的特征信息。

池化层（Pooling Layer）：用于对特征图进行降维，以减少计算量并防止过拟合。常见的池化方式有最大池化（Max Pooling）和平均池化（Average Pooling）。最大池化是在每个池化窗口内选取最大的像素值作为输出，而平均池化则是计算池化窗口内所有像素值的平均值作为输出，如图 3.23 所示。池化层的作用主要有两个方面：一是减少特征图的尺寸，降低后续层的计算量；二是通过池化操作引入一定的平移不变性，提高模型的稳健性。

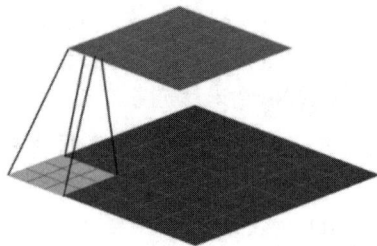

图 3.22 卷积层

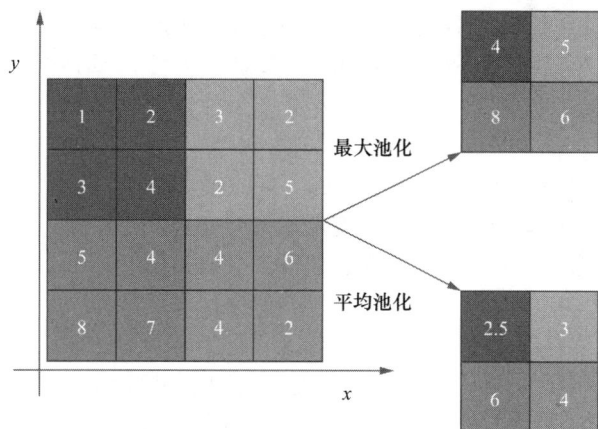

图 3.23 池化层

全连接层（Fully Connected Layer）：用于将池化层的输出展平，并连接到一个或多个全连接神经网络，进而输出分类结果。全连接层中的每个神经元都与前一层的所有神经元相连，接收前一层的输出并将其转换为给定类别的概率分布，如图 3.24 所示。

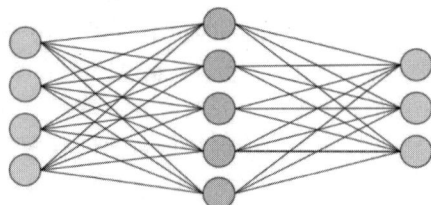

图 3.24 全连接层

7. 卷积神经网络模型——ResNet 模型

（1）什么是 ResNet

残差神经网络（Residual Neural Network，ResNet）是一种深度神经网络架构，被广泛用于计算机视觉领域，旨在解决深度神经网络中的退化问题。在传统的深度神经网络中，随着网络层数的增加，训练误差会逐渐增大，这种现象被称为"退化"。ResNet 通过引入一种特殊的残差学习框架来解决这一问题，允许网络学习更深层次的结构，而不受退化问题的影响。

（2）网络退化问题

理论上来讲，随着网络层数的增加，网络能够进行更加复杂的特征提取，可以取得更好的结果。但是实验发现深度神经网络出现了退化问题，如图 3.25 所示。网络深度增加时，网络准确度出现饱和，之后甚至还快速下降。而且这种下降不是由过拟合引起的，而是由在适当的深度模型上添加更多的层导致更高的训练误差，从而使其准确度下降。

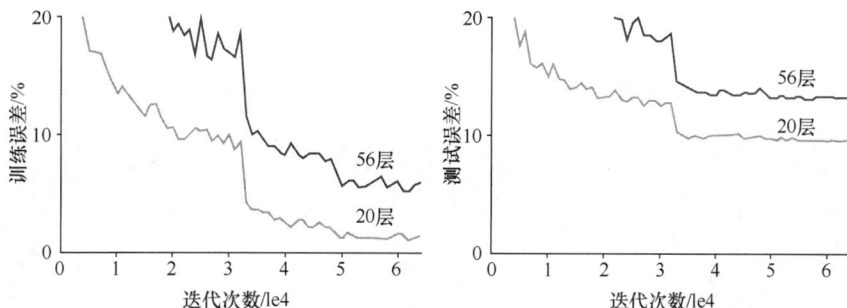

图 3.25 网络深度对比

当我们使用深度神经网络进行训练时，网络层可以被看作一系列函数的堆叠，每个函数代表一个网络层的操作。在反向传播过程中，梯度是通过链式法则逐层计算得出的。假设每个操作的梯度都小于 1，则多个小于 1 的数相乘会导致结果变得更小。在神经网络中，随着反向传播的逐层传递，梯度可能会逐渐变得非常小，甚至接近于零，这就是梯度消失问题。

而如果经过网络层操作后的输出值大于 1，那么反向传播时梯度可能会相应地增大。这种情况下，梯度爆炸问题可能会出现。梯度爆炸问题指的是在深度神经网络中，梯度逐渐增大，导致底层网络的参数更新过大，甚至可能导致数值溢出。

（3）退化现象与对策

通过实验，随着网络层的不断加深，ResNet 模型的准确率先是不断地提高，达到最大值（准确率饱和），然后随着网络深度的继续增加，模型准确率毫无征兆地出现大幅度的降低。这个现象与"越深的网络准确率越高"的信念显然是矛盾的、冲突的。ResNet 团队把这一现象称为"退化（Degradation）"。ResNet 团队把退化现象归因为深层神经网络难以实现"恒等变换（$y=x$）"。

与传统的机器学习相比，深度学习的关键特征在于网络层数更深、非线性转换（激活）、自动的特征提取和特征转换。其中，非线性转换是关键目标，它将数据映射到高维空间以便更好地完成"数据分类"。随着网络深度的不断增大，所引入的激活函数也越来越多，数据被映射到更加离散的空间，此时已经难以让数据回到原点（恒等变换）。或者说，神经网络将这些数据映射回原点所需的计算量，已经远远超过所能承受的计算量。

退化现象让我们对非线性转换进行反思，非线性转换极大地提高了数据分类能力，但是，随着网络深度不断地增加，我们在非线性转换方面已经走得太远，竟然无法实现线性转换。显然，在神经网络中增加线性转换分支成为很好的选择，于是，ResNet 团队在 ResNet 模块中增加了快捷连接分支，在线性转换与非线性转换之间寻求一个平衡。

（4）残差结构

残差结构完成的是一个很简单的过程，我们先来举个例子。想象有一张经过深度神经网络处理后的低分辨率图像，为了提高图像的质量，我们引入了一个创新的思想：将原始高分辨率图像与低分辨率图像之间的差异提取出来，形成一个残差图像。这个残差图像代表了低分辨率图像与目标高分辨率图像之间的差异或缺失的细节，如图 3.26 所示。

图 3.26　残差图像

然后，我们将这个残差图像与低分辨率图像相加，得到一个结合了低分辨率信息和残差细节信息的新图像。这个新图像作为下一个神经网络层的输入，使网络能够同时利用原始低分辨率信息和残差细节信息进行更精确的学习，如图 3.27 所示。

图 3.27　残差+低分辨率图像

通过这种方式，我们的深度神经网络能够逐步地从低分辨率图像中提取信息，并通过残差图像的相加操作将遗漏的细节加回来。这使得网络能够更有效地完成图像恢复或其他任务，提高了模型的性能和准确性。ResNet 将这一思想引入了计算机视觉领域，并在深度神经网络的训练中取得了重要突破。这种创新在一定程度上解决了深层神经网络训练中的梯度消失和梯度爆炸问题，使得网络更深，更准确地学习特征和表示。

（5）ResNet 网络基本模块

① 残差块

按照上述思路，ResNet 团队分别构建了带有"快捷连接（Short-cut Connection）"的标准 ResNet 构建块以及能够进行降采样的 ResNet 构建块，降采样构建块的主干分支上增加了一个 1×1 的卷积操作。ResNet 的核心创新就是残差块（Residual Block）。一个标准的残差块包含两个或更多的卷积层，以及一个从输入直接连接到块输出的"快捷连接"。这个快捷连接允许输入信号直接传递到块的输出端，与经过卷积层处理后的信号相加。这样，残差块的目标就变成了学习一个残差函数，即输入到输出之间的差异，而不是整个映射函数。

② 标准残差块

在标准残差块中，输入 x 通过一系列卷积层（通常是两个 3×3 的卷积层）进行特征变换，得到输出 $F(x)$，如图 3.28（a）所示。与此同时，输入 x 直接通过直连边传递，然后与 $F(x)$ 相加得到最终的输出 y，即 $y = F(x, W_i) + x$。其中，W_i 是残差块中卷积层的权重参数。这种结构只有在输入和输出维度相同的情况下才能成立，因为只有维度相同，输入和输出才能直接相加。

③ 降采样残差块

在网络的某些层，我们可能需要减小特征图的尺寸或者改变通道数，这时输入和输出的维度就不一致了。为了解决这个问题，ResNet 引入了降采样残差块，它在直连边上增加了一个 1×1 的卷积层，用于调整输入的维度，使之与输出维度匹配，以便进行相加操作，如图 3.28（b）所示。降采样残差块的公式可以表示为 $y = F(x, W_i) + W_s(x)$。其中，W_s 表示 1×1 卷积层的权重参数，它负责对输入 x 进行降维或升维，以匹配 $F(x, W_i)$ 的维度。

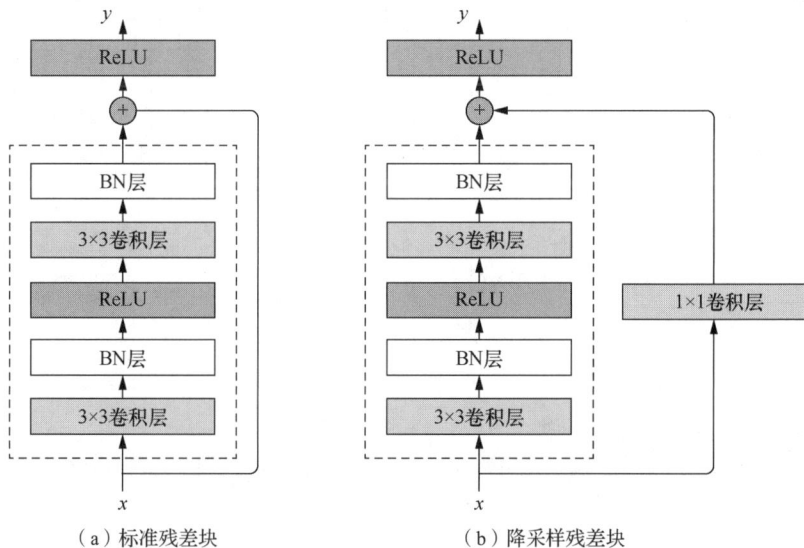

（a）标准残差块　　　　　　　（b）降采样残差块

图 3.28　标准残差块与降采样残差块

④ 直连边的作用

直连边在残差块中的作用是至关重要的，它保证了即使当 $F(x)$ 接近零时，网络仍然能学习到恒等映射，即 $y \approx x$。这样，即使网络变得非常深，也不至于出现梯度消失或梯度爆炸的问题，从而能够训练出更深的网络。

⑤ 端到端训练

ResNet 的设计使得整个网络可以进行端到端的反向传播训练。通过残差块的这种结构，即使在网络非常深的情况下，反向传播算法也可以有效地更新所有层的权重，因为每一步梯度计算都不会因为深度的增加而显著衰减。

⑥ BN 层

ResNet 在卷积层之后使用了批量归一化（Batch Normalization，BN）层，这有助于稳定和加速训练过程。BN 层可以减少内部协变量移位，使得网络更容易训练。批量归一化是深度学习中一项重要的技术，它在训练深度神经网络时能够显著加速收敛速度，并提高模型的泛化能力。BN 层的主要原理和作用如下。

归一化输入：在每一层的前向传播过程中，BN 层对输入的每个 mini-batch 进行归一化，使得该批次数据的分布具有零均值和单位方差。具体来说，对于一个 mini-batch 中的每个特征维度，BN 计算该批次的均值和方差，然后使用这些统计量将特征值归一化。

缩放和平移：BN 层在归一化后，使用可学习的参数 γ（缩放因子）和 β（偏移量）对数据进行缩放和平移，以恢复或调整数据的分布。这两个参数在训练过程中会被优化，以适应网络的学习需求。

（6）ResNet 神经网络架构

以 ResNet18 为例，ResNet18 是一种轻量级的残差神经网络，它拥有 18 个可训练的层，包括卷积层和全连接层。ResNet18 是在计算机视觉任务中非常流行的一种模型，尤其是在资源有限的情况下，它能够提供较好的性能。ResNet18 神经网络架构如图 3.29 所示。

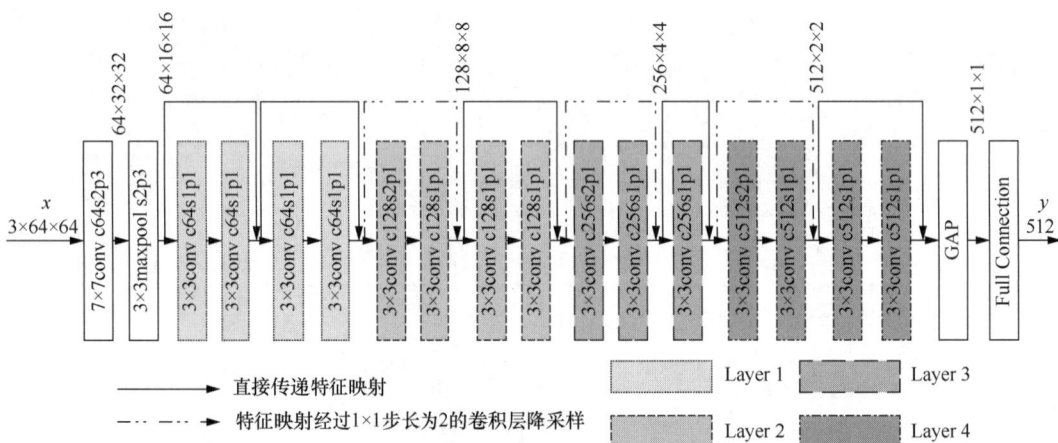

图 3.29 ResNet 神经网络架构

① 输入层：ResNet18 开始于一个 7×7 的卷积层，步长为 2，通常用于处理 3 通道的 RGB 图像输入。此层输出的特征图大小为输入图像的一半。

② 最大池化层：紧接着卷积层的是一个 3×3 的最大池化层，步长同样为 2，这进一步减小了特征图的尺寸。

③ 主体部分：ResNet18 的主体部分由四个阶段组成，每个阶段包含一组残差块。这几个阶段通常称为 Layer1、Layer2、Layer3 和 Layer4。每个阶段的残差块数量和卷积核的数量有所不同。

Layer1：包含两个残差块，每个残差块包含两个 3×3 的卷积层，输出通道数为 64。在第一个残差块中，输入和输出的维度相同，因此可以使用简单的快捷连接。在第二个残差块中，输入和输出的维度相同，故同样使用快捷连接。

Layer2：包含两个残差块，每个残差块包含两个 3×3 的卷积层，输出通道数为 128。在第一个残差块中，因为要改变特征图的尺寸和通道数，所以快捷连接会使用 1×1 的卷积层来匹配输出的维度。第二个残差块使用快捷连接。

Layer3：包含两个残差块，每个残差块包含两个 3×3 的卷积层，输出通道数为 256。类似于 Layer2，第一个残差块会使用 1×1 的卷积层来调整快捷连接的维度，而第二个残差块则使用快捷连接。

Layer4：包含两个残差块，每个残差块包含两个 3×3 的卷积层，输出通道数为 512。同样地，第一个残差块需要使用 1×1 的卷积层来匹配快捷连接的输出维度，而第二个残差块使用快捷连接。

④ 输出层：包含以下几部分。

全局平均池化：在最后一个残差块之后，使用全局平均池化（Global Average Pooling，GAP）层将特征图转换为固定长度的向量，通常为 512 维。

全连接层：GAP 层的输出被馈送到一个全连接层，其节点数等于分类任务的类别数。例如，对于 ImageNet 数据集，该层的输出节点数为 1000 个。

Softmax 层：全连接层的输出被送入 Softmax 层，产生每个类别的概率预测。

8. 卷积神经网络的应用场景——风格迁移

在绘画的创作过程中，人们基于一张图片的内容和风格构成之间具有复杂的相互作用来产生独特的视觉体验。然而，所谓的艺术风格是一种抽象的难以定义的概念。因此，如何将一个图像的风格转换成另一个图像的风格更是一个复杂抽象的问题。尤其是对于机器程序而言，解决一个定义模糊不清的问题几乎是不可行的。随着神经网络的发展，机器在某些视觉感知的关键领域，比如物体和人脸识别等有着接近于人类，甚至超越人类的表现。这里我们要介绍一种基于深度神经网络的机器学习模型——卷积神经网络，它可以分离并结合任意图片的风格和内容，生成具有高感知品质的艺术图片。

在内容表示方面，算法使用卷积神经网络（CNN）来提取图像的内容表示。在 CNN 中，高层次的响应描述了图像的高级内容，如对象和场景。这些内容表示对于生成图像的内容至关重要。在风格表示方面，为了捕捉图像的风格，算法构建了一个新的特征空间，用于计算 CNN 不同层中不同特征之间的相关性。这种相关性构成了图像的风格表示。低层次的响应描述了图像的局部结构和纹理，这些特征共同构成了图像的风格。在风格迁移方面，通过调整输入图像的响应，算法可以在特定层次上获得特定的内容表示和风格表示。经过多次迭代后，生成的图像将同时匹配目标内容图像的内容和目标风格图像的风格，如图 3.30 所示。

（a）内容图片　　　　　（b）风格图片　　　　　（c）合成效果图

图 3.30　风格迁移示意

▶▶▶ 3.2.2 递归神经网络

递归神经网络

1. 递归神经网络的基本概念

递归神经网络（RNN）是一种用于处理序列数据的深度学习模型。它通过引入循环结构，使得信息可以在网络内部进行传递和共享。在递归神经网络中，每个时间步都会接收到当前输入以及上一个时间步的输出作为输入，从而实现对序列数据的建模。递归神经网络是两种人工神经网络的总称：一种是时间递归神经网络；另一种是结构递归神经网络。时间递归神经网络的神经元间连接构成有向图，而结构递归神经网络利用相似的神经网络结构递归构造更为复杂的深度神经网络。两者训练的算法不同，但属于同一算法的变体。递归神经网络在自然语言处理、语音识别、时间序列分析等领域取得了重要的成果。

2. 递归神经网络模型架构

递归神经网络与前馈神经网络有所不同，前馈神经网络中的信息从输入层单向传递到输出层，没有任何循环或反馈机制。也就是说，数据在网络中始终沿着一个方向流动。这类网络适用于图像分类任务，例如，其中输入和输出是独立的。然而，这类网络无法自动保留先前的输入，这使得它对序列数据分析的用处不大。

递归神经网络（RNN）的核心思想是通过循环结构实现对序列数据的建模和预测，它通过隐藏状态存储过去时间步的信息并在每个时间步中更新，从而捕获序列的上下文依赖关系。RNN 的结构由输入层、隐藏层和输出层组成，其中输入层用于接收序列数据（如自然语言中的词向量或字符编码）。隐藏层是核心部分，每个时间步的隐藏层接收上一个时间步的状态和当前输入，通过激活函数进行处理后更新隐藏状态。输出层则根据任务需求生成最终预测，例如在分类任务中通过 Softmax 函数计算类别概率。RNN 的设计使得信息可以在网络中连续传递，从而实现对时间序列数据的有效建模。递归神经网络架构如图 3.31 所示。

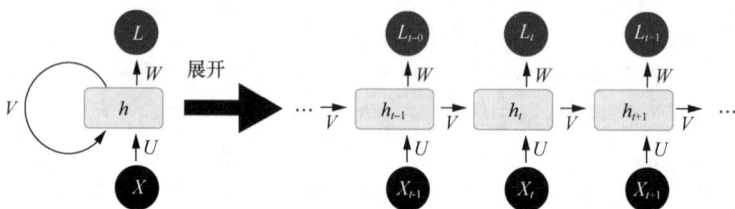

图 3.31　递归神经网络架构

递归神经网络的训练方法主要包括反向传播和梯度裁剪。反向传播用于计算网络中各个参数的梯度，并通过梯度下降法来更新参数。由于递归神经网络具备循环结构，因此，在反向传播时需要使用一种称为反向传播通过时间（Backpropagation Through Time，BPTT）的算法来处理。由于递归神经网络的训练过程中容易出现梯度爆炸或梯度消失的问题，因此，为了稳定训练过程，通常会对梯度进行裁剪。

3. 常见的递归神经网络结构

传统 RNN（递归神经网络）在处理长序列时容易出现短时记忆、梯度消失、梯度爆炸的问题，导致训练困难。传统 RNN 在处理长序列时，由于信息的传递是通过隐藏状态进行的，因此，随着时间的推移，较早时间步的信息可能会在传递到后面的时间步时逐渐消失或被覆盖。这导致 RNN 难以捕捉和利用序列中的长期依赖关系，从而限制了其在处理复杂任务时的性能。并且，在 RNN 的反向传播过程中，梯度会随着时间步的推移而逐渐消失或爆炸。

梯度消失使得 RNN 在训练时难以学习到长期依赖关系，因为较早时间步的梯度信息在反向传播到初始层时几乎为零。梯度爆炸则可能导致训练过程不稳定，权重更新过大，甚至导致数值溢出。

而长短期记忆（Long Short-Term Memory，LSTM）网络是一种解决传统 RNN 问题的改进型结构，如图 3.32 所示。LSTM 网络在处理信息时选择性地保留重要信息，忽略不相关的细节，并据此进行后续处理。这种机制使它能够高效地处理和输出关键信息，解决了 RNN 在处理长序列时面临的问题。它引入了门控机制（包括输入门、遗忘门和输出门），这种门控机制使得 LSTM 网络能够自主选择记忆或遗忘信息，从而实现对关键信息的捕捉和对长期依赖关系的建模。

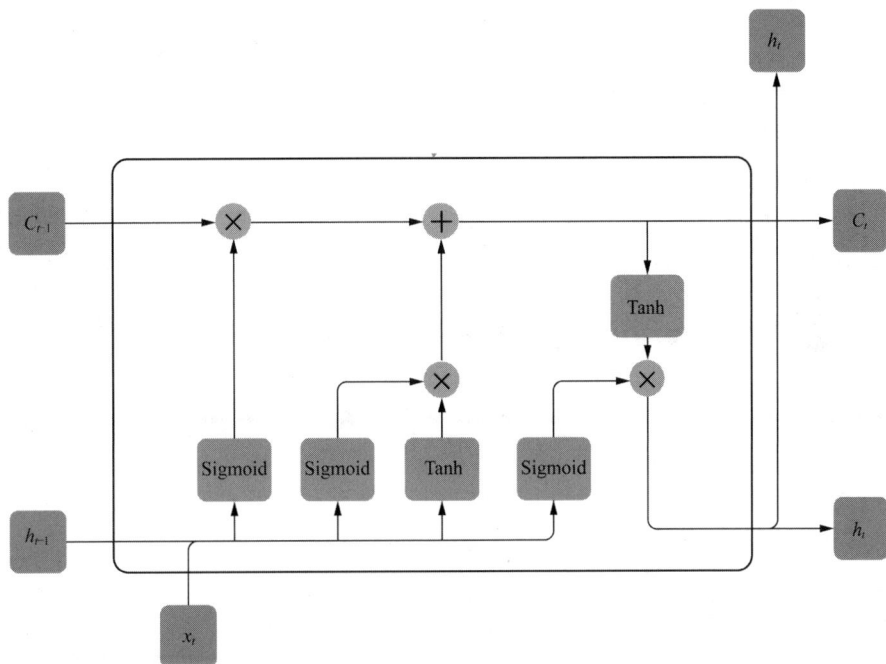

- x_t：当前时间步的输入向量。
- h_{t-1}：上一时间步的隐藏状态（Hidden State）。
- C_{t-1}：上一时间步的细胞状态（Cell State）。
- h_t：当前时间步的隐藏状态输出。
- C_t：当前时间步的细胞状态。
- ×：表示元素逐点相乘（Hadmard乘积），通常用于门控机制，例如控制信息的通过比例。
- +：表示按元素相加，用于更新细胞状态。

图 3.32　LSTM 单元

一个 LSTM 单元通常包含四个主要部分：输入门（Input Gate）、遗忘门（Forget Gate）、单元状态（Cell State）和输出门（Output Gate）。

输入门：输入门决定哪些新信息应该被添加到记忆单元中。输入门由一个 Sigmoid 激活函数和一个 Tanh 激活函数组成。Sigmoid 函数用于决定哪些信息是重要的，而 Tanh 函数则用于生成新的候选信息。输入门的输出与候选信息相乘，得到的结果将在记忆单元更新时被考虑。

遗忘门：遗忘门决定哪些旧信息应该从记忆单元中遗忘或移除。遗忘门仅由一个 Sigmoid 激活函数组成。Sigmoid 函数的输出直接与记忆单元的当前状态相乘，用于决定哪些信息应该被保留，哪些应该被遗忘。输出值接近 1 的信息会被保留，而输出值接近 0 的信息会被遗忘。

单元状态：单元状态是 LSTM 网络的核心，它负责存储和传递信息。单元状态的更新包括两个步骤，即遗忘旧信息和添加新信息。

输出门：输出门决定记忆单元中的哪些信息应该被输出到当前时间步的隐藏状态中。输出门同样由一个 Sigmoid 激活函数和一个 Tanh 激活函数组成。Sigmoid 函数用于决定哪些信息应该被输出，而 Tanh 函数则用于处理记忆单元的状态以准备输出。Sigmoid 函数的输出与经过 Tanh 函数处理的记忆单元状态相乘，得到的结果即为当前时间步的隐藏状态。

4. LSTM 网络的应用场景——机器翻译

在机器翻译领域，LSTM 网络被广泛用于构建序列到序列（Seq2Seq）模型，该模型能够将源语言句子自动翻译成目标语言句子。LSTM 网络在机器翻译中需要经过源语言输入、编码、初始化解码器、解码、目标语言输出这几个步骤。首先，源语言句子需要被分词，即将句子分解成单独的词汇或标记（Tokens）。分词后的词汇会被转换成词向量。这些词向量是高维空间中的点，能够捕捉词汇的语义信息。编码器是一个 LSTM 网络，它接收词向量序列作为输入。编码器的任务是将整个源语言句子编码成一个固定长度的上下文向量（也称为编码状态或隐藏状态）。编码器逐个处理输入的词向量，通过其内部的门控机制（输入门、遗忘门、输出门）来决定哪些信息需要保留，哪些需要遗忘，从而捕捉句子的上下文信息。编码器的最终隐藏状态被用作解码器的初始隐藏状态。这个上下文向量包含了源语言句子的全部信息，为生成目标语言句子提供了必要的上下文。解码器是另一个 LSTM 网络，它使用上下文向量作为初始状态，并逐步生成目标语言的词序列。解码器在每一步都会生成一个词的概率分布，选择概率最高的词作为下一步的输入。这个过程会一直持续，直到生成一个特殊的停止符或达到最大序列长度。解码器生成的词序列需要被转换回目标语言的句子。这通常涉及将词向量映射回原始词汇的过程，如图 3.33 所示。

图 3.33　机器翻译示例

5. 递归神经网络的应用场景——文本生成

文本生成任务中，递归神经网络（RNN）是一种非常有效的工具，它能够通过学习给定文本的样式和结构来生成新的文本。这些新生成的文本在风格上与训练数据高度相似，能够模仿特定编写者的写作风格，或者生成符合特定格式的内容，如诗歌或新闻报道。下面我们将从 RNN 的模型架构和作用原理等方面详细讲解文本生成是如何实现的。

在文本生成任务中，输入通常是一系列字符或单词。这些字符或单词首先被编码成向量形式，然后作为 RNN 的输入。编码方式可以是 One-Hot 编码、词嵌入（Word Embedding）等。紧接着，RNN 按照时间步的顺序处理输入序列。在每个时间步，RNN 接收当前字符或单词的编码向量以及上一个时间步的隐藏状态，然后计算当前时间步的隐藏状态和输出。隐藏状态包含到目前为止序列的所有信息，而输出则用于预测下一个字符或单词。输出层通常使用 Softmax 函数将 RNN 的输出转换为概率分布，以表示下一个字符或单词的预测概率。然后，根据这个概率分布，可以选择最可能的字符或单词作为下一个生成的字符或单词。上述过程会不断重复，直到生成完整的文本序列。在生成过程中，每个时间步的输入都是上一个时间步生成的字符或单词的编码向量。这样，RNN 就能够根据已经生成的文本内容来预测下一个字符或单词，从而生成连贯的文本序列，如图 3.34 所示。

下一个字符的概率分布

最初文本 → 神经语言模型 → ▊▊ → 采样策略 → ?

最初文本+? → 神经语言模型 → ▊▊ → 采样策略 → ?

......

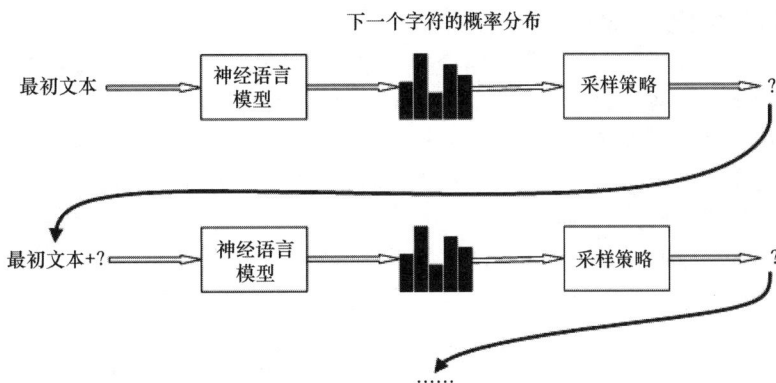

图 3.34　文本生成任务

▶▶▶ 3.2.3　生成式神经网络

生成式神经网络是一种深度学习网络，其核心在于通过学习和模拟数据分布，生成新的、符合特定分布的数据。这种网络结构模拟了人脑的行为，由互相连接的节点（神经元）组成，每个节点都会接收输入，对其进行处理，并产生输出。这些输出随后可以作为其他节点的输入，形成一个复杂的网络结构。在生成式神经网络中，输入数据通过一系列非线性变换（由隐藏层实现）进行特征提取，最终输出层生成符合特定分布的新数据。这些数据可以是图像、文本、音频等，具体取决于网络的训练数据和任务需求。生成式神经网络包含变分自编码器（Variational Auto-encoder，VAE）、生成对抗网络（GAN）等。VAE 是一种典型的生成式神经网络，它通过学习数据的潜在表示（即隐变量）来生成新数据。VAE 的编码器将输入数据映射到潜在空间，而解码器则从潜在空间中采样并生成新的数据样本。GAN 是另一种重要的生成式神经网络，它由生成器和判别器两个网络组成。生成器负责生成新数据样本，而判别器则负责区分生成的样本和真实数据。通过这两个网络的相互博弈和对抗训练，GAN 能够生成越来越逼真的数据样本。下面以 GAN 为例进行详细讲解。

1．GAN 的基本概念

生成对抗网络（GAN）是一种由生成器和判别器两个神经网络组成的框架，二者在零和博弈的框架中相互竞争。生成器的目的是学习生成数据的分布，它将随机噪声作为输入并生成与真实数据相似的输出。判别器的目的是学习将生成器生成的非真实数据与真实数据区分开来。生成器和判别器在训练过程中相互对抗，生成器尝试生成越来越真实的数据来"欺骗"判别器，而判别器尝试识别哪些是真实数据、哪些是非真实数据，如图 3.35 所示。

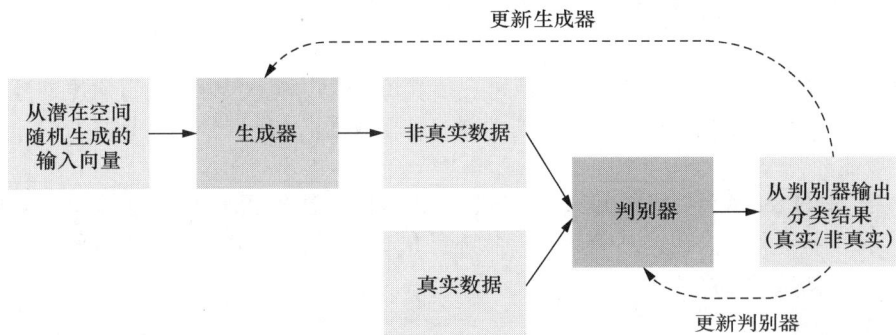

图 3.35　生成对抗网络

2. GAN 的主要组成部分

（1）生成器：生成器是一个神经网络模型，它接收随机噪声作为输入，并输出一些与原始数据相似的数据。生成器的目标是尽量准确地模拟原始数据的分布。

（2）判别器：判别器也是一个神经网络模型，它的输入是一组数据，输出一个概率值，用于判断该数据是真实数据还是生成器生成的非真实数据。判别器的目标是尽可能准确地区分真实数据和生成器生成的非真实数据。

（3）损失函数（Loss Function）：GAN 的损失函数由两部分组成。一部分是生成器的损失函数，用于衡量生成器生成的非真实数据与真实数据之间的差异程度；另一部分是判别器的损失函数，用于衡量判别器预测的概率是否准确。

（4）优化器（Optimizer）：GAN 使用反向传播算法训练模型，优化器的作用是根据损失函数的结果来更新模型的参数，使得生成器和判别器不断优化，让生成器生成的非真实数据更加逼真，让判别器可以更好地区分真实数据和生成器生成的非真实数据。

（5）数据集（Dataset）：GAN 需要大量的数据来进行训练，训练数据集的质量和数量对于 GAN 的性能影响非常大。通常情况下，数据集应该包含真实数据和标签，并与生成器的输出数据进行比较。

3. GAN 的结构

GAN 的结构如图 3.36 所示。我们要明确使用 GAN 的前提是有两类数据，一类是真实数据，另一类是即生成器生成的非真实数据，然后判别器 D 要尽可能地认出真实数据，生成器要尽可能让非真实数据被判别器 D 认定为真实数据。其实总体来说就是二者呈现对弈的关系。首先，生成器的作用其实是接收噪声 Z 以生成与真实数据相似的数据，注意生成器生成的非真实数据的维度与真实数据的维度是一致的。然后就是判别器 D 的操作，举一个最简单的例子就是二分类任务，即判别真伪。

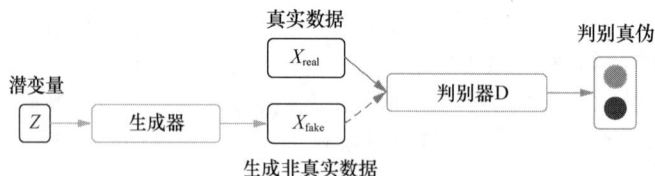

图 3.36　GAN 的结构

假设你要去买名表，但是你从来没买过名表，你很难判断表的真伪，而买名表的经验可以防止被骗。当你开始将大多数名表标记为假表（被骗）之后，卖家就开始生产高仿表。然后你再去买表。二者相互博弈，你的经验在增加，卖家的造假经验也在提高。与 GAN 相类比，最后生成器生成的非真实数据与真实数据就尽可能地接近了。

4. GAN 的工作原理

（1）生成器

生成器在 GAN 中扮演创造者的角色，它接收随机噪声作为灵感，通过深度神经网络的复杂变换，巧妙地生成出足以"欺骗"判别器的逼真数据样本。

① 概述

生成器是 GAN 的重要组成部分，它负责生成与真实数据相似的新数据样本。生成器通常是一个深度神经网络，通过对输入的低维向量（如随机噪声）进行变换和映射，输出高维的数据样本（如图像、文本等）。

② 结构与组成

生成器的结构如图 3.37 所示。它由以下三层组成。

输入层：生成器的输入通常是一个低维的随机向量，也称为潜在向量或噪声向量。这个向量用于引入随机性，使得每次生成的数据样本都有所不同。

隐藏层：生成器包含多个隐藏层，这些隐藏层通过对输入向量进行非线性变换和组合，逐渐提取和构建出数据的复杂特征。隐藏层的数量和结构可以根据具体任务和数据集进行调整。

输出层：生成器的输出层负责将隐藏层的特征映射为最终的高维数据样本。对于图像生成任务，输出通常是一个与真实图像具有相同维度和通道数的张量。

③ 训练与优化

在 GAN 的训练过程中，生成器的目标是生成尽可能真实的数据样本，以"欺骗"判别器。生成器通过与判别器进行对抗训练，不断优化自身的参数，使得生成数据的分布逐渐接近真实数据的分布。

生成器的优化通常使用梯度下降算法，通过计算损失函数对生成器参数的梯度，更新生成器的参数，以最小化判别器将生成样本识别为假样本的概率。

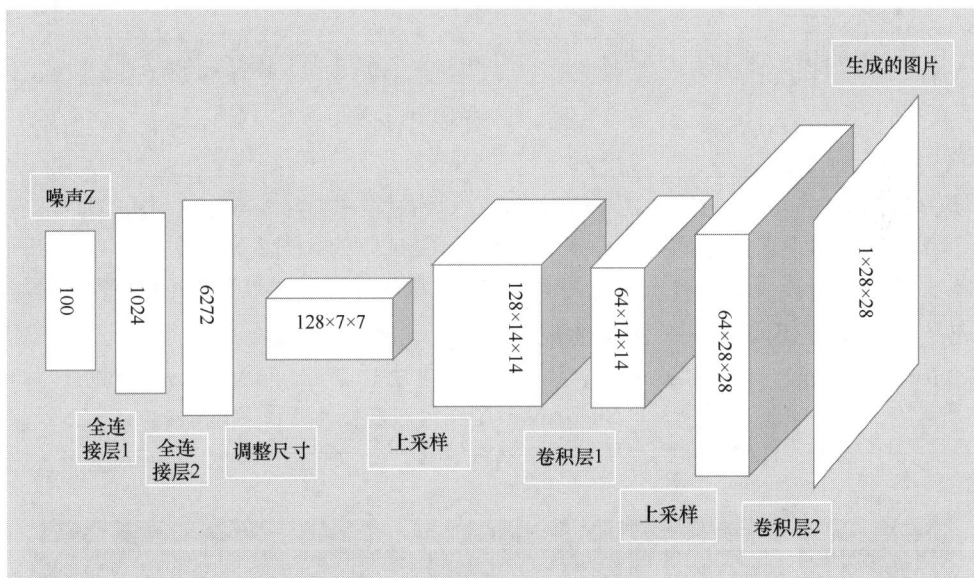

图 3.37　生成器的结构

（2）判别器

判别器 D 在生成对抗网络（GAN）中扮演"评判者"或"鉴别者"的角色。它的核心任务是区分输入数据是来自真实数据集还是由生成器 G 生成的假数据。

① 概述

判别器 D 是生成对抗网络中的关键部分之一，与生成器 G 共同构成这一框架的两大支柱。判别器的主要任务是区分输入数据是来自真实的数据集还是由生成器生成的假数据。通过不断地与生成器进行对抗训练，判别器努力提升自己的判别能力，以更准确地识别真实和生成的样本。

② 结构与组成

判别器的结构如图 3.38 所示。它由以下三层组成。

输入层：判别器的输入可以是任意形式的数据，如图像、音频片段或文本序列。这些数据要么是来自真实世界的样本，要么是由生成器生成的样本。

隐藏层：判别器通过一系列隐藏层处理输入数据。这些隐藏层包含各种神经元和激活函数，用于提取输入数据的特征，并逐步抽象出其代表性信息。

输出层：判别器的输出层通常是一个单一神经元或少数几个神经元，负责产生最终判断结果。在标准的 GAN 设置中，输出层使用 Sigmoid 激活函数，输出一个介于 0～1 的标量，以表示输入数据来自真实数据集的概率。

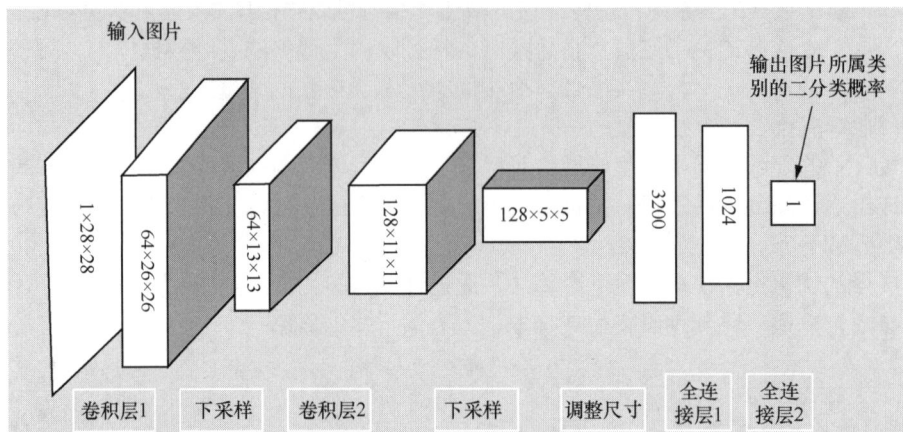

图 3.38　判别器的结构

③ 训练与优化

判别器 D 通过监督学习的方式进行训练。在训练过程中，判别器接收到两类数据：标记为"真实"的数据（来自真实数据集）和标记为"生成"的数据（来自生成器 G）。判别器的目标是最大化对真实数据的正确分类概率，同时最小化对生成数据的错误分类概率。

5. GAN 的应用场景——图像生成

生成对抗网络是一种强大的深度学习模型，它通过生成器与判别器之间的对抗训练来生成高质量的图像。如图 3.39 所示，SinGAN 模型在经过左侧单张图片的训练后，能生成真实的图片，图片描述了真实图像的全局结构与精细纹理。

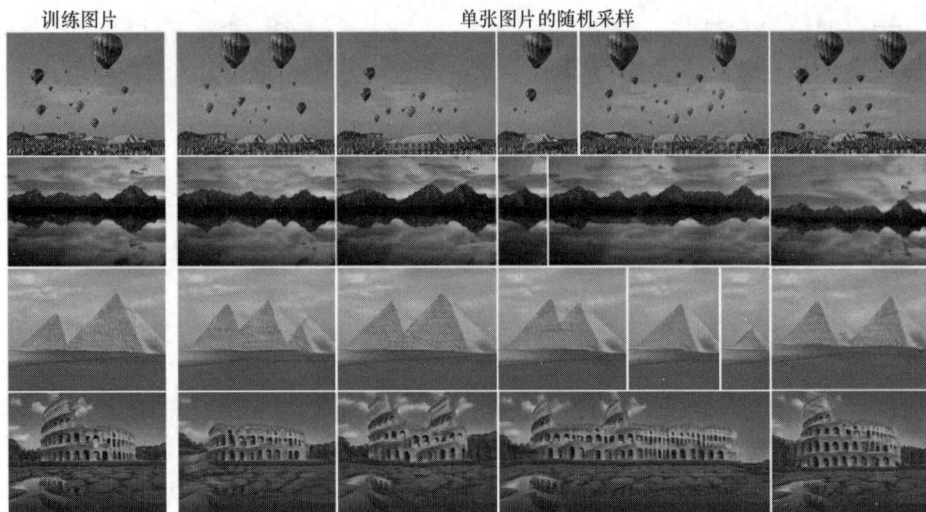

图 3.39　SinGAN 模型生成效果

首先，生成器的目标是产生逼真的图像。它接收一个随机噪声向量作为输入，这个噪声向量通常是从高斯分布中采样得到的。生成器通过学习将这些随机噪声向量转换成图像数据。随着训练的进行，生成器逐渐学会生成越来越逼真的图像。而判别器的任务是区分生成器产生的假图像和真实图像。它接收一个图像作为输入，并输出这个图像是真实图像的概率。判别器通过在真实图像和生成器产生的图像上的训练，学习如何准确地分类。

GAN 的训练是一个动态的对抗过程。在训练的初期，判别器相对容易区分真假图像，但随着生成器的不断优化，判别器的挑战越来越大。生成器不断学习如何产生更逼真的图像以"欺骗"判别器，而判别器则不断学习如何更好地区分真假图像。这个过程会一直持续，直到生成器生成的图像质量足够高，以至于判别器无法准确区分，或者两者达到一种平衡状态。为了生成具有真实全局结构和精细纹理的图像，GAN 需要在训练过程中学习到数据的复杂分布，例如图像的全局特征（如形状、布局）和局部特征（如纹理、颜色）。通过这种方式，GAN 能够生成在视觉上难以与真实图像区分的假图像。但是，在训练时，GAN 可能会遇到模式崩溃的问题，即生成器开始生成非常相似或重复的样本，而不是多样化的真实样本。为了避免这个问题，研究者提出了多种策略，如迷你批次判别（Mini-batch Discrimination）和非饱和损失（Non-Saturating Loss）等。并且，GAN 的训练过程可能非常复杂且不稳定。为了提高训练的稳定性，研究者提出了多种方法，包括谱归一化（Spectral Normalization）和渐进式增长（Progressive Growing）等。总的来说，GAN 通过生成器与判别器之间的对抗训练，学习生成高质量、高分辨率的图像，这些图像在全局结构和精细纹理上都具有真实感。尽管训练过程中可能面临挑战，但 GAN 在图像生成领域的潜力是巨大的。

3.3 强化学习

强化学习又称再励学习、评价学习或增强学习，是机器学习的范式和方法论之一，用于描述和解决智能体（Agent）在与环境的交互过程中通过学习策略以达成回报最大化或实现特定目标的问题。换句话说，强化学习是一种学习如何从状态映射到动作以使得获取的奖励最大的学习机制。在强化学习中，Agent 需要不断地在环境中进行实验，通过环境给予的反馈（奖励）来不断优化状态-动作的对应关系。因此，反复实验（Trial And Error）和延迟奖励（Delayed Reward）是强化学习最重要的两个特征。

强化学习

1. 强化学习系统的四个基本要素

强化学习系统一般包括四个基本要素：策略（Policy）、奖励（Reward）、价值（Value）以及环境或者称为模型（Model）。接下来，我们对这四个要素分别进行介绍。

（1）策略：策略定义了智能体对于给定状态所做出的动作，换句话说，就是一个从状态到动作的映射，事实上状态包括了环境状态和智能体状态，这里我们是从智能体出发的，也就是指智能体所感知到的状态。策略是强化学习系统的核心，因为我们完全可以通过策略来确定每个状态下的动作。我们将策略的特点总结为以下三点。

- 策略定义智能体的动作。
- 它是从状态到动作的映射。
- 策略可以是具体的映射，也可以是随机的分布。

（2）奖励：奖励信号定义了强化学习问题的目标。在每个时间步骤内，环境向强化学习发出的标量值即为奖励。它能定义智能体表现的好与坏，类似人类感受到快乐或痛苦。因此，我们可以体会到奖励信号是影响策略的主要因素。我们将奖励的特点总结为以下三点。

- 奖励是一个标量的反馈信号。
- 它能表征智能体在某一步的表现如何。

● 智能体的任务就是使得一个时段内积累的总奖励值最大。

（3）价值：与奖励的即时性不同，价值函数是对长期收益的衡量。我们常常会说"既要脚踏实地，也要仰望星空"，对价值函数的评估就是"仰望星空"，即从长期的角度来评判当前动作的收益，而不仅盯着眼前的奖励。结合强化学习的目的，我们能很明确地体会到价值函数的重要性。事实上，在很长的一段时间内，强化学习的研究就是集中在对价值函数的评估。我们将价值函数的特点总结为以下三点。

● 价值函数是对未来奖励的预测。
● 它可以评估状态的好坏。
● 价值函数的计算需要对状态之间的转移进行分析。

（4）模型：它是对环境的模拟。举个例子来理解，当给出了状态与动作后，有了模型，我们就可以预测接下来的状态和对应的奖励。但我们要注意的一点是，并非所有的强化学习系统都需要有一个模型，因此会有基于模型（Model Based）、无模型（Model Free）两种方法。无模型的方法主要是基于策略和价值函数分析进行学习。我们将模型的特点总结为以下两点。

● 模型可以预测环境下一步的表现。
● 模型的表现具体可由预测的状态和奖励来反映。

我们用这样一幅图（见图3.40）来理解一下强化学习的整体架构。从当前的状态 S_t 出发，智能体在做出一个动作 A_t 之后，对环境产生了一些影响，它首先给 Agent 反馈了一个奖励信号 R_t，接下来 Agent 可以从中发现一些信息，进而进入一个新的状态，再做出新的动作，形成一个循环。强化学习的基本流程就是遵循这样一个架构。

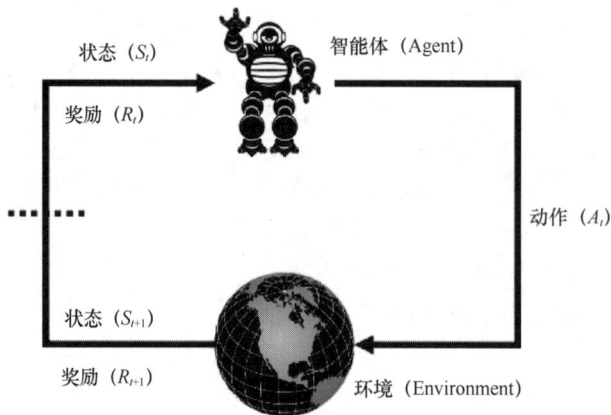

图 3.40　强化学习整体架构

2. 强化学习的分类

强化学习的基本问题按照两种原则进行分类，如图 3.41 所示。

基于策略和价值的分类，分为以下三类。

● 基于价值（Value Based）的方法：没有策略但是有价值函数。
● 基于策略（Policy Based）的方法：有策略但是没有价值函数。
● 参与评价（Actor Critic）的方法：既有策略也有价值函数。

基于环境的分类，分为以下两类。

● 无模型（Model Free）的方法：有策略和价值函数，没有模型。
● 基于模型（Model Based）的方法：有策略和价值函数，也有模型。

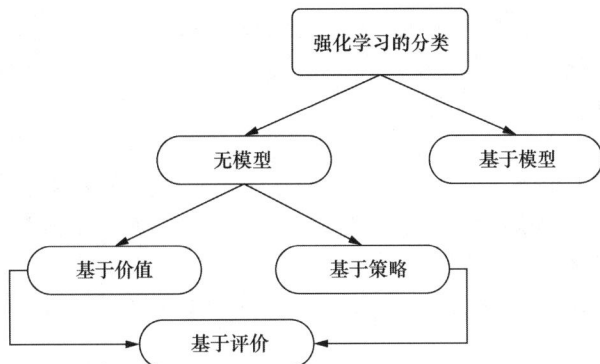

图 3.41　强化学习的分类

3. 强化学习应用案例——马尔可夫决策过程

（1）什么是马尔可夫决策过程

马尔可夫决策过程（Markov Decision Process，MDP）是一种在随机环境中进行决策的数学模型，它可以用来描述一个智能体在某个环境中如何通过一系列决策达到最佳的长期目标。在 MDP 中，智能体在每个时间步通过采取一个动作，从当前状态转移到下一个状态，并获得一个相应的奖励。MDP 的关键特点是未来的状态仅依赖于当前的状态和动作，而与过去的状态和动作无关，这一特性称为"马尔可夫性"。

（2）MDP 的数学定义

一个马尔可夫决策过程通常表示为一个五元组 (S, A, P, R, γ)，其中，S 为状态空间（State Space），表示环境中所有可能的状态集合，例如，在一个迷宫中，状态可以表示智能体的位置；A 为动作空间（Action Space），表示智能体在每个状态下可以执行的动作集合，例如，在迷宫中，动作可以是"向左移动""向右移动"等；P 为状态转移概率（State Transition Probability），定义为 $P(s'|s,a)$，表示在状态 s 下执行动作 a 后转移到状态 s' 的概率；R 为奖励函数（Reward Function），定义为 $R(s,a)$ 或 $R(s,a,s')$，表示在状态 s 下执行动作 a 并转移到状态 s' 时获得的即时奖励；γ 为折扣因子（Discount Factor），$\gamma \in [0,1]$，用于衡量即时奖励与长期奖励的权重关系。γ 越接近 1，智能体越关注长期收益；γ 越接近 0，智能体越关注即时奖励。

▶▶▶ 3.3.1　基于值函数的学习方法

基于值函数的学习方法是强化学习中的一种基本方法，其核心思想是通过学习一个值函数来评估不同状态下执行不同动作的好坏。值函数可以分为状态值函数 $V(s)$ 和状态-动作值函数 $Q(s,a)$。

基于值函数的学习
方法

- **状态值函数 $V(s)$**：从状态 s 开始，执行策略得到的期望总回报。它反映了在给定状态下，智能体遵循当前策略所能获得的长期收益。
- **状态-动作值函数 $Q(s,a)$**：在状态 s 下执行动作 a 并执行策略得到的期望总回报。它直接关联了状态和动作，为智能体在特定状态下选择最优动作提供了依据。

在学习过程中，智能体通过不断尝试并更新这些值函数，逐渐掌握在不同状态下应该采取的最佳动作。这种方法通常适用于状态空间较小或动作空间较小的情况。基于值函数的学习方法还包括动态规划、蒙特卡洛方法、时序差分学习（Temporal-Difference Learning）算法、深度 Q 网络（Deep Q-Network，DQN）等。

DQN 是一种使用深度神经网络来学习智能体在特定状态下应该采取哪个动作的算法，它是 Q-Learning 的扩展。接下来，我们将从 Q-Learning 的基础出发，逐步深入到 DQN 算法的讲解中。通过这种由浅入深的方式，我们可以更好地理解 DQN 是如何在 Q-Learning 的基础上进行扩展和优化的。

Q-Learning 是一种强化学习算法，用于解决智能体（Agent）在与环境互动的过程中学习如何做出决策以获得最大累积奖励的问题。它属于无模型强化学习方法的一种，这意味着 Q-Learning 不需要事先了解环境的具体模型，只需通过与环境的交互来学习。Q-Learning 的目标是学习一个 Q 值函数，通常简称为 Q 表（Q-table），其中包含了在每个状态下采取每个动作所获得的期望累积奖励。基于 Q 表，智能体可以在每个状态下选择最佳的动作，从而最大化长期奖励。

Q-Learning 的核心思想可以总结为以下几个关键概念。

（1）状态（State）：在 Q-Learning 中，智能体与环境互动的过程可以被划分为一系列离散的时间步。在每个时间步，智能体观察到环境的当前状态，这个状态可以是任何描述环境的信息。

（2）动作（Action）：智能体在每个时间步都必须选择一个动作，以影响环境并获取奖励。动作可以是有限的一组选择，取决于具体的问题。

（3）奖励（Reward）：在每个时间步，智能体执行一个动作后，环境会给予智能体一个奖励信号，表示这个动作的好坏。奖励可以是正数（表示好的动作）或负数（表示不好的动作），也可以是零。

（4）Q 值函数（Q-Value Function）：Q 值函数是 Q-Learning 的核心，它表示在给定状态下采取特定动作所获得的期望累积奖励。Q 值函数通常表示为 $Q(s,a)$，其中，s 表示状态，a 表示动作。

（5）学习和探索：在 Q-Learning 中，智能体需要学习 Q 值函数，以确定在每个状态下应该采取哪个动作来最大化累积奖励。但同时，智能体也需要保持一定程度的探索，以发现新的动作策略。

Q-Learning 的基本算法步骤可以概括为以下几个阶段。

（1）初始化 Q 表：首先，我们需要初始化一个 Q 表，其中包含所有状态和动作的 Q 值。通常，Q 值可以初始化为零或其他适当的值。

（2）选择动作：在每个时间步，智能体根据当前状态和 Q 表中的 Q 值来选择一个动作。这通常涉及探索和利用的权衡，以便在学习过程中不断探索新的动作策略。

（3）执行动作：智能体执行所选择的动作，并观察环境的响应。这包括获得奖励信号和新的状态。

（4）更新 Q 值：根据观察到的奖励信号和新的状态，智能体使用状态-动作值函数的贝尔曼方程来更新 Q 值，更新规则如下。

$$Q(s,a) \leftarrow Q(s,a) + \alpha[r + \gamma \max_{a'} Q(s',a') - Q(s,a)]$$

其中，α 是学习率，决定新信息覆盖旧信息的速度；r 是在状态 s 下采取动作 a 后获得的即时奖励；γ 是折扣因子，用于权衡即时奖励和长期奖励的重要性；s' 是执行动作 a 后到达的下一个状态；$\max_{a'} Q(s',a')$ 是在下一个状态 s' 中所有可能动作的最大 Q 值。

（5）重复迭代：智能体不断地执行上述步骤，与环境互动，学习和改进 Q 值函数，直到达到停止条件。

DQN 和 Q-Learning 都使用类似的更新规则来调整 Q 函数的估计值。DQN 的更新规则是从 Q-Learning 中借鉴来的，但是它使用深度神经网络来近似 Q 函数，而不是传统的查找表。DQN 算法相对于 Q-Learning 算法的关键创新主要包括以下几个方面，这些创新使得 DQN 能够处理高维或连续状态空间的问题。

（1）深度神经网络：如图3.42（b）所示，DQN使用深度神经网络来逼近Q函数，这使得它能够处理高维或连续状态空间的问题。这种网络结构可以直接从原始像素数据中学习到有用的特征表示，而不需要手工设计特征。

（2）经验回放：DQN引入了经验回放机制，通过维护一个序列样本池来存储智能体的经验（状态、动作、奖励、下一个状态）。在训练过程中，从这个池中随机抽取样本来更新网络，这有助于打破样本之间的时间相关性，使学习更加稳定。

（3）目标网络：DQN使用了一个目标网络来稳定训练过程。目标网络的权重是定期更新的，用于生成Q值更新的目标值。这种方法有助于减少数据的相关性，并且使得目标值在一定时间内保持稳定，从而避免网络权重更新导致的不稳定问题。

（4）固定Q目标：DQN通过复制一个和原来Q网络结构一样的目标Q网络，用于计算Q的目标值，这样在原来的Q网络中，目标Q就是一个固定的数值，不会再产生优化目标不明确的问题。

（5）双DQN：为了解决Q值过高估计的问题，DQN采用了双DQN技术，即在计算Q目标值时，使用两个网络将动作选择与Q的目标值生成分离开来，这有助于减少对Q值的高估，从而帮助更快地进行训练，并获得更稳定的学习效果。

这些创新使得DQN算法在处理复杂的强化学习问题时，尤其是在视觉环境中，如Atari游戏平台的游戏和其他需要处理原始像素数据的应用中，表现出色。相比之下，如图3.42（a）所示，Q-Learning算法通常使用一个Q表来存储每个状态-动作对的值，这在状态空间较小时是可行的，但在高维或连续状态空间中则会遇到存储和计算的瓶颈。DQN通过深度学习的方法克服了这些限制，使得算法能够扩展到更广泛的问题上。

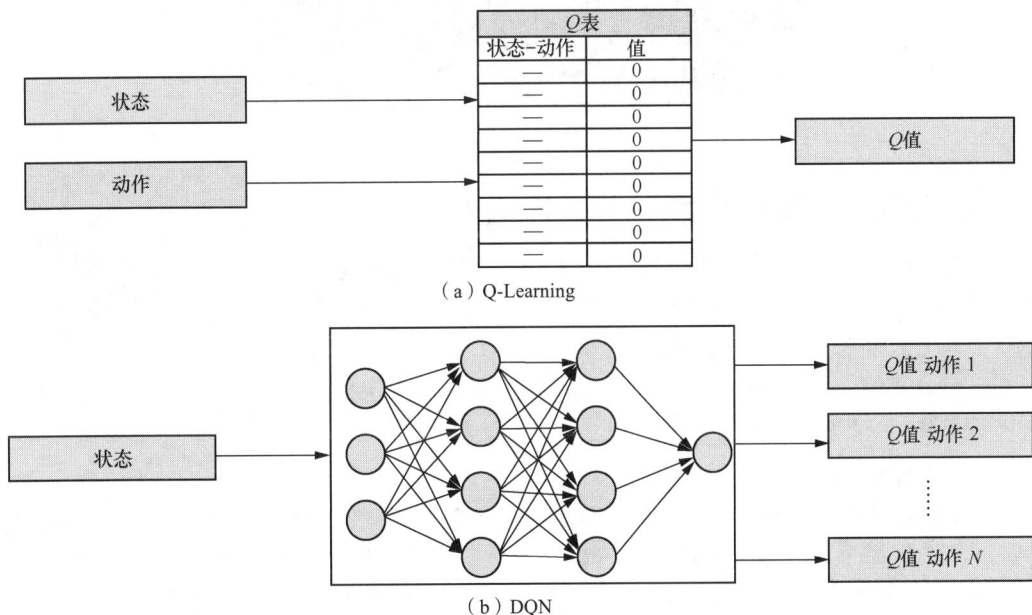

图3.42　Q-Learning算法和DQN算法示意

应用场景——DQN算法在Breakout游戏中的应用

在Atari游戏平台的Breakout游戏（见图3.43）中应用DQN算法，首先需要将游戏的原始像素图像转换为智能体可以处理的输入。这通常涉及将图像缩放到较小的尺寸（例如84像素×84像素），并且可能需要将彩色图像转换为灰度图像以简化处理。此外，为了捕捉游戏中的动态变化，DQN算法通常会使用连续几帧图像的堆叠作为输入状态。DQN算法使用一个深度卷积神经网络来逼近 Q 函数，该网络通过与游戏环境的交互来学习。智能体在游戏环境中执行动作（例如，移动板子），然后观察到新的状态（游戏画面的变化）和奖励（例如，击中砖块得分）。这些经验（状态、动作、奖励、下一个状态）被存储在经验回放缓冲区中。在训练过程中，智能体从经验回放缓冲区中随机抽取样本来更新网络。这有助于打破样本之间的时间相关性，使学习更加稳定。DQN 算法还使用了一个目标网络来生成 Q 值更新的目标值，这个目标网络的权重是定期更新的，以减少数据的相关性并稳定训练过程。智能体根据 ε-贪婪策略选择动作，这意味着它在探索新动作和利用已知最佳动作之间进行平衡。通过这种方式，智能体学习如何在 Breakout 游戏中有效地控制板子使球反弹，以清除所有砖块并最大化得分。

DQN 算法在 Breakout 游戏中的应用展示了其处理复杂视觉输入和学习最优策略的能力。通过深度学习和强化学习的结合，DQN 算法能够在没有人类干预的情况下，自主学习并掌握游戏技能，这是人工智能领域的一个重要成就。

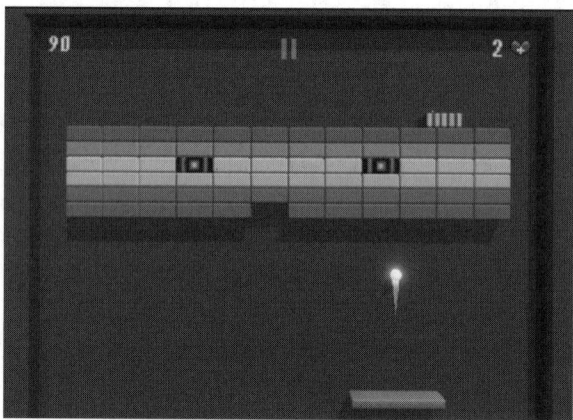

图 3.43　Breakout 游戏示意

▶▶▶ 3.3.2　基于策略的学习方法

与基于值函数的学习方法不同，基于策略的学习方法直接学习一个策略函数 $\pi(a|s)$，该函数表示在给定状态 s 下执行动作 a 的概率。这种方法的优点在于它能够直接处理连续动作空间的问题，并且在学习过程中不需要显式地计算值函数。基于策略的学习方法包括策略梯度算法/方法、随机策略梯度算法、PPO 算法等。

基于策略的学习方法

1.　策略函数

策略函数通常表示为 $\pi(a|s,\theta)$，是强化学习中智能体动作的数学表示。它定义了在给定状态 s 下选择每个可能动作 a 的概率，其中，θ 是策略的参数。这些参数决定了策略的动作，可以通过学习过程调整参数以优化性能。策略函数包含确定性策略与随机性策略。

（1）确定性策略：在确定性策略中，对于每个状态 s，策略函数选择一个单一的动作 a，没有随机性。形式上，确定性策略可以表示为 $\pi(s)=a$，其中 a 是由状态 s 唯一确定的动作。确定性策略通常更简单，但可能缺乏处理不确定性问题或探索环境所需的灵活性。

（2）随机性策略：在随机性策略中，策略函数为每个可能的动作分配一个概率，允许智能体在多个动作之间进行选择。形式上，随机性策略可以表示为 $\pi(a|s,\theta)$，这是一个条件概率分布，它给出了在状态 s 下选择动作 a 的概率。随机性策略提供了更多的灵活性，允许智能体进行探索并适应具有随机性的环境。

策略函数通常对参数 θ 进行优化，这些参数可以是神经网络的权重，也可以是其他类型的函数参数。优化策略函数的目标是找到一组参数 θ，使得期望回报最大化。期望回报定义为

$$J(\theta) = E_{\pi_\theta}\left[\sum_{t=0}^{\infty}\gamma^t R(s_t, a_t)\right]$$

其中，γ 是折扣因子，$R(s_t, a_t)$ 是在时间 t 的即时奖励。

通常通过策略梯度方法或其他基于梯度的优化算法来实现期望回报最大化。

2. 策略梯度方法

策略梯度方法是一种直接对策略参数进行梯度上升，以最大化期望回报的方法。

首先，我们需要计算期望回报 $J(\theta)$ 关于参数 θ 的梯度。这个梯度可以通过以下公式估计。

$$\nabla_\theta J(\theta) = E_{\pi_\theta}\left[\sum_{t=0}^{\infty}\nabla_\theta \log \pi_\theta(a_t \mid s_t)\right]\gamma^t R(s_t, a_t)$$

其中，$\nabla_\theta \log \pi_\theta(a_t \mid s_t)$ 是策略函数的对数关于参数 θ 的梯度，也称为得分函数。这个梯度表示策略如何随着参数的变化而变化。

其次，使用梯度上升方法，我们可以按照以下方式更新策略参数 θ。

$$\theta \leftarrow \theta + \alpha \nabla_\theta J(\theta)$$

其中，α 是学习率，它控制了参数更新的步长。

除了策略梯度方法，还有以下几种基于梯度的优化算法可以用于优化策略函数。

● 自然梯度：考虑策略空间的几何结构，使用 Fisher 信息矩阵来调整梯度，适用于复杂策略空间。

● 近端策略优化（Proximal Policy Optimization，PPO）：通过裁剪概率比率来限制策略更新的幅度，从而保持学习过程的稳定性。

● 信任域策略优化（Trust Region Policy Optimization，TRPO）：在每一步更新中，保持策略更新在一个可接受的区域内，以确保策略改进的可靠性。

3. PRO 算法

以上这些方法都旨在通过调整参数 θ 来优化策略函数，但它们在如何计算和应用梯度方面有所不同。下面我们详细讲解 PPO 算法来进一步体会基于策略的学习方法。PPO 算法是一种基于策略梯度的强化学习算法，它通过直接优化策略参数来最大化累积奖励。与传统的策略梯度方法相比，PPO 算法在更新策略时更加稳定且高效。这主要得益于 PPO 算法的两个核心思想：近端策略优化和剪切目标函数。

（1）近端策略优化：PPO 算法通过限制策略更新的幅度，以确保每次更新都在可接受的范围内。这一机制避免了策略更新过于激进而导致的性能下降问题。具体来说，PPO 算法会计算新旧策略之间的差异，并当差异超出一定范围时对其进行裁剪，从而限制策略更新的步长。

（2）剪切目标函数：在更新策略时，PPO 算法使用一个具有特殊设计的目标函数，该函数涉及新旧策略的概率比率，并通过剪切函数限制其变化范围。这种机制进一步确保了策略更新的稳定性，并提高了算法的收敛速度。

PPO 算法的两种主要变体是 PPO-Penalty 算法和 PPO-Clip 算法。PPO-Penalty 使用 KL 散度（Kullback-Leibler Divergence）作为惩罚项来抑制过大的策略更新，而 PPO-Clip 则采用裁剪技术来限制新旧策略的概率比率。虽然这两种变体在策略更新的方式上有所不同，但都旨在保持策略更新的稳定性，它们都通过限制策略更新的幅度来保持稳定性。以下是对这两种变体的详细描述。

PPO-Penalty 算法：PPO-Penalty 算法将 KL 散度作为目标函数的一个惩罚项，而不是像 TRPO 算法那样将其作为一个硬性约束。KL 散度是衡量两个概率分布之间差异的一种指标，在强化学习中常用于衡量新旧策略之间的差异。

在 PPO-Penalty 算法中，目标函数不仅考虑了期望奖励，还考虑了新旧策略之间的 KL 散度。当新旧策略之间的差异过大时，KL 散度项会给予一个较大的惩罚，从而减小策略更新的幅度。这种机制有助于保持策略的稳定性，避免过大的更新步长而导致性能下降。

此外，PPO-Penalty 算法会自动调整惩罚系数，以适应数据的规模。这意味着在不同的训练阶段或不同的数据集上，可以灵活地调整惩罚系数，以确保策略更新的稳定性和效率。

PPO-Clip 算法：与 PPO-Penalty 算法不同，PPO-Clip 算法没有使用 KL 散度项和约束条件，而是采用了一种特殊的裁剪技术来限制策略更新的幅度。这种裁剪技术基于新旧策略的概率比率，并设置了一个裁剪范围（如 $[1-\varepsilon,1+\varepsilon]$，其中，$\varepsilon$ 是一个超参数，用于控制裁剪的幅度）。

在 PPO-Clip 算法中，目标函数会计算新旧策略的概率比率，并将其限制在裁剪范围内。当新旧策略的概率比率超出这个范围时，会对其进行裁剪，以确保策略更新的稳定性。具体来说，如果新策略的概率相比旧策略过高或过低，都会被裁剪到裁剪范围的边界值上。这种裁剪机制有助于消除新策略远离旧策略的动机，从而避免过大的更新步长而导致策略的不稳定。同时，由于裁剪范围是可调的，因此可以根据具体的任务和环境来设置合适的 ε 值，以平衡策略更新的稳定性和收敛速度。

PPO 算法的工作流程可以分为以下几个阶段。

初始化阶段：在 PPO 算法中，首先需要定义强化学习的环境，这包括状态空间、动作空间、奖励函数等关键要素。随后，会初始化一个策略网络，该网络负责根据当前的状态生成动作的概率分布。这个策略网络通常是参数化的，其参数会在后续的训练过程中进行更新。

数据收集阶段：在训练过程中，智能体会根据当前的策略网络与环境进行交互。在每个时间步，智能体会观察当前的状态，根据策略网络生成的动作概率分布选择一个动作来执行，然后环境会给出相应的奖励和下一个状态。智能体会记录下这些交互数据，包括状态、动作、奖励和下一个状态等，这些数据将用于后续的策略更新。

优势函数计算阶段：在收集到一定数量的交互数据后，算法会计算每个动作的优势函数值。优势函数衡量了在当前状态下采取某个动作相对于平均表现的好坏程度。为了计算优势函数，通常会使用一个价值网络来估计每个状态或状态-动作对的期望奖励，然后将实际奖励与这个估计值进行比较。优势函数的计算有助于减少策略梯度估计的方差，提高学习效率。

策略更新阶段：有了优势函数和交互数据后，算法就可以进行策略更新了。PPO 算法使用收集到的数据来计算策略的梯度，并根据 PPO 算法的更新规则来更新策略网络的参数。PPO 算法的更新规则包括两个关键部分：近端策略优化和剪切目标函数。近端策略优化通过限制新旧策略之间的差异来确保策略更新的稳定性，而剪切目标函数则通过设置一个裁剪范围来限制策略更新的幅度。这两个机制共同作用，使得 PPO 算法在更新策略时既能够保持稳定性，又能够高效地探索新的策略空间。

迭代训练阶段：最后，PPO 算法会不断重复上述的数据收集、优势函数计算和策略更新步骤，直到策略收敛或达到预定的性能指标。在迭代训练过程中，策略网络会逐渐学习到更加优秀的策略，使得智能体能够在环境中取得更高的奖励。

通过这个过程，PPO 算法能够逐步优化策略，使得智能体在强化学习任务中表现出色。

应用场景——机器人的智能控制

在机器人的智能控制领域，强化学习尤其是基于策略的学习方法，已经证明了其有效性。这些方法允许机器人通过与环境的互动来学习最优动作，而不必依赖于精确的数学模型或复杂的预编程控制策略。在这种学习框架下，机器人（作为智能体）在每个时间步选择动作，以最大化其获得的累积奖励。这种方法的核心是策略函数，它描述了在给定状态下选择每个可能动作的概率分布。在机器人控制中，这意味着学习一个策略，告诉机器人在不同状态下应该执行哪个动作。

　　基于策略的方法通过概率策略允许一定程度的探索，同时逐渐偏向于利用学到的有效动作，在探索（尝试新动作以发现更好的动作）和利用（使用已知的最优动作）之间找到平衡。策略梯度方法，如 REINFORCE 或 PPO 算法，使机器人能够通过梯度上升来优化其策略，使得期望回报最大化。这涉及计算策略梯度，即策略参数变化对期望回报的影响。

　　在深度强化学习中，深度神经网络被用来近似策略函数，使其能够处理高维的感官输入，如图像或激光雷达数据。深度神经网络能够捕捉复杂的环境特征，并学习相应的控制策略。在训练阶段，机器人在模拟环境或真实世界中执行任务，收集经验数据，并使用这些数据来训练和更新策略网络。一旦策略达到足够的性能，它就可以被部署到实际的机器人系统中。

　　基于策略的学习方法已经被用于完成各种机器人任务，包括智能驾驶车辆的导航、机械臂的操纵、服务机器人的交互以及搜索和救援任务。这些方法为机器人提供了一种自适应和灵活的控制策略，使其能够在不断变化的环境中有效地执行复杂任务，如图 3.44 所示。随着强化学习领域的不断进步，这种方法在机器人智能控制中的应用前景非常广阔。

图 3.44　机器人智能控制

>>> 3.3.3　Actor-Critic 方法

　　Actor-Critic 方法是结合价值学习和策略学习的一种强化学习方法。它结合了策略梯度 Actor 和价值函数估计 Critic 的优点，提供了一种高效的策略学习方式。

Actor-Critic 方法

　　Actor（行动者）：负责生成动作概率，即策略 $\pi(a|s)$。它根据当前的状态 s 选择一个动作 a，并尝试最大化累积奖励。Actor 的目标是通过调整策略参数来优化策略。

　　Critic（评论家）：负责评估 Actor 选择的动作的好坏。它通常通过估计状态价值函数 $V(s)$ 或 Q 值函数 $Q(s,a)$ 来实现。Critic 计算时序差分误差（TD 误差）来衡量当前策略的优劣，并将这些信息反馈给 Actor 进行策略更新。

　　在 Actor-Critic 方法中，Actor 和 Critic 相互协作，共同优化策略。Actor 根据 Critic 提供的反馈来更新策略参数，而 Critic 则根据 Actor 的动作和环境的反馈来更新其价值函数。这种方法能够在连续或高维动作空间中稳定地学习最优策略，并且具有较好的收敛性和学习效率。

　　Actor-Critic 方法的具体算法包括深度确定性策略梯度（Deep Deterministic Policy Gradient，DDPG）算法、PPO 算法、TD3（Twin Delayed DDPG）算法等。下面对 DDPG 算法进行详细阐述，以便读者进一步理解 Actor-Critic 方法。

1. DDPG 算法原理

　　DDPG 算法结合了 Actor-Critic 框架和深度神经网络，通过学习一个确定性策略来优化连续动作的选择。它解决了 Actor-Critic 神经网络每次参数更新前后都存在相关性、导致神经网络只能片面看待问题这一问题，同时也解决了 DQN 不能用于连续性动作的问题。

（1）算法结构与组成

在 DDPG 算法中，有两个主要的神经网络：Actor 网络和 Critic 网络。

Actor 网络：用于输出动作。它接收当前状态作为输入，并输出一个确定的动作。

Critic 网络：用于评估 Actor 网络输出的动作的价值。它接收当前状态和动作作为输入，并输出一个 Q 值（动作价值函数），表示在当前状态下执行该动作所获得的预期回报。

目标网络：为了稳定训练过程，DDPG 算法还引入了目标网络。Actor 和 Critic 各自有两个网络：一个是在线网络（用于选择动作和评估动作）；另一个是目标网络（用于计算目标 Q 值）。目标网络的参数是定期从在线网络复制过来的，并且更新频率较低，这有助于减少训练过程中的波动。

（2）算法训练过程

① **经验回放**：DDPG 算法使用经验回放缓冲区来存储智能体与环境交互产生的经验数据（状态、动作、奖励、下一个状态等）。在训练过程中，算法会从经验回放缓冲区中随机采样一批经验数据，用于更新网络参数。这提高了样本的利用效率，并有助于打破数据之间的时间相关性。

② **网络更新**：对于 Critic 网络，算法使用目标 Q 值和当前 Q 值之间的均方误差作为损失函数，通过反向传播算法来更新网络参数。目标 Q 值是通过目标网络计算得到的，它表示在下一个状态下执行最优动作所获得的预期回报。对于 Actor 网络，算法使用来自 Critic 网络的梯度信息来更新网络参数，以最大化 Q 值。这实际上是在优化策略函数，使其输出的动作能够获得更高的 Q 值。

③ **软更新机制**：为了保持目标网络的稳定性，DDPG 算法采用了软更新机制，即目标网络的参数是缓慢地根据在线网络的参数进行更新的，而不是直接复制。这有助于减少训练过程中的波动，并使得算法更加稳定。

2. 应用场景——机械臂控制

机械臂作为工业自动化和智能制造领域的核心设备，其控制问题一直备受关注。传统的机械臂控制方法依赖于精确的数学模型和复杂的控制器设计，这不仅增加了系统的复杂性和成本，而且在实际应用中，由于环境变化和不确定性因素的影响，传统方法往往难以达到理想的控制效果。然而，DDPG 算法为机械臂控制提供了一种全新的解决方案。通过强化学习的方式，DDPG 算法能够自适应地学习控制策略，无须依赖精确的模型，从而大大提高了机械臂的自主性和灵活性。在训练过程中，DDPG 算法通过不断尝试和调整控制策略，逐渐学习如何在不同环境和任务中实现最优的控制效果。

进一步地，DDPG 算法在机械臂控制中的应用不局限于简单的位置控制和速度控制，还可以实现更加复杂的控制动作，如抓取、搬运等。这些动作需要机械臂具备高度的精确性和协调性，传统的控制方法往往难以达到这样的要求。而 DDPG 算法通过深度神经网络的近似和优化，能够实现对机械臂各个关节的精细控制，从而实现更加复杂和精细的操作。例如，在抓取任务中，DDPG 算法可以根据目标物体的形状、大小和位置等信息，自动调整机械臂的抓取姿态和力度，以实现稳定而准确地抓取。在搬运任务中，DDPG 算法可以根据搬运路径和障碍物等信息，自动规划机械臂的运动轨迹，以实现高效而安全地搬运。这些应用不仅提高了机械臂的自动化水平，还为智能制造和工业自动化领域的发展提供了有力的支持。

DDPG 算法实现机械臂控制的步骤可以总结为以下几个。首先，初始化两组深度神经网络，一组作为 Actor 网络用于生成控制动作，另一组作为 Critic 网络用于评估动作的期望回报。其次，机械臂在环境中执行由 Actor 网络生成的动作，收集状态、动作、奖励和下一状态的数据，并将这些数据存储在经验回放缓冲区中。最后，从缓冲区中随机抽取数据批次，使用这些数据来更新 Critic 网络，使其更准确地预测期望回报，随后利用 Critic 网络的输出来更新 Actor 网络，通过梯度上升方法增强那些能够带来更高回报的动作。在更新过程中，为了稳定学习，DDPG 算法使用目标网络，即 Actor 和 Critic 网络的延迟更新版本。此外，算法在初期需要通过探索来了解环境。随着学习的进行，策略逐渐稳定，随机性降低，算法将更多地利用已学到的知识。通过不断地迭代，Actor 网络学习到的策略使机械臂能够在不同环境中实现最优控制效果，从而实现精确的位置和速度控制，以及抓取、搬运等复杂操作，展现出高度的自适应性和灵活性，如图 3.45 所示。

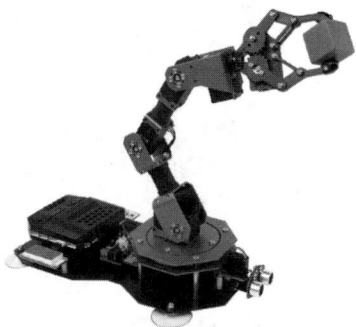

图 3.45　机械臂控制

3. 综合实例

ChatGPT 是一个基于 GPT 技术的大语言模型聊天机器人，由 OpenAI 公司研发。其优势在于能够自然流畅地与用户进行对话，理解语境，支持多语言交互，并能智能生成文字，因此其被广泛应用于自然语言生成、聊天机器人、智能客服等领域。ChatGPT 与 GPT3 的关键区别在于 ChatGPT 引入了人类反馈强化学习（Reinforcement Learning from Human Feedback，RLHF），用人类反馈的偏好标签信息来训练一个奖励模型（Reward Model），然后用这个奖励模型，运用强化学习的 PPO 算法去训练大语言模型，以使得结果符合人类的期望。以下是对这个过程中强化学习知识的详细解释。

（1）奖励模型的训练

① **数据收集**：首先，需要收集人类对于模型输出文本的偏好数据。这通常是通过标注人员对多个答案文本进行排序来实现的，排序结果反映了人类对答案文本质量的偏好。

② **模型训练**：利用收集到的排序数据，可以训练一个奖励模型。这个模型的任务是预测给定提示（Prompt）下不同回答的质量得分。奖励模型的损失函数通常采用成对排序损失（Pairwise Ranking Loss），通过比较排序高的答案和排序低的答案对应的分数差异来优化模型。

（2）强化学习训练（PPO 算法）

① **初始化模型**：PPO 算法初始化时，通常基于一个预训练的模型（如 GPT-3），这个模型已经具备了一定的文本生成能力。

② **策略优化**：在强化学习过程中，模型被视为一个智能体，它的任务是生成文本。智能体根据当前状态（即已生成的文本序列）选择动作（即下一个词元），并根据奖励模型提供的奖励信号来更新策略函数。

③ **奖励信号**：奖励信号由奖励模型提供，它根据智能体生成的文本质量给出得分。这个得分反映了文本与人类偏好的一致性。

④ **PPO 算法特点**：PPO 算法通过优化策略函数来最大化累积奖励，同时保持新旧策略之间的相似性。这一操作通过在目标函数中添加一个额外的项来实现，该项会惩罚新策略和旧策略之间的差异。这有助于避免训练过程中的不稳定性和高方差问题。

⑤ **训练过程**：在训练过程中，PPO 算法通过与环境（即奖励模型和预训练数据集）的交互来收集数据，并基于这些数据更新策略函数。同时，PPO 算法还通过 KL 散度来限制新、旧策略之间的差异，以确保训练的稳定性。

（3）整体流程

① **监督微调模型**。使用"Prompt+人工回答"作为训练数据对 GPT-3 进行微调，得到监

督微调（Supervised Fine-Tuning，SFT）模型。

② **训练奖励模型**。利用排序数据训练奖励模型。

③ **强化学习训练 PPO 模型**。使用 PPO 算法对 SFT 模型进行强化学习训练，得到最终的 ChatGPT 模型。

通过这个过程，ChatGPT 能够学习到如何生成更符合人类期望的文本，从而在多个方面表现出色，如多轮对话、交互修正等，如图 3.46 所示。

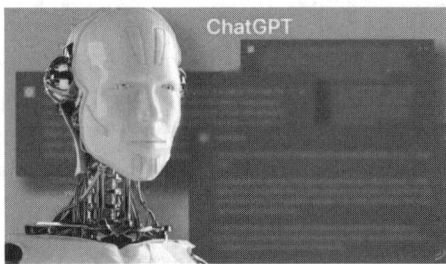

图 3.46　ChatGPT 示意图

本章小结

本章全面而深入地探讨了机器学习与深度学习的基础架构，以及强化学习的核心策略。我们从机器学习的基本概念谈起，详细剖析了分类与回归技术，这些技术能够从数据中挖掘出潜在规律，无论是预测未知标签还是连续值，都展现出了强大的功能。此外，聚类与降维方法也为数据的预处理和特征提取提供了有力的支持，它们有助于简化数据结构，进一步提升模型的性能。在深度学习的领域，我们见证了卷积神经网络在图像识别领域的非凡成就，领略了递归神经网络在序列数据处理方面的独特魅力，也体验了生成式神经网络在数据生成和创意应用中的无限可能。这些深度学习模型各具特色，共同推动了人工智能技术的飞速发展。而在强化学习部分，我们深入了解了基于值函数的学习方法，它通过学习状态或动作的价值来指导决策过程。同时，我们也探讨了基于策略的学习方法，该方法直接优化行动策略，以实现更高的收益。而 Actor-Critic 方法则巧妙地结合了前两者的优点，既评估动作价值又优化策略，为处理复杂决策问题提供了新的思路。本章系统地介绍了机器学习与深度学习的基本原理，以及强化学习的核心策略，为读者进一步探索这些领域提供了坚实的基础和广阔的视野。

习题

1．简述监督学习、无监督学习和半监督学习的定义及各自的应用场景。

2．讨论在分类任务中，过拟合和欠拟合的原因及解决方法。

3．解释 K-Means 聚类算法的基本原理，并说明其优缺点。

4．列举几种常见的降维技术，并讨论它们在不同场景下的适用性。

5．详细描述卷积神经网络（CNN）在图像处理中的工作原理，包括卷积层、池化层和全连接层的作用。

6．比较递归神经网络（RNN）与长短期记忆（LSTM）网络在处理序列数据时的差异。

7．解释强化学习中的"策略"和"值函数"的概念，并说明它们之间的关系。

8．分析 Actor-Critic 方法相比基于值函数和基于策略的学习方法的优势。

9．设计一个基于机器学习的项目提案，解决一个实际问题（如图像识别、文本分类、推荐系统等），并说明你将采用哪种类型的机器学习算法及其理由。

10．设想一个强化学习应用场景，描述智能体、环境、状态、动作和奖励函数，并讨论如何设计算法以优化智能体的动作策略。

第4章
基于大模型的人工智能

本章导读

　　大模型是指那些拥有巨大参数量的深度学习模型。这些模型因为其庞大的规模而得名。它们在大规模数据集上进行训练，能够学习到复杂的特征和模式，从而在多个领域展现出高水平的智能化表现。自从 ChatGPT、文心一言等国内外的大语言模型问世以来，我们目睹了大模型技术的迅猛发展——从一种新兴理念迅速成长为推动数字经济增长、孕育新业态、改造传统行业的引擎。大模型已经从理论研究走向实际应用，对各行各业产生了深远的影响。本章我们学习大模型的概念，掌握大模型的技术优势，学习深度学习技术及其推动 AI 在语言、图像和音频等多模态任务中的表现力，并了解大模型的核心工作步骤，探索大模型在自然语言处理、图像分类、语音识别等多个领域的应用案例。

　　本章我们将学习以下内容。
- 大模型概述
- 大模型技术简介
- 典型大模型

4.1 大模型概述

　　大模型的出现得益于人工智能领域深度学习技术的快速发展。早期的 AI 模型由于算力和数据资源的限制，通常只能处理特定任务，难以具备通用的智能表现。随着互联网数据量的爆炸式增长和硬件算力的提升，研究者逐步认识到通过大规模数据训练深度神经网络能够显著提高模型的表现力，特别是自然语言处理领域，如 Google 公司提出的 Transformer 模型，极大推动了 AI 在语言、图像和音频等多模态任务中的表现力。这种大规模、通用性的 AI 模型逐渐成为大模型的雏形。自 2019 年 OpenAI 公司推出的 GPT-2 引发广泛关注以来，大模型技术不断进步，迅速扩展至多个领域，成为现代人工智能发展的重要里程碑，如图 4.1 所示。

　　大模型，通常指的是那些具有数十亿，甚至上千亿参数的深度学习模型。这类模型通过大规模数据集训练，具备处理复杂任务的能力，能够同时在多个领域中展现出高智能化水平。大模型的特点之一是其通用性：它不仅可以解决特定领域的问题，还可以应对多种任务和语言的处理需求。与传统模型相比，大模型不仅在表现力和精度上有显著提升，而且能够通过预训练学习海量知识，再通过微调应用到不同的任务中，展现出极强的灵活性。

大模型及其技术简介

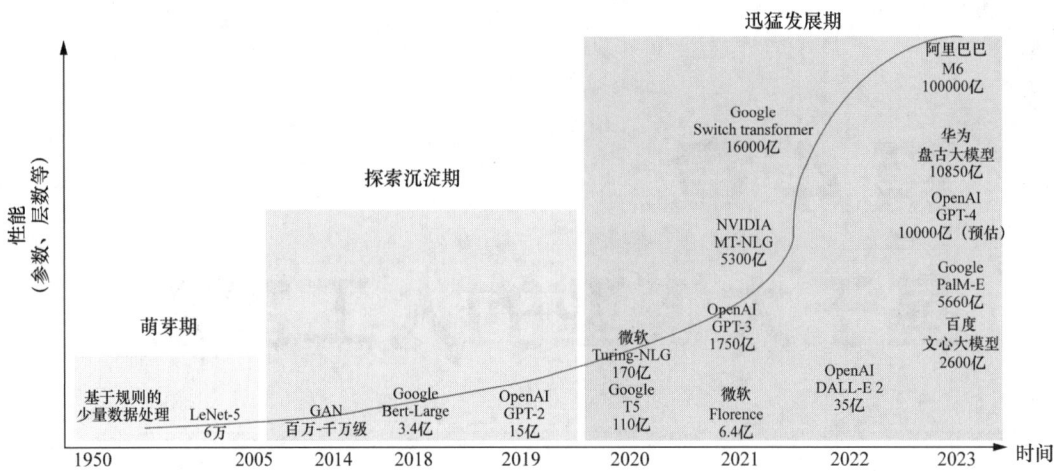

图 4.1　大模型的重要里程碑

1. 大模型的显著技术优势

（1）强大的表现力：大模型通过大量数据训练，可以学习到更细致的特征和复杂的关系，使其在多个任务中表现优异。

（2）广泛的应用能力：与传统模型相比，大模型的通用性更强，可以应对自然语言处理、图像生成、语音识别等多个领域的复杂任务。

（3）自适应性：通过预训练和微调，大模型能够适应不同领域和任务，从而实现跨领域的智能化应用。

2. 大模型在众多应用领域所展现的强大功能

在自然语言处理领域中，大语言模型（LLM）可以用于完成自动翻译、文本生成、对话系统和语音识别等任务。可见，大模型显著提升了 AI 对语言理解的准确性和自然性。

在图像分类、目标检测和图像生成等任务中大视觉模型（Large Vision Model，LVM）也逐渐发挥着越来越重要的作用，推动了计算机视觉技术的发展。

随着 LLM 和 LVM 的迅速发展，多模态大模型逐渐崭露头角。这类模型能够同时处理语言、图像和音频等多种数据类型，实现跨领域的智能化应用。例如，在医疗领域，它能够分析医学影像和病历，辅助医生做出更精准的诊断。在金融领域，多模态大模型能够整合市场数据和新闻信息，实现全面的风险分析与预测。大模型发展情况如图 4.2 所示。

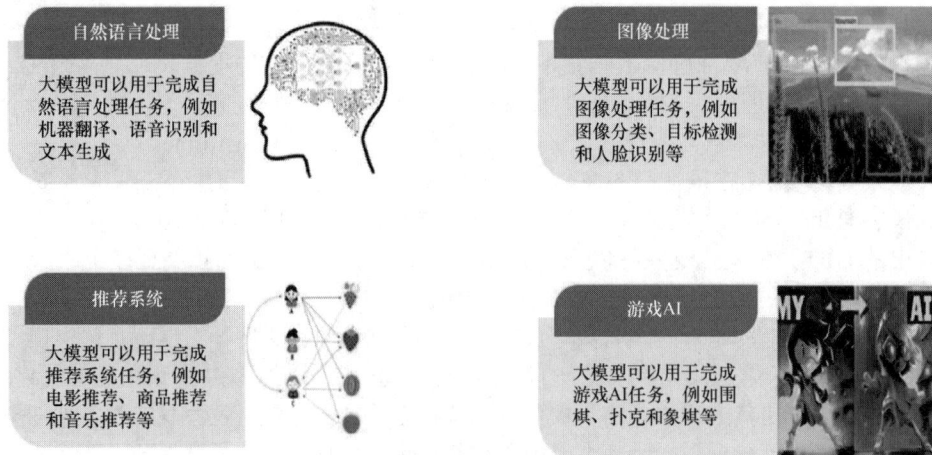

图 4.2　大模型发展情况

综上所述，LLM、LVM 等大模型不仅在各自的领域中展现了强大的功能，还通过多模态大模型的融合，推动了人工智能技术的全面发展。这种整合为各行业带来了更深层次的智能化转型，未来的发展潜力令人期待，同时也促使我们积极应对挑战，以实现更为广泛的应用。

4.2 大模型技术简介

大模型的技术基础主要包括深度学习、神经网络架构以及大规模数据处理能力。核心技术通常基于深度神经网络，如卷积神经网络（CNN）和递归神经网络（RNN），这些网络能够自动提取数据特征，提升模型的学习效果。尤其是 Transformer 架构的引入，极大地提高了自然语言处理和计算机视觉任务的性能。Transformer 架构利用自注意力机制处理序列数据，能够捕捉到上下文中的长依赖关系，从而提升对语言和图像等数据的理解与生成能力。

大模型的工作原理

大模型的工作原理包括的核心步骤如下。

（1）预训练阶段：在大规模无监督数据集上进行，模型学习通用模式和语义，建立广泛的知识基础。

（2）微调阶段：在特定任务上进行微调，使模型适应具体需求，比如文本生成或图像识别。

大模型的核心技术

（3）自注意力机制：在图 4.3 所示的自注意力机制和 Transformer 架构中，模型高效处理序列数据，理解上下文关系，提升泛化能力。

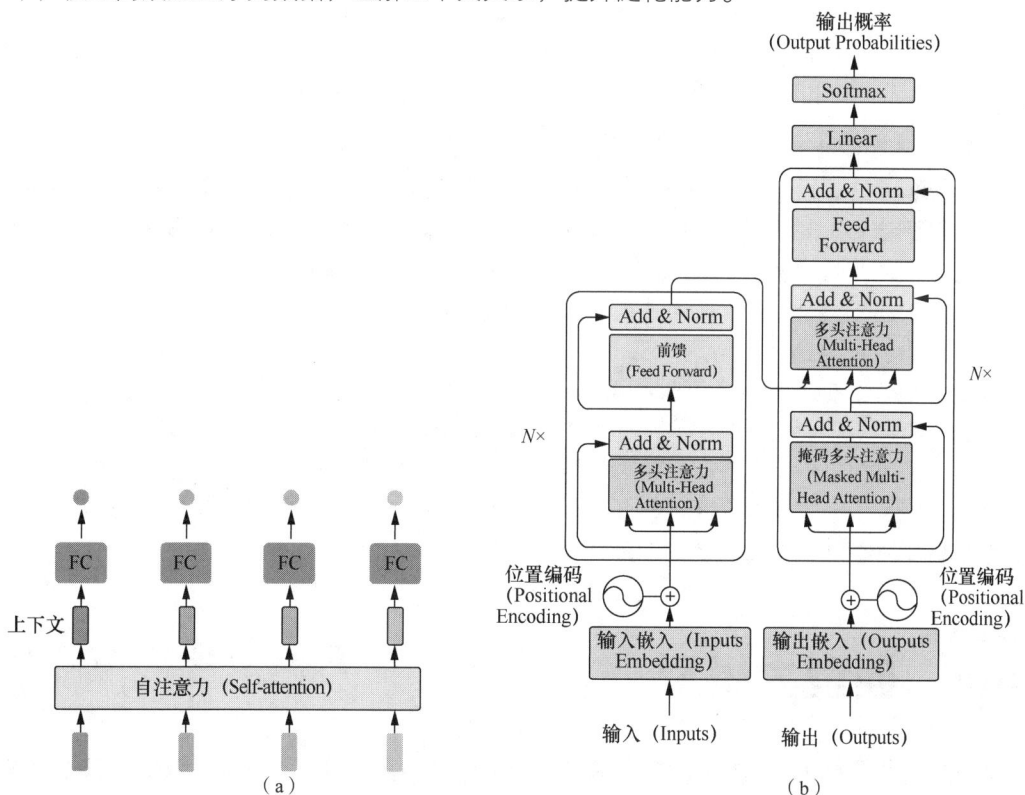

图 4.3　自注意力机制和 Transformer 架构

（4）并行计算：由于大模型的规模较大，训练和推理依赖分布式计算架构，如 GPU 或 TPU，因此，这样加快了模型训练过程。

Transformer 模型是一种基于自注意力机制的深度学习模型，它在处理序列数据时表现出色，尤其是在自然语言处理（NLP）领域。Transformer 模型的关键组成部分，包括位置编码、模型结构、注意力机制、多头注意力机制等。由于 Transformer 模型本身不具备处理序列顺序信息的功能，因此需要引入位置编码来为模型提供单词在序列中的位置信息。位置编码通常与词嵌入向量相加，以保留词向量的位置信息。位置编码的计算公式如下。

$$PE(pos, 2i) = \sin\left(pos / 10000^{2i/d_{model}}\right)$$

$$PE(pos, 2i+1) = \cos\left(pos / 10000^{2i/d_{model}}\right)$$

其中，pos 表示词在序列中的位置，i 表示维度，d_{model} 表示词嵌入的维度。这种编码方式使得模型能够通过不同频率的正弦和余弦函数来区分不同位置的词。Transformer 模型由编码器（Encoder）和解码器（Decoder）组成，每部分由多个相同的层堆叠而成。编码器用于处理输入序列，而解码器用于生成输出序列。每个编码器和解码器层均包含多头自注意力机制和前馈网络（Feed Forward Network），并通过残差连接（Residual Connection）和层归一化（Layer Normalization）进行组合。自注意力机制是 Transformer 模型的核心，它允许模型在处理一个词时同时考虑序列中的所有词。自注意力机制的计算过程包括以下步骤。

计算注意力权重的表达式为

$$\text{Attention}(Q, K, V) = \text{Softmax}\left(\frac{QK^{\mathrm{T}}}{\sqrt{d_K}}\right)V \ 。$$

其中，Q、K、V 分别是查询、键、值矩阵，d_K 是键的维度。多头注意力机制是自注意力机制的扩展，它包含多个注意力头，每个头学习不同的表示子空间。多头注意力的输出是所有头输出的拼接，然后通过一个线性层进行变换。多头注意力的数学表达式为

$$\text{MultiHead}(Q, K, V) = \text{Concat}(\text{head}_1, \text{head}_2, \cdots, \text{head}_n)W^O$$

其中，$\text{head}_i = \text{Attention}(QW_i^Q, KW_i^K, VW_i^V)$，$W_i^Q, W_i^K$ 和 W_i^V 是第 i 个注意力头的查询、键和值的线性变换矩阵，W^O 是输出线性变换矩阵。在自注意力机制中，首先通过权重矩阵将输入数据投影到查询、键和值空间。其次，计算查询和键的点积，得到注意力分数。为了使得注意力分数的尺度可控，通常会除以键向量维度的平方根。再次，通过 Softmax 函数对注意力分数进行归一化，得到最终的注意力权重。最后，用这些权重对值向量进行加权求和，得到输出。

综上所述，大模型的技术基础和工作原理为现代人工智能的各类应用提供了强大的支持。随着深度学习和计算能力的不断进步，模型的表现和适应能力也在持续提升。Transformer 架构及其自注意力机制不仅在自然语言处理和计算机视觉中取得了突破，还为多模态学习奠定了基础。展望未来，随着更高效的算法和计算资源的引入，大模型将在更广泛的领域中实现智能化应用，推动人工智能技术的进一步发展和普及。

4.3 典型大模型

大模型是近年来人工智能领域的革命性突破，其核心在于通过**千亿级参数规模**与**海量数据训练**，赋予机器接近人类的语言理解、逻辑推理与多模态生成能力。基于 Transformer 架

构与自注意力机制，大模型摆脱了传统算法对特定任务的依赖，形成"预训练+微调"的通用智能框架，可灵活应用于文本生成、图像创作、语音识别等场景。从技术发展看，大模型经历了从单模态到多模态、从封闭到开源、从通用领域到垂直领域的快速迭代，逐步成为驱动产业智能化升级的核心引擎。

国际上如 OpenAI、Google 和 Meta 等公司凭借先发优势，在模型规模、多模态能力与开源生态等方面引领技术前沿（如 GPT-4、PaLM 2、LLaMA 2）。我国大模型依托庞大的中文语料与行业场景，形成了差异化发展路径：百度公司的文心、阿里巴巴公司的通义千问等通用模型深耕本土化需求；华为公司的盘古、腾讯公司的混元则聚焦工业、政务等垂直领域；同时以 ChatGLM 为代表的开源模型加速技术普惠。尽管面临算力与芯片制约，国内大模型在政策支持与市场驱动下，仍然逐步构建起"技术—产业—生态"协同的创新格局。

大模型技术在多个领域展现出其独特的应用潜力和创新价值。本节将详细介绍几种具有代表性的大模型，包括通用大模型 ChatGPT、国产大模型、视频生成大模型、图像生成大模型、音乐生成大模型以及语言识别大模型。

▶▶▶ 4.3.1　通用大模型 DeepSeek

在全球人工智能技术迅猛发展的今天，中国正在构建自主可控的 AI 技术体系，国产大模型成为其中的核心部分。这些大模型不仅在技术上与国际先进水平不分伯仲，还在满足中国市场和语言需求的独特性上展现出了显著的优势。

以 DeepSeek 为代表的国产大模型，已经在多领域取得了出色的应用效果。DeepSeek 由杭州深度求索人工智能基础技术研究有限公司（下简称"深度求索公司"）研发，于 2023 年正式推出。作为一款国产开源的大模型，DeepSeek 在国内人工智能领域具有重要的地位。深度求索公司致力于推动人工智能技术的发展，通过 DeepSeek 的研发为国内大模型生态贡献了重要的力量。DeepSeek-R1 是其开源的推理模型，擅长处理复杂任务且可免费商用。DeepSeek-R1 在后训练阶段大规模使用了强化学习技术，在仅有极少标注数据的情况下，极大程度提升了模型推理能力，在数学运算、代码编写、自然语言推理等任务上，性能比肩 OpenAI o1 正式版。

DeepSeek 是一款通用大模型，与垂直大模型相比，具有更广泛的应用场景和更强的适应性。通用大模型能够处理多种类型的任务，如文本生成、逻辑推理、代码编写等，而垂直大模型则专注于某一特定领域的任务。DeepSeek 的通用型定位使其能够满足不同行业和领域的需求，为用户提供更加灵活和全面的解决方案。DeepSeek 可以直接面向用户或者支持开发者，提供智能对话、文本生成、语义理解、计算推理、代码生成补全等应用场景，支持联网搜索与深度思考模式，同时支持文件上传，能够扫描读取各类文件，如图片中的文字内容。DeepSeek 的能力图谱如图 4.4 所示。

DeepSeek 的"国产""开源"特性是其重要的优势之一。"国产"意味着 DeepSeek 的研发和使用不受国外技术的限制，能够更好地适应国内用户的需求和市场环境。同时，开源的特性也使得 DeepSeek 能够吸引更多的开发者和研究者参与其中，共同推动模型的优化和创新。DeepSeek 的"国产""开源"特性对中国大模型生态的发展具有重要的贡献，也为国内人工智能技术的进步提供了有力的支持。

DeepSeek 的核心目标是降低大模型的使用门槛，支持中文场景优化。通过优化模型架构和训练方法，DeepSeek 能够更高效地处理中文文本，提供更准确、自然的语言生成和理解能力。与国外模型相比，DeepSeek 更注重中文语义理解，能够更好地适应中文的复杂性和多样性。此外，DeepSeek 还注重轻量化部署，通过优化模型结构和计算效率，使得模型能够在资源有限的环境中高效运行。

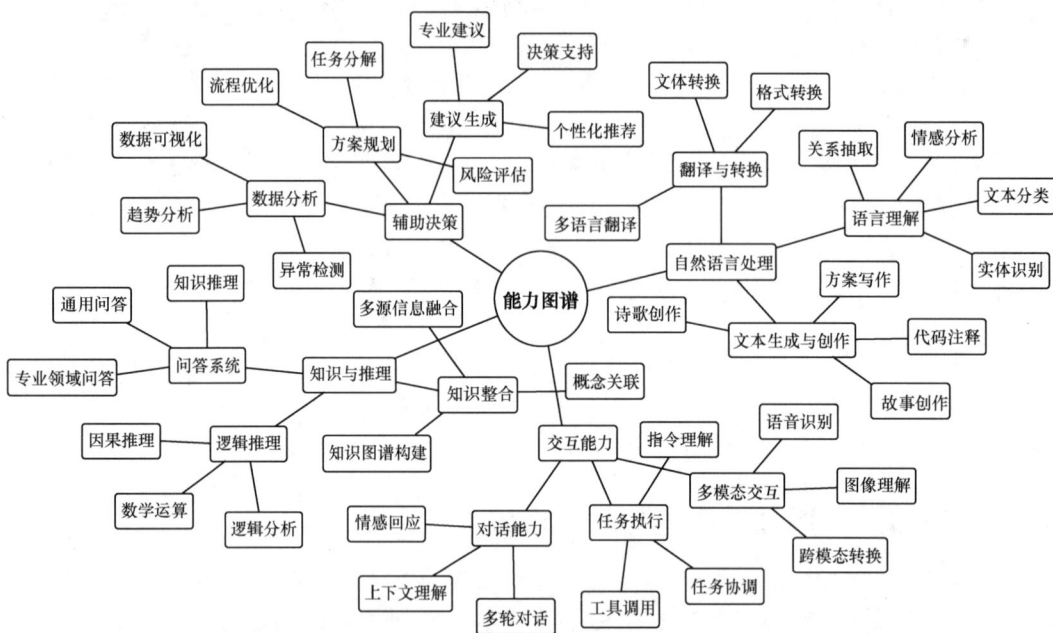

图 4.4　DeepSeek 的能力图谱

DeepSeek 模型基于经典的 Transformer 架构，进行了多项创新性改进，以适应更广泛的应用场景和提升性能表现。具体而言，DeepSeek 引入了稀疏注意力机制和动态计算优化技术，显著提升了模型的运行效率和适应性。稀疏注意力机制通过优化注意力计算方式，减少了计算复杂度，使模型在处理长序列数据时更加高效。动态计算优化技术则根据输入数据的特性，灵活调整计算资源的分配，确保模型在不同任务中均能保持高性能表现。为了满足不同应用场景的需求，DeepSeek 提供了多个参数量级的版本，包括 7B、13B 和 70B 等，用户可以根据具体需求选择合适的版本。

DeepSeek 采用稀疏注意力机制，对传统的 Transformer 架构中的注意力计算方式进行了优化。在传统 Transformer 架构中，注意力机制需要计算所有 token 之间的关系，这在处理长序列数据时会导致计算量急剧增加，从而限制模型的运行效率。为了解决这一问题，DeepSeek 通过限制注意力的计算范围，只关注部分重要的 token，从而显著降低了计算复杂度。具体来说，DeepSeek 实现了以下几种稀疏注意力模式。

（1）局部注意力：模型只关注序列中局部范围内的 token，适用于处理具有局部相关性的文本。例如，在处理一段描述性文本时，模型只需关注相邻的几个词，即可准确理解句子的含义。

（2）稀疏全局注意力：在全局范围内选择部分重要的 token 进行注意力计算，适用于处理长序列中的关键信息。例如，在处理长篇幅的文章时，模型可以重点关注文章的标题、段落开头等关键位置的 token，从而快速把握文章的主旨。

（3）层次化注意力：通过多层次的注意力计算，逐步提取文本的局部和全局特征。这种模式下，模型首先在局部范围内进行注意力计算，提取局部特征，然后在更高层次上进行全局注意力计算，整合局部特征，形成对整个文本的全面理解。

DeepSeek-R1-Zero 首次通过纯强化学习，而不用任何监督调优（SFT）激发 LLM 的推理能力，让模型自己探索解决复杂问题的思维链（Chain of Thought，CoT），生成能自我验证（Self-verification）、反思（Reflection）的长思维链（Long CoT）推理。在训练及优化目标过程中，DeepSeek 采用了自主研发的群体相对策略优化（Group Relative Policy Optimization，GRPO）算法。GRPO 放弃了与策略模型大小相同的评价模型以节省强化学习训练成本，如图 4.5 所示。

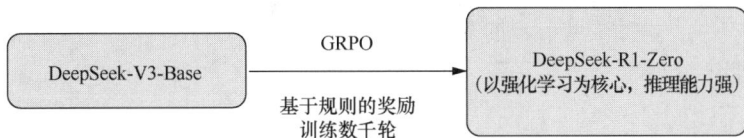

图 4.5　DeepSeek-R1-Zero 训练

DeepSeek-R1 训练过程主要包含四个步骤，即冷启动、推理任务强化学习、拒绝采样与 SFT、全场景强化学习。

（1）冷启动：与 DeepSeek-R1-Zero 不同，为了避免预训练模型在直接强化学习早期不稳定，于是构建几千条 Long CoT 数据来微调模型作为强化学习的初始化策略模型。设计了可读性高的模式，定义输出格式。探索了几种方法来构建数据：使用 Long CoT 作为例子的少样本（few-shot）提示，通过提示词（Prompt）让模型生成包含反思和验证的详细答案，收集 DeepSeek-R1-Zero 的可读格式输出，并通过人工标注后处理来完善结果。

（2）推理任务强化学习（RL）：在使用冷启动数据对 DeepSeek-V3-Base 进行微调后，使用与 DeepSeek-R1-Zero 相同的 RL 策略进行训练，直到收敛。这一阶段专注于提升模型在推理密集型任务（如代码编写、数学运算和逻辑推理）中的推理能力，这些任务涉及定义明确的问题和清晰的解决方案。奖励建模的技巧：在训练过程中，观察到思维链经常出现语言混用，特别是提示词涉及多种语言时。为了缓解语言混用问题，我们在强化学习训练中引入了语言一致性奖励，该奖励计算了链式推理中目标语言单词的比例。尽管消融实验表明，这种引入会导致模型性能略有下降，但该奖励与人类偏好一致，使模型输出更具可读性。训练的时候，模型将推理任务的准确性奖励与语言一致性奖励直接相加，形成最终奖励。

（3）拒绝采样与 SFT：拿上一步 RL 收敛的模型快照用于生成 SFT 数据。与冷启动主要关注推理任务不同，这一阶段纳入了其他领域的数据，以增强模型在写作、角色扮演等通用任务中的能力。具体来说，按照推理数据和非推理数据方式生成数据并微调模型。

（4）全场景强化学习：为了进一步使模型与人类偏好对齐，这里还要进行强化学习，旨在提升模型的有用性和无害性，同时优化其推理能力。具体使用了组合的奖励信号和多样化的提示分布来训练模型。对于推理数据，遵循 DeepSeek-R1-Zero 中的方法，利用基于规则的奖励来指导代码编写、数学运用和逻辑推理任务的学习过程。对于通用数据，采用奖励模型来捕捉复杂且微妙场景中的人类偏好。在预训练使用的数据方面，基于 DeepSeek-V3 的流程，采用类似的偏好和训练集的 Prompt 分布。实用性方面，专注于最终总结，确保评估强调响应对用户的实用性和相关性，同时尽量减少对底层推理过程的干扰。无害性方面，评估模型的整个应答过程，包括推理过程和最终答案总结，以识别和减轻在应答过程中可能出现的任何潜在风险、偏见或有害内容。最终通过组合奖励和多样化的数据分布，训练出在推理方面表现出色的、优先考虑有用性和无害性的、性能能够比肩 OpenAI o1 的 DeepSeek-R1。DeepSeek-R1 训练如图 4.6 所示。

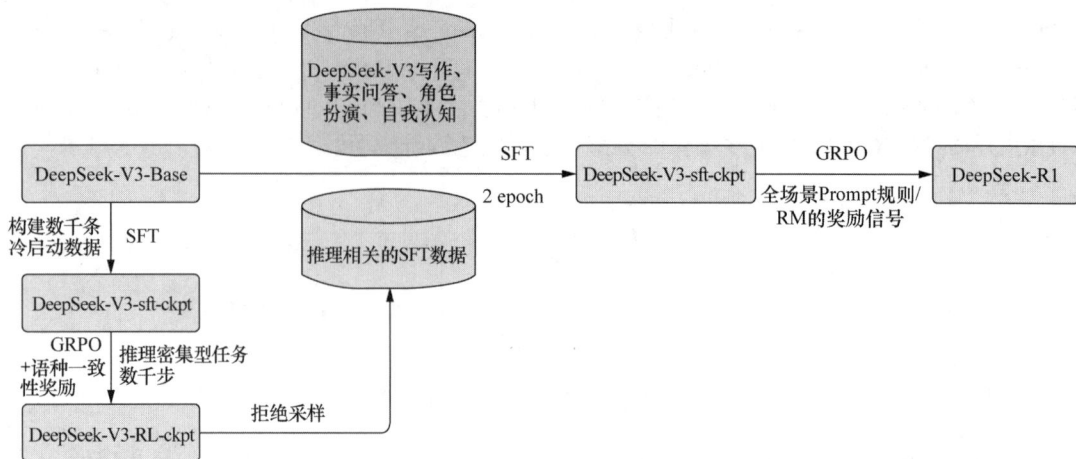

图 4.6　DeepSeek-R1 训练

DeepSeek-R1-Zero 的训练过程包括其创新的训练策略和优化目标。通过纯强化学习方法，DeepSeek-R1-Zero 能够激发语言模型的推理能力，生成具有自我验证和反思的长思维链推理。这一过程不仅展示了模型在解决复杂问题时的潜力，也突显了训练策略在模型性能提升中的重要性。然而，一个模型如何在实际应用中发挥最大效能呢？这引出了我们接下来要讨论的关键部分——提示词设计。提示词是用户与模型之间的沟通"桥梁"，它直接影响模型的输出质量和任务完成效果。无论模型在训练阶段表现如何出色，如果提示词设计不当，模型的输出可能无法满足用户的实际需求。

提示词是用户输入给 AI 系统的指令或信息，用于引导 AI 生成特定的输出或执行特定的任务。简单来说，提示词就是我们与 AI "对话"时所使用的语言，它可以是一个简单的问题，一段详细的指令，也可以是一个复杂的任务描述，如图 4.7 所示。

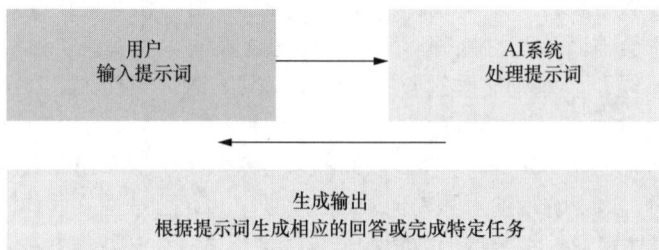

图 4.7　提示词样例

提示词的基本结构包括指令、上下文和期望。

（1）指令（Instruction）：这是提示词的核心，明确告诉 AI 你希望执行什么任务。

（2）上下文（Context）：为 AI 提供背景信息，帮助它更准确地理解和执行任务。

（3）期望（Expectation）：明确或隐晦地表达你对 AI 输出的要求和预期。

国产大模型 DeepSeek 作为我国在人工智能领域自主创新的重要成果，已经在多个行业中发挥了重要作用。未来，国产大模型 DeepSeek 将继续推动科技和产业的变革，同时也需要关注数据安全、伦理监管等挑战，以确保在全球 AI 竞争中占据有利地位。

▶▶▶ 4.3.2　通用大模型 ChatGPT

随着人工智能技术的不断进步，自然语言处理（NLP）的需求日益增

通用大模型
ChatGPT

长。自然语言处理是 AI 领域中的一个重要分支，它致力于使机器能够理解、解释和生成人类语言。为了满足这一需求，研究人员开发了通用大模型，这些模型能够在多个任务中表现优异，超越了传统模型的局限。

2020 年，OpenAI 公司发布的 GPT-3 是一个重要的里程碑，它通过 Transformer 架构和大规模预训练，表现出强大的语言生成能力。GPT-3 的诞生标志着 AI 在语言生成方面的巨大进步，它能够生成连贯、符合逻辑的文本，例如撰写文章、编写代码和进行创意写作。ChatGPT 作为 GPT-3 的衍生模型，进一步拓展了人工智能在人机交流中的应用。ChatGPT 是基于 GPT 模型的自然语言生成 AI，能够与用户进行文本对话。它通过大规模文本数据预训练，具备语言理解和生成能力，展现出高度的通用性和多任务适应性。

ChatGPT 的功能实现依赖于一系列先进的技术，其工作流程如下。

自监督学习阶段，掩码语言模型（Masked Language Modeling，MLM）自监督学习通过设计辅助任务，使模型能够从未标记的数据中提取有用的信息。

语言模型预训练中，辅助任务可能是预测下一个单词或掩码掉单词并预测它。通过解决这些辅助任务，模型学习到单词之间的关系和语言的语法结构。例如图 4.8 中 BERT 模型使用 MLM 任务进行预训练，通过预测被掩盖的单词来学习语言的深层次特征。

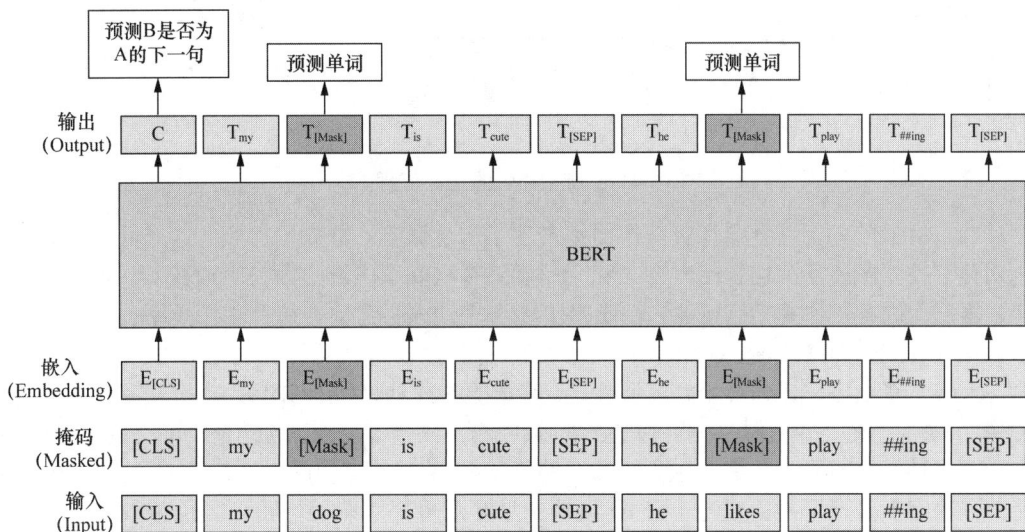

图 4.8　BERT 模型

有监督调优（SFT）模型通过人工标注的数据进行训练，以学习生成特定风格或主题的文本。这个过程涉及收集数据，训练有监督的策略模型，以学习从给定的 Prompt 列表生成输出的策略。例如，通过使用少量已标注的数据对预训练的语言模型进行调优，以生成更符合特定目标和约束的文本。

人类反馈强化学习（RLHF）。在这个阶段，模型通过模仿人类的偏好来生成文本。这涉及创建一个由比较数据组成的新数据集，通过训练奖励模型（Reward Model，RM）来学习人类对不同回答的排序偏好。

近端策略优化（PPO）。在最后的阶段，模型使用强化学习来进一步优化文本生成。这个过程包括训练一个 RM，RM 能够预测人类对不同回答的排序结果。然后使用 PPO 算法，基于 RM 的反馈来调整 SFT 模型的参数，以生成更高质量的回答。PPO 算法的核心是通过策略梯度方法来优化模型的参数，使其在给定的任务上获得更好的性能。通过这些技术的综合应用，ChatGPT 能够生成高质量的文本，提供准确、相关且多样化的回答，以满足用户的需求。这些技术的结合使得 ChatGPT 成为一个强大的语言模型，能够在多种自然语言处理任务中表现出色。

ChatGPT 的工作流程如图 4.9 所示。

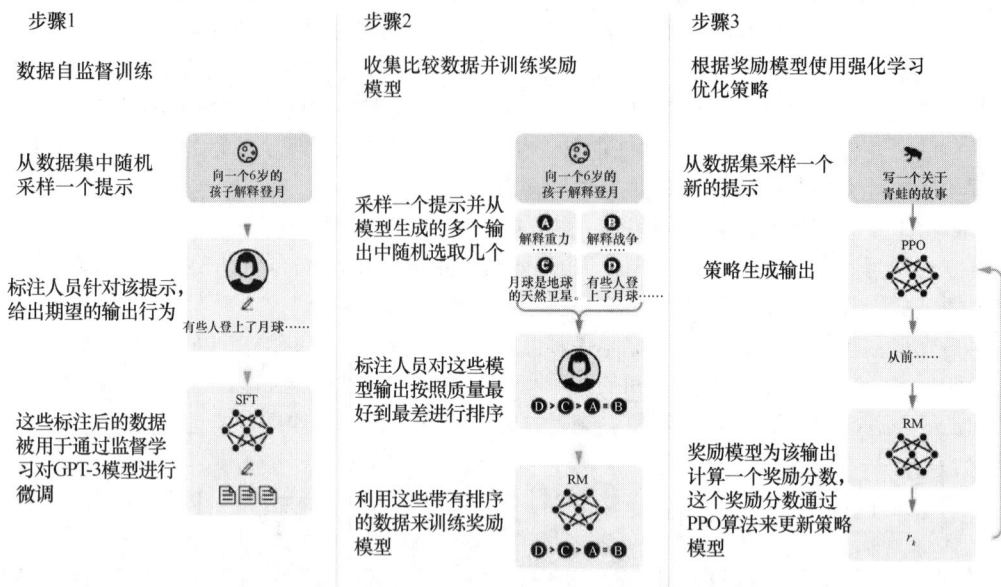

步骤1

数据自监督训练

从数据集中随机采样一个提示

向一个6岁的孩子解释登月

标注人员针对该提示，给出期望的输出行为

有些人登上了月球……

这些标注后的数据被用于通过监督学习对GPT-3模型进行微调

SFT

步骤2

收集比较数据并训练奖励模型

向一个6岁的孩子解释登月

采样一个提示并从模型生成的多个输出中随机选取几个

解释重力　解释战争

月球是地球的天然卫星　有些人登上了月球

标注人员对这些模型输出按照质量最好到最差进行排序

D＞C＞A＞B

利用这些带有排序的数据来训练奖励模型

RM

D＞C＞A＞B

步骤3

根据奖励模型使用强化学习优化策略

从数据集采样一个新的提示

写一个关于青蛙的故事

PPO

策略生成输出

从前……

RM

奖励模型为该输出计算一个奖励分数，这个奖励分数通过PPO算法来更新策略模型

r_k

图 4.9　ChatGPT 的工作流程

ChatGPT 的问世在社会和经济层面都产生了广泛影响。首先，它极大地降低了专业领域内对语言模型的使用门槛，使得个人和企业能够轻松获取先进的语言生成技术。其次，在教育、客服、内容创作等多个行业，ChatGPT 能够辅助人类工作，提升工作效率，尤其是在知识获取和自动化对话方面，ChatGPT 展现了潜力。例如，学生可以利用 ChatGPT 获得即时的学习反馈，企业则可以通过 AI 客服提升用户体验。此外，ChatGPT 为人机交互方式的创新提供了新的视角。它不仅是工具，更是一种可以与用户自然对话、帮助解决问题的智能助手。然而，这种能力也引发了关于隐私、数据偏见、AI 伦理等方面的讨论，尤其是如何确保 AI 生成的内容安全、可靠，成为未来 AI 发展的重要议题。

ChatGPT 作为通用大模型的典型应用，展示了自然语言处理领域的巨大进步和创新潜力。它的出现不仅在技术层面突破了传统限制，还对多个行业产生了深远影响，推动了人机互动的变革。然而，如何在提升其智能和效率的同时，确保 AI 技术的安全性和公平性，将是未来发展的关键。

▶▶▶ 4.3.3　通用语言模型 GLM

在全球人工智能技术迅猛发展的今天，中国正在构建自主可控的 AI 技术体系，国产大模型成为其中的核心部分。这些大模型不仅在技术上与国际先进水平接轨，还在满足中国市场和语言需求的独特性上展现出了显著的优势。

以 GLM（General Language Model，通用语言模型）为代表的国产大模型已经在多个领域取得了出色的应用效果。GLM 是由清华大学团队研发的一系列大规模预训练语言模型。与其他全球顶级大模型相似，GLM 通过海量的中英文文本数据进行预训练，具备强大的语言生成、问答、多轮对话、代码生成等功能。GLM 系列模型的核心目标是构建一个同时能够理解和生成自然语言的统一框架，其最重要的技术为自回归空白填充，如图 4.10 所示。图 4.10 中所示虚线框部分是被掩码的内容，通过自回归方式可预测被掩码的文本片段。

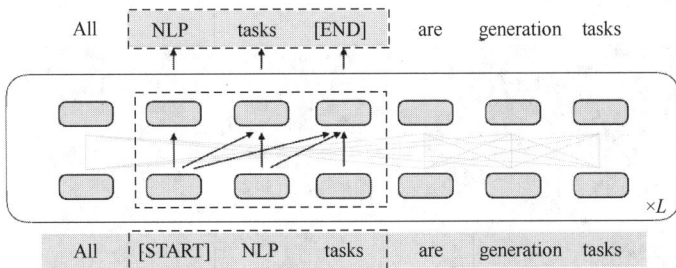

图 4.10　GLM 中自回归空白填充图示

GLM 具有多项创新性的结构特点，这使其在处理生成和理解任务时具备高度的灵活性和准确性。

自回归生成：GLM 采用自回归的方式进行文本生成，模型从左到右逐步生成下一个词语。这种生成方式使模型能够充分考虑上下文信息，从而在每一步的生成中保持与先前文本的连贯性和一致性。

填充缺失片段：GLM 在预训练过程中采用了一种独特的空白填充机制，模型会随机掩盖一些连续的词汇或短语，并要求模型进行填补。这一机制与 BERT 掩码语言模型相似，但 GLM 的增强之处在于它能够填充多个连续的空白，使其更适应复杂文本的生成。

统一的生成与理解框架：GLM 设计了一个统一的模型架构，既适用于生成任务（如文本生成和代码生成），也适用于理解任务（如问答和文本分类）。这一设计使得模型可以在不同任务之间共享知识，提升了多任务处理的能力。

二维旋转位置编码（Rotary Position Embedding，RoPE）：为了增强对位置信息的建模，GLM 使用了二维旋转位置编码（RoPE）。这一机制能够让模型更高效地处理文本中的二维位置信息，特别适合处理长文本和结构化数据。

分组查询注意力（Grouped-Query Attention，GQA）：GLM 用分组查询注意力（GQA）替代了传统的多头注意力机制（MHA），这种改进极大减少了推理过程中键值（Key Value，KV）缓存的大小，提高了推理效率，尤其在处理大规模任务时表现出色。

高效的优化策略：GLM 使用 RMSNorm 和 SwiGLU 分别替换了常见的 LayerNorm 和 ReLU 激活函数。这些替换使模型的性能更优，提升了训练速度和收敛效果。

长上下文对齐（LongAlign）：针对长上下文处理，GLM-4 提出了 Long Align 技术，能够有效处理高达 128K 个标记的长文本。通过这一机制，GLM 能够在更长的上下文中保持对语义和结构的正确理解，适应复杂文本场景的应用需求。LongAlign 技术与 LangChain 概念相辅相成。LangChain 允许将大型语言模型连接私有数据源，比如数据库、PDF 文件或其他文档。这意味着可以使模型在私有数据中提取信息。LangChain 就等价于数据库领域的 Java 数据库连接（Java Database Connectivity，JDBC），如图 4.11 所示。

图 4.12 所示为一个复杂的语言处理系统，其中包含模型、提示、链、智能体和嵌入与向量存储。模型（Models）负责理解和生成语言；提示（Prompts）用于引导模型输出；链（Chains）代表将多个步骤

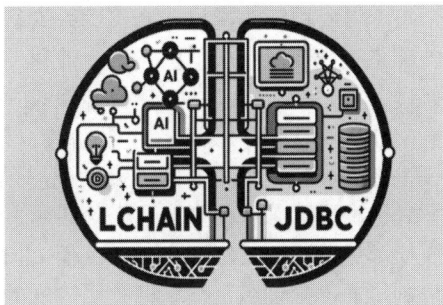

图 4.11　LangChain

串联起来完成复杂任务的过程；智能体（Agents）则用于让模型与外部环境互动，比如执行API调用。嵌入与向量存储（Embeddings & VectorStore）是数据表示和检索的手段，为模型提供必要的语言理解基础。

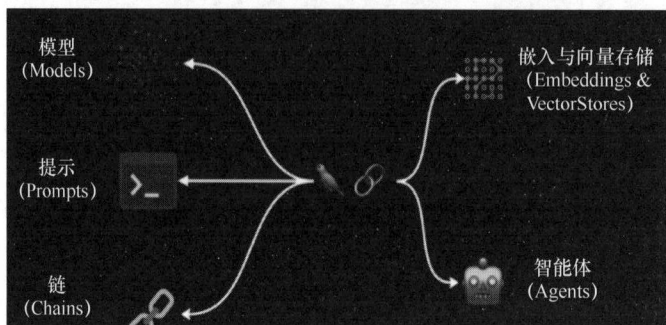

图 4.12　LangChain 结构

LangChain 的工作流程可以概括为以下几个步骤。

（1）提问：用户提出问题。

（2）向语言模型查询：问题被转换成向量表示，用于在向量数据库中进行相似性搜索。

（3）获取相关信息：从向量数据库中提取相关信息块，并将其输入给语言模型。

（4）生成答案或执行操作：语言模型拥有了初始问题和相关信息，能够提供答案或执行操作。

图 4.13 所示为一个智能问答系统的工作流程，它从用户提出的问题（Question）开始，然后通过相似性搜索（Similarity Search）在一个大型数据库或向量空间中找到与之相关的信息。

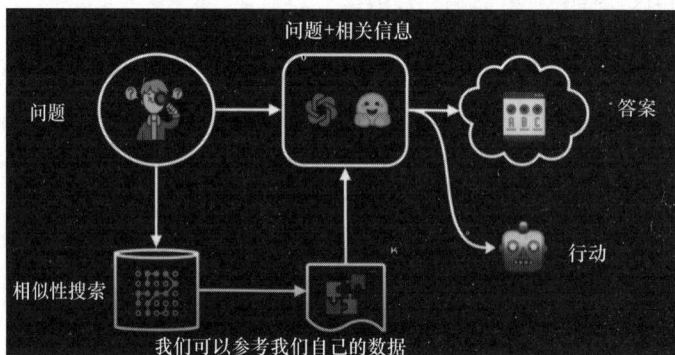

图 4.13　智能问答系统的工作流程

得到的信息与原始问题结合后，由一个处理模型分析，以产生一个答案（Answer）。这个答案接着被用来指导一个代理采取行动（Action），这个代理可能会执行一个 API 调用或与外部系统交互以完成任务。整个流程反映了数据驱动的决策过程，其中包含了从信息检索到处理，再到最终行动的自动化步骤。

GLM 的训练分为两个主要阶段：预训练和后训练（对齐训练）。这两个阶段共同奠定了模型在生成和理解方面的强大功能。预训练阶段：GLM 模型通过大规模的自回归空白填充方式进行预训练。模型在这个阶段通过海量的中英文文本数据，学习词汇、语法结构和统计规律。这一过程类似于 GPT-3，但 GLM 的预训练引入了更多适合中英双语和多任务场景的机制。通过预训练，模型建立了广泛的语言知识表征，获得了良好的语言生成和理解基础。后训练（对齐训练）阶段：在完成预训练后，GLM 进入后训练阶段。这一阶段的目标是通过 SFT 和 RLHF 来进一步对齐模型的输出，使其更符合人类偏好。有监督微调（SFT）：利用标注好的问答对、对话数据等进行微调，使模型的输出更加符合任务需求和上下文逻辑。人类反馈强化学习（RLHF）：通过模仿人类评分和反馈，强化模型生成的质量。人类教师对模型生成的多种回复进行评分，模型通过这些反馈信息不断优化生成策略。

GLM 的应用范围广泛，已经在多个领域展示了出色的性能。多轮对话和问答：GLM 通过预训练和微调，能够流畅地进行多轮对话，理解复杂的用户意图并给出准确的回应。在问答系统中，GLM 具备强大的信息检索和答案生成功能，特别适用于客户服务和法律咨询等领域。内容创作与生成：GLM 具备强大的内容生成功能，可以用于自动写作、生成新闻报道和撰写产品描述。其自回归生成机制使得生成的文本连贯自然，广泛应用于智能写作平台和广告文案生成等场景。代码生成：代码生成领域表现出色，通过中英双语预训练（包含代码与自然语言），模型能够根据描述自动生成代码片段，大幅提升开发者的工作效率。信息抽取和处理长文本：借助 LongAlign 技术，GLM 在处理长文本时表现优异，能够有效进行信息抽取、摘要生成等任务，如图 4.14 所示。特别在法律、金融等领域，GLM 可以帮助快速分析大量文本，并提取关键信息。

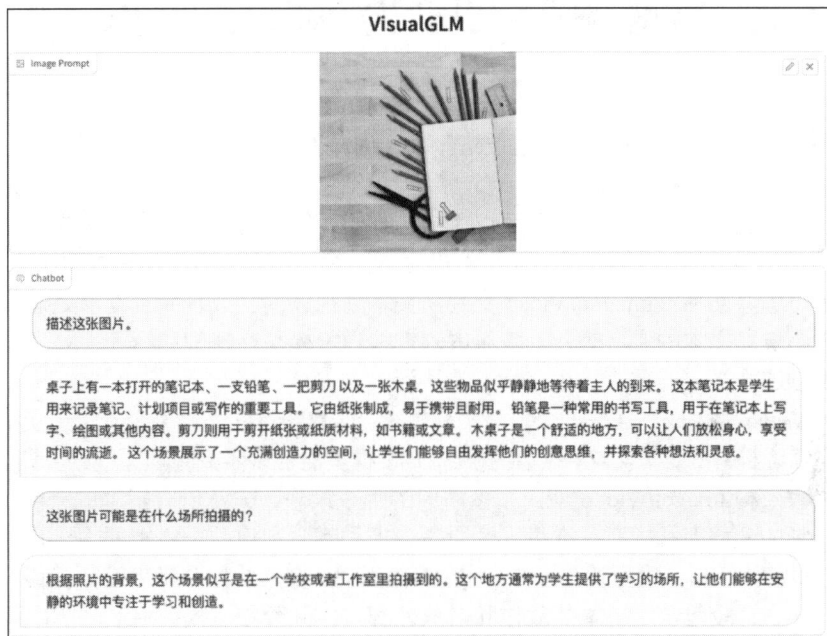

图 4.14　GLM 任务示例

国产大模型作为中国在人工智能领域自主创新的重要成果，已经在多个行业中发挥了重要作用。未来，国产大模型将继续推动科技和产业的变革，同时也需要关注数据安全、伦理监管等挑战，以确保在全球 AI 竞争中占据有利地位。

▶▶▶ 4.3.4　视频生成大模型

Imagen Video 是 Google Research 团队在 2022 年推出的一个强大的视频生成模型，其基于扩散模型技术从文本描述生成高质量的视频。Imagen Video 继承了 Google 早期发布的图像生成模型 Imagen 的优势，并将其扩展到视频生成领域。该模型能够生成从低分辨率到高分辨率的多级视频序列，展现出在时间一致性和细节控制方面的卓越性能。Imagen Video 的主要目标是根据文本描述生成具有高度逼真性的短视频，如图 4.15 所示。该模型能够生成分辨率为 1280 像素×768 像素的视频，每秒 24 帧，视频长度可达 5.3s。生成的视频不仅保留了输入文本的语义信息，还在视觉质量和时间一致性方面达到了新的高度。

蓝色火焰转换为了文字"IMAGEN"，其动画过渡流畅。

木制雕像在太空中的冲浪板上冲浪。

装满水的气球以极慢的速度爆炸。

融化的开心果冰激凌顺着蛋卷向下滴。

图 4.15　短视频示例

Imagen Video 的主要特性如下。高分辨率视频生成：Imagen Video 能够生成分辨率高达 1280 像素×768 像素的视频，且帧率为 24 帧/s，保证了流畅且细节丰富的视频质量。文本驱动的生成：通过自然语言输入，模型可以生成与描述相符的复杂场景和动态内容。例如，输入一句"一只小猫跳过一个篮球"，模型能够生成连续的跳跃动作，并保持背景和对象的一致性。多模态输入支持：Imagen Video 支持从文本到视频的生成，并且能够处理多种类型的输入，包括图像和文本的混合输入。复杂的时空建模：模型在时间和空间上处理视频帧，使得生成的视频在视觉上连贯，且帧之间过渡平滑。

Imagen Video 的生成过程是一个多级扩散模型，这意味着它通过多个阶段逐步从低分辨率的视频生成高分辨率的细节。这种分层生成方式使模型能够逐步完善视频的细节和复杂性。

多级扩散架构 Imagen Video 使用了多阶段的生成策略，先从低分辨率的粗糙视频开始，逐步提升视频的分辨率和帧率。在每一个阶段，模型都会利用前一级别的输出，进行进一步的细节生成。初始生成：模型首先生成一个 16 像素×16 像素的低分辨率视频片段，视频帧率为 3 帧/s。这个片段包含了基本的动作和对象轮廓。中间阶段：模型将低分辨率视频逐步提升到 64 像素×64 像素，并将帧率提升到 24 帧/s，保证基本的时序连贯性和空间一致性。高分辨率生成：最后，模型将分辨率逐步提升到 1280 像素×768 像素，生成高质量、细节丰富的视频帧，同时保持连贯的时序。为了保证视频在时间维度上的连贯性，Imagen Video 的时间建模采用了逐层建模的方式。每一帧视频不仅与前后帧相关，还要确保全局动作的连贯性。通过多阶段的扩散过程，模型在时间维度上逐步优化视频，使其更流畅。在生成过程中，时空交互机制使模型同时考虑每一帧的空间关系和视频帧之间的时间依赖关系。这种时空交互机制使得视频生成在视觉上连贯，避免了帧与帧之间的不一致性和画面跳动问题。层次化的 Transformer 模块能够有效捕捉视频中的时序依赖性，Imagen Video 使用了基于 Transformer 的层次化架构。这个模块用于处理输入文本中的复杂语义，并将其映射到视频生成的多个阶段，确保模型生成的每个视频帧都符合输入的语义描述。

Imagen Video 的学习方式基于经典的扩散模型框架，并采用了自监督学习和分阶段训练的方法。扩散模型训练包括以下两个主要步骤。噪声添加：在训练过程中，模型将噪声逐渐添加到真实的视频数据中，生成模糊或噪声化的视频帧。去噪训练：模型的任务是在生成过程中逆转前述噪声添加过程，逐步恢复清晰的图像和视频帧。通过这种方式，模型能够学习如何从噪声中恢复真实的细节，进而生成高质量的合成视频。文本到视频的训练模型利用大规模的文本-视频配对数据集进行训练。在训练过程中，模型学习如何将文本描述映射到相应的视频片段，并通过多层次的扩散过程生成具有语义一致性的视频。多级训练策略 Imagen Video 的多级扩散生成策略需要模型在多个分辨率层次上进行训练。每一个阶段的输出都会作为下一个阶段的输入，因此模型能够在低分辨率层次上首先捕捉到视频的整体动态，然后在高分辨率层次上进一步完善视频的细节。

模型的训练优化目标包括以下几点。视觉质量：保证每个视频帧的图像质量和视觉效果。时间一致性：确保帧之间的时间一致性，避免动作或场景出现突兀的变化。语义一致性：生成的视频必须与输入的文本描述保持语义上的一致性，以确保生成的内容与输入指令相符。

Imagen Video 是生成视频领域的一个重要突破，尤其在从文本到视频生成任务中表现出色。其多级扩散结构和时空建模技术使得它能够生成高分辨率、视觉流畅且连贯的视频序列。它不仅能够在时间和空间上保证了视频的质量，还能够从复杂的文本描述中捕捉语义并生成对应的视频内容。作为扩散模型的一个重要发展，Imagen Video 的技术创新为视频生成开辟了新的方向，并有望在电影、广告、自动生成内容等领域得到广泛应用。

▶▶▶ 4.3.5　图像生成大模型

在人工智能领域，图像生成技术近年来经历了从传统图形学到深度学习的革命性变化。尤其是生成对抗网络（GAN）和基于 Transformer 的扩散模型的引入，使得图像生成大模型成为这一领域的核心突破之一。Stable Diffusion 作为其中的代表性模型，展示了图像生成大模型在艺术创作、设计、广告等应用场景中的巨大潜力。Stable Diffusion 是由慕尼黑大学 CompVis 研究团队、StabilityAI 等联合开发的深度学习文本到图像生成大模型。该模型通过"扩散模型"这一先进技术，从噪声图像逐步生成高质量的图像。它于 2022 年发布，并因其具备开源性、灵活性和强大的图像生成功能而受到广泛关注。Stable Diffusion 能够根据文本描述生成详细的图像，这对于需要高度定制化视觉内容的应用场景至关重要。

Stable Diffusion 的结构由三大核心部分构成。其中，变分自编码器（VAE）负责将高维图像数据压缩到低维潜在空间，从而提升计算效率；U-Net 神经网络作为噪声预测器，负责学习从噪声中恢复出原始图像；CLIP 文本编码器将文本提示转换为嵌入向量，用于条件生成过程。它通过交叉注意力机制将文本嵌入与图像生成过程相结合，使模型能够根据特定的文本输入生成相关图像，如图 4.16 所示。

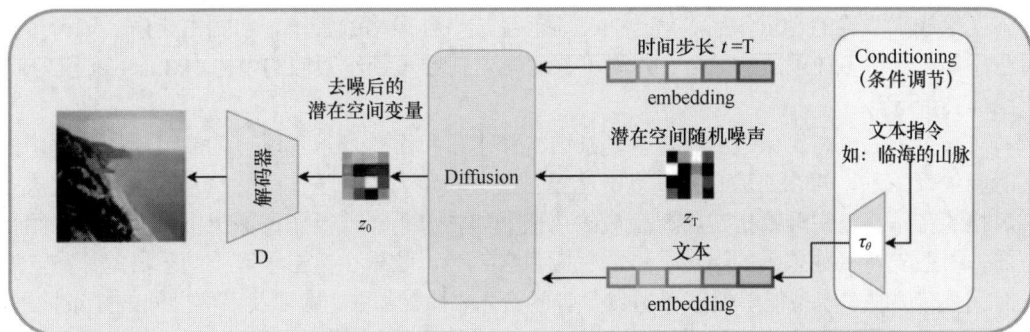

图 4.16　Stable Diffusion 结构

Stable Diffusion 的学习过程分为两大阶段。（1）预训练阶段：模型在大规模图像数据集（如 LAION-400M 和 LAION-2B-en）上进行训练。这一阶段的目标是让模型学习到从噪声中逐步还原图像的能力，同时能够理解图像与文本描述之间的关系。（2）条件生成与优化：模型通过接受文本提示或其他输入进行条件生成。Stable Diffusion 通过语言模型将文本转换为嵌入，然后通过注意力机制与 U-Net 层相结合，逐步优化并生成目标图像。与传统图像生成技术相比，Stable Diffusion 模型通过扩散过程展现了更强的生成功能。通过将图像生成过程分解为一系列从噪声到清晰图像的去噪步骤，模型能够生成更加细腻、更具有真实感的图像，如图 4.17 所示。

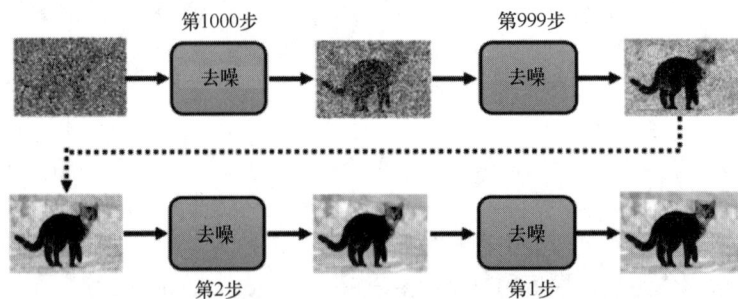

图 4.17　Stable Diffusion 运行过程

Stable Diffusion 等图像生成大模型的应用已经深入多个行业。

艺术创作：艺术家可以利用模型生成独特的艺术风格图像，拓展了艺术创作的边界。设计行业中，设计师可以通过文本输入快速生成设计草图，以大幅提升设计效率。

影视制作：在影视制作中，模型可以生成虚拟背景和场景，以节省拍摄成本。

广告行业：广告创意团队能够借助模型生成视觉素材，增强广告的创意表现力。

游戏开发：游戏开发者可以通过生成工具设计独特的场景和角色，提高游戏的丰富性与多样性。

尽管图像生成大模型展现了强大的技术潜力，但它们在应用中也面临着一些挑战。首先，模型生成内容的真实性以及版权归属等伦理问题亟待解决。其次，技术滥用存在风险，如不当生成图像带来的潜在社会影响，也需要引起重视。未来，图像生成大模型将继续推动创意产业的变革，同时需要加强技术的透明度、隐私保护以及内容监管。在确保模型持续进步的同时，技术开发者也必须努力在创作自由与内容监管之间找到平衡。

▶▶▶ 4.3.6　音乐生成大模型

OpenAI 公司的 MuseNet 是一款强大的生成音乐模型，旨在根据用户提供的音乐风格和上下文生成高质量的音乐作品。MuseNet 能够生成多种风格的音乐，包括古典乐、流行乐、爵士乐等，支持多种乐器的组合，体现了深度学习在音乐创作领域的潜力。MuseNet 模型 UI 如图 4.18 所示。

MuseNet 的核心目标是生成具有复杂结构和丰富和声的音乐片段。它能够理解音乐中的长时间依赖关系，并在此基础上创造出流畅、富有表现力的音乐作品。MuseNet 可以生成多种风格的音乐，用户可以指定希望生成的风格，如古典乐、流行乐、爵士乐等。在乐器组合方面，模型支持多种乐器的演奏，可以生成包含钢琴、弦乐、打击乐等不同乐器的作品。在长时间依赖方面，模型能够处理长达数分钟的音乐，捕捉和弦、旋律及节奏之间的复杂关系。在互动生成方面，用户可以通过指定旋律、和声或伴奏的方式与模型进行互动，生成符合期望的音乐片段。

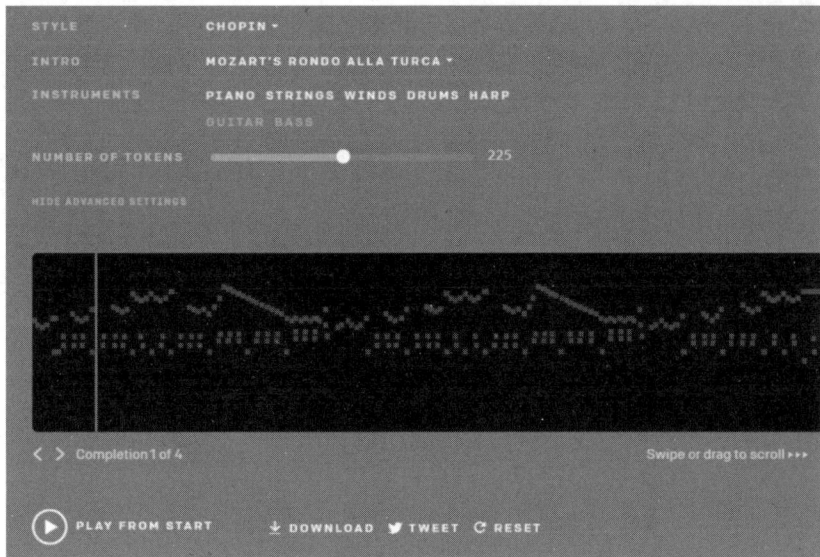

图 4.18　MuseNet 模型 UI

MuseNet 采用了一种基于 Transformer 的架构，并专门为音乐生成进行了设计，以便有效捕捉音符之间的关系和音乐结构。MuseNet 基于 Transformer 的自注意力机制，能够处理输入音符序列之间的复杂关系。这种结构允许模型在生成音乐时关注序列中不同部分的重要性，从而更好地捕捉音乐的整体和谐性。MuseNet 的架构分为多个层次，每个层次负责不同的音乐特征提取。较低层次处理音符的基本属性（如音高和时值），而较高层次则关注更复杂的和声与旋律关系。这种层次化的处理方式使得模型能够更细致地理解音乐。模型将音乐表示为 MIDI 格式，这种格式便于处理音符、和弦、节奏等信息。每个音符被编码为一系列特征，包括音高、力度、时值等，模型利用这些信息生成新的音乐片段。由于音乐具有时间序列的特性，MuseNet 特别设计了处理长时间依赖的机制，使其能够在生成过程中考虑到之前生成的音符，从而保持音乐的连贯性和结构完整性。

MuseNet 的学习过程涉及大量音乐数据集的训练，以提高模型的生成能力。MuseNet 使用了包含多种风格和乐器的音乐数据集进行训练，包括古典乐、流行乐、爵士乐等各种类型的音乐，以确保模型能够理解不同风格的特点。模型通过自监督学习的方式进行训练。在训练过程中，MuseNet 随机选择部分音符进行预测，并通过与真实音符的对比来优化模型参数。这种方法使得模型能够逐步学习到音乐的结构和风格。模型的训练目标是最大化生成音乐的连贯性和多样性。具体而言，MuseNet 旨在生成音符之间具有良好和声关系和节奏感的音乐片段，并且能够保持多样化，以避免生成的音乐过于单一。在生成音乐时，MuseNet 采用递归生成的方式。用户可以提供一段旋律或和声，模型随后基于这些输入生成后续音符，形成完整的音乐片段。这种交互式生成方式使得用户可以参与到音乐创作的过程中。

▶▶▶ 4.3.7　语言识别大模型

Whisper 是 OpenAI 公司开发的一款强大的自动语音识别系统，旨在将语音转换为文本，适用于多种应用场景，如实时翻译、语音助手、内容转录等。Whisper 利用深度学习和 Transformer 架构实现高效、准确的语音转录。多语言支持和稳健性使其适用于多种应用场景，展现了深度学习在自然语言处理领域的强大潜力。Whisper 的核心目标是实现高效、准确的语音识别，能够处理多种语言和口音。其设计考虑了噪声环境和不同的说话风格，使得用户可以在多种情境下获得清晰的转录。同时，Whisper 支持超过 100 种语言的语音识别，能够处理多种语言之间的转录需求。高精度转录：通过优化的模型架构和大量的训练数据，Whisper 在多种条件下展现出卓越的识别能力。稳健性：能够在背景噪声、重叠语音和不同口音的情况下保持较高的识别准确性。开源和可扩展性：Whisper 是开源的，开发者可以根据需求对其进行定制和扩展，以促进社区的应用和研究。

  Whisper 的架构基于 Transformer 模型，使用 Transformer 架构来处理输入的音频信号。Transformer 的自注意力机制使得模型能够有效地捕捉音频中的时序依赖关系，提取有用的特征。模型首先将音频信号转换为梅尔频率倒谱系数（Mel-Frequency Cepstral Coefficients，MFCC）或其他声学特征，这些特征能够更好地表示音频信号的频率和时域信息，便于后续的处理。Whisper 采用编码-解码框架，其中编码器负责将音频特征转换为潜在表示，解码器则将这些表示转换为文本。该架构允许模型在进行语音到文本的转换时保留上下文信息，如图 4.19 所示。

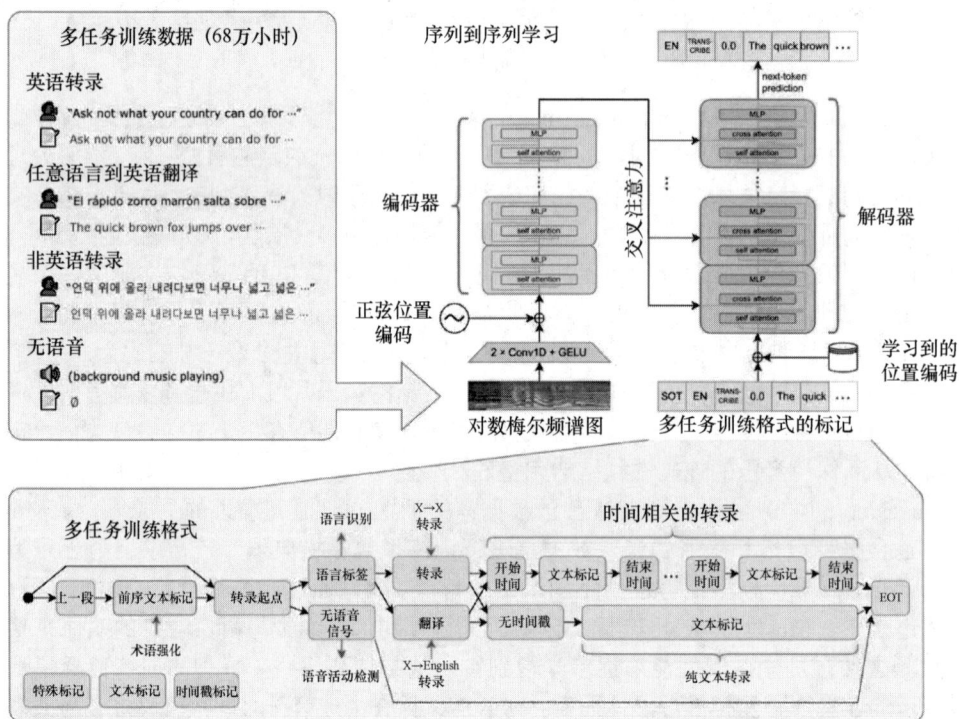

图 4.19 Whisper 结构图

  Whisper 的训练过程涉及大量多样化语音数据集，以提高模型的识别能力和适应性。大规模语音数据集 Whisper 使用了大规模的、多样化的语音数据集进行训练，这些数据集包括不同语言、口音、说话风格和环境噪声的音频样本。这种广泛的训练使得模型在实际应用中具有更好的表现。自监督学习模型利用自监督学习的方法，通过分析音频和对应文本之间的关系进行训练。这种方法减少了对人工标注数据的依赖，使得模型能够从未标注的音频中学习。在实际应用中，Whisper 的生成过程采用了递归解码的方式。输入音频信号后，模型通过一系列的解码步骤逐步生成相应的文本输出，确保了转录结果的连贯性和准确性。

本章小结

大模型的快速发展推动了人工智能技术在各行业的深入应用，强化了我国在科技领域的自立自强，助推了我国成为信息化强国。从自然语言处理到计算机视觉，再到多模态模型，基于Transformer架构的大模型在处理复杂任务方面展现了前所未有的能力。然而，随着大模型规模的增长，计算资源的需求、模型的可解释性及隐私问题也随之而来。在未来的发展中，如何平衡技术进步与资源消耗，提升模型的可靠性和公平性，将是大模型研究的重要方向。

习题

1．解释大模型的出现如何改变了人工智能的应用范围和能力。

2．大模型的通用性体现在哪些方面？举例说明。

3．深度神经网络如何提高模型的表现力？简要解释卷积神经网络（CNN）和递归神经网络（RNN）的作用。

4．Transformer架构中的自注意力机制如何帮助模型理解上下文？请描述其工作原理。

5．描述ChatGPT的预训练过程以及人类反馈强化学习（RLHF）如何帮助其优化生成文本质量。

6．有监督调优阶段对ChatGPT的训练有何帮助？请说明这一阶段的作用和工作原理。

7．通用语言模型GLM引入了哪些独特的结构特点？简要说明其在文本生成中的创新之处。

8．LangChain在GLM长文本处理中的作用是什么？它如何支持多轮对话和问答功能？

9．Imagen Video利用多级扩散模型生成视频内容的原理是什么？请描述其高分辨率生成过程的步骤。

10．Stable Diffusion模型在图像生成过程中引入了哪些关键部分？简要说明这些部分的作用及其在图像生成中的工作流程。

第5章
人工智能安全与伦理问题

本章导读

在人工智能技术迅猛发展的今天，其在安全领域的应用已经成为全球关注的焦点。本章深入探讨人工智能安全与伦理问题。本章将从人工智能在安全领域的双重角色出发，一方面作为守护者，另一方面作为潜在的风险源，全面分析其影响和应对策略。

本章首先主要介绍了人工智能安全体系架构的基本概念，包括人工智能内生安全和人工智能衍生安全。内生安全关注人工智能系统本身的安全性，以确保其在设计和运行过程中的可靠性和稳定性。衍生安全则着眼于人工智能技术可能引发的安全问题，如数据泄露、隐私侵犯等。然后详细论述了人工智能在网络安全领域的多维应用。本章从防御和攻击两个角度出发，探讨了人工智能如何提升网络安全防护水平，同时也分析了恶意行为者如何利用人工智能技术进行网络攻击。此外，特别关注了人工智能自身安全问题的防御和进攻，包括对抗性攻击和模型窃取等新兴威胁。5.4节则建设性地讨论了人工智能伦理问题及其治理。

本章我们将学习以下内容。

- 人工智能安全体系架构
- 人工智能内生安全和衍生安全
- 人工智能应用于网络攻防及自身安全问题的攻防
- 人工智能伦理问题及其治理

5.1 人工智能安全概述

人工智能技术在近五年的发展取得了长足的进步，被多个领域广泛应用，特别是以ChatGPT为代表的生成式人工智能技术开启了人工智能应用的新纪元。人工智能技术及应用的迅猛发展，也带来了诸多由人工智能引发的新安全问题。人工智能相比传统网络安全将面临更多新的安全形势和挑战，需要依托顶层设计、标准规范、安全策略、技术手段、管理措施等方面进行有效的应对与防范。上述问题和情况都值得深入地思考和研究。

AIGC、AGI是人工智能领域中两个重要的概念，而LLM是推动生成式人工智能聊天机器人迅猛发展的核心技术。

（1）AGI，即通用人工智能，是指一种具有与人类相当或更高的认知能力的智能系统，能够理解、学习、计划和解决问题。通用人工智能（AGI）的概念可以追溯到人工智能诞生之初，1950年图灵提出了著名的图灵测试。AGI技术需要更多的支持，例如自然语言处理、计算机视觉和机器学习等。AGI 的应用领域也比较广泛，可以应用于医疗保健、金融服务、交通运输等领域中。

（2）AIGC 是一种利用人工智能技术自动生成内容的新型生产方式，其优点在于高效和自动化生产。随着人工智能的发展，越来越多的内容不再需要人工编辑，而是由机器自动生成的。在 2021 年之前，AIGC 主要用于生成文字。自 2022 年以来，AIGC 的发展速度惊人，新一代模型能够处理多种格式的内容，已达到专业级别。AIGC 技术主要应用于新闻报道、广告创意、视频制作等行业。

（3）LLM 是一种基于深度学习的自然语言处理模型，能够学习自然语言的语法和语义，生成人类可读文本。2017 年，Google DeepMind 公司提出了 RLHF 概念。同年 6 月，Google 公司发布了 Transformer，成为所有 LLM 的基础架构。2020 年，OpenAI 公司发布 GPT-3，LLM 的流行度稳定增长。

▶▶▶ 5.1.1　人工智能安全形势分析

随着 5G、大数据、云计算和深度学习等前沿技术的协同推进，人工智能作为新型基础设施的关键战略性技术正加速发展，并与社会各行业深度创新融合。其发展呈现出以下特点：首先，人工智能在执行关键业务时，对安全防护的实时性提出了更高的要求；其次，个性化服务的广泛需求使得对敏感信息的保护变得更加重要；再次，人工智能跨组织融合的趋势对数据的安全共享提出了更高要求；最后，基于机器学习的安全算法和软件漏洞问题愈发凸显。

人工智能技术因其强大的功能和广泛应用，天然具备国家安全属性，并对国家主权、意识形态、社会关系等方面产生深远影响。当前，主要发达国家纷纷将人工智能视为提升国家竞争力和维护国家安全的重大战略，这反映了人工智能在国际竞争中的重要地位，同时也凸显了其在国家安全领域的"双刃剑"效应。

▶▶▶ 5.1.2　人工智能安全风险分析

1. 人工智能技术安全风险

人工智能技术主要采用深度学习方法，以数据智能为主，智能程度与数据量呈正相关。然而，这种人工智能缺乏基础知识储备，所有的知识都来自输入的数据，包括训练数据和与环境交互的数据等。从原理上看，深度学习算法只能反映数据的统计特征或学习数据之间的关联关系，无法解读数据的本质特征或因果关系。这种技术的风险主要表现在以下三个方面。

（1）算法偏见与不公平性

人工智能技术可能会在训练过程中学习到数据中的偏见，从而导致不公平的结果。例如，在招聘系统中，可能是对某些性别或种族产生歧视；在医疗诊断系统中，可能是对少数群体的忽视。

建议应对措施：建立公平性评估机制，使用多样化的训练数据集，引入公平性指标，并通过人工监督如医学伦理委员会等方式进行干预。

（2）模型的不可解释性

许多先进的人工智能技术，尤其是深度学习模型，被视为"黑箱"，其内部决策过程难以解释，这给风险评估和管理带来了挑战。

建议应对措施：开发可解释的人工智能技术，帮助理解模型的决策逻辑，从而提高透明度和可信度。

（3）技术漏洞与对抗攻击

人工智能系统可能面临对抗攻击，攻击者通过输入恶意数据来误导模型，从而导致错误的输出。

建议应对措施：采用对抗训练等技术增强模型的稳健性，并通过持续的漏洞检测和修复来保障系统的安全性。

2. 人工智能应用安全风险

（1）数据隐私与安全

在人工智能技术中，大量敏感数据被用于训练和推理，数据泄露可能导致个人隐私被侵犯。

建议应对措施：采用数据加密、匿名化等技术保护数据隐私，并严格控制数据访问权限。

（2）恶意使用与滥用

人工智能技术可能被恶意利用，例如生成虚假信息、深度伪造内容、进行网络钓鱼攻击等，这些行为会对个人和社会造成严重危害。

建议应对措施：开发能够检测和抵御恶意内容生成的技术，并通过法律对恶意使用与滥用行为进行约束。

（3）系统功能失效

人工智能系统在复杂环境中可能出现功能失效，例如智能驾驶系统在极端天气下无法正常工作。

建议应对措施：进行充分的测试和验证，确保系统在各种条件下都能可靠运行，并建立应急机制以应对突发情况。

3. 系统与管理层面的风险

（1）缺乏透明度与问责机制

人工智能系统的复杂性和自主性使得其决策过程难以被理解和追溯，这可能导致责任归属不明确。

建议应对措施：建立透明的决策记录机制和问责机制，以确保在出现问题时能够明确责任主体。

（2）监管与合规挑战

人工智能技术的快速发展超出了现有监管框架的覆盖范围，技术面临监管空白和合规风险。

建议应对措施：加强国际合作，制定适应人工智能发展的国际标准和法规，确保技术的合理应用。

（3）市场竞争激烈与安全投入不足

在激烈的市场竞争中，企业可能为了快速推出产品而忽视安全投入，导致系统存在安全隐患。

建议应对措施：鼓励企业将安全纳入产品生命周期管理，通过政策引导和市场机制促进安全技术的研发和应用。

4. 国际竞争与战略层面的风险

（1）战略竞争与国家安全风险

主要发达国家将人工智能视为提升国家竞争力和维护国家安全的重大战略。例如，美国国防部提出利用人工智能维持战略地位和未来战场优势。这种技术竞争可能导致国际关系紧张，甚至引发新的安全挑战。

（2）全球治理与合作挑战

人工智能的快速发展使得国际治理机制面临巨大压力。联合国等国际组织正在推进人工智能的风险治理行动，但全球范围内的协调和合作仍面临诸多挑战。

▶▶▶ 5.1.3 应用案例——数据脱敏技术

通过数据分级分类识别出需要做安全保护的敏感数据，再用脱敏技术确保数据中的敏感信息被漂白，但又不影响开发测试人员对于数据的使用，如图 5.1 所示。

图 5.1 数据脱敏

社会上存在大量兜售房主信息、股民信息、商务人士信息、车主信息、电信用户信息、患者信息的现象，并形成了一个新兴的产业。比如，个人在办理购房、购车、住院等手续之后，相关信息被有关机构或其工作人员卖给房屋中介、保险公司、母婴用品企业、广告公司等。例如，火车票、网购订单中根据数据分级分类情况对数据加以不同策略的脱敏处理。

【身份证号】显示最后 4 位，其他隐藏，共计 18 位，如图 5.2 所示。

【中文姓名】只显示第一个汉字，其他隐藏为两个星号，比如，李**。

图 5.2 个人信息脱敏保护

【地址】只显示到地区，不显示详细地址，比如，上海徐汇区漕河泾开发区***。

▶▶▶ 5.1.4 各方应对人工智能安全问题的举措

随着人工智能的全球化发展，人工智能安全问题也超越了国家边界，成为人类必须共同面对的挑战。不同组织或国家政府，因其发展现状、远景规划的不同，在人工智能安全方面的侧重点也有所不同。这就决定了各国在相关领域的投入、处理问题的优先级都存在差异。

联合国教育、科学及文化组织于 2021 年 11 月通过了《人工智能伦理问题建议书》，该建议书旨在促进人工智能为人类、社会、环境以及生态系统服务，并预防其潜在风险。该建议书的内容包括规范人工智能发展应遵循的原则，以及在这些原则指导下人工智能应用的领域。

美国白宫宣布了旨在遏制人工智能风险的举措，美国国家科学基金会计划拨款 1.4 亿美元建立专门用于人工智能的新研究中心。政府还承诺发布政府机构的指导方针草案，以确保人工智能使用的安全，保障"美国人民的权利和安全"。谷歌、微软、OpenAI 等人工智能公司已同意在网络安全会议上对其产品进行审查。

在欧盟委员会发布的《欧盟人工智能》中，明确指出要确保欧盟具有与人工智能发展和应用相适应的伦理和法律框架。欧洲议员同样呼吁制定更多的规则来对人工智能技术加以监管，并列出了几项期待的举措，包括在拟议的《人工智能法案》草案中提供一个框架，此外还提及应召开关注人工智能风险的全球峰会等。

此外，加拿大在 2022 年 6 月颁布了《人工智能和数据法案》，该法案旨在适应 AI 技术的新发展，并为加拿大政府监管 AI 系统提供法律基础，从而解决 AI 系统的潜在风险。日本、韩国、新加坡等亚洲国家，更多将人工智能安全的战略重点放在促进产业健康发展以及公共安全、国家安全的应用上，并对人工智能的一些安全问题、伦理问题做出了原则性规定。

我国在 2017 年发布了《新一代人工智能发展规划》，2019 年政府工作报告提出深化大数据、人工智能等研发应用，2023 年国家互联网信息办公室联合国家发展和改革委员会、教育部、科技部等七部门发布了《生成式人工智能服务管理暂行办法》。

5.2 人工智能安全体系架构

针对全球人工智能安全框架缺失问题，在工业和信息化部网络安全管理局指导下，中国信息通信研究院联合瑞莱智慧 RealAI、百度、腾讯、360、中国科学院信工所共同编制的《人工智能安全框架（2020 年）》蓝皮书（下文简称"《框架》"）正式发布，提出涵盖人工智能安全目标、人工智能安全分级能力以及人工智能安全技术和管理体系的人工智能安全框架。

人工智能安全体系架构

人工智能技术特点及安全风险与传统信息系统存在显著差异，传统网络安全框架无法直接适用于人工智能应用，但《框架》蓝皮书参考传统网络安全框架经验，围绕安全目标、安全能力、安全技术和安全管理四个维度，聚焦人工智能基础设施、设计研发以及应用行为决策过程中存在的安全风险，自顶向下、层层递进，为企业不断提升人工智能安全提供可遵循的迭代路径，如图 5.3 所示。设定合理的安全目标是保障人工智能应用安全的起点和基础，安全能力是实现安全目标的有效保障，安全技术和安全管理是安全能力的支撑和体现。

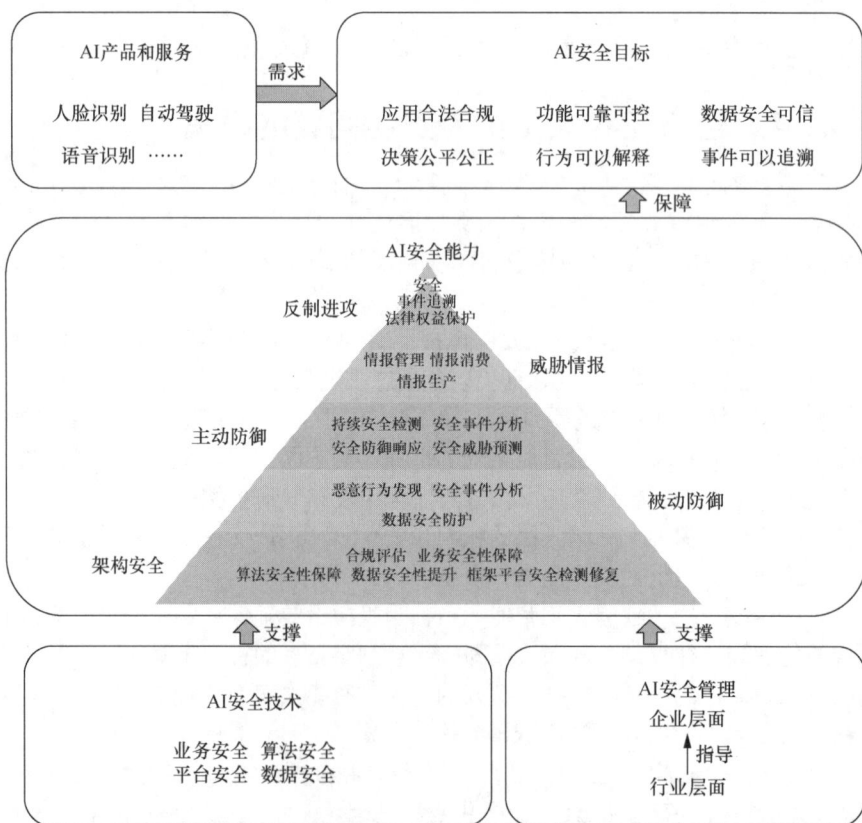

图 5.3　人工智能安全框架

人工智能有巨大的潜能改变人类命运，但同样存在一定安全风险。一方面，AI 基础设施潜藏安全风险，比如，全球著名漏洞数据库 CVE 披露的典型机器学习开源框架平台安全漏洞数量逐渐增多。另一方面，AI 设计研发阶段的安全风险突出，出现了许多针对 AI 系统的新型安全攻击手法，如对抗样本攻击、数据投毒攻击、模型窃取攻击等。除此之外，AI 应用失控风险危害显著，像"深度伪造"类应用，给大众带来新奇体验的同时，也带来了新的安全隐患，一旦这类应用被攻击者滥用，将助长谣言传播、黑灰产业诈骗等。

（1）VoIP 电话劫持语音模拟攻击

AI 语音技术是 AI 的一个分支。随着 AI 技术的发展，AI 语音技术也在突飞猛进、升级换代。通过基于 AI 的深度伪造变声技术，可以利用少量用户的声音生成想要模仿的声音。这种技术给用户带来新奇体验的同时，也存在安全风险。

深度伪造 AI 变声技术也可能成为语音诈骗的"利器"。研究发现，利用漏洞可以解密窃听 VoIP（Voice over Internet Protocol，基于互联网协议的语音传输）电话，并利用少量目标人物的语音素材，基于深度伪造 AI 变声技术，生成目标人物声音进行注入，拨打虚假诈骗电话，如图 5.4 所示。

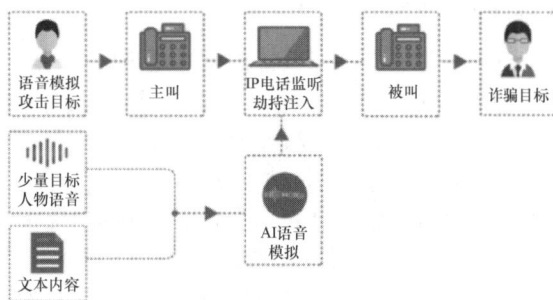

图 5.4　VoIP 电话劫持语音模拟攻击整体流程

英国某公司 CEO 遭 AI 语音诈骗，损失 220000 欧元（约合人民币 173 万元）。图 5.5 所示为当时的新闻报道情况。

图 5.5　2019 年英国某公司 CEO 遭 AI 语音诈骗新闻

（2）防范建议

要防范这样的攻击，其实可以从防范传统攻击以及防范 AI 恶意应用两个角度开展。

首先，要防御类似的攻击手法，需要防止 VoIP 漏洞被攻击者利用，可以使用新版本的 VoIP 电话，如 SIP、SRTP 等，减少数据被嗅探，甚至被篡改流量包的风险。

其次，可以用 AI 对抗 AI，规避 AI 技术的不合理应用。在这种攻击中，需要借助语音生成技术来合成虚假语音，可以基于 AI 技术来提取真实语音和虚假语音特征，根据特征差异来分辨真实语音和生成语音。

其实针对语音的攻击手段并不只有这一种，可以在语音中添加微小扰动或修改部分频谱信息，就可以"欺骗"语音识别系统。或者，将唤醒命令隐藏在不易察觉的音乐中，就可能唤醒智能设备进行对应操作。AI 应用失控问题不应忽视，应合理善用 AI 技术，捍卫技术的边界。除了 AI 应用失控的问题，AI 的数据、算法、模型、基础组件等核心要素，均存在安全隐患。

人工智能安全风险分为内生与衍生两种。

▶▶▶ 5.2.1　人工智能内生安全

人工智能内生安全问题指的是人工智能系统自身存在脆弱性。部分原因是新技术自身不成熟，存在着一些安全漏洞，包含人工智能框架、数据、算法、模型任一环节都能给系统带来脆弱性，但这些漏洞通常会被发现并且可被改进；还有一种情况是新技术存在着天然的缺陷，使得某些客观存在的问题无法通过改进的方法来解决，此时只能采取其他手段加以防护。

例如，可信计算是建立在可信根的基础之上，而可信根的前提是系统的使用者就是可信根的拥有者，这才能够让不可被替换的可信根来保护系统的安全运行。但就云计算环境而言，由于云服务商拥有云资源，该资源仅仅提供给云资源的租户使用，即计算资源的使用者与拥有者不同，可信根的拥有者与需要保障安全的使用者不再是同一个对象，从而使可信根的模式在云计算平台上不再适用。同样，量子的塌陷效应使之难以用于通信，因为一旦出现监听，通信就被中止，致使通信的可靠性成为量子通信系统的软肋，大大降低了用量子通信系统构建传输通道的可行性。事实上，这种情况一直伴生在各种技术中。例如，对抗样本就是一种利用算法缺陷实施攻击的技术，智能驾驶汽车的许多安全事故也可归结为算法不成熟。由于互联网上的系统必须通过开放端口来提供服务，而开放端口本质上就相当于引入了一个攻击面，因而形成了脆弱性，这就是互联网服务的内生安全问题。

▶▶▶ 5.2.2　人工智能衍生安全

衍生安全问题本质上是新技术自身的一些缺陷或脆弱性，并不会影响新技术自身的运行，但却会被攻击者利用而危害其他的领域。例如物联网的传感部件具有信息辐射的特点，这并不影响物联网的正常运行，却使得信息泄露成为新的风险；社交网络不支持强制实名制并不影响社交网络的正常运转，但却有可能被利用而助力谣言的传播，从而无助于抑制负面行为，导致群体性事件的发生；近场通信（Near Field Communication，NFC）在帮助人们便捷通信的时候，没有设置强制性通信握手环节以确认通信的发起是否自愿，尽管这并不影响 NFC 的正常使用，但不法分子却有可能利用这个缺失的环节来近距离盗刷用户的手机钱包等。

如上所述，衍生安全问题绝大多数情况下指的是新技术的脆弱性被攻击者所利用，从而引发其他领域的安全问题。人工智能技术当然也存在着同样的情况。近几年，智能设备安全事故频发：2018 年 3 月，优步（Uber）的智能驾驶汽车在美国亚利桑那州坦佩市撞死一名在人行道外过马路的妇女。2020 年 6 月，中国台北仙桃，特斯拉的智能驾驶系统把白色翻倒的卡车误认为没有障碍物，导致了车辆在开启智能驾驶的状态下毫无减速地撞上卡车。因为人工智能的智能化判定需要高度依赖输入数据，智能驾驶的前提是要对环境参数进行正确地感知，一旦感知出现错误，如没有感知到对面的障碍物，其决策就是错误的。因此，这种依赖输入的现象可以被视为人工智能系统的一种脆弱性。这种脆弱性并不影响人工智能系统自身的运行，但攻击者可以利用这一点，如干扰智能驾驶汽车的雷达等传感设备，从而达到让智能驾驶汽车肇事的目的。

此外，人工智能的脆弱性有时候是以"事故"的形式形成对人类的直接威胁。人们经常看到的那些"机器人伤人""智能驾驶出事故"的现象，本质上都是人工智能脆弱性所带来的问题，这时即便没有被攻击者有意利用，但由于"人工智能行为体"在运行状态下往往具有可伤害人类的"动能"，因此其自身就可以"自主"伤人。更有甚者，由于"人工智能行为体"具有自主学习能力，因此其可能在自我进化的过程中脱离人类控制，进而危及人类安全。而且，人工智能行为体系统功能越强大，其带来的威胁往往也会越大。由此可见，凡是具备自我进化功能的系统，都可能在不被他人主动利用其脆弱性的前提下引发安全问题，而人工智能技术的特殊性就在于其可成为打开"自我进化之门的钥匙"。因此，确保人工智能技术发展过程"安全可控"无疑是至关重要的。

5.3 人工智能助力安全

技术是把双刃剑。在信息安全领域，通过人工智能技术加强信息防御和进行网络攻击，被称为智能安全（Artificial Security，AS）。人工智能与智能安全的关系是非常紧密的。人工智能可以帮助我们更有效地管理和保护我们的数据与系统，但同时也可能被滥用，导致严重的安全风险。智能安全则是一种新兴的领域，专注于保护人工智能系统和应用程序免受恶意攻击和数据泄露的风险。

人工智能助力安全

智能安全是一种通过人工智能技术来保护计算机系统和数据的安全领域。智能安全旨在预测、识别和防止恶意攻击、数据泄露和安全风险。智能安全的主要领域包括以下几个。

- 恶意软件检测（Malware Detection）。
- 网络安全（Network Security）。
- 数据安全（Data Security）。
- 身份验证（Identity Verification）。
- 安全风险管理（Security Risk Management）。

图 5.6 所示有助于更好地理解人工智能在网络攻防领域的应用，其主要从攻防视角及攻防主体采用人工智能意图这两个维度共四个方面展开。

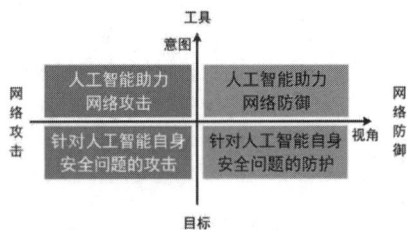

图 5.6　人工智能在网络攻防领域的应用

▶▶▶ 5.3.1　人工智能助力防御

网络安全威胁层出不穷且呈现智能化、隐匿性、规模化的特点，网络安全防御面临着极大的挑战。人工智能驱动的网络防御拥有强大的自主学习和数据分析能力，大幅缩短威胁发现与响应的间隔，实现了自动化快速识别、检测和处置安全威胁，在应对各类安全威胁方面发挥着重要作用。人工智能在发现未知威胁及高级持续性威胁（Advanced Persistent Threat，APT）等方面有很大优势。

人工智能为人们应对日趋复杂的网络安全问题不断提供新的思路。目前，人工智能已经被应用于恶意软件/流量检测、恶意域名/URL 检测、钓鱼邮件检测、网络攻击检测、软件漏洞挖掘、威胁情报收集等方面。具体应用研究包括以下几种。

（1）恶意软件检测：将恶意软件样本转换为二维图像，将二维图像输入经过训练的深度神经网络 DNN，二维图像会被分类为"干净"或"已感染"。相关检测方法可达到 99.07% 的准确性，误报率为 2.58%。

（2）未知加密恶意流量检测：在无法对有效传输载荷提取特征的情况下，基于 LSTM 的加密恶意流量检测模型经过为期两个月的训练之后，可以识别许多不同的恶意软件家族的未知加密恶意流量。

（3）恶意（僵尸）网络流量检测：利用基于深度学习且独立于底层僵尸网络体系结构的恶意网络流量检测器 BoTShark，采用堆叠式自动编码器和卷积神经网络两种深度学习检测模型，以消除检测系统对网络流量主要特征的依赖性。该检测器实现了 91% 的分类准确率和 13% 的召回率。

（4）基于人工智能恶意域名检测：针对威胁情报误报、漏报多且不可控的特点，将威胁情报作为训练集，采用支持向量机学习威胁情报背后的数据特征，通过人工智能强大的泛化能力，减少漏报并让安全系统变得可控。

（5）运用机器学习恶意 URL 检测：结合域生成算法 DGA 检测的机器学习聚类算法可以获得较高的恶意 URL 检出率，它不仅可以检测已知的恶意 URL，还可以检测到从未暴露的新变种。

（6）新型网络钓鱼电子邮件检测：利用深度神经网络 DNN 对网络钓鱼电子邮件进行检测，并且通过实验证明 DNN 在钓鱼电子邮件的检测中可以实现 94.27% 的检测性能，进一步证明了深度学习技术在自动化网络钓鱼识别中的可行性。

（7）基于人工智能的网络安全平台 AI2：该平台结合无监督机器学习和有监督学习的方法，首先用无监督机器学习自主扫描日志文件，分析人员确认扫描结果，并将确认结果纳入 AI2 系统，用于对新日志的分析。该平台能检测出约 85% 的网络攻击。

（8）基于机器学习的通用漏洞检测方法：这是第一个基于漏洞不一致性的通用漏洞检测方法。区别于已有漏洞检测方法，该方法使用两步聚类来检测功能相似但不一致的代码片段，无须耗费大量时间进行样本收集、清理及打标签。同时，该方法采用手工分析聚类结果，以更快定位真正的漏洞。该方法发现了开源软件中未知的 22 个漏洞。

（9）基于深度学习的威胁情报知识图谱构建技术：利用深度置信网络 DBN 训练的模型，对威胁情报的实体和实体关系进行自动化抽取。该方法较浅层神经网络的识别准确率有较大提高，较人工抽取的速率也有很大提高，可为自动化构建威胁情报知识图谱提供有力的保障。

（10）基于混合词向量深度学习模型的 DGA 域名检测方法：首次结合了 DGA 域名的字符级词向量和双字母组词向量，以提高域名字符串的信息利用度，并设计了基于混合词向量方法的深度学习模型，模型由卷积神经网络 CNN 和 LSTM 组成。实验证明该方法有着较好的特征提取能力与分类效果，并在一定程度上缓解了数据不平衡带来的负面影响。

从上述应用研究可以看出，人工智能应用研究主要以恶意行为检测为主，在检测成果基础上不断提升响应处置、积极防御和威胁预测的能力。

典型案例：某省政府公众服务类网站，攻击者的主要目的是爬取数据并经过二次分析或者加工对外提供有偿性服务信息，攻击者通过伪造 Useragent，利用爬虫程序使用 500 多个的 c 段 IP，实现多源低频地爬取信息。从请求数、GET 请求数占比、HTML 请求占比标准差、平均请求发送字节数等角度，使用 UEBA 技术确认攻击源为多源低频团伙爬虫。针对多源低频的攻击行为特征，通过聚类将行为特征放大，并拉长分析的时间轴，往往可以找到攻击团伙深层次的异常行为。采用潜伏型异常检测算法，UEBA 通过长时间轴聚类分析，挖掘深层次异常行为。图 5.7 所示为网站从星期一到星期六的被访问时序统计。

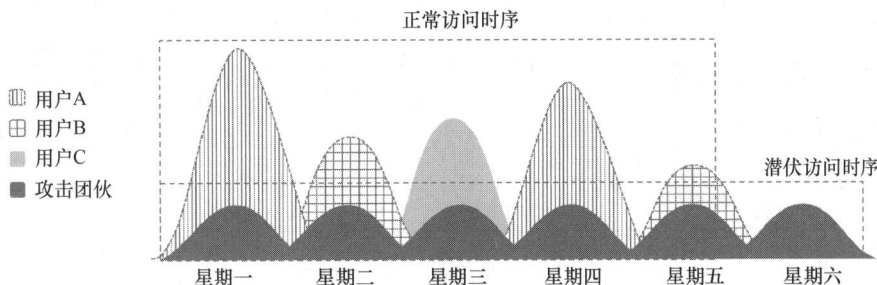

图 5.7　网站从星期一到星期六的被访问时序统计

采用多种人工智能算法，通过与过去的行为基线或同行群体进行对比，以查看用户或资产行为中的偏差。我们可以为每个用户、设备、应用程序、特权账户和共享服务账户创建基线，然后检测标准偏差。随后，分配一个分数来指示相关威胁的强度，这样网站管理员不仅可以每天查看警报，还可以全时段监视顶级恶意用户并采取预防措施。

在具体解决过程中，不得不提到人工智能领域的常用关联分析技术——知识图谱。知识图谱已经成为人工智能领域的热门技术，在网络安全中也有巨大的应用潜力。利用安全知识图谱，可以从事件、告警、异常、访问中抽取出实体及实体间关系，构建一张网络图谱。任何一个事件、告警、异常，都可以放到这个网络图谱中，直观、明晰地看到多层关系，可以让分析抵达更远的边界，触达更隐蔽的联系，揭露出哪怕最细微的线索。

结合攻击链，知识图谱的关系回放还能够让安全分析师近似真实地复现攻击全过程，了解攻击的路径与脆弱点，评估潜在的受影响资产，从而更好地进行应急响应与改进。

▶▶▶ 5.3.2　人工智能辅助攻击

人工智能使得网络攻击更加强大：一方面，可将参与网络攻击的任务自动化和规模化，用较低成本获取高收益；另一方面，可以自动分析攻击目标的安全防御机制，针对薄弱环节定制攻击，从而绕过安全机制，提升攻击的成功率。近几年，人工智能在网络攻击方面的应用研究显示，利用人工智能开展的网络攻击方式包括但不限于：定制绕过杀毒软件的恶意代码或者通信流量；智能口令猜解；攻破验证码技术实现未经授权访问；鱼叉式网络钓鱼；对攻击目标的精准定位与打击；自动化渗透测试等。表 5.1 所示为人工智能在网络攻击中的应用情况。

表 5.1　人工智能在网络攻击中的应用情况

序号	应用研究	网络杀伤链模型（网络攻击生命周期）						
		侦察跟踪	武器构建	载荷投递	漏洞利用	安装植入	命令与控制	目标达成
1	恶意代码免杀		√			√		
2	基于生成对抗网络框架生成恶意流量				√			
3	智能口令猜解				√			
4	新型文本验证码求解器				√			
5	自动化高级鱼叉式钓鱼			√				

序号	应用研究	网络杀伤链模型（网络攻击生命周期）						
		侦察跟踪	武器构建	载荷投递	漏洞利用	安装植入	命令与控制	目标达成
6	网络钓鱼电子邮件生成			√				
7	DeepLocker 新型恶意软件							√
8	DeepExploit 全自动渗透测试工具	√			√		√	√
9	基于深度学习的 DeepDGA 算法						√	
10	基于人工智能的漏洞扫描工具	√						

（1）恶意代码免杀：利用深度强化学习网络提出一种攻击静态移植文件反杀毒引擎的黑盒攻击方法，在模拟现实的攻击中达到 90% 的成功率。

（2）基于生成对抗网络框架生成恶意流量：基于生成对抗网络的框架利用生成器将原始恶意流量转换为对抗性恶意流量，可以欺骗和逃避入侵检测系统。实验证明，多数对抗流量可以欺骗并绕过现有的入侵检测系统的检测，规避率达到 99.0% 以上。

（3）智能口令猜解：一种基于多数据集的密码生成模型，借用概率上下文无关文法和生成式对抗网络的思想，通过长短期记忆神经网络训练，提高了单数据集的命中率和多数据集的泛化性。

（4）新型文本验证码求解器：通过将验证码所用的字符、字符旋转角度等参数化，自动生成验证码训练数据，并使用迁移学习技术调优模型，提高了验证码识别模型的泛化能力和识别精度。该方法可以攻破全球排名前 50 网站使用的所有文本验证码（截至 2018 年 4 月），包括谷歌、eBay、微软、维基百科、淘宝、百度、腾讯、搜狐和京东等网站。

（5）自动化高级鱼叉式钓鱼：基于 Twitter 的端到端鱼叉式网络钓鱼方法，采用马尔可夫模型和递归神经网络，构造更接近于人类撰写的推文内容。经测试发现，该钓鱼框架成功率为 30%～60%，一度超过手动鱼叉式网络钓鱼的成功率（45%）。

（6）网络钓鱼电子邮件生成：基于 RNN 的自然语言生成技术，自动生成针对目标的虚假电子邮件（带有恶意意图），并通过个人真实邮件数据和钓鱼邮件数据进行训练。实验证明，RNN 生成的电子邮件具有更好的连贯性和更少的语法错误，能更好地进行网络钓鱼电子邮件攻击。

（7）DeepLocker 新型恶意软件：该恶意软件具有高度的针对性及躲避性，可以隐藏恶意意图，直到感染特定目标。一旦人工智能模型（深度神经网络 DNN）通过面部识别、地理定位、语音识别等方式识别到攻击目标，就会释放出恶意行为。人工智能的使用使得解锁攻击的触发条件几乎不可能进行逆向工程。

（8）DeepExploit 全自动渗透测试工具：利用 A3C 分布式训练的强化学习高级版算法实现自动化渗透测试，可以自动完成情报收集、威胁建模、漏洞分析、漏洞利用、后渗透并生成报告。

（9）基于深度学习的 DeepDGA 算法：采用 Alexa 网站上收录的知名域名作为训练数据，利用 LSTM 算法和 GAN 构建模型，生成的域名与正常网站域名非常相似，很难被检测出。

（10）基于人工智能的漏洞扫描工具：从 2019 年 8 月开始，Instagram 的用户发现账户信息被黑客更改，无法登录账户；2019 年 11 月，Instagram 代码中的漏洞导致数据泄露，在用户浏览器的网页地址中可以显示用户的密码。据推测，在两次攻击中，攻击者采用了基于人工智能工具服务器漏洞扫描方法。

以洛克希德-马丁公司于 2011 年提出的网络杀伤链（CyberKill Chain）模型（将攻击过

程划分为侦察跟踪、武器构建、载荷投递、漏洞利用、安装植入、命令与控制、目标达成共七个阶段）作为参考，描述人工智能在网络攻击中的应用研究情况，可以看到黑客在网络杀伤链模型的各个攻击阶段都尝试使用人工智能技术进行优化以期获得最大收益。

▶▶▶ 5.3.3　针对人工智能自身安全问题的攻击

随着人工智能的广泛应用，由技术不成熟及恶意应用导致的安全风险逐渐暴露，包括深度学习框架中的软件实现漏洞、恶意对抗样本生成、训练数据投毒及数据强依赖等。黑客可通过找到人工智能系统弱点以绕过防御进行攻击，导致人工智能所驱动的系统出现混乱，形成漏判或者误判，甚至导致系统崩溃或被劫持。人工智能的自身安全问题，主要体现在训练数据、开发框架、算法、模型及承载人工智能系统的软硬件设备等方面，具体如下。

（1）数据安全问题。数据集的质量（如数据的规模、均衡性及准确性等）对人工智能算法的应用至关重要，影响着人工智能算法的执行结果。不好的数据集会使得人工智能算法模型无效或者出现不安全的结果。较为常见的安全问题为数据投毒攻击，通过污染训练数据导致人工智能决策错误。例如，垃圾邮件发送者通过在垃圾邮件中插入"好话"，实现简单的"回避攻击"以绕过垃圾邮件过滤器中的分类器，从而使得恶意邮件逃避垃圾邮件的分类检测。

（2）框架安全问题。深度学习框架及其依赖的第三方库存在较多安全隐患，导致基于框架实现的人工智能算法运行时出错。研究人员对 Caffe、TensorFlow 和 Torch 三个主流的深度学习框架实现中存在的安全威胁进行了研究，发现框架中存在堆溢出、数字溢出等许多漏洞，其中 15 个漏洞拥有 CVE（Common Vulnerabilities and Exposures）编号，即通用漏洞和暴露编号，是一个用于唯一标识计算机系统和软件中已知漏洞的标准化命名方案。

（3）算法安全问题。深度神经网络虽然在很多领域取得很好的效果，但是其取得好效果的原因及其算法中隐藏层的含义、神经元参数的含义等尚不清楚，缺乏可解释性容易造成算法运行错误，产生对抗性样本攻击、植入算法后门等攻击行为。有研究人员介绍了针对 Gmail PDF 过滤的逃逸攻击，利用遗传编程随机修改恶意软件的方法，实现了对基于 PDF 结构特征的机器学习恶意软件分类器的逃逸。该方法不仅成功攻击了两个准确率极高的恶意 PDF 文件分类器，而且可对 Gmail 内嵌的恶意软件分类器进行攻击，只需 4 行代码修改已知恶意 PDF 样本就可以达到近 50%的逃逸率，10 亿 Gmail 用户都受到了影响。

（4）模型安全问题。模型作为人工智能应用的核心，是攻击者关注的重点目标。攻击者向目标模型发送大量预测查询，利用模型输出窃取模型结构、参数、训练及测试数据等隐私敏感数据，进一步训练与目标模型相同或类似的模型；采用逆向等传统安全技术把模型文件直接还原；攻击者利用开源模型向其注入恶意行为后再次对外发布分享等。2017 年，Papernot 等人提出一种黑盒模型窃取攻击，通过收集目标分类器的输入和输出构建综合数据集，用于训练目标模型的替代品（本地构建的相似模型），实现对目标模型的攻击。除了最新的深度神经网络外，该方法也适用于不同的机器学习分类器类型。

（5）软硬件安全问题。除上述安全问题外，承载人工智能应用（数据采集存储、应用运行）的软硬件设备面临着传统安全风险，存在的漏洞容易被攻击者利用。在 Black Hat 2018 大会上，腾讯科恩实验室介绍了在避免物理直接接触的远程攻击场景下，针对特斯拉 Autopolit 自动辅助驾驶系统的攻击测试情况。整个攻击过程从利用 Webkit 浏览器漏洞实现浏览器任意代码执行开始，最终获得了 Autopilot 的控制权。

攻击者可能会针对上述人工智能自身存在的安全问题发起攻击，其中较为常见的攻击为对抗样本攻击，攻击者在输入数据中添加少量精心构造的人类无法识别的"扰动"，就可以干扰人工智能的推理过程，使得模型输出错误的预测结果，达到逃避检测的攻击效果。此外，对抗样本攻击具有很强的迁移能力，针对特定模型攻击的对抗样本对其他不同模型的攻击也同样有效。

▶▶▶5.3.4　针对人工智能自身安全问题的防护

针对人工智能自身安全问题的防护

随着数据量及算力的不断提升，未来人工智能应用场景不断增多，人工智能自身安全问题成为其发展的"瓶颈"，人工智能自身安全的重要性不言而喻。针对人工智能自身在训练数据、开发框架、算法、模型及软硬件设备等方面的安全问题，目前较为常用的防护手段有以下几种。

（1）数据安全防护。分析异常数据与正常数据的差异，过滤异常数据；基于统计学方法检测训练数据集中的异常值；采用多个独立模型集成分析，不同模型使用不同的数据集进行训练，降低数据投毒攻击的影响等。

（2）框架安全防护。通过代码审计、模糊测试等技术挖掘开发框架中存在的安全漏洞并进行修复；借助白帽子、安全研究团队等社区力量发现安全问题，降低框架平台的安全风险。

（3）算法安全防护。在数据收集阶段，对输入数据进行预处理，消除对抗样本中存在的对抗性扰动。在模型训练阶段，使用对抗样本和良性样本对神经网络进行对抗训练，以防御对抗样本攻击；增强算法的可解释性，明确算法的决策逻辑、内部工作机制、决策过程及依据等。在模型使用阶段，通过数据特征层差异或模型预测结果差异进行对抗样本检测；对输入数据进行变形转换等重构处理，在保留语义前提下破坏攻击者的对抗扰动等。

（4）模型安全防护。在数据收集阶段，加强数据收集粒度来增强训练数据中环境因素的多样性，增强模型对多变环境的适应性。在模型训练阶段，使模型学习到不易被扰动的特征或者降低对该类特征的依赖程度，提高模型稳健性；将训练数据划分为多个集合分别训练独立模型，多个模型投票共同训练使用的模型，防止训练数据泄露；对数据/模型训练步骤加噪或对模型结构进行有目的性的调整，降低模型输出结果对训练数据或模型的敏感性，保护模型数据隐私；将水印嵌入模型文件，避免模型被窃取；通过模型剪枝删除模型中与正常分类无关的神经元，减少后门神经元起作用的可能性，或者通过使用干净数据集对模型进行微调消除模型中的后门。在模型使用阶段，对输入数据进行预处理，降低后门攻击可能性；在模型运行过程中引入随机性（输入/参数/输出），使得攻击者无法获得模型的准确信息；混淆模型输出和模型参数更新等交互数据中包含的有效信息，降低模型信息可读性；采用访问控制策略（身份验证、访问次数等）限定对模型系统的访问，防止模型信息泄露；对模型文件进行校验或验证，发现其中存在的安全问题。

（5）软硬件安全防护。在通信过程或者存储时对模型相关数据进行加密，确保敏感数据不泄露；对软硬件设备进行安全检测，及时发现恶意行为；记录模型运行过程中的输入输出数据及核心数据的操作记录等，支撑系统决策并在出现问题时回溯查证。

已有一些针对算法模型评估的工具或产品。瑞莱智慧和阿里巴巴公司于 2020 年分别发布了针对算法模型自身安全的检测平台，除了可对算法模型进行安全评估，还针对模型给出防御增强建议；微软公司开源了内部使用的 AI 安全风险评估工具 Counterfit，该工具可被用于进行红队演练、渗透测试及漏洞扫描，同时在遭受攻击时可以记录攻击事件。具体到人工智能业务应用时，还需要结合具体应用场景制定安全机制，以确保业务应用的安全性。

典型案例：近年来，电信网络诈骗违法犯罪行为日益猖獗，不法分子通过群发各类诈骗信息到用户手机，诱导受害人访问钓鱼诈骗网址、下载手机木马、拨打诈骗电话，最终实现对受害人财产的非法占有。

典型的诈骗短信样例如下。

电话诈骗短信："尊敬的建行用户！您的信用卡已达100%提额标准。请致电×××-××××××××进行办理，我行将在一个工作日完成额度调整【中国建设银行】"。

木马诈骗短信："【违章查吧】您的爱车在本月有违章行为，请进入 https://×××××× ×××××/进行查询。已处理请忽略，退订回 T"。

钓鱼诈骗短信："【车主通知】您的资料已过期，为避免影响您的使用，请及时登录×××××××××××更新信息。退订回复 TD"。

针对此类与真实业务短信非常相似的诈骗短信，目前各类手机安全软件、垃圾短信拦截系统在识别与拦截能力上存在不足。中国移动推出基于部署在中国移动自有营业厅的"守望者"终端安全工具箱，通过集成在工具箱中的诈骗短信人工智能识别模型，结合云端联动的诈骗电话库、木马网址库、钓鱼网址库，实现对被检测用户手机终端上诈骗短信的自动识别，改善用户体验，提升运营商企业形象。

示例短信："尊敬的建行用户！您的信用卡已达100%提额标准。请致电×××-×××××××进行办理，我行将在一个工作日完成额度调整【中国建设银行】"，在经过特征计算后，可以生成特征向量[0,1,0,…,1,0,53]。通过分类标注、训练，形成诈骗短信的辨别判定，如图 5.8 所示。

图 5.8　诈骗短信研判过程

人工智能有着独特的价值和优势。攻击者以人工智能为武器，使恶意攻击行为可以自我学习，并根据目标防御体系的差异自适应地"随机应变"，通过寻找潜在的漏洞达到攻击的目的。同时，采用人工智能技术可以改善网络安全现状，更快地识别已知或未知威胁并及时响应，可以更好地应对复杂的网络攻击。目前，科研机构与产业界已达成共识，融入人工智能技术将成为网络攻防的新常态。人工智能在网络攻防领域的应用还处在初期阶段，人工智能只是辅助手段，距离实现真正的自动化攻防，还有很长的路要走。

5.4　人工智能伦理问题

伦理是关于人与人、人与社会之间关系的道德准则和秩序规范。在人类历史长河中，重大的科技进步常常引发生产力、生产关系以及上层建筑的深刻变革，成为划分不同历史时期的重要标志，同时也促使人们对社会伦理的深入思考。自 20 世纪中后期人类社会迈入信息时代以来，信息技术伦理问题逐渐成为研究热点，诸如个人信息泄露、信息鸿沟、信息茧房以及新型权力结构缺乏有效规章制度等现象，都引发了广泛的关注和讨论。

信息技术的飞速发展正推动人类社会快速进入智能时代，这一趋势主要体现在以下几个方面：首先，具备认知、预测和决策能力的人工智能算法正在被广泛应用于社会的各个领域；其次，前沿信息技术的融合应用正在构建一个万物互联、万物可计算的新型网络，该网络能够提供海量的多源异构数据，以供人工智能算法进行分析和处理；此外，人工智能不仅可以直接控制物理设备，还可以为个人、群体，甚至国家层面的决策提供有力支持。人工智能已被广泛应用于智能家居、智能交通、智慧医疗、智能工厂、智慧农业和智慧金融等多个领域，同时也有可能被应用于军事和武器系统中。

智能时代的到来如此迅猛，以至于我们在尚未完善传统信息技术伦理秩序之时，便不得不面对更具挑战性的人工智能伦理问题，并亟须积极构建适应智能社会的伦理规范与秩序。

计算机伦理学创始人 Moore 将伦理智能体分为以下四类。

（1）伦理影响智能体：对社会和环境产生伦理影响。

（2）隐式伦理智能体：通过特定软硬件内置安全等隐含的伦理设计。

（3）显式伦理智能体：能根据形势的变化以及对伦理规范的理解采取合理行动。

（4）完全伦理智能体：像人一样具有自由意志并能对各种情况做出伦理决策。

当前人工智能的发展仍处于弱人工智能阶段，但其对社会和环境的伦理影响已逐渐显现。为了应对这些挑战，人们正在探索为人工智能内置伦理规则，并通过伦理推理等方式使其在技术实现中融入对伦理规则的理解。近年来，越来越多的学者呼吁赋予人工智能一定的道德主体地位，但这一提议引发了广泛争议，核心问题在于机器是否具备"自由意志"。

当前阶段，人工智能既承继了之前信息技术的伦理问题，又因为深度学习等一些人工智能算法的不透明性、难解释性、自适应性、运用广泛等特征而具有新的特点，可能在基本人权、社会秩序、国家安全等诸多方面带来一系列伦理风险。

案例 1：人工智能系统的缺陷和价值设定问题可能带来公民生命和健康方面的威胁。2018年，Uber 智能驾驶汽车在美国亚利桑那州发生的致命事故并非传感器出现故障，而是由于Uber 在设计系统时出于对乘客舒适度的考虑，对人工智能算法识别为树叶、塑料袋之类的障碍物做出予以忽略的决定。

案例 2：信息精准推送、自动化假新闻撰写和智能化定向传播、深度伪造等人工智能技术的滥用和误用可能导致信息茧房、虚假信息泛滥等问题，以及可能影响人们对重要新闻的获取和对公共议题的民主参与度；虚假新闻的精准推送还可能加大影响人们对事实的认识和观点，进而可能煽动民意、操纵商业市场和影响政治及国家政策。

近几年来，众多国家、地区、国际和国内组织、企业均纷纷发布了人工智能伦理准则或研究报告。据不完全统计，相关人工智能伦理准则已经超过 40 项。除文化、地区、领域等因素引起的差异之外，可以看到人工智能伦理准则已形成了一定的社会共识。国内，2021 年9 月，国家新一代人工智能治理专业委员会发布了《新一代人工智能伦理规范》。

在人工智能治理整体路径选择方面，主要有两种理论："对立论"和"系统论"。

"对立论"主要着眼于人工智能技术与人类权利和福祉之间的对立冲突，强调技术可能带来的风险和负面影响，并通过建立相应的审查和规章制度来加以约束。这一理论的核心观点包括以下几点。

风险防范：重点关注人工智能系统本身及其开发应用中的伦理原则，例如透明性、包容性、责任、公正、可靠性、安全性和隐私保护等。

法律规制：通过法律框架对人工智能的开发和应用进行严格监管，确保其符合人类的基本权利和伦理标准。

国际实践：例如，2020 年发布的《人工智能伦理罗马倡议》提出了 7 项主要伦理原则，而欧盟委员会在 2019 年发布的《可信赖人工智能的伦理指南》则强调人工智能系统全生命周期应遵守合法性、合伦理性和稳健性。

"系统论" 强调人工智能治理的系统性和整体性，将人工智能视为一个复杂的、动态的**系统，需要从多维度进行综合治理**。其核心观点包括以下几点。

多维共治：主张通过法律法规、技术标准、行为规范、国际倡议等多种治理工具，实现人工智能的多维治理。

协同互动：强调政府、企业、高校、科研机构、社会团体和公众等多主体的协同合作，构建一个灵活互动的治理网络。

分级治理：根据人工智能技术的智能化程度和风险等级进行区别治理，以满足不同应用场景的特殊需求。

动态开放：治理框架应保持动态开放，具备灵活性和反思性，以适应人工智能技术的快速发展。

综上所述，对立论更注重风险防范和法律约束，强调技术与人类权利之间的潜在冲突，适合在技术发展初期快速建立规范框架。系统论则更强调治理的系统性和动态性，注重多主体协同和治理工具的多样性，适合在技术发展成熟阶段实现全面治理。

我国国家新一代人工智能治理专业委员会 2019 年发布的《新一代人工智能治理原则——发展负责任的人工智能》中，不仅强调了人工智能系统本身应该符合怎样的伦理原则，而且从更系统的角度提出了"治理原则"，即人工智能发展相关各方应遵循的八项原则；除了和谐友好、尊重隐私、安全可控等侧重于人工智能开放和应用的原则外，还专门强调了要"改善管理方式""加强人工智能教育及科普，提升弱势群体适应性，努力消除数字鸿沟""推动国际组织、政府部门、科研机构、教育机构、企业、社会组织、公众在人工智能发展与治理中的协调互动"等重要原则，体现出包含教育改革、伦理规范、技术支撑、法律规制、国际合作等多维度治理的"系统论"思维和多元共治的思想，提供了更加综合的人工智能治理框架和行动指南。

人工智能伦理治理是社会治理的重要组成部分。我国应在"共建共治共享"治理理论的指导下，以"包容审慎"为监管原则，以"系统论"为治理进路，逐渐建设形成多元主体参与、多维度、综合性的治理体系。

（1）教育改革

教育是人类知识代际传递和能力培养的重要途径。通过国务院、教育部出台的多项措施，以及联合国教育、科学及文化组织发布的《教育中的人工智能：可持续发展的机遇与挑战》《北京共识——人工智能与教育》等报告可以看到，国内外均开始重视教育的发展改革在人工智能技术发展和应用中不可或缺的作用。

为更好地支撑人工智能发展和治理，应从下述四个方面进行完善：①普及人工智能等前沿技术知识，提高公众认知，使公众理性对待人工智能；②加强对科技工作者的人工智能伦理教育和职业伦理培训；③为劳动者提供持续的终身教育体系，应对人工智能可能引发的失业问题；④研究青少年教育变革，打破工业化时代传承下来的知识化教育的局限性，回应人工智能时代对人才的需求。

（2）伦理规范

我国《新一代人工智能发展规划》中提到，"开展人工智能行为科学和伦理等问题研究，建立伦理道德多层次判断结构及人机协作的伦理框架"。制定人工智能产品研发设计人员及日后使用人员的道德规范和行为守则，从源头到下游进行以下约束和引导。

① 针对人工智能的重点领域，研究细化的伦理准则，形成具有可操作性的规范和建议。

② 在宣传教育层面进行适当引导，进一步推动人工智能伦理共识的形成。

③ 推动科研机构和企业对人工智能伦理风险的认知和实践。

④ 充分发挥国家层面伦理委员会的作用，通过制定国家层面的人工智能伦理准则和推进计划，定期针对新业态、新应用评估伦理风险，以及定期评选人工智能行业最佳实践等多种方式，促进先进伦理风险评估控制经验的推广。

⑤ 推动人工智能科研院所和企业建立伦理委员会，领导人工智能伦理风险评估、监控和实时应对，使人工智能伦理考量贯穿在人工智能设计、研发和应用的全流程之中。

（3）技术支撑

通过改进技术来降低伦理风险，是人工智能伦理治理的重要维度。当前，在科研、市场、法律等驱动下，许多科研机构和企业均开展了联邦学习、隐私计算等研究，以更好地保护个人隐私；同时，对加强安全性、可解释性、公平性的人工智能算法，以及数据集异常检测、训练样本评估等技术研究，也提出了很多不同领域的伦理智能体的模型结构。

（4）法律法规

法律规制层面需要逐步发展数字人权、明晰责任分配、建立监管体系、实现法治与技术治理有机结合。在当前阶段，应积极推动《中华人民共和国个人信息保护法》《中华人民共和国数据安全法》的有效实施，开展智能驾驶领域的立法工作，并对重点领域的算法监管制度加强研究，区分不同的场景，探讨人工智能伦理风险评估、算法审计、数据集缺陷检测、算法认证等措施适用的必要性和前提条件，为下一步的立法做好理论和制度准备。

（5）国际合作

当前，人类社会正步入智能时代，世界范围内人工智能领域的规则秩序正处于形成期。欧盟聚焦于人工智能价值观进行了许多研究，期望通过立法等方式，保证其在人工智能发展中的新优势。美国对人工智能标准也尤为重视，特朗普于2019年2月签署行政令，启动"美国人工智能计划"，要求白宫科技政策办公室（OSTP）和美国国家标准与技术研究院（NIST）等政府机构制定标准，指导开发可靠、稳健、可信、安全、简洁和可协作的人工智能系统，并呼吁主导国际人工智能标准的制定。

在人工智能发展过程中，各方需要更加积极主动地应对人工智能伦理问题带来的挑战，承担相应的伦理责任，积极开展国际交流，参与相关国际管理政策及标准的制定，为实现人工智能的全球治理做出积极贡献。

本章小结

本章主要讨论人工智能在安全领域发挥的作用，着重讨论了人工智能安全体系架构，包括人工智能内生安全和人工智能衍生安全。然后论述了人工智能在网络安全领域的应用，分别从防御、攻击、人工智能自身安全问题的防护和进攻四个方面展开；建设性地讨论了人工智能伦理问题及其治理基本原则和方法。人工智能安全已经上升到国家安全层面，但我国人工智能安全在战略布局、顶层设计、法规标准、技术应用等方面与欧美发达国家相比还存在一定差距，同时人工智能安全较传统网络安全还存在一定的差异性。因此，我国在人工智能安全保障方面要紧扣国家安全战略和社会需求，尽快完善人工智能安全的顶层设计，着力提升人工智能安全技术研发能力，加速推进人工智能安全标准建设，加强人工智能安全技术的国际交流与合作，加大人工智能的监管力度，规范人工智能行业应用，为我国人工智能健康有序的发展打下坚实基础。

习题

1．描述当前人工智能安全面临的主要风险，并分析这些风险如何影响社会的各个方面（例如经济、政治、社会等）。

2．假设你是一个安全分析师，你需要评估一个新开发的人工智能系统可能带来的安全风险。请列出你的评估步骤，并解释如何量化这些风险。

3．阐述人工智能内生安全和人工智能衍生安全的区别，并讨论它们在实际应用中的重要性。

4．设计一个简单的人工智能安全体系架构，包括数据保护、模型安全和应用安全，并解释每部分的作用。

5．分析人工智能在网络防御中的作用，并讨论其如何帮助识别和预防网络攻击。

6．描述人工智能在网络攻击中的应用，并讨论其带来的道德和法律问题。

7．假设你是一个政策制定者，你需要制定一套人工智能治理原则。请列出你认为最重要的三个原则，并解释为什么它们是必要的。

8．讨论人工智能在决策过程中可能产生的伦理问题，并提出可能的解决方案。

第6章
智能视觉

本章导读

　　智能视觉技术是人工智能领域的一个重要分支，是研究如何让机器"看见"的科学，它利用摄像机和计算机代替人眼识别、跟踪和测量目标，获得采集到的物体的形态信息，再根据像素分布、亮度、颜色等信息转换成数字信号，并进一步做图像处理，使计算机处理的图像更适合人眼观察或传输到仪器进行检测。智能视觉系统对这些信号进行各种运算，提取目标的特征，然后根据判别结果控制现场设备的动作。

　　智能视觉涉及计算机视觉、图像处理、深度学习等多个学科。随着传感器技术、计算能力和算法的不断进步，智能视觉技术在各个行业中的应用越来越广泛。从智能驾驶汽车、医疗影像诊断到安防监控、零售业等，智能视觉技术正改变着我们的生活和工作方式。

　　本章我们将学习以下内容。
- 智能视觉概述
- 智能视觉关键技术
- 典型应用案例

6.1　智能视觉概述

　　智能视觉作为当今科技领域的前沿热点，代表了运用先进计算机视觉技术来模仿并超越人类视觉系统功能的趋势。这不仅是关于图像和视频的简单识别与分类，更涉及如何让机器像人一样去观察世界，理解复杂的视觉信息，并据此做出决策。智能视觉系统不仅能够识别图像及视频中的对象，还能够解析这些对象之间的关系，从而为多种应用环境提供智慧化的视觉解决方案。从工厂自动化、医疗健康、安全监控到智能驾驶汽车，智能视觉技术正在改变各行各业的工作方式。

智能视觉概述

　　智能视觉系统的核心在于使计算机能够自主地处理所捕获的影像资料。通过先进的算法和技术，这些系统可以识别出关注的对象，记录它们的出现时刻、移动路径、色彩特征等，并基于此信息进行深入分析。例如，在安防监控中，智能视觉能够检测潜在的风险、异常或可疑活动，并对这类状况做出即时警报、事前警示、数据存档及后续检索。此外，在工业自动化中，智能视觉可以用于产品质量检查，以确保生产线上每一个环节的质量控制；在医疗领域，它可以辅助医生进行疾病诊断，提高诊断的准确性；在智能驾驶汽车领域，智能视觉则是感知周围环境的关键技术之一。

作为计算机科学中一个充满活力的研究分支，智能视觉的目标在于赋予机器与人类相媲美的视觉认知能力。尽管学术界在20世纪60年代初期便已开始探索智能视觉的概念，但直到20世纪80年代之后，这一领域的基础理论和技术才取得了实质性的突破。早期的研究受到了计算能力和算法局限的制约，但随着硬件性能的提升和深度学习等新技术的发展，智能视觉技术在20世纪末到21世纪初实现了质的飞跃。

智能视觉是一个高度跨学科的领域，它融合了数学、物理、光学、神经生物学、信号与图像处理、人工智能、自动控制理论、机器视觉、机器学习及计算机视觉等多个领域的原理和技术。这些不同学科的知识相互交织，共同构建了智能视觉系统的理论框架和技术体系。例如，数学中的线性代数和概率论为图像处理提供了坚实的理论基础；物理学中的光学原理帮助我们更好地理解成像过程；神经生物学启发了人工神经网络的设计；而机器学习则是现代智能视觉技术得以发展的核心驱动力。

然而，智能视觉的发展也面临着诸多挑战。首先是数据隐私和安全问题。随着智能视觉技术的广泛应用，如何保护个人隐私不受侵犯变得日益重要。其次是算法的透明度和可解释性。随着模型复杂度的增加，如何保证智能视觉系统的决策过程对用户来说是透明且可理解的，也是一个亟待解决的问题。最后，随着应用场景的不断扩大，如何持续提高智能视觉系统的稳健性和泛化能力也是研究人员需要考虑的重点。

总之，智能视觉技术正在以前所未有的速度推动科技进步和社会变革。它不仅改变了人们的生活方式，还为科研人员带来了新的机遇与挑战。在未来，随着更多跨学科合作和技术突破，智能视觉有望在更多领域展现出其独特魅力，并为我们创造更加美好的未来。

6.2　智能视觉关键技术

智能视觉系统是一个涵盖多个方面的复杂系统，它不仅依赖于单个技术模块，还需要这些模块之间紧密配合才能达到理想的效果。这些技术的发展和进步推动了智能视觉在各个领域的应用和发展。下面我们将详细展开介绍智能视觉关键技术，并探讨它们各自的作用及其相互间的关系。

智能视觉关键技术

▶▶▶ 6.2.1　图像获取与预处理

图像获取与预处理是智能视觉系统的第一步，同时也是整个流程中至关重要的环节。它不仅影响到后续处理的效果，而且直接决定了后续步骤能否顺利进行。在这个阶段，我们需要考虑多个方面，从图像采集设备的选择到图像预处理的各种技术手段，都是为了最终能够得到高质量的输入图像，以便后续的特征提取、目标检测等步骤能够更加高效和准确地完成。

1. 图像获取

（1）设备选择。图像获取首先涉及设备的选择。在智能视觉系统中，常用的图像采集设备包括数码相机、网络摄像头、红外相机等。选择哪种设备取决于具体的应用场景和需求。例如，在需要高分辨率图像的情况下，可能会选择具有高分辨率的数码相机；而在光线条件较差或需要夜间监控的情况下，则可能选择红外相机或带有夜视功能的摄像头。此外，还有专门用于特殊环境的设备，如水下相机、热成像相机等。

（2）参数配置。选定设备后，还需要对其进行适当的配置，以满足特定的应用需求。这一配置包括调整曝光时间、光圈大小、感光度（ISO）等参数，以获得更好的图像质量。例如，在拍摄快速移动的物体时，需要缩短曝光时间以避免模糊；而在光线较弱的环境中，则可能需要增大光圈或提高 ISO 值来增加进光量。对于网络摄像头而言，可能还需要配置帧率、分辨率等参数。

（3）图像采集。图像采集过程中，还需要注意环境的影响。光线条件、背景杂乱程度、拍摄角度等因素都会影响到图像的质量。良好的照明条件有助于提高图像对比度，使得目标对象边界更加清晰；而背景的简化则有助于减少干扰，使得目标对象更加突出。拍摄角度的选择也需要考虑到是否能够完整地捕捉到目标对象的关键特征。

2. 图像预处理

图像预处理是图像获取之后的步骤，其目的主要是改善图像质量，为后续处理步骤提供更好的输入。预处理通常包括以下几个环节。

（1）去噪。去噪是图像预处理中最基本的一步，其目的是去除图像中的随机噪声。这些噪声可能是由传感器本身的特性、外界干扰或是传输过程中引入了噪声。去噪的方法有很多种，如均值滤波、中值滤波、高斯滤波等。每种方法都有其适用的场景，需要根据实际情况选择最适合的去噪方法，如图 6.1 所示。

图 6.1　去噪效果

（2）尺寸调整。尺寸调整主要是为了统一图像尺寸，使其符合后续处理的要求。由于不同的应用场景可能需要不同尺寸的输入图像，因此尺寸调整是必要的。常见的做法是使用缩放算法将图像调整到指定尺寸。需要注意的是，在调整图像尺寸时要尽量保持图像的比例不变，以免造成失真。

（3）色彩校正。色彩校正是为了修正光源变化或其他因素导致的颜色偏差，保证图像的一致性。在不同的光照条件下，同一物体的颜色可能会有所不同，这会影响后续的特征提取和目标检测。因此，色彩校正显得尤为重要。常用的色彩校正方法包括直方图均衡化、色彩空间转换等，如图 6.2 所示。

（a）颜色校正前　　　　　　　　　（b）颜色校正后

图 6.2　色彩校正效果

（4）其他预处理操作。除了以上提到的几个环节之外，图像预处理还包括一些其他操作，如灰度化处理、图像增强等。灰度化处理是将彩色图像转换为灰度图像，这在某些情况下可以简化图像处理的复杂度；图像增强则是通过调整图像的对比度、亮度等属性，使得图像中的某些特征更加明显。

综上所述，图像获取与预处理是智能视觉技术中极其重要的组成部分。通过合理选择图像采集设备、配置参数以及有效的预处理操作，可以大大提高图像质量，从而为后续的特征提取、目标检测等步骤奠定坚实的基础。随着技术的不断进步，我们有理由相信未来的图像获取与预处理将会变得更加智能化、高效化。

▶▶▶ 6.2.2 特征提取与表示

图像特征提取与表示是计算机视觉和图像处理领域中的核心之一，其目标是从图像中提取出能够有效描述目标对象的信息，以便完成图像识别、分类、检测等任务。这个过程不仅决定了后续处理的难度和效果，还直接关系到最终应用的成功与否。在智能视觉系统中，特征提取和表示是一项至关重要的任务，它涉及从图像中捕捉并表达那些能够帮助系统理解和解释视觉信息的关键元素。下面将详细介绍几种常用的图像特征及其提取与表示方法。

1. 图像特征

图像特征是一幅图像区别于另一幅图像最基本的属性，它可以是图像本身就具有的内在特征，如颜色、纹理、形状等，也可以是后期挖掘出来的人为认定的特征，如灰度直方图、矩特征等。图像特征提取的目标是将图像中的关键信息提取出来，用于后续的分析和处理。

图像特征主要分为以下几类。

（1）颜色特征。颜色特征描述图像或图像区域所对应的景物的表面性质，是全局特征的一种。颜色特征对图像或图像区域的方向、大小等变化不敏感，无法很好地捕捉图像中对象的局部特征。

颜色直方图：记录图像中不同颜色出现的频率，常用 RGB 色彩空间或 HSV 色彩空间。

颜色矩：计算图像的颜色均值、方差等统计量。

颜色相关图（Color Correlogram）：记录两个颜色之间的共现频率。

（2）形状特征。形状特征描述物体的形状信息，分为基于轮廓的特征和基于区域的特征。形状特征对于图像中的目标识别具有重要意义。

边界描述子：如 Fourier 描述子，用于编码物体边界的形状。

区域形状特征：如面积、周长、圆度等，用于描述封闭区域的基本属性。

拓扑特征：如连通组件的数量、孔洞数等。

（3）纹理特征。纹理特征描述图像或图像区域所对应景物的表面组织结构排列属性，也是全局特征的一种。纹理特征不是基于像素点的特征，而是需要在包含多个像素点的区域中进行统计计算。

灰度共生矩阵（Gray Level Co-occurrence Matrix，GLCM）：分析像素之间的空间关系及其灰度级的联合概率分布。

局部二值模式（Local Binary Patterns，LBP）：通过比较中心像素与其邻域像素的强度值来构造模式。

Gabor 滤波器：利用 Gabor 函数来检测图像中的边缘、线条和纹理等。

（4）空间关系特征。空间关系特征描述图像中分割出来的多个目标之间的相互空间位置或相对方向关系。空间关系特征可以进一步分为相对空间位置信息和绝对空间位置信息。

空间金字塔匹配（Spatial Pyramid Matching）：将图像划分为不同的子区域，并在不同尺度上提取特征。

位置特征：记录图像中重要特征的位置信息，如物体中心、角点等。

（5）深度学习特征。深度学习特征是指通过深度神经网络自动学习得到的特征，这类特征通常是在大规模数据集上训练得到的，能够捕获图像中的高层次抽象信息。

卷积特征：通过卷积神经网络（CNN）的卷积层提取的多层级特征。

全连接层输出：CNN最后一层全连接层之前的输出向量，通常作为图像的固定长度表示。

特征金字塔：结合多个尺度的特征图，用于捕捉不同大小的目标。

（6）其他特征。还有一些特征可能不属于上述类别，但在特定应用场景下依然非常重要。

运动特征：在视频处理中，用于描述帧与帧之间像素变化的特征。

时空特征：结合时间和空间信息的特征，用于视频分析等任务。

几何特征：对于三维图像或者点云数据，可能需要考虑点之间的几何距离、角度等信息。

2. 传统图像特征提取方法

传统的图像特征提取方法主要依赖于人类专家的先验知识，涉及图像的某些固有特征。以下是几种常见的传统图像特征提取方法。

（1）尺度不变特征变换（Scale-Invariant Feature Transform，SIFT）。SIFT是一种检测局部特征的算法，它通过求取图像中的特征点及其相关的尺度和方向描述子来提取特征。SIFT特征具有尺度不变性和旋转不变性，即使图像发生旋转、尺度变化或亮度变化，仍能保持较好的检测效果。因此，SIFT算法广泛应用于图像匹配、目标识别等领域。

（2）加速稳健特征（Speeded-Up Robust Features，SURF）。SURF是对SIFT算法的改进，它在保持SIFT算法优点的同时，大大提高了计算速度。SURF算法通过Hessian矩阵的行列式值来检测特征点，并使用积分图像来加速计算。这使得SURF算法在实时图像处理和嵌入式系统中具有更好的应用前景。

（3）方向梯度直方图（Histogram of Oriented Gradient，HOG）。HOG通过计算和统计图像局部区域的方向梯度直方图来构成特征。HOG特征能够很好地描述图像的局部形状信息，对光照和几何变换具有一定的不变性。因此，HOG算法在行人检测、车辆检测等领域得到了广泛应用。

（4）LBP。LBP是一种用来描述图像局部纹理特征的算子。它通过比较中心像素与其周围像素的灰度值，将比较结果转换为二进制数，从而得到图像的LBP特征。LBP特征具有旋转不变性和灰度不变性，对光照变化具有一定的稳健性。因此，LBP算法在人脸识别、纹理分类等领域取得了良好的效果。

（5）Haar特征。Haar特征是一种基于矩形框的特征，通过计算矩形框内像素和的差异来反映图像的某些特性。Haar特征常与AdaBoost算法相结合使用，用于完成人脸检测等任务。这种方法在实时视频处理中具有较高的效率。

（6）ORB（Oriented FAST and Rotated BRIEF）。ORB是一种快速特征点提取和描述的算法，它结合了FAST特征点检测和BRIEF特征描述子的优点，并加入了方向信息，使算法具有旋转不变性。ORB算法在实时图像匹配、增强现实等领域具有广泛的应用前景。

3. 深度学习特征提取方法

随着深度学习技术的不断发展，基于卷积神经网络（CNN）等深度学习模型的图像特征提取方法逐渐成为主流。深度学习特征提取方法能够自动从图像中学习并提取层次化的特征，具有更强的表达能力和泛化能力。

（1）卷积神经网络（CNN）。CNN是深度学习中最常用的图像特征提取模型之一。它通过卷积层、池化层等结构学习图像的局部到全局的特征。CNN的特征提取过程可以分为两个阶段：特征提取阶段和特征分类阶段。在特征提取阶段，CNN通过卷积和池化操作提取图像的层次化特征；在特征分类阶段，CNN通过全连接层将提取的特征映射到分类标签上。

CNN在图像分类、目标检测、语义分割等任务中取得了显著的效果。特别是在大规模数据集上进行训练后，CNN能够学习到更加丰富的特征表示，提高模型的准确性和稳健性，将卷积核的中心元素对准源像素位置，该像素值会被更新为其自身与邻近像素的加权总和，如图 6.3 所示。

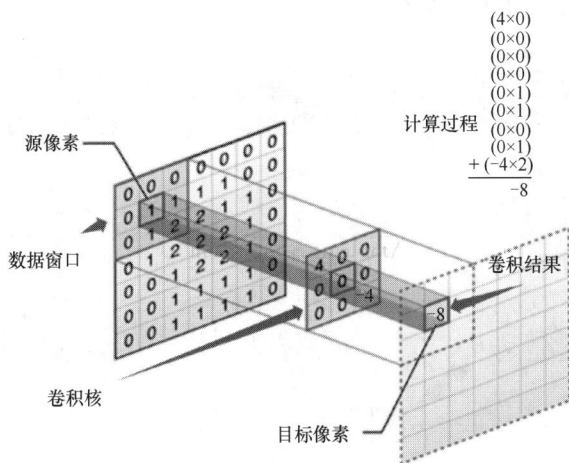

计算过程
$$(4×0)$$
$$(0×0)$$
$$(0×0)$$
$$(0×0)$$
$$(0×1)$$
$$(0×1)$$
$$(0×0)$$
$$(0×1)$$
$$+(-4×2)$$
$$-8$$

图 6.3　卷积神经网络

（2）自编码器（Autoencoder）。自编码器是一种无监督学习的神经网络，它通过学习输入数据的压缩表示（编码）和解压表示（解码）来提取特征。自编码器能够学习到输入数据的内在结构和特征，适用于完成特征降维、异常检测等任务。

在图像特征提取中，自编码器可以通过对图像进行编码和解码的过程，学习图像的层次化特征表示，如图 6.4 所示。这些特征表示可以用于完成后续的图像分类、识别等任务。

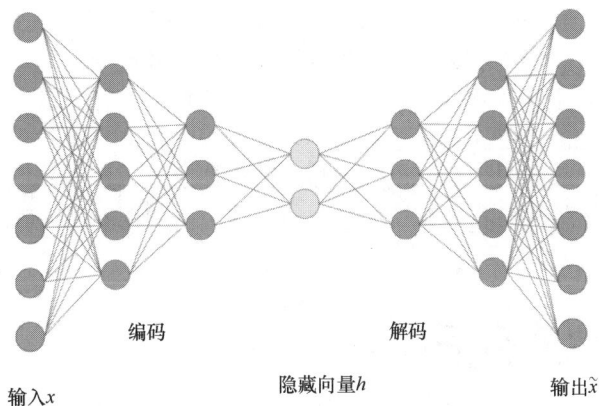

图 6.4　自编码器

（3）生成对抗网络（GAN）。GAN 是一种由生成器和判别器组成的深度学习模型，它通过生成器与判别器之间的对抗训练，学习数据的分布特征。在图像特征提取中，GAN 可以用于图像的生成和变换，从而提取出更加丰富的特征表示。

例如，在完成图像风格迁移任务中，GAN 可以将一张图像的风格迁移到另一张图像上，同时保持原图像的内容不变。这种风格迁移的过程可以看作一种特征提取和表示的过程，GAN 学习到的特征表示可以用于完成后续的图像分析和处理任务，如图 6.5 所示。

4. 图像特征表示方法

图像特征表示是将提取出的图像特征以某种形式进行存储和表示的过程。常见的图像特征表示方法包括向量表示、矩阵表示和张量表示等。

（1）向量表示。向量表示是最常见的图像特征表示方法之一。它将提取出的图像特征表示为一个高维向量，每个维度对应一个特征值。向量表示具有简洁明了、易于计算等优点，适用于完成大多数图像处理和计算机视觉任务。

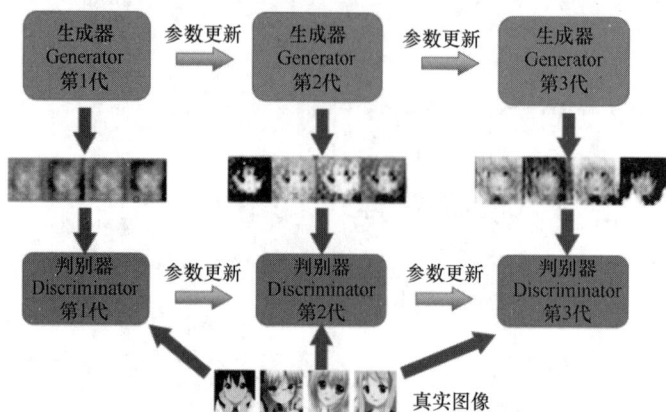

图6.5　生成对抗网络

（2）矩阵表示。矩阵表示将图像特征表示为一个二维矩阵，其中每个元素对应一个特征值。矩阵表示能够保留图像特征之间的空间关系，适用于完成需要考虑特征之间相关性的任务。例如，在纹理分类任务中，可以使用灰度共生矩阵（GLCM）等矩阵表示方法来提取和表示纹理特征。

（3）张量表示。张量表示将图像特征表示为一个多维数组，其中每个元素对应一个特征值。张量表示能够保留图像特征之间的多维关系，适用于完成需要考虑特征之间复杂相关性的任务。例如，在视频处理任务中，可以使用三维张量来表示视频帧之间的时序关系。

图像特征提取与表示方法是计算机视觉和图像处理领域中的关键技术。传统的图像特征提取方法主要依赖于人类专家的先验知识，而深度学习特征提取方法则能够自动从图像中学习并提取层次化的特征。在实际应用中，需要根据具体任务的需求和图像的特性选择合适的方法。随着计算机视觉和深度学习技术的不断发展，图像特征提取与表示方法将不断演进和完善，为图像处理和计算机视觉领域带来更多的创新和突破。

6.3　典型应用案例

智能视觉技术因其强大的图像和视频处理能力，在众多领域内都有着广泛的应用。本节将介绍一些智能视觉技术的典型应用场景。

▶▶▶ 6.3.1　安防监控：守护安全的"智慧之眼"

随着科技的进步和社会对安全需求的不断提高，智能视觉技术在安防监控领域的应用越来越广泛。智能视觉系统能够通过分析视频流中的图像信息，实现对监控区域内异常行为的自动检测、人脸识别等功能，从而提升监控效率和安全性。

智能视觉典型应用案例

1. 异常行为检测

在传统的安防监控系统中，通常依赖人工观看监控视频来发现异常情况。这种方式不仅效率低下，而且容易出现漏报的情况。智能视觉技术通过使用先进的算法，如运动检测、行

为分析等，可以在无人干预的情况下自动识别出监控画面中的异常行为。例如，在商场、车站等人流密集场所，智能视觉系统可以检测出突然奔跑、摔倒等异常行为，并及时发出警报，如图6.6所示。

图6.6　异常行为检测

2. 人脸识别

人脸识别是智能视觉技术在安防监控中的一项重要应用。通过安装在入口处的高清摄像头，智能视觉系统可以实时捕捉进入区域的人员面部信息，并与数据库中的已知面孔进行比对。这一技术不仅可以用于身份验证，防止未经授权的人员进入敏感区域，还可以帮助警方快速锁定犯罪嫌疑人。例如，在机场、火车站等交通枢纽，人脸识别系统已经成为维护公共安全的重要工具。

3. 车辆识别

除了人员监控，智能视觉技术还可以应用于车辆管理。通过车牌识别技术，系统能够自动读取进出停车场或小区的车辆信息，并记录其进出时间，以方便物业管理。此外，在交通事故调查中，智能视觉系统可以通过分析事故现场的监控视频，快速识别涉事车辆，为案件侦破提供线索。

4. 智能分析与预警

智能视觉系统不仅可以对当前发生的事件进行实时分析，还可以对未来可能出现的风险进行预警。通过学习历史数据，系统能够预测某些特定行为的发生概率，并在风险较高的时段加强监控力度。例如，在学校周边安装的智能摄像头可以识别出长时间滞留的陌生人，并及时通知保安人员进行检查。

智能视觉技术在安防监控领域的应用极大地提升了监控效率和准确性，为社会治安管理和公共安全管理提供了强有力的技术支持。随着技术的不断发展和完善，未来智能视觉技术将在更多领域发挥其独特的优势。

▶▶▶ 6.3.2　医疗影像分析：辅助医生精准诊断

智能图像技术在医疗领域的应用已经成为推动现代医疗技术发展的重要力量。通过结合先进的图像处理和机器学习算法，智能图像技术在医学影像分析、疾病诊断、手术辅助等多个方面展现了巨大的潜力。以下是智能图像技术在医疗领域中的几个典型应用。

1. 医学影像分析

医学影像分析是智能图像技术在医疗中最常见的应用之一，可以帮助医生更准确地解读X光片、CT扫描、MRI图像等医学影像。

（1）肿瘤检测与分割：智能图像技术能够自动识别并分割肿瘤区域，帮助医生评估肿瘤的大小、位置及其与周围组织的关系。例如，在乳腺癌筛查中，智能图像系统可以检测乳房X光片上的微小钙化点，提示可能存在早期病变。

（2）血管分析：在心血管疾病的诊断中，智能图像技术可以用于分析血管造影图像，自动识别狭窄或堵塞的血管段，并计算狭窄程度，以为治疗提供参考。

2. 病理图像分析

病理图像分析是智能图像技术在病理学领域的重要应用。通过分析组织切片的显微图像，智能图像技术可以辅助病理学家进行疾病的诊断。

（1）癌症诊断：在肺癌、乳腺癌等癌症的病理诊断中，智能图像技术可以识别细胞核形态学特征，评估细胞异型性，并对肿瘤细胞进行自动计数，从而辅助病理学家判断肿瘤的恶性程度。

（2）免疫组化分析：智能图像技术还可以用于免疫组化染色图像的定量分析，帮助评估特定蛋白的表达水平，以为临床决策提供依据。

3. 医学图像引导手术

在手术过程中，智能图像技术可以提供实时的图像引导，帮助外科医生更精确地执行手术操作。

（1）神经外科手术：在神经外科手术中，智能图像技术可以结合术前的 MRI 或 CT 图像，实时显示患者大脑的内部结构，并跟踪手术器械的位置，提高手术精度。

（2）微创手术：在微创手术中，智能图像技术可以提供内窥镜图像的增强显示，帮助医生更清楚地看到手术部位的细节，减少手术风险。

4. 医学图像辅助诊断

智能图像技术在辅助诊断方面也有广泛的应用，可以提升诊断的准确性和效率。

（1）肺部疾病诊断：在肺部疾病的诊断中，智能图像技术可以分析胸部 CT 图像，识别肺炎、肺结节等病变，并提供量化指标供医生参考。

（2）眼科疾病诊断：在眼科领域，智能图像技术可以用于分析眼底图像，自动识别糖尿病视网膜病变、青光眼等，并评估病变程度。

5. 治疗计划个性化制订

智能图像技术还可以帮助医生制订个性化的治疗计划，如根据患者的影像资料，预测治疗效果。

（1）放射治疗计划：在放射治疗中，智能图像技术可以用于制订精确的放疗计划，以避免对正常组织的损伤。

（2）药物疗效评估：在某些疾病的治疗过程中，智能图像技术可以定期评估药物治疗的效果，以帮助调整治疗方案。

智能图像技术在医疗中的应用极大地提升了医疗服务的质量和效率，为患者提供了更精准、更个性化的治疗方案。随着技术的不断进步，智能图像技术在医疗领域的应用前景将更加广阔，为医疗行业带来革命性的变化。

▶▶▶ 6.3.3　智能驾驶与辅助驾驶：引领未来出行方式

智能图像技术在智能驾驶与辅助驾驶领域发挥着至关重要的作用。通过先进的图像处理算法和机器学习技术，智能图像系统能够实时分析来自车辆摄像头的图像数据，以帮助车辆感知周围环境，做出决策。以下是智能图像技术在智能驾驶与辅助驾驶中的几个典型应用。

1. 目标检测与识别

（1）车辆与行人的检测

智能图像技术能够实时检测道路上的车辆和行人。通过使用卷积神经网络（CNN）等深度学习算法，系统可以识别出车辆、行人以及其他交通参与者，并估计其位置、大小和运动方向，如图 6.7 所示。这项技术对于避免碰撞事故至关重要。

（2）交通标志识别

智能图像技术可以识别道路上的交通标志，如限速牌、禁止转弯等。通过实时分析摄像头拍摄的图像，系统能够及时提醒驾驶员遵守交通规则，并在必要时采取相应的行动。

图 6.7　车辆与行人的检测

2. 车道检测与识别

（1）车道线识别

智能图像技术能够检测并跟踪车辆行驶的车道线。通过图像处理算法，系统可以识别车道线的位置和走向，以确保车辆保持在车道中央行驶，如图 6.8 所示。这项技术广泛应用于车道保持辅助系统中。

（2）车道偏离警告

如果车辆偏离了车道线，智能图像系统会及时发出警告，提醒驾驶员纠正方向。在某些高级辅助驾驶系统中，车辆甚至可以自动调整方向盘，帮助驾驶员回到正确的车道，如图 6.9 所示。

图 6.8　车道线识别

图 6.9　车道偏离警告

3. 环境感知与地图构建

（1）语义分割

智能图像技术可以对图像中的不同物体进行语义分割，将道路、建筑物、树木等元素区分开来。通过这种方式，系统能够构建出详细的环境地图，帮助车辆更好地理解周围环境。

（2）动态障碍物识别

智能图像技术能够识别道路上的动态障碍物，如其他车辆、行人、动物等，并预测它们的运动轨迹，如图 6.10 所示。这项技术对于避免碰撞事故至关重要。

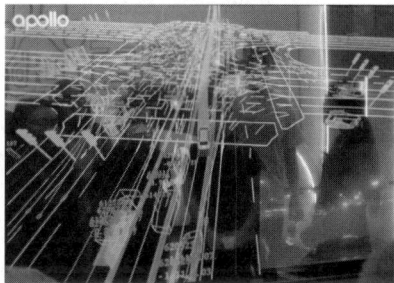

4. 夜间与恶劣天气条件下的视觉增强

（1）夜间驾驶辅助

在夜间或低光照条件下，普通摄像头可能无法提供足够的信息。智能图像技术可以通过增强图像对比度、

图 6.10　动态障碍物识别

使用红外摄像头等方式，提升夜间驾驶的安全性。

（2）恶劣天气条件下的视觉增强

在雨雪、雾天等恶劣天气条件下，智能图像技术可以增强图像的清晰度，帮助车辆更好地识别前方的路况和其他车辆。

5. 高级驾驶辅助系统

高级驾驶辅助系统（Advanced Driver Assistance Systems，ADAS）包括多种功能模块，这些模块通过传感器感知周围环境、实时监控车辆状态，并通过计算机对数据进行处理和分析，以为驾驶员提供及时的警告和辅助操作，如图 6.11 所示。

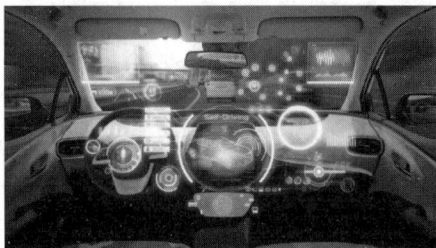

图 6.11　高级驾驶辅助系统（ADAS）

其主要功能包括以下几种。

自适应巡航控制（Adaptive Cruise Control，ACC）：根据前方车辆的速度自动调整车速，以保持适当的车距。

车道保持辅助（Lane Keeping Assist，LKA）：通过监测车道标线，自动控制车辆的转向，以防止车辆偏离车道。

盲点监测（Blind Spot Detection/Blind Spot Monitoring，BSD/BSM）：检测车辆两侧的盲区，提醒驾驶员有其他车辆靠近。

前方碰撞预警（Forward Collision Warning，FCW）系统：通过雷达或摄像头监测前方车辆，预测可能的碰撞风险，并发出警告。

自动紧急制动（Autonomous Emergency Braking，AEB）：在检测到与前车的距离过近或有可能发生碰撞时，自动采取制动措施。

交通标志识别（Traffic Sign Recognition，TSR）：识别道路上的交通标志，将信息显示在仪表盘上，以帮助驾驶员注意限速和其他交通规则。

倒车影像（Reverse Video Camera，RVC）和自动泊车辅助（Automatic Parking Assist，APA）：通过摄像头和传感器监测车辆周围环境，协助驾驶员倒车和停车。

夜视辅助（Night Vision Aid，NVA）：在夜间行驶时，通过红外摄像头探测前方物体，提高驾驶员的能见度。

自动雨刮器和雨量感应器：根据雨量大小自动调整雨刮器的速度，以保持良好的视线。

6. 无人驾驶

在无人驾驶系统中，智能图像技术是实现车辆自主驾驶的核心技术之一。通过融合来自多个摄像头的图像信息，系统能够全面感知周围环境，并做出决策，如图 6.12 所示。

图 6.12　百度无人驾驶

（1）环境感知与决策

智能图像技术可以实时分析车辆周围的环境，包括其他车辆、行人、交通信号灯等，并据此做出驾驶决策，如变道、超车、停车等。

（2）交叉路口管理

在复杂的交叉路口，智能图像技术可以帮助车辆识别交通信号灯的状态、行人过街情况以及其他车辆的动作，确保车辆安全通行。

（3）城市道路环境感知

一辆配备了智能图像系统的智能驾驶车辆在城市道路上行驶时，能够实时检测并识别道路上的车辆、行人、交通信号灯等，并据此做出相应的驾驶决策。例如，在检测到前方行人横穿马路时，车辆会自动减速或停车避让。

（4）高速公路智能驾驶

在高速公路环境下，智能图像技术可以帮助车辆实现自动变道、超车等功能。通过识别车道线和其他车辆的位置，系统能够准确地控制车辆的转向和速度。

智能图像技术在无人驾驶与辅助驾驶中的应用，极大地提升了驾驶的安全性和舒适性。随着技术的不断进步，未来的智能图像系统将更加智能化、可靠，为实现完全无人驾驶的目标奠定坚实的基础。

▶▶▶ 6.3.4　新零售与智能家居：打造智能生活新体验

智能图像技术在新零售和智能家居领域的应用日益广泛，为这两个行业带来了革命性的变化。通过图像处理和机器学习技术，智能图像系统能够提供更为便捷的服务，改善用户体验，并提高运营效率。以下是智能图像技术在新零售与智能家居中的几个典型应用。

1．新零售中的应用

（1）无人超市

① 商品识别与结算

图 6.13　京东无人超市

在无人超市中，智能图像技术可以实现商品的自动识别与结算，如图 6.13 所示。顾客只需将商品放入指定区域，系统通过摄像头捕捉商品图像，并利用图像识别技术自动识别商品种类、数量和价格，随后自动完成支付流程。这种方式极大地简化了购物体验，顾客无须排队等待人工收银。

② 购物行为分析

智能图像技术还可以用于分析顾客在店内的购物行为。通过安装在店内的摄像头，系统可以追踪顾客的行走路径、停留时间、关注的商品等信息，以帮助企业更好地了解顾客需求，优化商品布局和促销策略。

（2）智能货架

① 实时库存管理

智能图像技术可以用于实时监控货架上的商品库存。通过安装在货架上方的摄像头，系统能够识别货架上的空位，并及时通知补货人员补充商品，以避免缺货造成的销售损失。

② 缺货预警

智能图像系统还可以根据历史销售数据预测未来的需求，并在库存低于预设阈值时自动发出预警，提醒工作人员提前补充库存，以确保商品供应的连续性，如图 6.14 所示。

（3）虚拟试衣或试妆

① 虚拟试衣

在服装零售中，智能图像技术可以提供虚拟试

图 6.14　智能货架

衣服务。顾客只需站在屏幕前，系统通过摄像头捕捉顾客形象，并将选中的服装叠加在顾客身上，实现虚拟试衣效果，如图 6.15 所示。这种方式不仅节省了试衣时间，还提高了购物乐趣。

② 虚拟试妆

在化妆品零售中，智能图像技术可以实现虚拟试妆功能。顾客通过摄像头拍摄自己的脸部图像，系统能够实时模拟不同化妆品的效果，帮助顾客选择适合的产品，如图 6.16 所示。

图 6.15 虚拟试衣

图 6.16 虚拟试妆

2. 智能家居中的应用

（1）安防监控

① 视频监控与异常检测

智能图像技术可以用于家庭安防监控。通过安装在家中的摄像头，系统能够实时监测家中情况，并利用图像识别技术检测异常行为，如非法入侵、火灾烟雾等。一旦发现异常，系统会立即发送警报通知主人或相关机构，如图 6.17 所示。

图 6.17 视频监控与异常检测

② 人脸识别与权限管理

智能图像技术还可以实现人脸识别。通过安装在门口的摄像头，系统能够自动识别特定人员，并根据预设权限控制门锁开关，以确保安全，如图 6.18 所示。

图 6.18 基于人脸识别的闸机检票与智能门锁

③ 指纹识别

指纹识别技术的原理是基于每个人指腹皮肤表面的独特纹路特征。这些纹路在人类出生前就已经形成，并且在个体成长过程中保持稳定，只是明显程度会发生变化。指纹的纹路并非连续、平滑笔直，而是经常出现中断、分叉或转折，这些特征点（如终节点、分叉点等）提供了指纹唯一性的确认信息。指纹识别技术主要通过以下三个步骤实现。

指纹采集：通过传感器或摄像头采集用户手指的指纹图像。传感器会记录指纹图像的细节，包括细纹、汗孔和沟槽等特征。采集方式可以是直接触摸传感器表面，也可以使用光学或脉冲方式进行非接触式采集。

特征提取：在采集到的指纹图像中，通过图像处理算法对指纹细节进行提取和增强。这些算法可以检测和跟踪指纹图像的特征点，生成一种称为"特征向量"的数字表示形式，用于后续的比对和识别。

比对匹配：系统将生成一个用于参考的模板，即指纹的特征向量。当用户再次尝试识别时，系统将采集用户的指纹图像，并提取其特征向量，然后与系统中已存储的所有模板进行比对。比对过程通常使用算法来计算特征向量之间的相似度，如果相似度达到了预设的阈值，则认为指纹匹配成功，进而识别出用户身份，如图 6.19 所示。

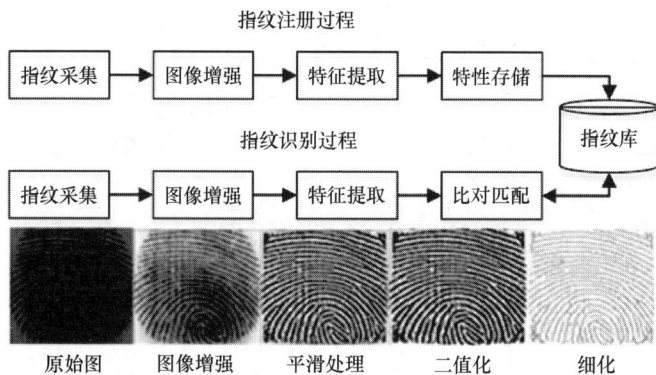

图 6.19　指纹识别过程

④ 手掌几何学识别

手掌几何学识别通过测量使用者的手掌和手指的物理特征来进行识别。作为一种已经确立的方法，手掌几何学识别不仅性能好，而且使用比较方便。它适用于用户人数比较多的场合，或者用户虽然不经常使用，但使用时很容易接受的场合。如果需要，这种技术的准确性可以非常高，同时可以灵活地调整生物识别技术性能以适应相当广泛的使用要求。手形读取器作为一种手掌几何学识别系统，使用的范围很广，且很容易集成到其他系统中，因此成为许多生物识别项目中的首选技术。

⑤ 视网膜识别

视网膜也是一种用于生物识别的特征，有人甚至认为视网膜是比虹膜更唯一的生物特征。视网膜识别技术要求激光照射眼球的背面以获得视网膜特征的唯一性。

虽然视网膜扫描的技术难度较高，但视网膜扫描技术可能是最古老的生物识别技术。在20世纪30年代，有研究就得出了人类眼球后部血管分布唯一性的理论。进一步的研究表明，即使是孪生子，这种血管分布也是具有唯一性的。除了患有眼疾或者严重的脑外伤外，视网膜的结构形式在人的一生当中都相当稳定。

视网膜识别使用光学设备发出的低强度光源扫描视网膜上独特的图案。有证据显示，视网膜扫描是十分精确的，但它要求使用者注视接收器并盯着一点。这对于戴眼镜的人来说很不方便，而且与接收器的距离很近，也让人不太舒服。尽管视网膜识别技术本身很好，但用户的接受程度很低。因此，该类产品虽在20世纪90年代经过重新设计，加强了连通性，改进了用户界面，但仍然是一种非主流的生物识别产品。

⑥ 虹膜识别

虹膜是人眼瞳孔和眼白之间的环状组织，是人眼的可视部分。眼睛的外观图由巩膜、虹膜、瞳孔三部分构成。巩膜，即眼球外围的白色部分，约占总面积的30%；眼睛中心为瞳孔部分，约占5%；虹膜位于巩膜和瞳孔之间，包含了最丰富的纹理信息，占据65%。从外观上看，虹膜由许多腺窝、皱褶、色素斑等构成，是人体中最独特的结构之一。

虹膜的形成由遗传基因决定，人体基因表达决定了虹膜的形态、生理、颜色和总的外观。到两岁左右，虹膜就基本上发育到了足够尺寸，进入了相对稳定的时期。除非极少见的反常状况、身体或精神上大的创伤造成虹膜外观上的改变外，虹膜形貌可以保持数十年没有多少变化。另外，虹膜是外部可见的，但同时又属于内部组织，位于角膜后面。要改变虹膜外观，需要非常精细的外科手术，而且要冒着视力损伤的危险。虹膜的高度独特性、稳定性及不可更改的特点，是虹膜可用作身份鉴别的物质基础。人体虹膜组织的唯一性和稳定性最高、不可改变性和抗欺骗性最强，是最为理想的身份识别依据。

⑦ 签名识别

签名识别在应用中具有其他生物识别所没有的优势，因为人们已经习惯将签名作为一种在交易中确认身份的方法，并且它的进一步发展也不会让人们觉得有太大不同。实践证明，签名识别是相当准确的，因此签名很容易成为一种可以被接受的识别符。但与其他生物识别产品相比，这类产品现今数量很少。

⑧ 指静脉识别

指静脉识别是通过指静脉识别仪取得个人手指静脉分布图，将特征值存储，然后进行匹配，进行个人身份鉴定的技术。其基本原理是利用静脉中红细胞吸收特定近红外线的这一特性，将近红外线照射手指，并由图像传感器感应手指透射过来的光来获取手指内部的静脉图像，进而进行生物特征识别。其中的关键在于流经静脉的红细胞中的血红蛋白对波长在700nm～1000nm 附近的近红外线会有吸收作用，导致近红外线在静脉部分的透射较少，当近红外线透射以后，静脉在图像传感器感应的影像上就会突出显示，而手指肌肉、骨骼和其他部分都被弱化，从而得到清晰的静脉血管图像。指静脉识别技术利用手指静脉血管的纹理进行身份验证，对人体无害，具有不易被盗取、伪造等特点。该识别技术可广泛应用于银行金融、政府国安等领域的门禁系统，是比指纹识别、虹膜识别等体表特征识别技术更安全、高效的技术，如图 6.20 所示。

图 6.20　基于指静脉识别的 ATM 客户身份识别

（2）智能照明与环境控制

① 智能照明

智能图像技术可以用于环境感知与智能照明控制。通过分析房间内的光线条件，系统能够自动调节灯光亮度，创造舒适的居住环境。此外，系统还可以根据人的活动情况自动开启或关闭灯光，节约能源。

② 温、湿度调节

智能图像技术还可以结合温、湿度传感器，根据室内环境的变化自动调节空调、加湿器等设备，保持适宜的居住条件。

（3）健康监测与护理

① 儿童与老人监护

智能图像技术可以用于家庭中儿童和老人的监护。通过摄像头监控，系统能够识别异常行为，如摔倒、长时间不动等，并及时通知监护人或医护人员。

② 健康状况分析

智能图像技术还可以用于健康状况的分析。例如，通过分析面部图像，系统能够识别皮肤问题；通过监测睡眠时的呼吸频率和心跳，系统可以评估睡眠质量，为健康管理提供数据支持。

智能图像技术在新零售与智能家居领域的应用，不仅极大地提升了用户体验，还为企业和个人提升了效率和安全性。随着技术的不断进步，智能图像技术将更加深入地融入人们的日常生活中，提供更多便捷和智能化的服务。未来，我们可以期待更多创新的应用场景和解决方案，进一步推动新零售与智能家居行业的快速发展。

▶▶▶ 6.3.5　农业智能化：推动农业生产变革

智能图像技术在农业智能化中的应用日益广泛，通过先进的图像处理和机器学习技术，智能图像系统能够帮助农业生产实现精细化管理、提升效率并降低成本。以下是智能图像技术在农业智能化中的几个典型应用。

1. 作物健康监测

（1）叶片病虫害检测

智能图像技术可以用于检测作物叶片上的病虫害。通过无人机或地面机器人搭载的摄像头，系统可以获取田间作物的高清图像，并利用图像处理算法识别出叶片上的病斑、虫害等迹象。这种技术能够及时发现作物病虫害，为农民提供早期预警，以便采取相应的防治措施，如图 6.21 所示。

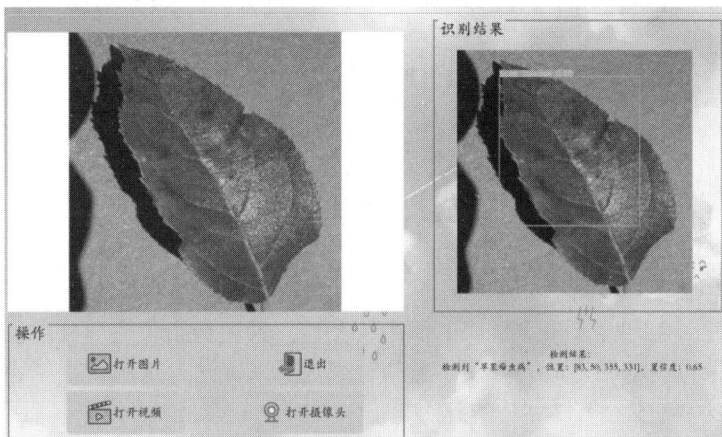

图 6.21　叶片病虫害检测

（2）营养状况分析

智能图像技术还可以用于分析作物的营养状况。通过分析叶片的颜色和纹理特征，系统可以评估作物的氮、磷、钾等营养元素的含量，从而帮助农民及时调整施肥方案，优化作物生长条件。

2. 作物产量预测

（1）果实数量与大小测量

智能图像技术可以用于测量果实的数量和大小。通过安装在果园中的摄像头或无人机拍摄的图像，系统能够自动识别并计算果实数量，测量果实的大小，从而预测作物的产量。这项技术对农产品的市场预测和供应链管理具有重要意义。

（2）果实成熟度评估

智能图像技术还可以用于评估果实的成熟度。通过分析果实的颜色变化，系统可以判断果实是否达到了收获期，帮助农民决定收获时间，以确保果实品质，如图 6.22 所示。

3. 农田管理

（1）地块划分与监测

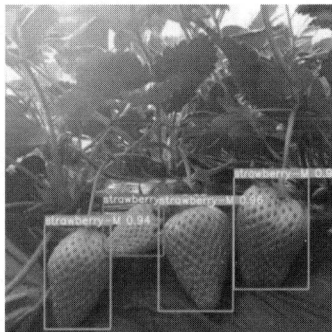

图 6.22　草莓成熟度评估

智能图像技术可以用于农田地块的划分与监测。通过卫星或无人机拍摄的遥感图像，系统可以识别出不同地块的边界，并监测作物的生长情况。这项技术能够帮助农民更好地管理土地资源，实现精准农业。

（2）灌溉与施肥优化

智能图像技术还可以用于灌溉与施肥的优化。通过分析土壤湿度、作物生长状况等图像信息，系统可以为农民提供灌溉和施肥的建议，从而减少水资源浪费和肥料过量施用，提高农作物的产量和质量。

4．自动化收割与分拣

（1）作物识别与收割

智能图像技术可以用于作物的识别与收割。通过安装在农业机械上的摄像头，系统可以实时识别作物类型，并控制机械进行精准收割。这项技术可以大大提高收割效率，减少劳动力成本。

（2）果实分拣与分级

智能图像技术还可以用于果实的分拣与分级。通过分析果实的外观特征，如大小、形状、颜色等，系统可以自动将果实分成不同的等级，便于后期的销售与加工处理。

5．智能温室管理

（1）温室环境监控

智能图像技术可以用于温室环境的监控。通过安装在温室内的摄像头，系统可以实时监测植物的生长情况、温湿度等环境参数，并根据需要调整温室内的光照、温度、湿度等条件，以确保作物处于理想生长环境。

（2）病虫害预警

智能图像技术还可以用于温室内的病虫害预警。通过分析温室作物的图像信息，系统可以识别出病虫害的早期迹象，并及时通知管理人员采取防治措施，减少经济损失。

智能图像技术在农业智能化中的应用，不仅可以提高农业生产效率，还可以帮助农民更好地管理农田和作物，降低了生产成本。随着技术的不断进步，智能图像技术将继续在农业领域发挥重要作用，推动农业向更加精细、高效和可持续的方向发展。未来，我们可以期待更多创新的应用场景和技术手段，进一步促进农业现代化进程。

6.4 智能视觉发展趋势

智能视觉的研究历程最早可以追溯到 20 世纪 50 年代，当时科学家们开始探索如何让计算机理解和解释图像信息。智能视觉的发展趋势反映了技术进步、市场需求和社会变革的综合影响。以下是智能视觉研究的一些关键阶段和发展历程以及智能视觉在未来几年内可能展现的主要发展趋势。

智能视觉发展趋势

1．人工智能与机器视觉的融合

随着深度学习和其他先进人工智能技术的发展，智能视觉系统将变得更加强大和高效。未来，智能视觉系统将能够利用大数据和复杂的算法模型来进行自我学习和优化，从而提供更加精准的图像识别、对象检测和场景理解功能。此外，这种融合还将促进视觉系统的智能化升级，使其能够执行更加复杂的任务。

2．边缘计算成为主流

边缘计算在智能视觉中的应用将更加普遍。通过在数据采集端直接处理数据，边缘计算可以减少数据传输延迟，提高数据处理速度，并且增强数据安全性和隐私保护。尤其是在实时性要求较高的应用场景中，如智能驾驶、安防监控等，边缘计算的重要性将日益突出。

3．多功能集成与生态系统构建

智能视觉系统将趋向于多功能集成，不仅是单一的视觉检测工具，还是一个集成了多种传感器、执行器以及其他设备的智能平台。这种集成不仅可以提高系统的整体性能，还可以促进不同设备之间的协作，形成一个完整的智能生态系统。

4．智能家居与全屋智能

在家用智能视觉领域，随着物联网技术的发展，智能家居设备将更加普及，而智能视觉技术则会成为连接这些设备的关键纽带。未来的智能家居将能够通过智能视觉系统实现远程控制、环境监测等多种功能，从而提升家居生活的便捷性和安全性。

5．工业 4.0 中的核心作用

在工业 4.0 背景下，智能视觉技术将作为智能制造的重要组成部分发挥作用。通过与工业机器人的结合，智能视觉可以实现生产线上自动化质量检查、产品跟踪以及工艺优化等功能，进而提高生产效率和产品质量。

6．新兴应用领域的拓展

智能视觉技术的应用将不再局限于传统的制造业和安防领域，而会扩展到更多新兴领域，如医疗健康、智能驾驶、零售服务等。特别是在医疗健康领域，智能视觉技术可用于辅助诊断、手术指导等方面，有望大幅改善医疗服务的质量和效率。

7．政策支持与行业标准化

随着智能视觉技术的重要性日益增加，政府和行业组织将加大对这一领域的支持力度，包括提供财政补贴、设立研发基金等措施来鼓励技术创新。同时，制定统一的标准和规范也将成为促进智能视觉技术发展的关键因素之一。

这些趋势表明，智能视觉技术在未来几年将持续进化，并在各个行业发挥更重要的作用。然而，需要注意的是，随着技术的发展，业界也需要关注相关的道德伦理问题，如隐私保护、数据安全等。智能视觉的发展是伴随着计算机科学、信息技术、人工智能等多个领域的进步而推进的。它不仅影响了科学研究，还深刻改变了我们的日常生活和社会运作方式。

本章小结

智能视觉利用计算机视觉技术模拟人眼功能，使机器能够感知、理解和解释视觉信息。智能视觉技术正在逐步改变我们的生活方式和工作方式，为多个行业带来了革命性的变化。图像获取与预处理、特征提取与表示，是实现智能视觉的基础，对提高视觉系统的性能至关重要。随着技术的不断进步，智能视觉将在更多领域发挥重要作用，并推动相关行业的智能化转型，智能视觉技术在提升安全性、辅助精准诊断、引领未来出行方式、打造智能生活体验以及推动农业生产变革方面具有巨大潜力。未来，智能视觉技术将进一步融合其他先进技术，为社会发展提供更多可能性。

习题

1．简述智能视觉技术的基本定义及其主要目标。

2．智能视觉技术与传统计算机视觉有何区别？请举例说明。

3．简述图像获取与预处理的主要步骤及其意义。

4．特征提取与表示技术中，边缘特征、纹理特征和颜色特征分别有什么用途？

5．智能视觉技术在安防监控中的具体应用有哪些？请列举至少两个实例。

6．在制造业质量检测中，智能视觉技术是如何提高产品质量和生产效率的？

第7章
智能博物馆

本章导读

　　智能博物馆作为新时代人工智能与博物馆的融合产物，是博物馆高品质建设和创新发展的新模态。人工智能技术的应用打破了博物馆传统的管理和服务模式，不仅为博物馆带来了革命性的发展新模态，也为社会公众提供了更加丰富、深入、生动的文化体验。人工智能技术的应用充分展示出博物馆的"智慧"性。本章重点介绍人工智能技术在博物馆的关键技术应用场景以及典型应用案例，并分析智能博物馆未来的发展趋势与方向。

　　本章我们将学习以下内容。
- 人工智能与博物馆：新时代的融合
- 人工智能在博物馆的关键应用
- 未来趋势与发展方向

7.1　人工智能与博物馆：新时代的融合

　　博物馆作为公共文化服务体系的重要组成部分，近年来发展迅速。随着社会对高品质博物馆的需求增强，博物馆在数量和质量上都得到了长足的发展，博物馆的结构体系日趋完善。根据国家文物局官方数据显示，2023 年末，全国登记备案的博物馆、纪念馆达到 6833 个，举办陈列展览 4 万余个，组织教育活动近 38 万多场，接待观众 12.9 亿人次，博物馆服务公众和社会的能力显著增强。随着经济社会的飞速发展，新时代赋予博物馆的社会功能边界不断延伸。博物馆作为重要的公共文化场馆，其社会参与度逐渐显现，如图 7.1 所示。

图 7.1　"博物馆热"成为文化新时尚

　　为满足新时代博物馆的多元化发展需求，实现"到 2035 年基本建成世界博物馆强国"

的目标,博物馆工作人员在持续不断地探索创新。尤其近些年,随着技术的发展和社会的变革,博物馆在保持文化传承的同时,积极拥抱数字化和全球化带来的变革,以实现可持续发展和文化价值的更深层次传播。人工智能与博物馆相结合,正是新时代文化与科技融合的重要体现。人工智能技术的应用不仅提升了博物馆的运营效率,还极大地丰富了公众的文化体验,使得博物馆在管理、保护、研究、教育和文化传播方面发挥更大的作用,以一种更生动的方式满足社会对博物馆的新期待。

人工智能技术在博物馆中的应用非常广泛,涉及藏品的保护与场馆管理、展览的设计与展示、观众的服务与体验等多个方面。人工智能技术的应用打破了博物馆传统的管理和服务模式,不仅为博物馆带来了革命性的发展新模态,也为社会公众提供了更加丰富、深入、生动的文化体验。在博物馆的建设发展过程中,人工智能技术的应用将会充分展示出博物馆的"智慧"性。可以说,人工智能技术使传统博物馆充分展示出"灵气"成为可能。国内外众多博物馆已在不同业务场景中尝试应用人工智能技术,并取得了一定的成效。随着人工智能技术的发展,博物馆也在积极参与技术变革,不断探索,为实现更高效的管理和更创新的服务持续努力。

7.2 人工智能在博物馆的关键应用

人工智能技术已经渗透到博物馆的众多细分领域。一是人工智能技术为博物馆的藏品保护与场馆管理提供新的思路。机器学习、视觉计算等技术的应用,可以实现藏品本体的虚拟修复、藏品知识的关联挖掘以及场馆态势的整体把控。二是人工智能技术为博物馆的展览内容与展示形式设计提供了新的支撑。大数据分析、新型展示技术等的应用,为观众提供个性化展览,为博物馆展示形式的设计提供多元呈现载体。三是人工智能技术为博物馆的公众服务提供新颖有趣、内涵丰富的交互方式。博物馆虚拟数字人和智能机器讲解可以为公众提供交互体验、智能问答等服务;文创 IP 打造与智能化数据分析工具的使用,可以为公众提供个性化消息及产品智能推送,提升博物馆的文创营销成效。人工智能技术具备为博物馆提供无业务属性或者弱业务属性的智能化服务或工具的能力,其合理应用为博物馆的高效业务协同和创新服务模式提供了有力的支撑。

7.2.1 藏品保护与场馆管理

1. 基于图像分析的文物虚拟修复

(1)技术应用场景

博物馆收藏的文物大多年代久远,由于自身老化、环境影响以及人为干预,文物可能存在不同程度的破坏和损害,如金属文物锈蚀、陶器/瓷器破碎、木器/竹器干裂、纺织品/纸质文物腐朽霉变、石刻风化、彩绘脱落等,如图 7.2 所示。

基于图像分析的
文物虚拟修复

图 7.2 文物虚拟修复标记示例

因此,需要对这些文物进行合理、有效地保护和传承利用,即在科学指导下,对其进行保护性修复工作,尽可能地保持文物原有的样貌和形态。传统的文物保护修复技术主要利用手工修复完成,是一项技术性很强的工作,其修复的效果主要取决于文物修复工作者的素质和审美观念，修复过程费时费力，且极易造成对文物的再次破坏。文物虚拟修复通过人工智能技术的合理应用为文物保护修复提供了新的思路和有效的技术支撑。

文物虚拟修复通过综合运用图像处理、视觉计算等技术对文物碎片进行非接触三维测量，实现对文物本体的全自动建模和虚拟修复，如图 7.2 所示。针对碎片缺失和特征模糊等情况，可通过开展多特征融合的文物匹配基于自适应邻域的文物碎片自动拼接方法，提高虚拟拼接准确性。缺失点云和表面纹理生成方法通过基于 GAN 网络的点云采样修补方法，解决三角剖分后不完整网格模型的修补问题；基于深度对抗网络的孔洞表面纹理生成方法，可实现破损部位表面纹理的真实感生成，如图 7.3 所示。在计算机辅助修复的基础上引入专家知识库，融合主观经验和客观数据分析结果，提高文物修复的精准性。文物虚拟修复可预览文物的修复效果，为实际修复提供参考方案，具有重要的应用价值。

图 7.3　文物三维数据采集

文物虚拟修复能够极大程度降低文物保护修复工作的风险，并且能够将文物的原始信息永久保存，是文物保护领域的一个研究热点。在文物虚拟修复中，通常用到的人工智能技术包括：利用马尔可夫随机域模型对古壁画图像建模，达到色彩复原、图像修复的目的；利用基于离散优化的图像缺损信息修复算法，实现文物碎片缺失信息的准确填补；利用 D-S 证据理论数据融合方法对修复边缘目标块的信任因子和数据因子进行融合，提高文物修复结果的准确性；利用病害亮度、纹理等特征和阈值分割处理，实现文物病害精确标定和精准修复。此外，AI 算法还可以辅助进行文物病害分析并提供量化支撑依据。目前，国内外已经取得一定研究成果和相关积累，主要针对颜色、裂缝、破损和污渍的虚拟修复。

（2）案例与实践分析

国宝级文物"铜兽驮跪坐人顶尊铜像"的虚拟拼接利用 AI 人机协同方式完成。该铜像由三星堆不同考古区域的文物通过人工智能技术"跨坑拼接"而成。文物组件分别来自 2021年 3 号坑出土的铜顶尊跪坐人像、1986 年 2 号坑出土的铜尊口沿以及 2022 年 8 号坑出土的铜神兽。研究团队首先利用 AI 技术，通过三维扫描和 3D 建模，成功复原文物组件的相对完整形态。其次，通过 AI 计算分析文物的三维模型，提取文物的几何特征信息，计算特征相似性，得出拼接的匹配度。而后，采用基于几何分析、变形的裂缝检测和矫形算法，对文物变形的部分进行矫正，并通过 AI 根据形状分析的对称性补全算法"查漏补缺"，给文物修复专家提供文物原貌的多种猜想参考。修复过程示例如图 7.4 所示。

通过这些技术，铜兽驮跪坐人顶尊铜像在数字世界里得以重现，人们能够 360°翻转查看其独特的形制和精美繁复的装饰；通过色彩还原等技术，人们能够感受它在几千年前铸造出来时的辉煌。这个项目展示了 AI 技术在文物修复领域的应用潜力，为 AI 技术在文物保护和研究领域提供了成功的应用示范。

出土清理后的文物残件　　虚拟拼接矫形补全后的文物　　材质研究型复原的文物

图 7.4　铜兽驮跪坐人顶尊铜像虚拟拼接示意

2. AI 在文物知识挖掘中的应用

（1）技术应用场景

随着文物数字化采集的不断推广和海量数据的飞速增长，AI 技术对文物知识的挖掘作为一种有效的方式，实现了对文物数据的发现、分析、解释、展示和传播，也成为人工智能技术在博物馆中的另一应用热点。大数据、社交网络服务（Social Network Service，SNS）、云计算、语义网等人工智能技术的应用为博物馆的数字人文发展提供了新的技术支撑。文物知识可视化是一种文物相关语义知识组织和服务的方法，它能够适应网络化、数字化的新环境，挖掘文物知识的更大利用价值，帮助博物馆在文物知识分享和传播方面发挥更大作用。

在数字人文视角下，AI 技术可以用于分析网络文物信息资源的内容与结构特征，利用远程监督方法进行文物知识抽取并构建知识图谱，为数字人文框架下的信息资源深度利用提供参考。人们可以利用 AI 技术进行文物的数字化保存和管理，同时在文物之间建立未被发现的联系。数字人文中 AI 技术的应用通常通过自然语言处理技术从非结构化文本中提取知识，并利用机器学习算法分析和学习数据中的模式，不断优化知识关联的结构和内容。例如，通过深度学习技术，人们可以对文物进行图像识别和分类，精准识别文物的种类、定位其年代、归类其风格；人们可以使用基于深度学习进行关系提取的模型，进一步分析和理解文物之间的关系。该应用也可以通过分析文物属性以推断其文化渊源：综合运用大数据分析、图像识别、自然语言处理等 AI 技术，对文物的历史背景、艺术特征和文化内涵进行深入研究，不仅可以实现对文物更准确的理解和保护，也可以增强公众对文物的理解和欣赏。

数字人文作为人文科学领域的一个新的实践，将为博物馆的研究、文化传播等各个方面带来新的机遇。文物知识资源、AI 技术与人文研究的深度融合，将为博物馆的各项业务提供新的强劲推力，尤其为博物馆传播文化拓展新的边界和产生新的创新思维。同时，随着人工智能技术的成熟，数字人文的应用还将逐步丰富博物馆研究的方法论体系，使知识内涵显性化，拓展博物馆研究人员的学术视野，为研究范式的转变提供一种新的思路。

（2）案例与实践分析

在国内博物馆中，上海博物馆率先进行了数字人文项目的实践。它以明代著名书画家董其昌为基点，同时以西方艺术的发展作为参照物，围绕文人活动这一中心，以社会网络关系和历史地理信息作为两个主要立足点，通过人工智能技术的应用，对相关的收藏、艺术流变、人际关系等多个层面进行探究和展示，如图 7.5 所示。项目基于文物知识概念模型，面向不同类型用户，分析文物知识组织方式，通过对各类数据进行语义标引和文本分词，以及对人、事、物、地、时等数据做全面整合关联，为文物知识的聚合、叙事、传播技术研究及创新应用提供经验。

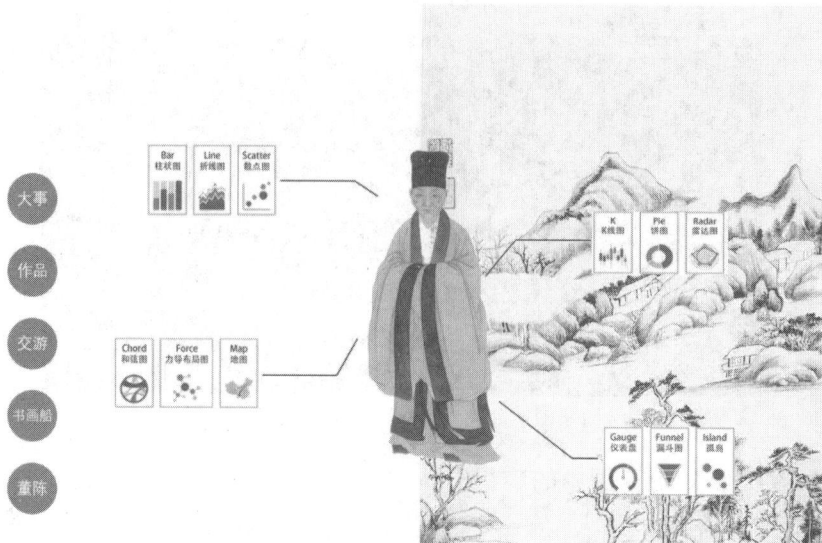

图 7.5　上海博物馆董其昌数字人文项目界面

该项目收集董其昌绘画作品 260 幅、书法作品 230 幅、高清影像 500 张以上，董其昌的作品文本 50 万字以及论著 70 篇左右等。藏品实物的形态、尺度、色彩、装饰元素构成、位置关系、语义指向、主题内涵、表达手法等具有独立于文本的信息。

首先，项目梳理董其昌人文脉络，包括创作、鉴藏、教育、交友等脉络图，如图 7.6 所示，以可视化的形态为董其昌的研究设计了一个"主体—表达—时代"的综合维度。项目参照 CIDOC CRM 等国际元数据标准，并基于 Linked Data 设计明清文人书画本体，以语义关联、开放互联揭示董其昌创作、传承和书画理论及影响等各维度的彼此展开、相互作用和许多有意思的成果发现，如通过董其昌大事年表直观判断其个人经历与创作的起伏关系。董其昌元数据体系和明清文人书画本体分成公共指标和定义指标两个层面。

董其昌人文脉络设计总图

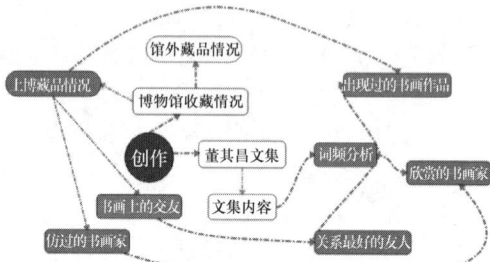

董其昌创作脉络图

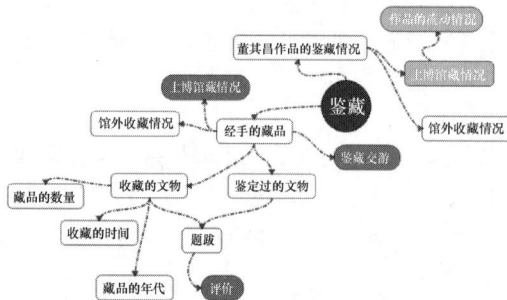

董其昌鉴藏脉络图

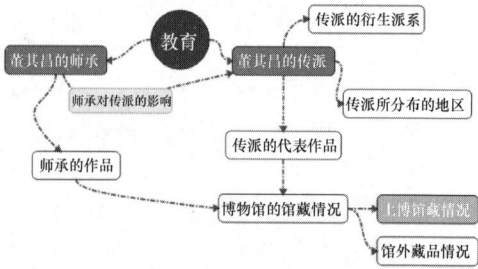

董其昌教育脉络图

图 7.6　董其昌人文脉络示例

项目团队尝试引入基于 CNN（卷积神经网络）的图像关联 AI 引擎，对董其昌书画作品的高清图像特征进行提取，实现博物馆的实物性特征所带来的源于图像本体的排比和深度分析。如创作专题中对作品元素的自动捕捉和归类，清晰地反映出董其昌在创作中应用每一种元素的比重和规律，从而分辨中国古代绘画的元素及特征，形成素材数据抓取和聚类的自动化模式，如图 7.7 所示。

图 7.7　董其昌项目之作品机器学习界面

3. 基于大数据分析的场馆可视化管理

（1）技术应用场景

博物馆大数据可视化管理系统是基于大数据技术的博物馆"智慧大脑"的集中体现。系统以数据驱动博物馆的创新建设，其功能实现主要集中在三个方面：一是数据标准化与关联；二是跨数据源或跨单位的数据共享与重复利用；三是数据全局可视化查询与呈现。针对馆领导，该系统可实现馆内人、财、物及运营全局数据的直观展现，融合空间的全景可视化；针对业务部门，该系统可助力业务流程的打通和业务相关数据资源的一键访问，支撑部门间的协同办公；针对外部合作，该系统可支撑信息资源的快速核查、统计、共享，有力地支撑馆际的合作研究和对接工作。

博物馆大数据可视化的建设契合博物馆智慧化创新的本质——价值化和去边界化，也是 AI 技术应用的优势体现。该研究基于数据分析技术，从数据的视角去重构博物馆的管理和运营，在设计之初即充分考虑各个系统间直接的接口调用与整合问题。在各系统之间的畅通联接和观众行为等数据的采集基础上，开展各类价值数据的清洗和挖掘，进而研究建立辅助博物馆各业务的量化评估数据模型。该应用功能通常主要设置为观众流量展示、藏品数据的展示、机房设备运行展示、场馆无线接入点接入人数展示、具体某一特展的展示、单一文物的展示等。项目创新点主要表现在：基于网状可自我量化的数据模型；基于时空数据的服务创新；基于多元价值的数据挖掘；基于国家标准的评估指标体系。通过将博物馆的信息资源从数字化向数据化发展，进而发展到数智化，实现博物馆信息资源的价值再利用。

（2）案例与实践分析

南京博物院是国内博物馆信息化建设起步最早的博物馆之一。近年来为提升数据治理、利用价值，促进大数据辅助管理决策运用，提高文物安全管理水平和公众服务质量，南京博物院协同 14 个业务职能部门创新打造数据可视化平台，将藏品全流程管理、文物藏品保存环境监测、公众服务管理、数字资源展示等十余个信息系统打通并整合，经智能数据汇总与治理，构建出集"观众行为分析""开放运营""科学研究""年鉴媒体"等为一体的关联性数据可视化平台，如图 7.8 所示。

基于大数据分析的
场馆可视化管理

图 7.8　南京博物院数据可视化平台主界面

平台以客流监控摄像头、温湿度感应监测仪器、票务闸机等数据采集设备为数据来源，将预约系统、人流监测系统、文物环境系统、停车系统等多系统关联接入，利用多项 AI、超脑算法技术，有效将数据进行对接、关联、治理、统计分级，并科学关联数据之间的变化趋势，为使用者呈现馆内客流密度情况、馆藏文物保存环境状况等结构化、可视化的有效信息，提供及时、有效的预警处理和趋势分析。例如，对文物环境数据、人流密度数据、观众预约数据、公众区域服务数据进行实时预警，实现博物院观众行为的动态分析管控。平台能够完成生产数据的对接、关联、治理、统计分级，观众行为分析数据准确度高于 98%。

在开放服务方面，平台针对预约观众数量、重点展区实时观众密度、重点文物聚集度等数据关联分析，并关联摄像头实时呈现影像，直观验证、监测，提供观众实时流量、观众画像、防疫情况、观众行为等实时数据，阶段性预估观众预约量和到场率；实时统计展厅、公共区域、服务台及文创等服务区域的人流量，如图 7.9 所示。

图 7.9　南京博物院数据可视化平台之开放运营界面

在文物保护方面，平台针对文物环境温湿度、展柜光照度、有害气体分析等数据关联分析，实时监测并预警重点展区和文物温湿度、光照度、有害气体监测、人员聚集度等情况，为安全管理提供数据支撑和决策咨询，如图 7.10 所示。

图 7.10　南京博物院数据可视化平台之科学研究界面

在内部管理方面，通过各部门业务数据汇总，以及对南京博物院旅游贡献度数据的第三方评估和媒体报道等资料的关联分析，按年度对开放运营、科学研究、年鉴媒体等南京博物院运营数据进行有效呈现，用数据为南博画像，年度数据类比呈现南京博物院近年发展态势，如图 7.11 所示。

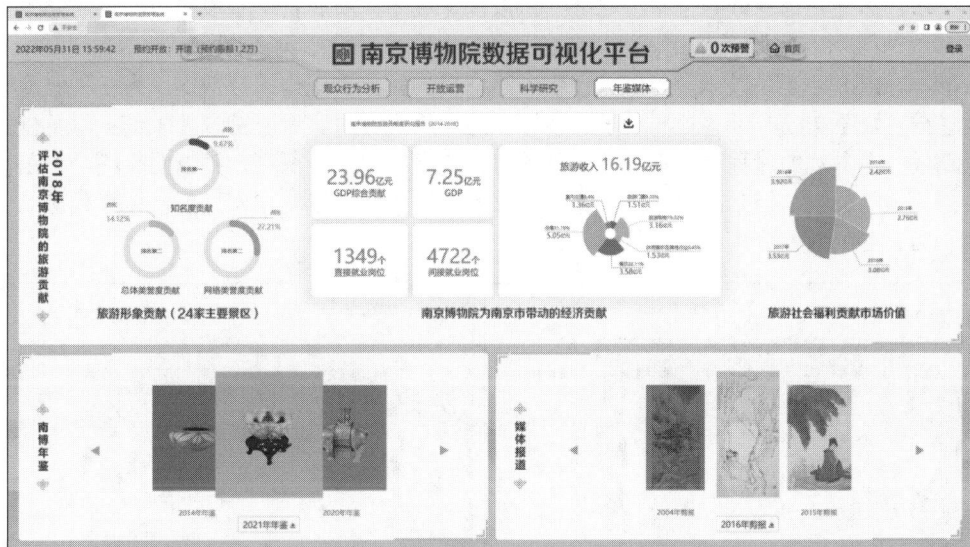

图 7.11　南京博物院数据可视化平台之年鉴媒体界面

平台结合南京博物院预防性保护需要、展厅和文物展区情况等，形成了服务于日常管理、展览陈列、公众服务、安全调控等多方面的综合应用创新场景。在公众隐私保护技术处理上，平台使用观众特征识别技术时仅记录识别后的特征统计信息，不留存任何观众的生物特征和隐私信息。

▶▶▶ 7.2.2　展览设计与展示

1. 基于观众行为分析的个性化展览

（1）技术应用场景

博物馆是面向公众服务的机构，其成功有赖于发现并满足公众的需要。然而，不同类型的观众有着不同的生理和心理特点，对博物馆具体的需求也是不同的。对公

基于观众行为分析
的个性化展览

众而言，博物馆的智慧性主要体现在是否能精准识别潜在用户的需求，并根据用户特点合理分配馆内藏品、人员、空间等资源，提供定制化的服务，达到展示传播和教育效果的最大化。同时，定制化服务的场景并不局限于博物馆的场馆环境之内，博物馆应该充分利用信息技术，让藏品和知识以数字信息的形式走出博物馆，使其转变为文化创意，融入专业领域与生活场景，全方位增强公众对博物馆的参与感。

基于观众行为分析的个性化展览首先要通过 AI 技术对用户的行为数据进行采集。一方面，收集观众的行为数据，如参观路线、停留时间等，通过 AI 算法对数据进行分析归类，将用户分层，挖掘出不同的用户感兴趣的信息数据的差异，构建出一个全面的用户特征模型。根据不同用户的差异化体验需求，预测观众未来的行为，从而帮助展览方优化展览布局和内容，设计个性化展览路线和信息推送。另一方面，在观众观展的过程中，观众既是数据消费者（通常使用导览信息）也是数据生产者（产生用户行为信息），这两者同样重要。AI 算法也可以根据观众的偏好和行为提供个性化的内容推荐和互动方式，使得每位观众都能获得独特的体验，反向使用户行为数据具有"自我增长、自我量化"的特点。人工智能技术在个性化展览中的多元化应用，通过用户行为分析可以提升观众体验，优化展览布局，提高教育活动的效果，并实现更高效的运营管理。

（2）案例与实践分析

上海自然博物馆观众导览系统能够提供展前、展中、展后各个阶段的包含馆内外服务的智慧博物馆服务。博物馆采用基于 Wi-Fi 的接收信号强度指示（Received Signal Strength Indication，RSSI）定位技术，能够大比例、高密度地搜集到观众采样数据，为各种深度利用提供基础。如图 7.12 所示。这样，观众就可以通过手机实时查看展馆的基本信息以及具体的参观路线。在参观的过程中，相应的展品信息也显示在电子地图中，并以图文说明、语音等多种形式进行标注与提示。在观众体验这一服务的过程中，博物馆通过后台搜集相应的信息内容，为之后的数据分析和利用提供基础。

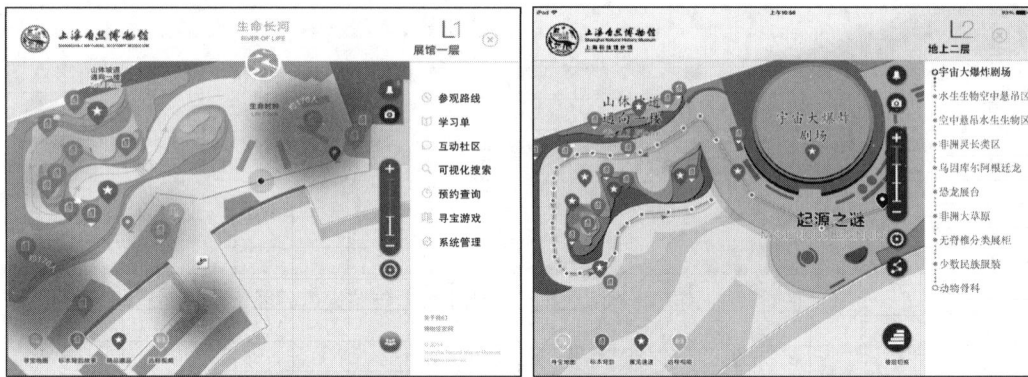

图 7.12　上海自然博物馆室内精准定位图

考虑到观众的参观形式、时长、兴趣点各有不同，系统对展示内容进行了信息切分。按结构对大部分的展品资料进行专业制作，并有效利用了藏品数字资源。一个展品可能会有介绍、解说、细节、看点和专题等不同类型与深度的内容。配合系统中的路线推荐，不同类型的观众都能得到适合自己的博物馆之旅。所编选的信息资料不能仅满足于文物基本信息的介绍，还需要有一些深度解读的产品，尤其是要充分运用全新的数字化手段，将附着于实体文物上的显性信息和隐性信息以多媒体形式以及感性和理性双通道的方式向观众进行传播。分层内容展示如图 7.13 所示。该产品在上海自然博物馆观众服务中得到成功应用，上线半年内，上海自然博物馆 App 下载量突破 20 万次，网站访问量突破 100 万人次。

图 7.13　上海自然博物馆分层内容展示图

2. 虚拟展览与在线智能问答

（1）技术应用场景

由于文物资源和展陈空间有限，现实情况与公众追捧的"博物馆热"形成较大的供需矛盾。传统的实体博物馆展示与参观模式已不能满足公众的需求，传统博物馆与公众之间"以物示人"的静态单向沟通方式存在较大的挑战，数字化技术的发展为博物馆创新展示与公众体验服务提供新的技术支撑。虚拟展览突破以资源为中心的传统参观模式，转变为以观众为中心，重视观众的感受和参与度，利用交互式新型显示技术将静态的博物馆资源动态化，对隐形的历史文化资源进行还原，使其具有画面感和动感，以增强普通观众对历史文化的识读能力。针对博物馆现场观众，基于传感网络、虚拟现实、增强现实等技术方式，丰富陈列形式和信息供给，开启高品质、沉浸式的轻松文化之旅。对于非现场观众，则通过网络信息传递方式打破博物馆传统的时空界限，拓展博物馆的公众服务广度、深度与时限。

虚拟展览与在线智能问答

虚拟展览与在线智能问答通过多元多维输出展示技术，以高速数据处理、相关历史文化关联、历史场景再现、高清和超高清图像互联网站展示、文物三维图像展现、博物馆全景漫游等方式，拉近观众与藏品的距离，提高了博物馆文物的开放力度，拓展了博物馆的公众服务时限和广度，提供高品质、沉浸式的轻松文化旅程，实现了对文物的数字展示和价值挖掘，让更多人了解和感受文物的魅力。当前虚拟展览中嵌入的智能问答机器人，通常利用自然语言处理技术，提供智能问答服务，解答观众的疑问，例如通过机器学习，在线智能问答模块可实现不断优化问答系统的准确性和响应速度，提升观众的沉浸式观展体验。AI 技术将现代与古代紧密连接，真正实现"时光穿越"，以全新的感官体验满足人们探古与求知的需求。

（2）案例与实践分析

河南博物院的元宇宙展厅是一个融合了 AI 技术和 AR 全景技术的数字化展示平台，旨在为公众提供沉浸式的线上博物馆体验。河南博物院元宇宙展厅的一些主要特点和功能包括以下几种。①AI 数字人讲解：展厅中配备了 AI 数字人讲解员，它们能够通过语言、图片、视频等富媒体形式，为参观者提供导览陪同和科普解答等全方位的数字服务，如图 7.14 所示。

②多形式文物体验：观众可以在元宇宙展厅中体验到多种互动方式，例如通过单击互动装置聆听贾湖古笛不同的音阶音色，实现与文物的"近距离"互动。③3D 展厅游览：展厅提供了 3D 虚拟游览体验，观众可以拖曳场景随心参观，享受仿佛身临其境的观展体验。④数字化转型新范式：河南博物院的元宇宙展厅为文博行业的数字化转型提供了新的方向和模式。⑤"服务不打烊"和"展览不落幕"：通过元宇宙技术，河南博物院实现了全天候服务和永不落幕的展览，让公众无论何时何地都能享受博物馆的文化盛宴。⑥数字文创藏品：河南博物院还推出了数字文创藏品，如"方寸之间——院藏古印章谍识"线上展览，通过数字技术让文物"活"起来，讲述中国故事。⑦虚拟公社：河南博物院还打造了一个名为"虚拟公社"的元宇宙虚拟人世界，提供了更多元化、沉浸式的消费体验。

图 7.14　河南博物院元宇宙展厅界面

河南博物院的元宇宙展厅是其数字化创新的一部分，通过"科技+文化"的结合，以文化创意内容为核心，依托数字技术进行创作、生产、传播和服务，如图 7.15 所示。这种创新不仅让传统文化及文物的见证者与欣赏者转变为"参与者"，还吸引了更广泛群体的关注和参与。

图 7.15　河南博物院元宇宙展厅界面

▶▶▶ 7.2.3　观众服务与体验

1. 虚拟数字人导览

（1）技术应用场景

博物馆的藏品类目资源丰富，每个博物馆的藏品都具有自身的特色。文

虚拟数字人导览

物活化是保护文物的一种方式，通过故事化、情境化、立体化的呈现，利用 AI 等现代信息技术和多媒体等展现形式，让文物"活起来"，从而揭示文物背后蕴含的珍贵历史文化价值，成为博物馆挖掘珍贵藏品价值的重要方式。虚拟数字人导览为该项工作提供了新的技术支撑。

虚拟数字人导览作为新颖的观众服务形式，充分利用丰富的藏品资源，宣传博物馆的特色文化。博物馆可以通过形象设计、图形渲染、AI 驱动、语音识别、语义理解等人工智能相关的技术手段，打造博物馆专属的 3D 数字代言人形象，3D 数字代言人融入博物馆特色元素和专属 IP 符号，作为博物馆虚拟 IP 呈现、导览服务提供与虚拟空间数字化展示及互动的纽带。虚拟数字人可以有效融合到导览大屏互动系统中，通过有温度、有亲和力的互动方式，结合虚实融合的互动体验，向观众推介博物馆的文化和特色应用。博物馆文化和科普研学将以更加丰富的传播和交互方式面向社会公众进行推广、宣传和服务。

虚拟数字人导览系统以数字人为互动介质，是新一代的多模态人机交互系统。系统具有 2D 真人、2D 卡通、3D 风格化、3D 写实、3D 超写实等多种形象，具备感知、理解、表达的能力，可以打造有智能、有形象、可交流的"数智分身"。它主要通过二维或三维建模、语音合成、动作及表情捕捉、数字人及场景渲染等技术高度还原真实人类。由人工智能所驱动的数字人，拥有近似真人的形象及逼真的表情动作，唇形动作能与声音实时同步，具备表达情感和沟通交流的能力。虚拟数字人的高度拟人化虚拟数字形象，能如真人般与人互动沟通，为观众带来全新的感官体验。虚拟数字人按照单向和双向交互形式，可分为播报式和交互式，应用场景包括内容讲解、宣传教育、服务咨询、路线导览、知识问答、在线趣味闲聊，适用于线下显示大屏、导览导视屏、挂屏，线上手机小程序、App、H5 页面、3D 虚拟空间等不同渠道，满足不同客户的需求。

（2）案例与实践分析

中国国家博物馆的数字讲解员艾雯雯是该领域的典型创新实践之一。"艾雯雯"中的"艾"通"AI"，也通"爱"，"雯"通"文"。名字寓意以 AI（人工智能）为技术基础，展示对文明、文化、文物的喜爱，对文博工作的热爱。艾雯雯的形象设计结合了中国国家博物馆（简称国博）馆藏的古代服饰研究成果和文创产品，有适应不同场景的多个形象，如图 7.16 和图 7.17 所示。

图 7.16　艾雯雯汉朝女子形象　　　图 7.17　艾雯雯现代青年形象

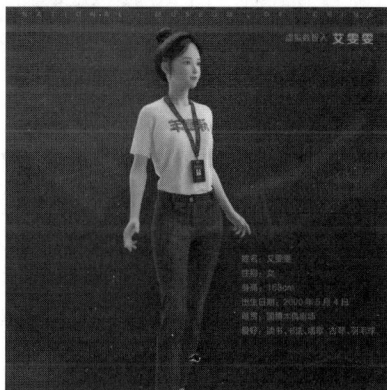

艾雯雯的研发过程中，通过骨骼绑定、动作捕捉、布料毛发解算、语音合成等技术，将静态的数字模型转换为生动的虚拟人物。首先，通过骨骼绑定技术，她的动作和表情能够与预设的骨骼系统同步，从而实现灵动的动作和生动的表情。动作捕捉技术则进一步确保了她的动作与汉朝女子的行为举止高度一致，增强了真实感。其次，布料毛发解算技术使得艾雯雯的服装和发型能够根据动作自然变化，增加了她的真实感和动态效果。艾雯雯的语音是通过语音合成技术生成的，使得她的声音听起来自然流畅，能够与观众进行流畅的交互。

通过三维与实景视频合成渲染技术，以及精准还原的三维透视空间关系，艾雯雯可以与现实场景无缝融合，为观众带来沉浸式的参观体验。艾雯雯的动态活化和场景融合依赖于数字孪生技术，这使得她能够在虚拟和现实之间自由切换，增强了互动性和体验感。这些技术的应用使得艾雯雯不仅在外观上高度还原了汉代女子的形象，还在动作、表情和语音上达到了高度逼真的效果，为观众提供了沉浸式的参观体验。此外，通过新一代多模态人机交互、三维建模等技术支撑，艾雯雯拥有超强的自学习、自适应能力，能够不断更新、丰富自己的知识库。知识库以国博 140 多万件馆藏为基础，构建丰富的知识储备和互动技能。通过文物珍品知识的语料训练，艾雯雯拥有丰富的知识储备和讲解技能，对中国国家博物馆 140 多万件文物珍品如数家珍，如图 7.18 所示。

图 7.18　沉浸式虚拟讲解场景

虚拟数字人导览能够根据观众的兴趣偏好和参观节奏调整讲解内容与重点，依据观众参观的兴趣点和提问倾向精准推荐海量知识，满足不同观众的多样化需求，并具备多语言功能，可以为不同国家和地区的观众提供准确贴心的服务。虚拟数字人可以通过分析观众在交互中的提问类型、参观时长、知识点关注度等数据，为科普教育提供大数据支持，帮助博物馆精准把握观众学习需求和兴趣点，调整教育内容与方式以提升教育效果。

2. 智能机器人讲解

（1）技术应用场景

通过机器视觉、语音识别、自然语言处理、室内导航、多传感器融合等人工智能技术，智能机器人能够实现在线语音问答，与观众实时交互，同时能够进行定位导航与路线引导，为观众提供个性化的数字化应用服务。智能

智能机器人讲解

机器人通过语音、视觉、动作等多种方式进行人机交互，可主动问候，迎接访客，具有强大的自然语言处理能力，支持自定义问答，模块化轻松配置，多轮对话随意切换。同时智能机器人可根据需求个性化定制导览线路和内容，智能引领游客，支持自定义定点讲解，具备雷达和视觉双重定位，能够精准感知环境、灵活避障。当游客在参观过程中遇到问题时，可以通过中文或者英文与机器人进行交流，机器人能够准确识别并理解游客的需求，提供相应的解答和引导。这不仅提升了游客的参观体验，也展现了博物馆对于国际游客的友好与尊重。

博物馆通常购置成熟的机器人平台，与企业共同研发基于大语言模型的虚拟数字人导览服务系统。智能机器人则弥补了博物馆缺乏人力、物力的问题。智能机器人的研发侧重以下几点。一是需要不断丰富和扩充支撑机器人的文博知识语料库，通过知识抽取、知识对齐、知识融合等方式进行有效组合，借助技术形成有效技术方案，不断提升智能机器人的交互能力和智能化水平；二是探索利用虚拟现实、增强现实等技术，为观众提供更加沉浸式的参观

体验，不断探索博物馆虚拟参观的更多可能性；三是与人工智能、大数据技术相结合，对观众使用情况进行分析，形成用户行为数据，为观众提供更加个性化的服务，提升博物馆的数字化服务水平。这种新型的文化传播方式是博物馆"服务观众型"数字人的雏形，也是元宇宙博物馆的一种初步探索。

（2）实践案例分析

为进一步提高金沙遗址博物馆的国际化、智能化水平和观众参观体验，金沙遗址博物馆积极与科技公司技术团队研究确定技术解决方案，将普通机器人进行了以下几方面的智能扩展升级。一是增加了机器人英文语音识别和语音合成功能，以提升国际化服务水平；二是依托博物馆官方视频账号，开发数据接口，打通机器人和直播平台，实现多平台直播功能，使观众可以通过微信视频号、微博等多平台观看现场直播；三是对机器人的文物语料库、展览解说库、金沙知识库进行定制研发和训练，大语言模型使伴游 AI 机器人成为金沙遗址博物馆中有特色的"数字人讲解员"，如图 7.19 所示。

图 7.19　金沙伴游 AI 机器人

项目组梳理和挖掘金沙专业知识图谱、考古资料、讲解词和通用文化历史词条等进行关联标注、数据治理，搭建金沙自有语料库。通过机器人自学习训练和部分人工监督训练后，"金沙伴游 AI 机器人"变得真正具有智慧、内涵，从而使其在为观众提供展厅讲解、服务咨询和随意聊天的服务过程中更具有趣味性、更人性化，知识更全面，更像人类讲解员的思考和接待方式。就这样，一个原本只具有简单问答能力的机器人，智能水平大幅升级，成为观众喜爱的虚拟数字讲解员。金沙遗址博物馆的"金沙伴游 AI 机器人"是对传统机器人应用的显著突破，不仅提升了博物馆的科技含量，还为观众带来了更加便捷、高效的参观体验。智能机器人将逐渐成为博物馆与观众互动的"桥梁"，帮助博物馆了解观众的需求与兴趣，为博物馆的服务和展览提供更加个性化的支持。

3. 文创开发与个性化营销

（1）技术应用场景

建立博物馆文化产品设计、制作、推介、交易平台，可以提供丰富、快捷、个性化的博物馆文化产品，满足观众把博物馆带回家的诉求。近几年，国内各博物馆逐渐加大对文创产品的研发和关注力度，开发进度较快。文创产品是"文化+科技"的产物，是创意设计的结晶，可以将"高大上"的文化转换为"接地气"的文创产品。文创产品的打造既让传统文化在产品中得到开发和传播，也让制造业有了新的内容和品牌。不管是博物馆衍生品还是旅游商品设计开发，都在积极探索文化创意和设计服务与相关产业融合的模式，使文化的基因植入产品中，增加产品的内涵。

文创开发与个性化营销

互联网技术、三维数字化技术、3D 打印等在文创产品中的应用，使文化传播能力大为增强，将文化的理念注入其他产业，使传统产业焕发新的活力。对于博物馆而言，博物馆衍生商品的开发应该充分体现本地区的历史文化特色和馆藏特色，区域性越显著，全局性就越强。如果各个博物馆都能很好地把握这一点，那么整体而言，博物馆衍生商品就能更全面地反映不同区域、不同文化类型的历史文化特色，使博物馆的文化传承功能得到更好的拓展和延伸。

（2）案例与实践分析

三星堆博物馆在个性化文创营销中应用了多项人工智能技术，并创造了一些具体的案例场景，包括数字 IP 形象"蜀堆堆"的打造、个性化游览路线推送和文创产品生成等，如图 7.20 所示。三星堆博物馆创建数字 IP 形象"蜀堆堆"，通过单目捕捉技术和地图平台，实现线下沉浸式交互和线上小程序导览，以提升游客的文化体验并创造专属记忆。蜀堆堆通过高精度还原技术和实时性交互，提供 600 种以上微表情捕捉，实现专业影视级别的表情捕捉水平以及 50ms 内的捕捉时延，增强了游客的互动体验。蜀堆堆智问答功能让游客在游览过程中参与知识问答，了解三星堆历史文化，挑战成功即可获取"堆堆卡"，提升游客对三星堆文化的兴趣。此外，结合三星堆铜人的标志性动作，蜀堆堆与游客互动时的表情动作设置融合了音乐节奏和表演美感，游客可以模仿相应的动作和表情，与蜀堆堆一同完成"堆堆舞"，提升文化认知与思考。

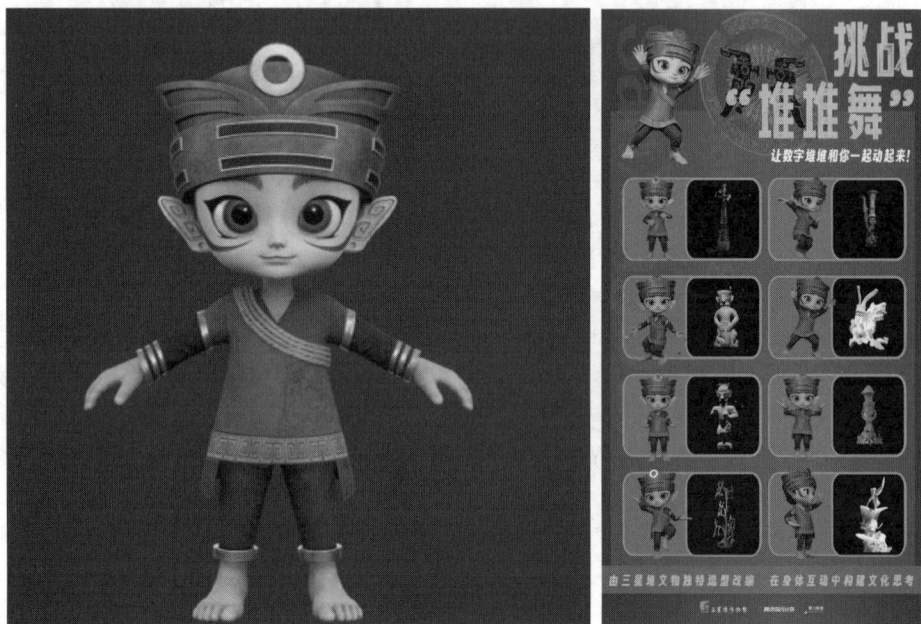

图 7.20 蜀堆堆形象

为提升游客游览体验和博物馆精细化管理水平，蜀堆堆在线上小程序中规划了四条游览路线，包括"镇馆之宝"路线、"神坛奇观"路线、"人像迷踪"路线、"焕新之旅"路线，供游客根据个人喜好选择，实现个性化游览体验，如图 7.21 所示。此外，设计师服务平台"堆友"出品了首个三星堆 AI 风格模型，用户可以通过输入文字或上传参考图，在 AI 模型里成功画出属于自己的三星堆出土文物。这些应用展示了三星堆博物馆如何利用人工智能技术提升游客体验、增强文化互动和传播三星堆文化。通过这些创新的营销策略和技术应用，三星堆博物馆成功地将传统文化与现代科技相结合，为游客提供了更加丰富和个性化的参观体验。

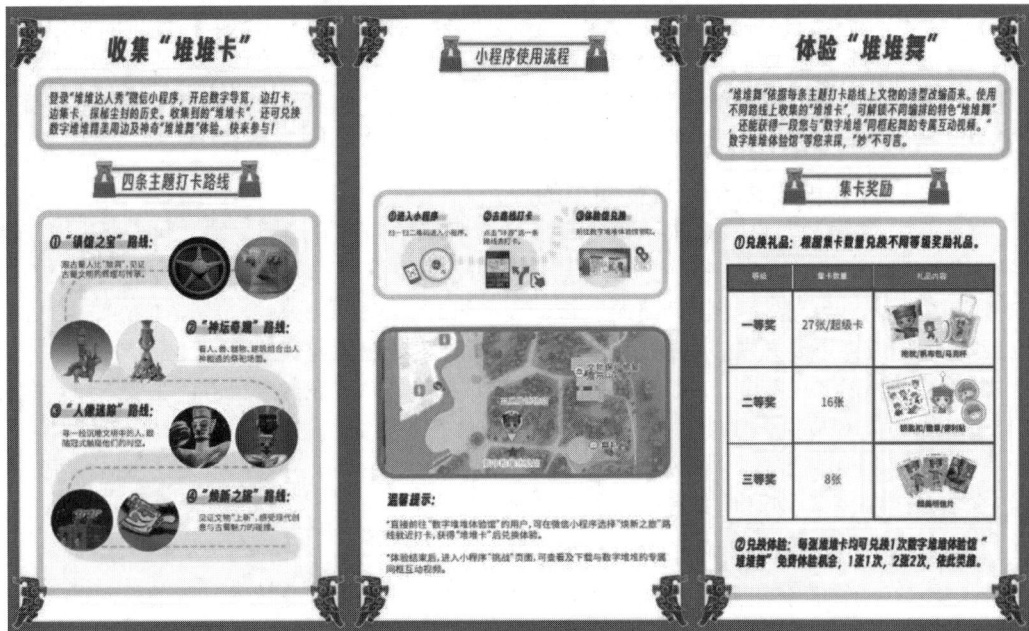

图 7.21　蜀堆堆小程序界面

7.3　未来趋势与发展方向

▶▶▶ 7.3.1　人工智能技术在博物馆中的应用趋势

　　伴随行业应用的不断推广，人工智能技术持续快速地迭代升级，呈现出三大创新发展趋势。一是全模态行业大模型的应用。全模态大模型能够处理和理解多种类型的数据输入，基于海量参数和训练数据，生成多种具有可解释性的数据结果类型以输出，这对于博物馆智能机器人讲解和导览避障等领域尤为重要。二是人机对齐技术的研发。为了确保 AI 模型的输出与人类价值观相符，人机对齐技术变得至关重要。这涉及在设计奖励机制时考虑任务的效率、效益、效果、是否符合伦理标准和 AI 监督模型框架的建立。三是人工智能驱动的科学研究。未来，AI 领域，小规模数据和优质数据越来越受到重视。在高数据精度和强可靠模型的支撑下，AI 技术有望被应用于提高科学研究中假说提出、试验设计、数据分析等阶段的效率和准确性。人工智能技术的创新发展趋势也为博物馆的发展提供新的研究方向。

AI 在博物馆中的应用趋势及发展方向

　　未来，人工智能技术将应用于博物馆保存、修复、展示、体验、发现、创新和传播等全业务条线，为博物馆提供更高效和创新的服务。人工智能技术在博物馆中的应用趋势主要体现在以下几个方面。

1．AI 在增强藏品高效管理与保护中的应用

　　人工智能正在彻底改变文物保护的概念、方法和技术，显著提高效率和准确性。AI 技术在文物数字化、识别与管理、监测与检测以及虚拟修复和展示等方面的应用正在不断扩展。利用人工智能驱动的 3D 扫描等技术，可以更高精度地对文物进行数字化采集，创建更精细

的文物数字化资源。通过机器学习和大语言模型等技术的应用，人工智能技术可以构建更广泛的数字对象数据库，帮助博物馆建立藏品之间未被发现的联系，提高藏品管理与保护的智能化水平。人工智能正在改变博物馆的运营方式，例如通过预测性维护和情感分析等工具，提高博物馆的设备管理和访客满意度分析的效率。

2. AI 在深化博物馆全场景智能中的应用

5G、AI、扩展现实（Extended Reality，XR）技术的应用推动博物馆文化传播进入沉浸式交互媒介时代，为人们带来"感知即交互"的沉浸式文化体验。博物馆资源的开放共享、XR 眼镜的广泛应用、数字文创产品的创新与数字化 IP 授权，以及元宇宙、AI 数字人、数字化治理等，都成为重要方向。AI 可以用于创建虚拟现实或增强现实体验，让公众可以以全新的方式体验文化遗产。其中，XR 技术的应用有望成为进入博物馆数字世界的主要入口，提升实体博物馆的体验深度。AI 数字人的应用也将成为各大博物馆的标配，作为"AI 博物官"提供地图导览、观展陪同、展览讲解、教育活动等服务，还可成为博物馆文化传播大使、品牌形象 IP 代言人等，加深博物馆与大众的情感连接。

3. AI 在提升观众个性化服务中的应用

AI 技术在博物馆观众服务上的应用将在智能导览、图像识别等技术支撑的基础上，侧重大语言模型技术的应用，以数据驱动观众个性化服务需求挖掘，博物馆可以开发更高阶的智能问答机器人或虚拟助手，为观众提供更加个性化的服务。同时，AI 技术也可以同时对博物馆和观众双方进行赋能，优化博物馆的交互叙事实践，使之走向主动交互，鼓励观众参与和使用相关服务，如打造数字化探馆和个性化游览服务，让所有博物馆都可以拥有自己的数字化体验。在增强观众参观体验的同时，也使得大模型的信息输入更加实时和丰富，不断优化提升模型性能。研究用户与 AI 之间的交互在博物馆中的重要性不断增加，包括功能性、接触性和共同体验等用户交互维度。

这些趋势展示了 AI 技术在未来博物馆中广阔的应用前景。未来，博物馆可利用 AI 技术，提供一系列针对博物馆自身需求量身定制的 AI 工具，包括开源 AI 工具、文物藏品数据集和提升服务支撑技能的资源。此外，博物馆可使用 AI 技术提高无障碍性和包容性，例如博物馆可通过提供实时手语翻译和为视障访客提供个性化音频描述，使博物馆对所有访客更加包容和可达。随着技术的不断进步，博物馆将继续探索 AI 的新用途，以提升其创新发展水平。

▶▶▶ 7.3.2　人工智能与博物馆的可持续发展

人工智能技术有助于实现博物馆的文化使命，同时促进社会和经济的可持续发展。然而，技术应用创新与行业健康发展的平衡是一个复杂而微妙的话题，涉及技术发展、社会价值、伦理道德、合作融合等多个方面。因此，如何全面布局，实现人工智能技术与博物馆的良性可持续发展，也是人工智能技术在博物馆中有序、长远应用的关键。

随着人工智能技术在博物馆中的应用越来越普遍，博物馆需要考虑由此带来的技术发展、社会影响、隐私偏见和伦理责任等诸多问题。博物馆需要在保持公共利益和公共领域价值的同时，与 AI 技术的发展保持一致。在技术应用的过程中，博物馆需要保持敏感性，并积极采取措施来解决以下几大问题。

（1）数据隐私和质量偏见问题。博物馆通过使用机器学习和机器视觉等技术，可以更高效地对藏品进行管理和分类，为研究人员和访客提供更好的查询和浏览体验。然而，机器学习算法在处理藏品数据时也存在一些挑战和限制，如数据偏见、误差和隐私安全。数据偏见问题可通过人工验证 AI 元数据标签来解决。面向未来的文物资源数字化治理，通过采集、整理、存储、加工、使用全流程的标准化和知识产权责任明确，能够促进我国博物馆行业数字化创新性与可持续性发展。

（2）政策与机制制定问题。鉴于 AI 可能造成错误信息传播，博物馆在使用 AI 时的透明度至关重要。博物馆应该发布关于如何使用 AI 的声明。博物馆管理部门可以通过 AI 价值观声明的发布，指导博物馆用户以更合理的方式使用 AI。国家的相关政策和法规制定，是保护个人权益、数据安全和博物馆权责，促进人工智能技术持续创新应用的关键。

（3）人员就业与培训问题。AI 的使用引发了对就业问题的担忧，特别是在薪酬较低的博物馆行业。因此，如何平衡 AI 技术的应用和业务人员岗位的设置，如何提升当前博物馆从业人员的技术技能，也成为博物馆中人工智能技术应用需要考量的重要方面。该问题可通过博物馆业务条线的不断梳理和技术培训的及时、有效开展来不断努力解决。

（4）跨界融合与合作问题。技术创新是一个全球性的现象，需要国际合作来解决国际同步、跨界融合问题。跨界融合，即不同领域共创共享人工智能形态，推动理论和方法的创新，加速人文经济高质量发展。这些方式使得技术创新应用的同时，确保博物馆人文价值充分发挥，让人工智能为人所用。

（5）未来发展的伦理问题。随着 AI 技术的发展，博物馆必须解决隐私、偏见和伦理责任等问题。AI 使用边界和伦理监督模型的构建变得尤为重要，必须确保 AI 系统遵循既定原则，减少风险。

本章小结

人工智能技术在博物馆的藏品保护与场馆管理、展览设计与展示、观众服务与体验等多个方面应用广泛。人工智能技术的应用催生出博物馆的新型发展业态，是博物馆创新发展的又一科技革命。值得指出的是，人工智能技术为博物馆带来了新的机遇，同时也带来了伦理和社会挑战。博物馆必须在利用 AI 技术的同时，确保伦理和社会责任问题得到妥善处理，才能保证人工智能技术真正为博物馆所用，才能实现人工智能技术在博物馆中应用的良性可持续发展。希望通过本章的学习，大家能够了解人工智能技术在博物馆中的技术应用路线和成效，正确认识人工智能技术在博物馆中的应用发展趋势。

习题

1．请概述人工智能技术在博物馆发展中的推动和支撑作用。
2．人工智能技术在博物馆中的关键应用有哪些，简要说明。
3．人工智能在博物馆中的技术应用场景有哪些，简要说明。
4．列举具有代表性的智能博物馆应用案例（至少列出 5 个）。
5．人工智能技术在博物馆中的应用呈现哪些趋势？
6．简要分析人工智能与博物馆的可持续发展。

第8章
智能机器人

本章导读

关于智能机器人，很多人都会有这样的疑问：机器人的智能是从哪里来的呢？换一个问法就是：什么样的机器人才是智能机器人呢？

人工智能技术和算法的发展及计算机硬件和网络技术水平的提高为机器人的智能提供了前提和保障。因此，传感器技术、高级算法和人工智能技术、实时计算和处理能力成为了智能机器人必须具备的三种关键技术。作为对现有智能机器人水平的进一步提升和拓展技术，深度学习在机器人的智能发展过程中的应用非常广阔。柔性机器人和软体机器人，以及群体智能与多机器人协作也是研究智能机器人的前沿领域。

本章我们将学习以下内容。
- 为机器人的智能提供支撑的三种关键技术
- 人工智能加持下的机器人
- 智能机器人的主要传感器及其应用
- 智能机器人的前沿探索

8.1 智能机器人的"智能"

智能机器人是当今科技发展的重要产物，也是必然结果。智能机器人能够执行多种复杂的任务，并逐渐成为了我们日常生活和工业生产中的得力助手，且其功能正在逐渐接近人的能力（智能机器人的有些功能甚至已经远远超过了人类的能力水平）。之所以如此，关键是因为智能机器人拥有了"智能"，即具有自主感知、决策和执行任务的能力。

本章有时为了区别智能机器人和人，将智能机器人能够做到某种事情叫作达到了某种功能，而将人类能够做到某种事情称为具有某种能力。

▶▶▶ 8.1.1 为机器人的智能提供支撑的三种关键技术

智能机器人的智能到底来自何方？只有了解它来自何方，才能通过更深入的研究去进一步加强它的"智能"。其实并不神秘，智能机器人的智能源于多种关键技术和系统的整合。

为机器人的智能
提供支撑的三种
关键技术

这些技术和系统就如同人的各个器官协调合作一样，使机器人能够类似人那样感知环境、做出决策并执行任务。这些支撑机器人智能的技术如图 8.1 所示，主要包括传感器技术、高级算法和人工智能技术、实时计算和处理能力这三种。

有必要说明的是，针对智能机器人的关键技术会有各种分析与讨论，本小节采用的是图 8.1 所示的这三种。

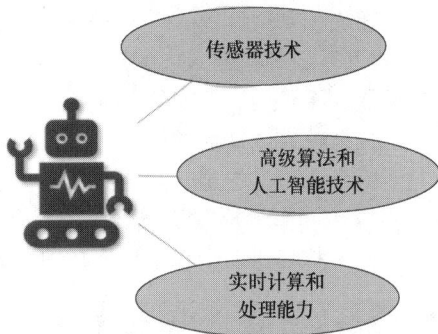

图 8.1 为机器人的智能提供支撑的三种关键技术

（1）传感器技术是机器人具有智能的硬件基础。通过自身搭载的各种类型传感器，机器人能够实时获取外界环境和自身状况的各种数据，包括获得周围环境中的地形、温湿度、障碍物等信息，以及机器人自身的视觉、听觉、触觉、运动状态等信息。这些从不同渠道感知的数据为机器人提供了与外界互动的关键依据。

（2）高级算法和人工智能技术是机器人具有智能的软件基础，能够帮助机器人理解从传感器感知到的数据并据此进行决策。因此机器人具有"智能"的核心来自高级算法和人工智能技术的有机结合。相比于传统的预设程序，智能机器人能够通过机器学习、优化算法等人工智能技术实时分析大量数据，从环境中学习、分析并预测出环境的变化，从而在大模型的支持下形成自主行为，具备更强的应变能力和灵活性。这使得智能机器人具备复杂任务的处理能力，如自主导航、物体识别、路径规划、动作协调和人机互动等。此外，高级算法和人工智能技术还帮助机器人在动态环境中适应变化，优化任务执行效率，并通过不断学习提升工作的精度和安全性。但是需要指出的是，与人类不同，到目前为止的机器人智能还是通过大量数据和复杂的高级算法训练出来的。虽然它们可以在特定任务中表现出高效和精确的智能行为，但至少目前为止与我们所认知的智能还是有差别的。

（3）实时计算和处理能力（简称为算力）可以极大地支持机器人做出快速的反应和调整。这是因为机器人必须在有限的时间内对感知到的各种信息进行同步处理与融合，同时还要结合既定目标立即制定出最优的行动方案。一旦机器人拥有了这种实时计算和处理能力，就可以在动态环境中完成复杂的任务，比如导航、避障和任务规划等。

因此，机器人的智能在本质上是硬件（如传感器、计算单元）与软件（如算法、AI 模型）的深度融合，这种融合使其具备了接近人类的学习、适应和执行能力。

▶▶▶ 8.1.2 人工智能加持下的机器人

前面已经提到，在有了硬件和算力保障之后，高级算法和人工智能技术能够帮助机器人理解感知到的数据并据此进行决策，因此它处于图 8.1 所示机器人的三种关键技术的中间位置，起到了贯穿作用。而机器人也只有在人工智能的加持下才能够具有"智能"。人工智能在机器人领域的应用已经有了很多的成功案例。本小节将介绍几个典型的应用领域，包括环境感知与环境理解、决策与规划、自主学习与自适应、人机交互以及自主操作与执行。

人工智能加持下的机器人

1. 环境感知与环境理解

人工智能在机器人的环境感知与环境理解领域具有非常明显的优势。下面分别介绍在图像识别与处理、语音识别与自然语言处理、环境感知与地图构建这三个方面中的应用，并且在每个方面都列举了两个应用案例。

（1）图像识别与处理

① 视觉系统在机器人中的应用

在机器人系统中，视觉系统是机器人的"眼睛"，能够帮助机器人感知并理解其周围的环境。视觉系统通过捕捉图像和视频，实时提供关于环境的关键信息，使机器人能够识别物体、判断距离、确定位置，并据此做出相应的反应。例如在智能驾驶时，如图 8.2 所示，环境中的摄像头和车辆搭载的摄像头就可以通过实时捕捉道路上的各种信息自动地识别出交通信号、行人和其他车辆等，从而帮助汽车做出安全决策。

图 8.2　利用摄像头实时捕捉道路上的各种信息

② 基于深度学习的图像分类与物体识别

深度学习是有效提升机器人视觉识别能力的核心技术之一。通过构建卷积神经网络（CNN），机器人可以从大量图像数据中学习如何准确地识别物体，并根据特定的视觉特征进行分类，例如仓储机器人能够通过深度学习模型分析摄像头拍摄的图像，从而自动识别出不同种类的货物并进行分拣。如图 8.3 所示，工业机器人还可以通过识别零件的形状和尺寸，精准地执行装配或焊接任务。这种基于深度学习的智能识别系统使机器人在不断变化的环境中动作更加灵活、准确。

结合了深度学习的图像识别技术使机器人具备了接近甚至超越人类视觉识别能力的潜力，目前已经被广泛应用于医疗诊断、无人机监控、自动化生产等领域。

（2）语音识别与自然语言处理

① 语音指令的识别与执行

语音识别是人与机器人进行自然交互的重要途径之一，是机器人的"耳朵"。通过语音识别技术，机器人还能够将人的声音信号转换为文字或指令，并对其做出相应的反应。这样就极大地方便了人与机器人之间的互动，使机器人能够直接理解并执行由人发出的语音指令。

典型的应用场景如图 8.4 所示，小爱同学、Alexa、Google Assistant 等智能家居助手或服务机器人都可以通过用户的语音指令来完成任务，例如播放选定的音乐、设定闹钟或控制家电设备开关等工作。这一功能的实现依赖于先进的语音处理算法，使得机器人即使是在嘈杂的环境中也能够准确识别并"理解"用户的声音。

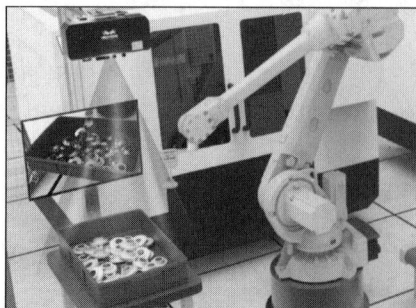

图 8.3　智能识别零件

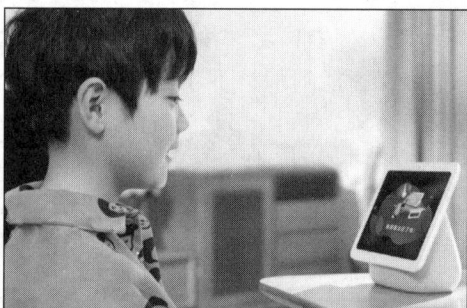

图 8.4　"小爱同学"与人交流

② 机器人对自然语言的理解与互动

自然语言处理（NLP）技术使得机器人不仅能够识别语音，还能够理解语句的含义并与人进行类似对话的互动。这种功能超越了简单的指令执行，它允许机器人回答复杂的问题，甚至能够结合上下文进行一定程度的"推理"，如图 8.5 所示。NLP 技术的核心在于让机器人理解语言的语法、语义和上下文，从而推断用户的真实意图，例如在客服机器人或聊天机器人中，NLP 可以帮助机器人理解客户的询问内容并提供相应的回复。

（3）环境感知与地图构建

① 激光雷达、传感器阵列的应用

激光雷达和传感器阵列也是机器人进行环境感知的关键技术。激光雷达通过发射激光束并测量返回时间来创建周围环境的

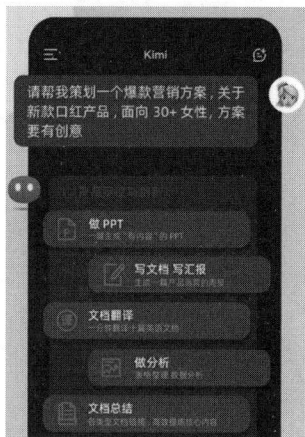

图 8.5　Kimi 与人的互动

精确三维模型，以此来帮助机器人识别障碍物、确定距离和感知空间布局。传感器阵列则包括各种测距传感器、光学传感器、红外传感器等，在它们的协同作用下提供实时的环境信息。

这些传感器让机器人能够在动态、复杂的环境中自由移动，并在确保安全和效率的前提下对周围的变化做出即时反应。传感器使智能驾驶、无人机、物流机器人等实现了自动导航和躲避障碍物，如图 8.6 所示。

图 8.6　智能驾驶机器人在路上行驶

② 同步定位与地图构建技术

同步定位与地图构建（Simultaneous Localization and Mapping，SLAM）技术使机器人能够在未知环境中同步进行定位和地图的构建。通过 SLAM，机器人可以一边移动一边绘制出周围环境的地图，同时准确确定自己的位置。SLAM 技术结合了传感器数据和算法，可以处理复杂的环境变量并适应动态场景。因此，应用 SLAM 技术的机器人在无须预先设定地图的情况下就能高效完成自主导航的任务。

SLAM 技术在各类智能机器人的应用中非常重要。例如家用扫地机器人使用 SLAM 技术在家中绘制房间地图来优化清扫路径，智能驾驶汽车依靠 SLAM 技术实时感知并绘制道路和周边环境以确保安全行驶，而无人机也利用 SLAM 技术实现自主飞行和环境监测，如图 8.7 所示。这种技术让机器人具备了在未知或不断变化的环境中的自主移动功能，极大提升了适应性和灵活性。

图 8.7　无人机利用 SLAM 技术实现
自主飞行和环境监测

2. 决策与规划

人工智能在机器人的决策与规划领域也具有很大的应用优势。下面分别介绍在路径规划与导航、任务调度与多机器人协作这两个方面中的应用。

（1）路径规划与导航

① 机器人的自主导航与避障技术

机器人在很多应用中都需要自主导航以完成任务，例如仓储机器人在仓库中自主移动、送货机器人在城市道路上自动行驶、无人机在空中飞行等。

自主导航技术使机器人能够根据环境信息来规划移动路径，同时避开障碍物，以确保其安全、高效地完成任务。这种技术依赖于机器人搭载的传感器系统，如激光雷达、摄像头、超声波传感器等，通过感知环境中的障碍物，实时做出避障和调整。如图 8.8 所示，在物流中心的机器人可以自动检测到前方障碍物并及时改变方向，选择更安全的路径继续前进，实现自动分拣。

图 8.8 物流中心的机器人自动分拣

② 动态环境下的路径优化与实时调整

在动态环境中，机器人不仅要避开静态障碍物（例如静止的树木、建筑物），还需要应对不断变化的场景（例如行人、行驶的车辆或其他移动物体）。通过人工智能和深度学习算法，机器人能够实时分析周围的变化并对路径进行动态调整。在这类复杂场景下，机器人只有不断优化路径规划才能确保快速、准确地到达目的地。例如，在智能驾驶时车辆必须根据道路状况、交通信号和周围行人的行为快速做出路径调整。此时人工智能通过分析传感器收集的数据，实时计算出最佳的行驶路线，以确保车辆安全运行。

而在图 8.9 所示的配送机器人或扫地器人中，动态环境下的路径规划帮助其在城市或室内环境中灵活应对障碍，避免碰撞并提高了执行任务的效率。

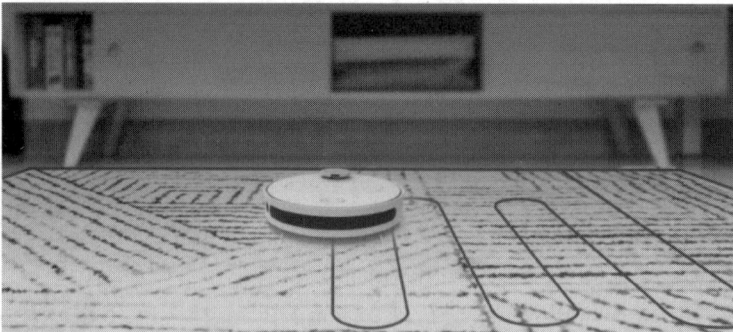

图 8.9 扫地机器人的路径规划

自主导航和路径优化技术的广泛应用，不仅提升了机器人在工业、服务等领域的工作效率，还在医疗、救援等复杂场景中发挥了重要作用。

（2）任务调度与多机器人协作

① 多任务下的智能分配与调度

在复杂的工作环境中，机器人通常需要同时处理多个任务。例如，仓储机器人可能需要同时完成搬运、分类、包装等多项任务。为了确保任务的高效完成，任务调度系统会利用人工智能算法对任务进行智能分配，以确保资源的最优利用。任务调度系统会根据任务的优先级、时间要求和机器人当前状态，自动进行任务分配和调度，使每个机器人都能在合理的有限时间内完成最适合的工作。

这种智能分配不仅能够提高效率，还能够通过实时监控任务的进展来灵活调度任务顺序。例如在制造业中，任务调度系统可以根据生产线的实时需求动态分配装配、检测、搬运等任务，以确保各环节紧密衔接，如图8.10所示。通过这种方式，系统能够最大限度地减少机器人的空闲时间，提升整体工作效率。

图8.10　机器人在搬运货物

② 多机器人协同工作中的协同算法

在需要多机器人协作的场景中，协同工作是非常重要的。为了实现多机器人之间的有效合作，人工智能算法被用来协调机器人之间的任务分配和行动规划。协同算法能够使多个机器人在不互相干扰的情况下完成各自的任务，同时还能够进行信息共享和相互支持。通过这种方式，机器人集群就可以像一个高效的团队一样运作，实现分工协作、实时调整。例如在物流仓库中，一个机器人负责搬运货物，而另一个机器人负责分类或包装。为了避免碰撞和任务冲突，人工智能协同算法会实时监测每个机器人的状态和位置，动态调整各个机器人的行动轨迹、工作速度和任务优先级。

这种协同算法还能够应用于多架无人机的编队飞行（见图8.11），以及智能驾驶车队的协作等场景中。多机器人协作能够完成单个机器人无法独立完成的复杂任务，如大规模区域的监测、集体搜救等。因此，多机器人协作远远超越了一个机器人的工作能力，大大提升了执行任务的效率、精度和灵活性，使其在工业生产、物流配送、救援行动等领域发挥着越来越重要的作用。

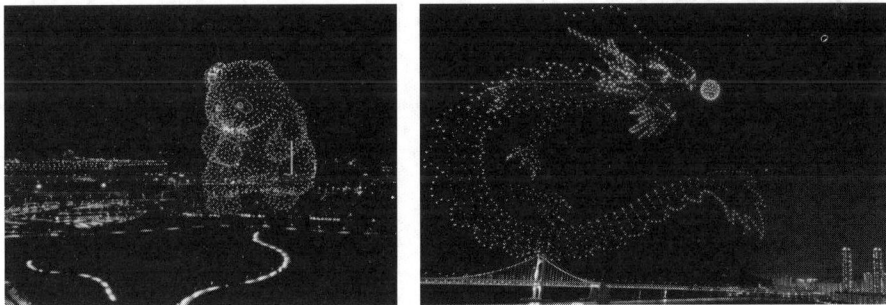

图8.11　多架无人机的编队飞行

3. 自主学习与自适应

人工智能在机器人的自主学习与自适应领域也具有很大的应用优势。下面分别介绍在机器学习与行为调整、强化学习与持续优化这两个方面中的应用。

（1）机器学习与行为调整

① 基于历史数据的行为优化

机器学习为机器人提供了基于历史数据的学习能力，使其能够从过去的经验中不断优化

自主学习与自适应

自己的行为表现。在实际应用中，机器人会根据大量的历史数据进行学习，并通过反馈机制调整行为。例如，在智能驾驶领域，汽车能够通过分析驾驶过程中积累的大量历史数据以逐步优化决策过程，从而提高对道路情况的判断能力，减少直至避免错误的发生。

图 8.12　机器人进行焊接工作

行为优化不仅局限于单次任务的完成，更多地体现在机器人对长期任务执行效率的提升。例如在工业生产中，如图 8.12 所示，机器人可以通过学习大量生产过程中的历史数据逐渐提高对装配、焊接等任务的精准度和速度，减少错误率，提高整体效率。

② 自主适应不同任务和环境

机器学习还使机器人具备了自主适应不同任务和环境的能力。通过不断学习不同场景下的环境特征，机器人能够在面对未知或变化的环境时做出相应的调整。这种自主适应性在各种复杂环境中都具有广泛的应用，例如一个服务机器人能够根据不同用户的行为习惯调整自身的服务方式。

如图 8.13 所示，在复杂的户外环境中，无人机可以根据气候、地形等变化，自主调整飞行策略，以确保任务的成功完成；在物流仓库中，物流机器人同样可以在不同的货物布局下灵活调整搬运路径；在医疗领域，手术机器人可以根据病人的情况进行微调，以确保操作的安全性与精准度。通过这种对外界环境的感知、学习和调整，机器人变得更加灵活、智能，能够执行不同场景下的任务。

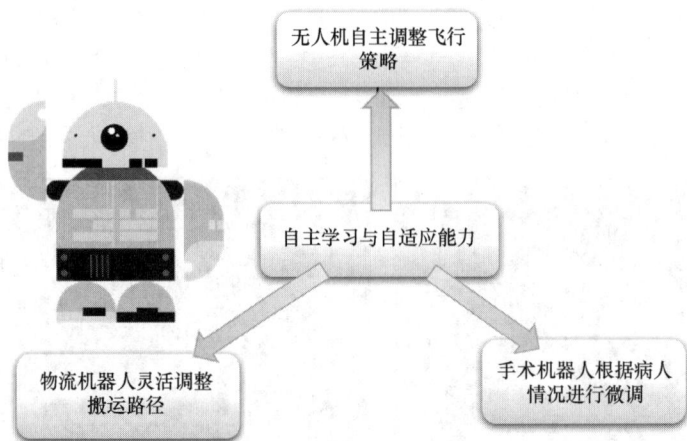

图 8.13　自主适应不同任务和环境的应用

自主学习与自适应是使机器人变得"智能"的关键技术之一，它赋予了机器人在不断变化的环境中保持高效运行的功能，并且能够随着任务的复杂度增加而逐步提升自身的表现水平。

（2）强化学习与持续优化

① 通过反馈系统优化任务执行

强化学习是一种通过反馈系统不断优化机器人任务执行功能的技术。在强化学习中，机器人通过与环境的交互获取反馈信息，这一点类似奖励与惩罚机制。机器人根据这些反馈不断调整自身的行为以提升任务完成的效果。每当机器人做出正确的决策时，它会从反馈系统中获得"奖励"，从而鼓励它在未来类似情况下重复该行为；反之，当机器人做出不恰当的决策时，它将接收到"惩罚"，促使其避免类似错误，如图 8.14 所示。

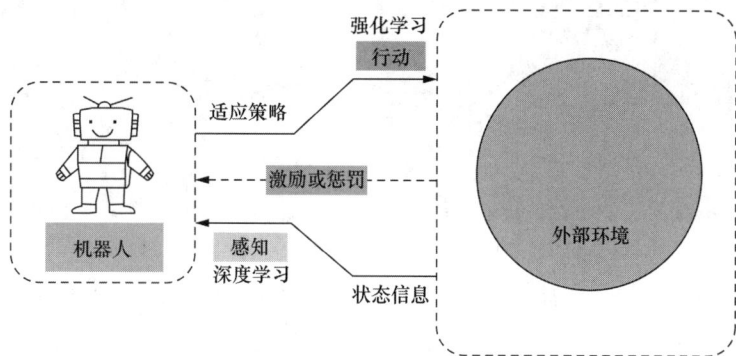

图 8.14　机器人的反馈系统

这种反馈系统广泛应用于智能驾驶、机器人操作和游戏等领域。例如，在机器人的装配任务中，强化学习帮助机器人通过不断尝试和反馈来学习最有效的动作顺序，从而减少时间和资源消耗，提升生产效率。通过这种方式，机器人能够以自我改进的方式完成任务，无须人为干预。

② 实时学习与决策调整

强化学习的一个重要优势是能够进行实时学习和决策调整。机器人在执行任务的过程中会持续接收来自环境的实时信息，它能够依据新的数据不断更新行为策略。通过这种实时学习机制，机器人可以在复杂和动态的环境中更好地适应任务需求并根据环境变化进行决策优化。例如，在动态环境中的自主导航机器人会通过实时数据更新路径规划算法来规避新的障碍物并优化导航路线。

这种持续优化技术在动态任务场景中尤为重要。如图 8.15 所示，在农业中，强化学习帮助无人机可以根据实时的气象数据、地形变化以及交通情况进行决策调整，帮助农民进行施肥和药物喷洒。而在复杂的仓储环境中，机器人可以通过持续学习来提升路径规划、搬运等任务的效率，实时根据库存变化和任务优先级进行调整。

强化学习与持续优化技术使机器人能够在复杂、动态的环境中自主学习和改进，提升了机器人的自主决策功能和任务执行效率。这种技术的广泛应用为机器人在工业、服务、交通等领域中的智能化发展奠定了基础。

4. 人机交互

人工智能在人机交互领域中的应用也是遍地开花。下面分别介绍人工智能在人类动作与行为识别、机器人与人类协作这两个方面中的应用。

（1）人类动作与行为识别

① 人类手势、表情的识别与反馈

在人机交互的过程中，机器人不仅需要理解语言，还需要通过识别和理解人类的动作和表情来进行更自然的互动。通过计算机视觉技术，机器人可以识别出诸如手势、面部表情等非语言信号。例如通过手势识别，服务机器人能够理解用户挥手表示"停止"或指向某件物品让机器人取回等指令。此外，面部表情识别技术可以让机器人分析人类情绪，从而调整自身的反应。如图 8.16 所示，当机器人检测到人的笑脸时可以进行友好的回应，而当机器人检测到用户的困惑表情时则提供进一步的解释和说明。

图 8.15　无人机进行药物喷洒

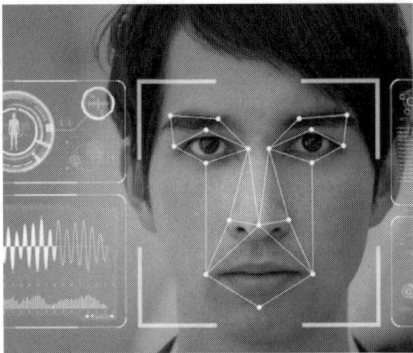

图 8.16　机器人识别面部表情

这种基于视觉的交互方式使机器人能够更加贴近人类的沟通方式，特别是在需要无声互动或无法使用语言指令的特定场合下，它增强了机器人的适应能力。例如在医疗康复训练时，机器人可以根据患者的动作和表情反馈及时调整康复训练的强度或方式，从而提升治疗的效果。

② 基于 AI 的人类行为预测与反应

除了识别当前的动作和表情，人工智能还能够帮助机器人进行人类行为的预测并基于预测结果做出反应。通过对大量行为数据的学习，机器人可以在交互过程中推测出用户的下一步动作或意图。例如在协作机器人系统中，机器人可以根据操作人员的手部动作预测下一个工具需求并提前准备好工具。这种预判能力极大地提升了人机协作的效率和流畅性。

另一个应用场景是在智能家居中，如图 8.17 所示，机器人可以通过分析用户的日常行为习惯预测其需求并主动提供帮助。例如，当检测到用户从沙发上起身并走向门口，机器人可以预测用户可能准备出门，这时就可以主动关灯或锁门。这种基于 AI 的行为预测让机器人能够更好地适应和服务人类的日常生活，使其更加智能和便捷。

通过结合手势、表情识别以及行为预测技术，机器人在与人类交互时变得更加智能、自然和高效。这样不仅提升了人机交互

图 8.17　智能家居

的质量，还让机器人能够更加精准地满足人类的需求，从而在服务、医疗、家庭等领域发挥重要作用。

（2）机器人与人类协作

① 工业机器人与操作人员的智能协作

在工业制造领域，机器人与操作人员的智能协作大大提升了生产效率和安全性。传统的工业机器人往往在固定区域内执行重复性任务，而智能协作机器人则能够在与操作人员共享的工作空间中协同工作。通过人工智能和传感器技术，这些机器人能够实时感知操作人员的动作，从而确保在协作过程中避免碰撞和误操作。例如在装配线上，协作机器人可以与操作人员并肩作业，完成较为复杂的操作，如部件的精确安装或工具的传递。

智能协作机器人通过 AI 算法还能够学习和适应操作人员的操作习惯，逐渐优化自身的工作效率。例如操作人员负责需要灵活判断的工作内容，而机器人则处理精确、重复性的任务，这种人机协作提高了整体生产质量和速度。特别是在危险或高强度的工作环境中，协作机器人还可以承担操作人员难以胜任或危险性高的任务，如图 8.18 所示，从而提高操作人员的安全性。

图 8.18　机器人在执行危险性高的任务

② 医护工作者与服务机器人的人机互动

在人机协作的医疗和服务领域，机器人通过与医生、护理人员或用户的互动来提供高效、个性化的服务。如图 8.19 所示，手术机器人不仅能够提高手术的精度，还能减少手术的侵入性、缩短康复时间。医生通过控制台指挥手术机器人执行高精度的操作。手术机器人在外科手术中与医生紧密协作，具有传统手术无法比拟的优势。

在服务行业中，服务机器人通过与人类的互动提供自动化的日常帮助，如图 8.20 所示。例如在养老院或医院中，服务机器人可以协助护理人员照顾老年人或患者，帮助执行一些简单的护理任务，如送药、提醒用餐、陪伴聊天等。通过人工智能技术，服务机器人还能够理解患者的一些需求，并根据其习惯和健康状况调整服务方式。机器人不仅能够减轻护理人员的工作负担，还能够为患者提供更个性化、贴心的照顾。

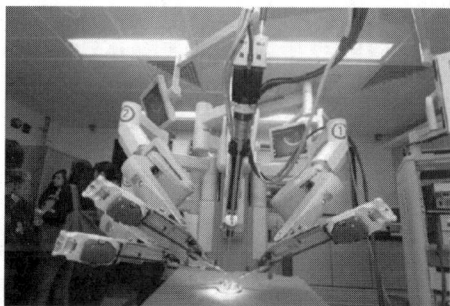

图 8.19　机器人"主刀"的手术

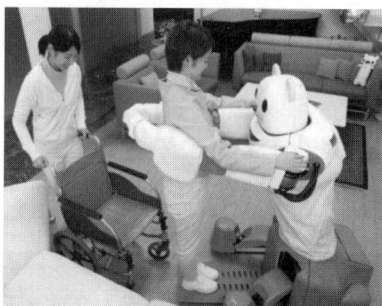

图 8.20　服务机器人可以协助护理人员照顾患者

无论是在工业还是在医疗服务领域，机器人与人类的协作在逐步改变工作模式，使人类与机器人能够发挥各自的优势，以使任务高效、精准、安全地完成。

5. 自主操作与执行

下面讨论人工智能在机器人的自主操作与执行领域中的应用，包括动作控制与精度、复杂任务的自动化执行这两个方面。

（1）动作控制与精度

① 机器人操作臂的精细操作与控制

在机器人自主操作与执行中，精细操作与控制是至关重要的环节，尤其是在涉及复杂任务的场景中，如制造、医疗和服务行业。机器人操作臂的精细操作依赖于高度复杂的运动控制系统和精确的传感器。机器人操作臂能够通过多轴运动执行精密的操作，图 8.21 所示为机器人操作臂工业装配线上完成小零件的精确安装，机器人操作臂还可以在医疗手术中执行微创手术。在这些过程中，机器人操作臂必须具备极高的动作精度以确保任务的成功完成。

自主操作与执行

为了满足精细操作的要求，机器人操作臂通常结合了多种传感器技术，如力传感器、位置传感器和视觉传感器，以实时感知和调整其动作。例如在装配任务中，机器人能够根据力反馈自动调整其抓取力度，避免损坏零件或未能稳固抓取等情况。这种精确控制的能力使机器人能够胜任高精度、高要求的操作任务。

图 8.21　机器人操作臂通过多轴运动执行操作

② 基于人工智能的机器人动态调整

通过人工智能技术，机器人不仅能够精确执行预定的操作，还能够在操作过程中根据环境变化进行动态调整。AI 赋予了机器人自主学习和实时适应的能力，使其能够在复杂或未知的环境中灵活应对。机器人可以通过机器学习算法不断优化其动作控制，从而提升操作的效率与精度。例如机器人在执行任务时，可能会遇到意外的障碍物或任务对象位置的微小变化。通过 AI，机器人能够分析当前环境数据并快速做出反应，调整动作路径或抓取策略，从而避免任务失败或损坏目标物体。在物流、制造和医疗等行业，这种动态调整功能尤为重要。例如在医疗领域，手术机器人需要根据实时的生理数据调整手术操作，以确保手术过程中的安全性和精准性。

AI 增强了机器人在复杂任务中的灵活性与自主性，使其不仅能够执行高精度任务，还能根据环境的变化进行动态调整和优化，以确保任务的顺利完成。

（2）复杂任务的自动化执行

① 高精度任务的自动化执行

在高精度任务中，机器人不仅需要具备卓越的控制力，还需要自主完成复杂且精密的操作。例如，手术机器人在医疗领域中的应用为高难度的微创手术带来了前所未有的精准性。手术机器人可以在医生的引导下，通过极其精确的动作达到手术过程中人手无法企及的精度，尤其是在非常狭小或敏感的区域工作。

借助先进的 AI 技术，手术机器人能够根据患者的实时生理数据进行自主调整，动态优化手术方案。如图 8.22 所示，达芬奇手术机器人能通过高清摄像头和精密的机器人操作臂，放大医生的操作细节，减少操作误差，降低手术的侵入性并加快患者的康复速度。此外，机器人还能够借助机器学习，不断从过去的手术数据中学习和优化操作路径，为未来的复杂手术提供更优的解决方案。

图 8.22　达芬奇手术机器人

② 工业生产中的智能化操作

在工业领域，复杂任务的自动化执行已经成为智能制造的重要组成部分。工业机器人能够在生产线上执行高度复杂的任务，从物料的搬运到精密零件的组装，甚至是检测和修复。通过 AI 驱动的自动化系统，工业机器人可以实时感知生产环境中的变化并自动优化操作流程。如图 8.23 所示，在汽车制造中，机器人能够自主完成车体焊接、喷涂等任务，并根据不同车型或配置要求进行调整。这种智能化操作显著提升了生产效率和产品质量。

人工智能赋予了工业机器人更高的灵活性，使它们能够适应动态的生产需求。智能机器人可以根据生产要求的变化，调整操作顺序和任务优先级。如图 8.24 所示，在物流仓储领域，机器人不仅可以自动分拣和搬运货物，还可以根据库存动态和订单优先级自动调整工作计划。这种高效且灵活的操作模式大大提高了生产和供应链的响应速度。

图 8.23　机器人自主完成车体焊接

图 8.24　物流仓储自动分拣

机器人能够将复杂任务自动化地执行，在医疗和工业等高精度领域展现了强大的能力。借助人工智能，机器人不仅可以执行预定任务，还可以根据实时数据进行自主决策和优化，以确保任务的高效和精确执行。

8.2　智能机器人的主要传感器及其应用

传感器是智能机器人感知外界环境和自身状态的基础。通过多种传感器，机器人能够感知环境和自身的各种信息。以下是几种常见传感器及其在机器人中的应用。

1. 视觉传感器

视觉传感器相当于人的眼睛，可以通过捕捉图像和视频，帮助机器人识别物体、监测环境以及实现人机交互。在生活中常见的应用视觉传感器的机器人有很多，例如仓储机器人、智能驾驶汽车、家庭服务机器人等，如图 8.25 所示。

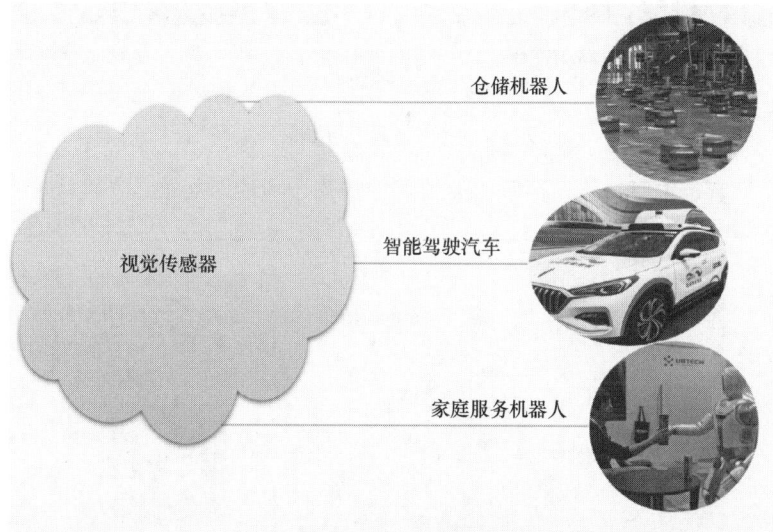

图 8.25　视觉传感器的应用

（1）仓储机器人如图 8.26 所示，在现代物流和仓储管理中扮演着越来越重要的角色。通过摄像头及先进的视觉识别技术，这些机器人能够高效、准确地识别和处理各种类型的物品，从而极大地提升了仓储操作的效率和准确性。

图 8.26　仓储机器人

（2）智能驾驶是当今科技领域的一个重要发展方向。如图 8.27 所示，通过视觉及其他传感器，智能驾驶汽车能够感知周围环境。视觉传感器可以捕捉道路两旁悬挂的或地面上的交通标志，通过图像处理和机器学习算法对标志进行识别，从而准确识别交通标志、车道线和行人等，在复杂的道路环境中实现安全、可靠的智能驾驶。

（3）家庭服务机器人正在逐步成为现代智能家居的重要组成部分。它们通过视觉传感器和先进的图像识别技术，能够准确识别家庭成员。如图 8.28 所示，通过记录和分析家庭成员的面部特征，家庭服务机器人可以区分不同的家庭成员并为每个人提供个性化服务。

图 8.27　智能驾驶汽车

图 8.28　家庭服务机器人

2. 声音传感器

声音传感器使智能机器人能够接收和处理声音信号，实现与人类的语音交流。例如实现声音检测以及声音定位等功能，声音传感器可以应用于智能家居助理、商场服务机器人、安防机器人等，如图 8.29 所示。

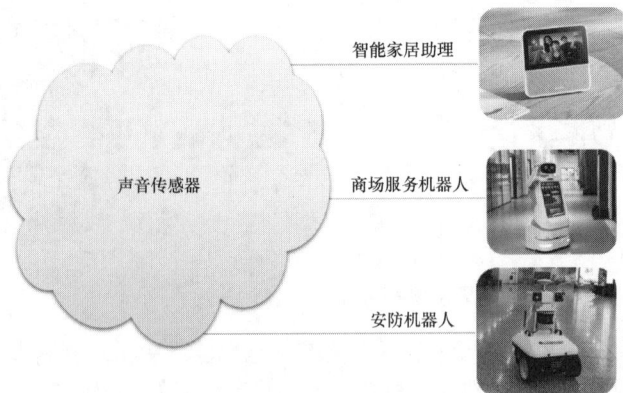

图 8.29　声音传感器的应用

（1）声音传感器被广泛应用于智能家居助理，如小米公司的小爱同学（见图 8.30）和华为公司的智慧屏（见图 8.31）等都是现代家庭中越来越普及的设备。它们利用声音传感器接收用户的语音命令并提供一系列便利的服务，包括天气预报、播放音乐、控制智能家居设备等。这些智能家居助理拥有先进的语音识别和自然语言处理技术，使得用户能够使用自然语言与它们进行交互。

图 8.30　小米公司的小爱同学

图 8.31　华为公司的智慧屏

（2）服务机器人在日常生活中的应用越来越广泛，被广泛应用于酒店和商场等场所。如图 8.32 所示，服务机器人通过内置的声音传感器接收和处理顾客的语音命令，从而提供相应的服务和帮助。这些机器人能够与顾客进行自然的语音交流，其主要功能包括迎宾、指引、回答问题以及处理服务请求等。通过捕捉并分析顾客的语音指令，服务机器人实现了高效的互动，不仅提升了服务质量，还显著改善了顾客的整体体验。

（3）声音传感器在安防机器人（见图 8.33）中的应用主要体现在监测环境声音、识别异常声音以及协助报警等方面。安防机器人利用声音传感器实时捕捉周围环境中的声音信息，例如识别玻璃破碎、异常嘈杂、求救声等潜在威胁或突发事件的声音。一旦检测到异常声音，安防机器人可以立即触发报警系统，同时通过无线通信设备通知安保人员。此外，安防机器人还能够与监控摄像头等其他传感器联动，提供多维度的安全防护，提升场所的安全性和监控效果。

图 8.32　商场服务机器人

图 8.33　安防机器人

3. 触觉传感器和压力传感器

触觉传感器和压力传感器在机器人中的应用使得机器人能够感知与外部环境的接触状态和接触时的压力变化，从而执行更加精细和安全的任务。触觉传感器使机器人具备类似人类皮肤的感知功能，能够感知触摸、摩擦、温度变化等信息。而压力传感器则用于测量施加在机器人身体或手臂上的力，帮助机器人精确感知其与物体之间的相互作用力，特别是在抓取和搬运物体过程中，可以确保力度适中，避免损坏物体或失手。如图 8.34 所示，触觉传感器和压力传感器可以应用于手术机器人、康复机器人、工业机器人等。

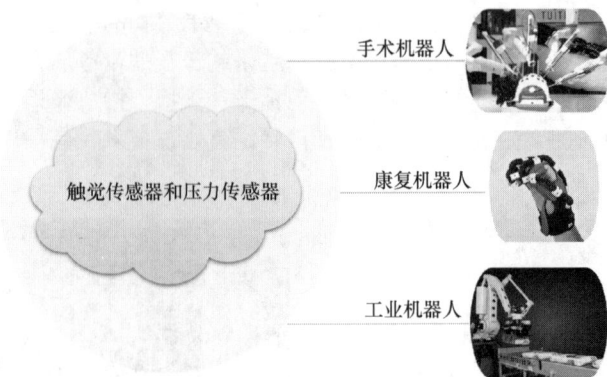

图 8.34　触觉传感器和压力传感器的应用

（1）在外科手术中，压力传感器帮助手术机器人精确控制施加的力，以避免对患者组织的损伤。手术机器人在执行各种操作时，需要精准控制施加的压力，以保证手术的安全性和效果。例如在进行组织切割时，压力传感器能够实时监测施加在刀具上的力，确保切割力度适中，避免过度切割或未能完全切割，从而减少对组织的损伤。在缝合过程中，压力传感器帮助机器人调整针脚的力度，确保缝合线的张力合适，既不会使缝线过松，也不会过紧，确保伤口可以愈合。

（2）压力传感器能够实时监测康复机器人对患者施加的力，根据患者的具体需求和治疗进度进行调整，以确保患者在康复过程中保持正确的姿势和力量分布。通过反馈机制，机器人还可以根据患者的能力逐步增加训练强度，提供个性化的康复训练。

（3）在制造业中，压力传感器帮助工业机器人精确抓取和搬运产品，尤其是在装配电子元件等需要精细操作的任务中，以确保工业机器人对物体施加的力不会损坏精密部件，实现精确、高效、安全的作业。

4. 距离传感器

距离传感器，如红外传感器和超声波传感器等，在机器人中的应用十分广泛，主要用于测量机器人与周围物体或环境之间的距离，以确保机器人在运动过程中能够及时避开障碍物。这类传感器帮助机器人感知环境，实现避障、导航、精准操作等功能。如图 8.35 所示，距离传感器可以应用于扫地机器人、自主移动机器人、焊接机器人等。

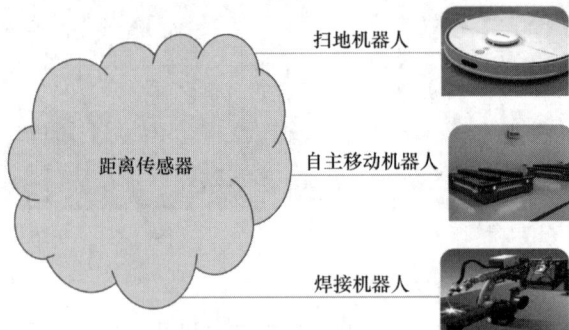

图 8.35　距离传感器的应用

（1）距离传感器在扫地机器人中主要用于检测周围环境中的障碍物、墙壁和家具位置，帮助机器人进行路径规划和避障。通过实时测量与物体的距离，机器人能够智能地调整行进路线，避免碰撞，并确保覆盖整个清扫区域。此外，距离传感器还协助机器人在清洁边缘和狭窄空间时进行准确导航，提升清洁效率和效果。

（2）距离传感器在自主移动机器人中主要用于感知环境、检测障碍物并进行路径规划。通过实时测量与周围物体的距离，机器人能够自主避障，并根据环境变化动态调整行进路线，以确保安全、高效地到达目标位置。此外，距离传感器还帮助自主移动机器人构建和更新地图，提升其在复杂或未知环境中的导航和作业能力。

（3）距离传感器在焊接机器人中主要用于检测焊接表面和焊缝的位置与形状，以帮助机器人精确定位焊接点。通过实时测量焊枪与工件之间的距离，距离传感器能够确保焊接过程中保持稳定的间距，提升焊接质量和精度。此外，距离传感器还能帮助机器人在复杂或不规则表面上进行自动调整，避免焊接缺陷并提升生产效率。

8.3 智能机器人的前沿探索

▶▶▶ 8.3.1 深度学习在智能机器人中的应用

深度学习作为人工智能的核心技术，已经在智能机器人的发展中起到了至关重要的作用。深度学习通过模拟人脑神经网络的结构，使机器人能够从大量数据中自动学习和提取特征，以实现复杂任务的自主决策和执行。它不仅提升了机器人在环境感知、理解和自我调整等方面的功能，还推动了机器人在多个领域的应用突破。

1. 感知与环境理解

深度学习极大增强了机器人对环境的感知与理解能力。通过卷积神经网络（CNN）等深度学习模型，机器人可以进行高效的图像识别和处理，理解周围环境的三维结构、物体分类及位置。例如，在智能驾驶汽车中使用深度学习处理从摄像头和激光雷达输入的信息，就可以帮助识别道路、行人、车辆和障碍物，从而做出精确的导航决策。同样，服务机器人通过深度学习模型可以识别日常的物体和被服务的人员，通过语义分割理解复杂场景，从而完成抓取物体或做家务等任务。

2. 自主决策与运动规划

深度学习不仅可以帮助机器人进行感知，还可以帮助机器人做出智能决策。在自主决策方面，强化学习是一项关键技术。通过与环境交互并从中获取反馈，机器人可以在多轮试验和优化中不断调整策略，逐步学会如何在复杂、动态的环境中行动。强化学习在机器人运动控制中的应用尤为显著，例如训练机器人手臂的精准抓取、无人机的路径规划和避障等。通过这种技术，机器人能够在未知或复杂环境中自动找到最优路径或行动方案，显著提高了灵活性和适应性。

3. 语音识别与自然语言处理

深度学习同样在智能机器人的语音识别和自然语言处理中发挥了重要作用。基于深度神经网络的语音识别技术，机器人可以更准确地理解人类语言，并通过自然语言处理技术直接与用户交流。例如，家庭服务机器人通过自然语言处理能够听懂语音指令，理解用户需求，并根据任务类型做出相应的响应。这种应用还广泛体现在智能助手、客服机器人和智能家居系统中，使机器人能够与人类进行更自然的交互。

4. 自主学习与自适应能力

深度学习赋予了智能机器人自主学习的能力。在传统的编程方法中，机器人只能执行预先定义的任务，而深度学习使机器人能够通过海量数据的训练，自动适应新的环境和任务。例如，机器人通过"模仿学习"可以观察人类的操作行为，逐步学习如何完成同样的任务，而不需要工程师手动编程。这种自适应学习使得机器人在不断变化的现实环境中也能有效工作，特别是在需要高精度的工业生产、医疗辅助以及危险环境操作等场景中。

综上所述，深度学习赋予了机器人非常类似于人类的学习能力，使得它们能够以更智能、更高效的方式与世界互动，从而大大提升了机器人在现实世界中的应用价值。在未来，深度学习将继续推动智能机器人的发展。随着模型的复杂性和处理能力的提高，机器人将在更加复杂的环境中执行任务并表现出更高水平的自主性和智能。同时，深度学习与其他先进技术（如 5G、边缘计算、云计算等）相结合，将进一步提升智能机器人在工业制造、医疗健康、家庭服务、军事等领域的应用潜力。

▶▶▶ 8.3.2 柔性机器人与软体机器人

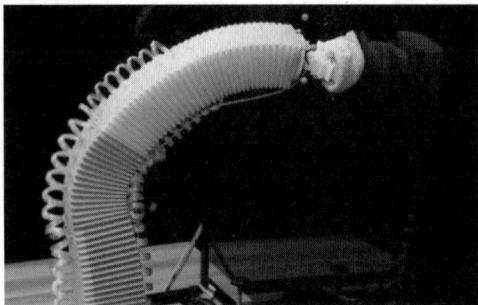

柔性机器人与软体机器人是近年来机器人领域的前沿探索方向之一。与传统的刚性机器人不同，它们使用柔软的材料和灵活的设计，能够更好地适应复杂的环境并与人类和物体安全互动。这类新型机器人突破了传统机器人的局限性，为多个领域的创新应用提供了新的可能。

1. 柔性机器人与软体机器人的概念及其区别

柔性机器人（Flexible Robots）通常是指那些使用柔性材料制造的机器人，如图 8.36 所示，它们的身体、关节和执行器可以根据外部环境和任务需求自由弯曲或变形。相比之下，软体机器人（Soft Robots）如图 8.37 所示，更加强调使用软体材料，比如硅胶、橡胶等高度柔软的材料，模仿生物体的柔韧性和变形能力。柔性机器人与软体机器人通常不完全依赖传统的电动机和铰链，而是使用气动、液压或者智能材料来实现运动控制。

图 8.36 柔性机器人   图 8.37 软体机器人

柔性机器人和软体机器人虽然都具有高柔韧性，但柔性机器人通常在局部部件上具有柔性，而软体机器人则是整体或主要部件采用软体设计。因此，柔性机器人可以用于一些需要较高精度的任务，如医疗手术中的机器人操作臂；而软体机器人因其结构具备柔软性和安全性，故常用于与人类的密切接触场景，比如康复辅具或服务机器人。

2. 柔性机器人与软体机器人的关键技术

柔性机器人与软体机器人的关键技术主要包括柔性材料、气动与液压驱动、感知与反馈系统、仿生设计。

（1）柔性材料

柔性机器人和软体机器人依赖于先进的材料技术，如弹性体、形状记忆合金、智能材料（如电活性聚合物）等。这些材料使机器人能够在外力作用下发生可控的变形，并在失去外力后恢复原状。智能材料还能够响应温度、光照、磁场等外界刺激，实现动态变形。

（2）气动与液压驱动

软体机器人经常使用气动或液压驱动技术，通过气体或液压的变化来控制机器人的形态和运动。这种驱动方式能够在保持柔软性的同时提供足够的力来完成任务。常见的应用场景包括模仿章鱼触手的抓取器或蛇形机器人，它们可以进入狭窄的空间进行探测和操作。

（3）感知与反馈系统

柔性机器人和软体机器人需要具备精确的感知系统来感知外界环境和自身状态。传感器可以嵌入柔性材料中，实时监测压力、形变、温度等变化，从而实现对外界环境的响应。这种技术在医疗领域非常重要，特别是在微创手术中，机器人可以根据患者体内的环境调整姿态，以避免对组织造成伤害。

（4）仿生设计

软体机器人通常借鉴自然界的设计，例如模仿鱼类和软体动物等生物的运动方式，使机器人能够在多种复杂的环境中灵活移动。这种仿生设计不仅提升了机器人的适应性，还减少了能源消耗，使其更符合实际应用需求。

3. 柔性机器人与软体机器人的应用场景

柔性机器人与软体机器人技术突破了传统机器人的局限性，为多个领域的创新应用提供了新的可能，包括医疗领域、服务机器人领域、工业与农业领域、探索与救援领域等。

（1）医疗领域

柔性机器人和软体机器人在医疗领域具有巨大的应用潜力。例如，柔性手术机器人能够在微创手术中灵活操作，减少对患者组织的损伤，提升手术的精准性和安全性。软体机器人还可用于医疗康复，如仿生外骨骼和康复手套等，这些设备能够帮助患者安全地恢复运动功能。

（2）服务机器人领域

由于软体机器人具有较高的安全性，因此它们常用于与人类密切接触的场景，比如老年人护理和辅助机器人。这类机器人能够以温和的方式抓取物体或照顾行动不便的人，同时又不会因为意外碰撞而伤害服务的对象。

（3）工业与农业领域

在工业生产和农业采摘中，柔性机器人和软体机器人可以对柔软、易碎或不规则形状的产品或果蔬进行处理。比如，水果采摘机器人能够在不损坏果实的情况下快速完成采摘任务，大大提升了工作效率。此外，在危险环境中，如化工厂或核能设施，柔性机器人和软体机器人可以进入狭小、危险的区域进行检查和维护，以降低人类操作人员的风险。

（4）探索与救援领域

软体机器人在环境探索和灾害救援中的应用也日益增多。它们能够像爬虫一样进入狭窄空间进行生命探测或搜救任务。此外，仿生的软体机器人还可以在水下或复杂地形中灵活移动，以用于环境监测或资源勘探。

4. 柔性机器人和软体机器人的发展方向

随着材料科学和控制技术的不断进步，柔性机器人和软体机器人将在多个领域发挥越来越重要的作用。未来，这类机器人可能会具备更高的智能化水平，能够通过学习和自适应来调节自身的运动模式。此外，随着微型化技术的发展，微型软体机器人有望进入生物医学领域，执行精确的体内手术或药物递送任务。

综上所述，柔性机器人和软体机器人代表了机器人技术发展的新方向，它们不仅为机器人赋予了前所未有的柔韧性和适应性，还为多样化的应用场景开辟了新的可能性。

⟫⟫⟫ 8.3.3　群体智能与多机器人协作

群体智能（Swarm Intelligence）是指通过模仿自然界中的群体行为，如蜜蜂、蚁群和鸟群，以实现多个机器人（或称为智能体）之间的协同合作。这种智能体的集体行为不依赖于中央控制，而是通过个体之间的简单规则和本地交互来产生全局的协调和优化效果。

如图 8.38 所示，多机器人协作是指多个机器人相互合作、共同执行复杂任务的过程，旨在提升系统整体的效率、适应性和任务成功率。群体智能和多机器人协作的结合不仅能够应对单个机器人难以处理的大规模复杂问题，还能够提高完成任务的稳健性和容错性。

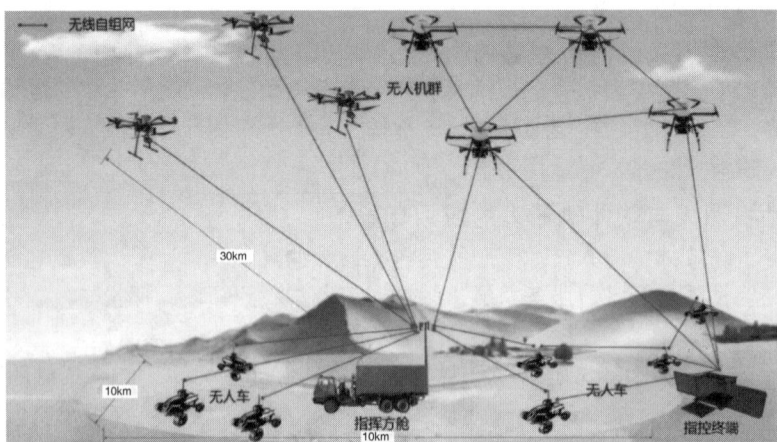

图 8.38　多机器人协作

1. 群体智能的基本原理

群体智能的概念源于对自然界中群体行为的研究，例如蚁群寻找食物的路径优化、鱼群的集体游动和鸟群的编队飞行。每个个体虽然能力有限，但通过遵循简单的规则并与周围个体互动，能够形成协调一致的整体行为，以完成复杂任务。

在机器人领域，群体智能体现在多个机器人之间通过局部信息共享和协同操作来实现整体目标。每个机器人或许不具备全局的视野和复杂的计算能力，但它们通过有限的感知和通信可以获取自身周围环境的信息，并能够通过简单的规则来决定自己的行动。由多个这样的机器人组成的一个群体中，虽然每个个体能力是有限的，但它们之间可以进行近距离通信以达到信息共享和协同操作的目标。这样的系统通常都具有良好的扩展性和容错性，即使个别机器人失效，系统整体仍然能够完成任务。

2. 多机器人协作的关键技术

多机器人协作的关键技术主要包括分布式控制、通信与协调、任务分配与协作规划、自组织与学习能力。

（1）分布式控制

在多机器人协作系统中，分布式控制是核心技术之一。每个机器人都具备自主决策能力，并通过局部感知和信息交换调整自己的行动。与集中式控制相比，分布式控制系统具有更高的稳健性和灵活性，能够适应动态变化的环境。多机器人协作系统可以通过分布式算法来协调彼此之间的任务分配、路径规划和资源调度。

（2）通信与协调

多机器人协作需要高效的通信机制来确保个体之间的信息共享。无线通信、红外线通信、蓝牙等技术通常被用于机器人之间的信息交换。同时，机器人必须具备强大的协调机制，能够在任务执行过程中动态调整策略，以避免冲突、冗余工作或资源浪费。常见的协调方法包括市场机制、拍卖算法和博弈论等。

（3）任务分配与协作规划

在多机器人协作系统中，如何合理地分配任务是一个关键问题。任务分配算法需要根据每个机器人的能力、任务需求和环境变化，动态地将不同的任务分配给适当的机器人。协作规划则是在任务分配的基础上，确保机器人之间的工作流程互不干扰，甚至能够互相支持。例如在建筑领域，多个机器人可以协同完成材料运输、结构搭建和检查等任务，以提升整体效率。

（4）自组织与学习能力

群体智能中的机器人通常具备自组织能力，即不依赖中央控制，能够根据本地信息和群体规则自行调整行为。通过自组织，机器人能够在未知或复杂环境中形成集体行为模式，快速应对环境变化。此外，群体中的机器人还可以通过机器学习算法不断优化自己的协作策略，进而提升群体的整体智能水平。例如，机器人可以通过强化学习或模仿学习，从过去的任务执行中积累经验，以优化未来的行动计划。

3. 群体智能与多机器人协作的应用场景

群体智能与多机器人协作可以应用于包括但不限于下述的各个场景。

（1）无人机集群

无人机集群是群体智能和多机器人协作的重要应用之一。多个无人机可以通过协同合作完成大范围的空中监控、环境监测、搜索救援、物流运输等任务。例如在灾难救援中，无人机集群可以在短时间内覆盖广阔区域，迅速搜寻受困人员或评估灾害现场情况，如图8.39所示。

图8.39　无人机集群用于森林灭火

（2）仓储物流

在现代智能仓储系统中，多个自主移动机器人能够协调工作，完成货物的搬运、分类和存储，如图8.40所示。通过任务分配算法，每一个机器人都能够高效地在仓库中移动，还能够在这个过程中避免碰撞或路径冲突，从而极大提升物流效率。

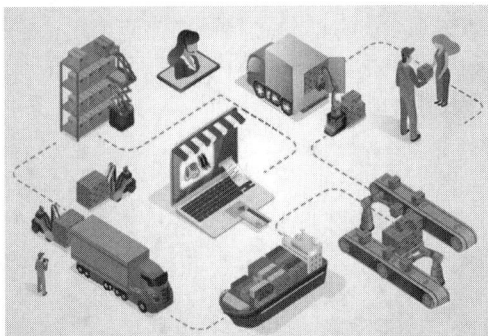

图8.40　现代智能仓储系统示意

（3）环境监测与资源勘探

在环境监测和资源勘探领域，群体智能的多机器人系统能够在难以到达或危险的环境中执行任务，例如深海探测、火山监测和极地勘测。多个机器人可以协作完成大范围的数据采集，并且如果某些机器人因环境恶劣而失效，其他机器人可以继续完成任务，具有较高的稳健性，如图8.41所示。

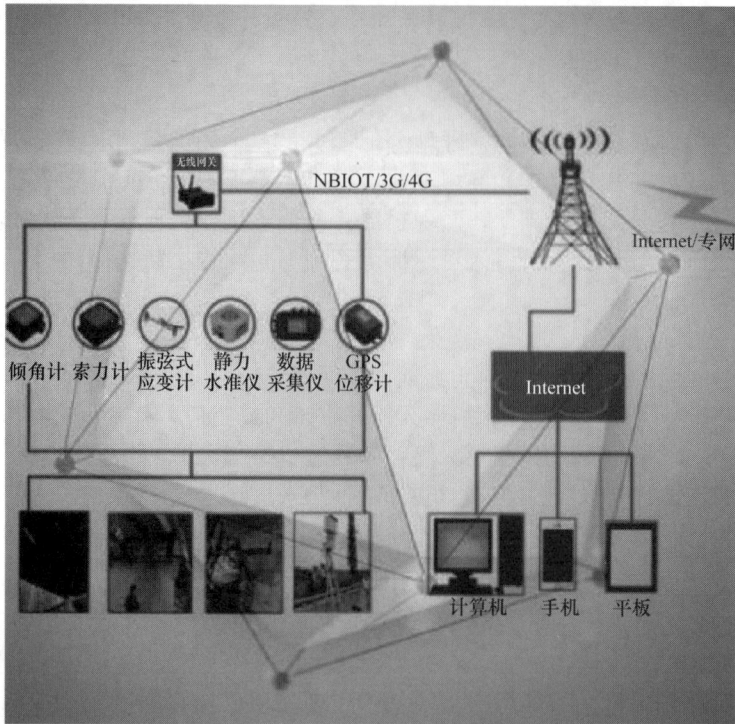

图 8.41　智能数据采集系统

（4）搜索与救援

在灾后搜救或寻找失踪人员时，多个机器人通过群体智能技术可以高效地划分搜索区域并同时进行搜索，显著提升搜索效率，如图 8.42 所示。相比单个机器人，群体协作系统能够更迅速地覆盖大面积区域，还可以动态调整搜索策略，针对不同的环境变化做出反应。

图 8.42　多个废墟搜救机器人同时展开搜救

（5）工业制造与装配

在智能制造领域，多个机器人可以协同执行复杂的生产任务，如组装、搬运、检测等，如图 8.43 所示。通过精密的协作规划，机器人能够无缝衔接各自的工作，提升生产线的效率和产品质量。在未来的智能工厂中，群体智能和多机器人协作有望成为核心技术，以实现高度灵活的生产模式。

图 8.43　多机器人在工业领域协同工作

4. 未来展望

随着人工智能、传感技术和通信技术的不断发展，群体智能和多机器人协作将迎来更多创新和应用突破。未来，机器人群体可能具备更强的自主性和自适应能力，能够在更复杂的环境中执行任务。例如，多个机器人可以自主组建临时网络，进行灾难区域的通信恢复或执行更复杂的多阶段任务。同时，基于群体智能的自学习和进化能力，将使机器人系统能够不断优化其协作方式，进一步提升效率和智能水平。群体智能与多机器人协作技术代表了未来机器人技术发展的重要方向，它们不仅拓展了机器人的应用场景，还为解决复杂的大规模任务提供了有效的技术支持。

本章小结

智能机器人拥有的"智能"是指具有自主感知、决策和执行任务的功能，它源于多种关键技术和系统的整合，如同人的各个器官协调合作一样，使机器人能够类似人那样感知环境、做出决策并执行任务。这些关键技术包括传感器技术、高级算法和人工智能技术、实时计算和处理能力这三种。本章介绍了人工智能在机器人的几个不同应用领域中的典型案例。这些应用领域分别是环境感知与环境理解领域、决策与优化领域、自主学习与自适应领域、人机交互领域、自主操作与执行领域，在每个领域中都分别给出了几个不同的应用案例。同时，介绍了智能机器人的主要传感器及其应用，包括视觉传感器、声音传感器、触觉传感器和压力传感器、距离传感器。最后，介绍了针对智能机器人的一些前沿探索，包括深度学习在智能机器人中的应用、柔性机器人与软体机器人，以及群体智能与多机器人协作。

习题

1. 智能机器人必须具备的三种关键技术分别是什么？
2. 为什么说"机器人的'智能'核心来自高级算法和人工智能技术的有机结合"？
3. 举例说明几个人工智能在机器人中的成功应用案例。
4. 在智能机器人的关键技术中，传感器技术是智能机器人感知外界环境的基础。举例说明几种常见传感器及其在机器人中的应用。
5. 深度学习在智能机器人中的主要应用包括哪些？
6. 柔性机器人与软体机器人的应用领域是什么？它们有什么不同？
7. 为什么群体智能与多机器人协作相结合不但能够应对单个机器人难以处理的大规模复杂问题，还能够提高完成任务的稳健性和容错性？

第 9 章
智能穿戴设备

本章导读

智能穿戴设备（Smart Wearable Devices）是人工智能领域的一个重要分支，它们可以直接穿戴在身上或是整合到用户的衣服、配饰上，通过内置传感器、无线通信、集成芯片、多媒体技术等实现与用户进行信息交互、人体健康监测、健康放松及生活娱乐等功能，并且已成为我们日常生活中不可或缺的一部分。这些设备不仅是时尚的装饰品，更是我们与数字世界连接的"桥梁"。

人工智能技术的发展，尤其是大语言模型的诞生，使得智能穿戴设备正变得越来越智能化。它能够与家中的智能家居系统、办公室的自动化设备，甚至是城市的基础设施进行无缝连接，形成一个庞大的智能生态系统。这种连接不仅提升了我们的生活效率，还为我们提供了前所未有的便利。通过这一章，我们希望能够为读者提供一个全面的视角，以更好地理解智能穿戴设备，并思考它在我们生活中的作用和意义。

本章我们将学习以下内容。
- 智能穿戴设备概述
- 智能穿戴设备技术基础
- 智能穿戴设备应用案例
- 智能穿戴设备的未来

9.1　智能穿戴设备概述

9.1.1　智能穿戴设备简介

智能穿戴设备（也叫可穿戴设备）的广义定义是，它是一种可以穿戴的技术。按照这个定义，可穿戴设备已经存在了几百年，如图 9.1 所示。例如，我们可以将罗杰·培根（Roger Bacon）于 13 世纪制造的矫正视力的眼镜、15 世纪初彼得·亨莱因（Peter Henlein）发明的航海天文怀表"纽伦堡蛋"和 17 世纪中国清朝的算盘戒指视为可穿戴设备。它们包含着科学技术，例如，眼镜利用的是镜片的折射来矫正视力；手表戴在手腕上可以提示时间；算盘戒指戴在手指上，为用户配备了一个用于数学运算的迷你算盘。

智能穿戴设备概述

（a）早期矫正视力的眼镜   （b）"纽伦堡蛋"

图 9.1　早期可穿戴设备

自 20 世纪 50 年代计算机诞生以来，可穿戴设备有了更现代的定义，即能够直接穿戴在身上或整合到用户的衣服、配饰中的智能设备，它们通常具备数据交互、健康监测、信息显示等功能。接下来，我们主要讨论计算机诞生以来的智能穿戴设备。图 9.2 所示为常见的智能穿戴设备。

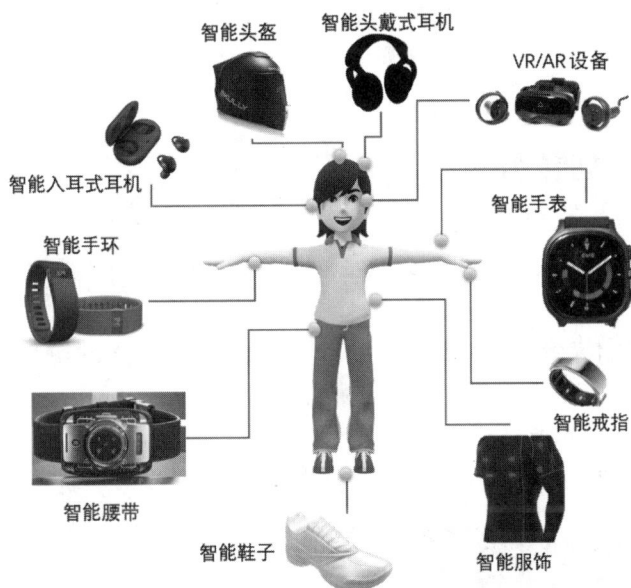

图 9.2　常见的智能穿戴设备

智能穿戴设备的思想雏形诞生于 20 世纪 60 年代，并在 20 世纪七八十年代逐渐成形。随着移动互联网的发展、技术进步以及高性能且低功耗处理芯片的推出，智能穿戴设备已经从概念化走向商用化，广泛应用于健身、医疗、军事、教育、娱乐等多个领域。智能穿戴设备不仅在健康监测领域有广泛应用，还在运动、娱乐、医疗、军事等领域展现出重要的研究价值和应用潜力。

智能穿戴设备的关键技术包括传感器技术、显示技术、芯片技术、操作系统、无线通信技术、数据处理技术和电池技术等，如图 9.3 所示。随着技术的不断进步，智能穿戴设备正变得更加智能化和便捷化。智能穿戴设备的未来发展趋势包括市场规模的进一步扩大、产业链各方的加强合作、相关技术的进一步融合、标准化与安全性的进一步加强以及相关应用的越来越丰富。随着居民健康意识的增强和老龄化趋势的加深，健康监测和管理需求的增长为智能穿戴设备提供了发展机遇。智能穿戴设备的应用场景正在不断拓展，从简单的活动追踪和通知提醒，到更复杂的健康监测和数据分析，甚至在某些设备中集成了人工智能技术，以提供更加个性化的服务。

图 9.3　智能穿戴设备相关技术

智能穿戴设备发展
历程

▶▶▶ 9.1.2　发展历程

智能穿戴设备作为科技与时尚的结合体，已经成为现代社会不可或缺的一部分。从最初的概念提出到如今的普及应用，智能穿戴设备经历了一段漫长而充满变革的发展历程，并且每一个阶段都充满了创新与突破。

1. 起源与早期探索（19 世纪和 20 世纪 60 年代—20 世纪 90 年代）

1907 年，摄影先驱尤利叶斯·诺伊布龙纳（Julius Neubronner）将一台照相机绑定在鸽子上，这款轻便的相机配有气动定时装置，可按设定的时间间隔启动快门，拍摄空中图像，如图 9.4 所示。但此时并未出现智能穿戴设备的概念。

图 9.4　Julius Neubronner 在测试鸽子航拍

美国摄影师莫顿·海利希（Morton Heilig）于 1960 年创造了第一台沉浸式虚拟现实设备Sensorama，如图 9.5 所示。它结合了 3D 屏幕、立体声扬声器、气味、座椅下的振动以及风等设备或效果，让用户可以体验所有感官，而不仅仅是声音和视觉。但由于技术的水平有限，这些设备性能并不高，距离投入实际应用还有一定的差距。直到 1975 年，汉米尔顿手表（Hamilton Watch）公司推出 Pulsar 计算器手表，如图 9.6 所示，才标志着智能穿戴设备的商业化起步。但是这款手表的售价高达数千美元，因此并不常见。

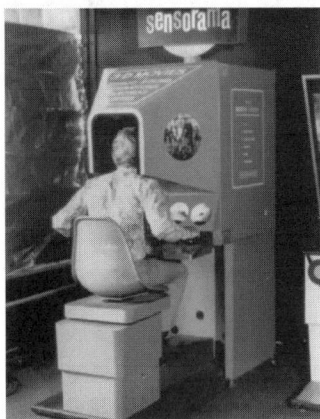

图 9.5　第一台沉浸式虚拟现实设备 Sensorama

图 9.6　世界第一款手腕计算器手表 Pulsar

20 世纪 80 年代，卡西欧发布了第一款能够存储信息的数字手表 Casio Databank CD-40，如图 9.7 所示。这款手表不仅能够提供计算器的标准功能，还使得人们可以在手腕上存储和查看一些简单的信息，如电话号码、备忘录等，进一步拓展了智能穿戴设备的功能。它的成功也激发了其他厂商对数字手表的研发热情，推动了这一领域的发展。

此后，一些具有初步智能功能的可穿戴设备开始出现。其中以寻呼机为代表的用于接收文字或数字信息的设备广受欢迎。20 世纪 80 年代，摩托罗拉公司推出可以传送文字信息功能的无线寻呼机[Beeper（BP）机]，如图 9.8 所示。其网络覆盖范围更大，在一个城市范围内都可以使用无线寻呼系统。此后，无线寻呼的使用从专业市场延伸到大众市场。1984 年 5 月 1 日，广州市开通了中国第一个数字寻呼系统，开启了 BP 机时代。到 20 世纪 90 年代末，随着移动电话的普及，尤其是短消息服务（Short Message Service，SMS）的兴起，寻呼机的使用迅速下降。人们逐渐转向更加便捷、功能更强大的手机通信系统。到 2000 年左右，寻呼机几乎完全退出了普通人的日常生活。

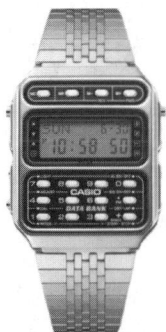

图 9.7　Casio Databank CD-40 数字手表

图 9.8　摩托罗拉寻呼机

2. 初步发展与多样化探索（2000 年—2011 年）

进入 21 世纪，智能穿戴设备迎来了新的发展机遇。2000 年，第一款蓝牙耳机问世，这是智能穿戴设备在音频领域的重要突破。蓝牙耳机的出现使得人们可以摆脱有线耳机的束缚，更加自由地进行通话和听音乐，极大地提高了使用的便利性。此后，蓝牙耳机的技术不断改进，音质和连接稳定性不断提升，成为了人们日常生活中不可或缺的一部分。2006 年，耐克（Nike）公司与苹果公司合作开发了 Nike+iPod 运动套件，开启了运动追踪设备的先河，如图 9.9 所示。

图9.9　耐克公司与苹果公司合作推出的运动套件

2007年，苹果公司推出了iPhone，智能手机的出现对智能穿戴设备的发展产生了深远的影响。智能手机的强大计算能力和丰富的应用生态为智能穿戴设备提供了更好的发展平台，同时也促使智能穿戴设备厂商开始思考如何与智能手机进行更好的连接和互动。2011年，"智能手环鼻祖"Jawbone公司推出了第一款运动手环UP，如图9.10所示，拉开了智能穿戴产业的发展序幕。这款运动手环可以实时监测用户的运动状态和睡眠情况，并将数据同步到智能手机上，让用户可以更加方便地了解自己的健康状况。运动手环迅速受到了消费者的欢迎，成为了智能穿戴设备市场的一个重要品类。

图9.10　Jawbone推出的运动手环UP

3. 快速发展与爆发式增长阶段（2012年—2017年）

2012年被称作"智能穿戴设备元年"。这一年，谷歌智能眼镜的亮相引起了全球的关注，如图9.11所示。谷歌智能眼镜集摄像头、传感器、显示屏等多种设备于一体，可以实现拍照、录像、导航、信息推送等多种功能，被誉为"未来科技的代表"。谷歌智能眼镜的出现不仅展示了智能穿戴设备的巨大潜力，也激发了其他厂商对智能眼镜的研发热情。

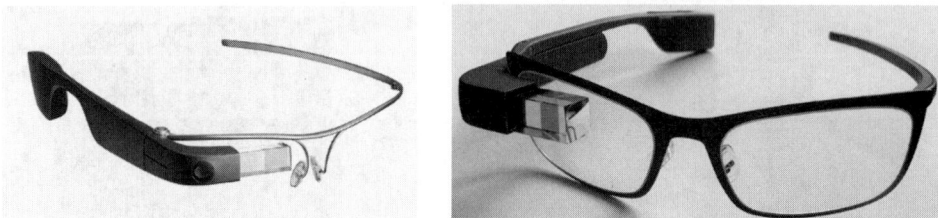

图9.11　谷歌公司2012年发布的智能眼镜

在谷歌智能眼镜的带动下，2013年，各路企业纷纷进军智能穿戴设备市场，争取在新一轮技术革命中分一杯羹。苹果公司、三星公司、华为公司等科技巨头也纷纷加大了在这一领域的投入，推出了自己的智能手表、智能手环等产品。智能穿戴设备市场呈现出爆发式增长的态势，出货量不断攀升。苹果公司在2014年推出了Apple Watch，这款智能手表凭借其时尚的外观、强大的功能和丰富的应用生态，迅速成为了市场的"宠儿"。Apple Watch不仅可以实现运动监测、心率检测、血氧饱和度检测、消息通知等基本功能，还可以安装各种应用程序，以满足用户的多样化需求。它的成功不仅为苹果公司带来了丰厚的利润，也为智能手表的发展树立了标杆。2024年9月，苹果公司推出其第10代Apple Watch，如图9.12所示。

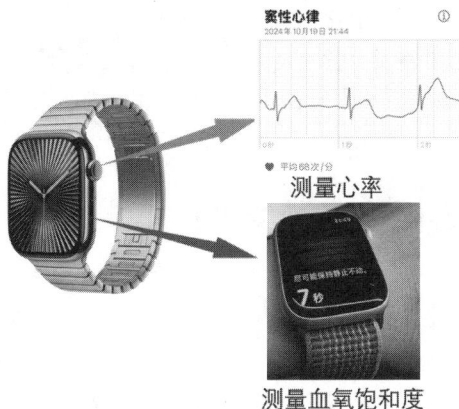

测量心率

测量血氧饱和度

图 9.12　苹果公司推出的智能手表 Apple Watch 10

与此同时，智能手环市场也在不断壮大。除了 Jawbone 公司之外，小米、荣耀（Honor）、Fitbit 等厂商也纷纷推出了智能手环产品。这些产品在功能上不断创新，价格也越来越亲民，逐渐普及到了普通消费者群体中。图 9.13 所示为市场上常见的智能手环产品。

（a）小米手环 9　　　　　　　（b）荣耀手环 7　　　　　　（c）Fitbit Charge 5

图 9.13　市场上常见的智能手环产品

智能手环和智能手表成为了智能穿戴设备市场的两大主要品类，占据了大部分的市场份额。在这一时期，智能穿戴设备的应用领域也在不断拓展。除了运动和健康监测之外，智能穿戴设备还开始应用于医疗、教育、娱乐等领域。例如，一些医疗设备厂商推出了可以监测血糖、血压等生理指标的智能穿戴设备，为患者提供了更加便捷的医疗监测手段；一些教育机构开始尝试使用智能穿戴设备进行教学，提高教学效果和学生的学习兴趣；一些娱乐公司也推出了具有虚拟现实、增强现实等功能的智能穿戴设备，为用户带来了全新的娱乐体验。

4. 调整与创新（2018 年—2024 年）

2018 年之后，智能穿戴设备市场逐渐进入了调整期。厂商们开始加大创新力度，不断推出新的产品和功能。例如，Facebook（2021 年更名为 Meta）公司于 2020 年推出了 Oculus Quest 2 虚拟现实一体机，如图 9.14（a）所示。2023 年，苹果公司推出首款头戴式空间计算设备 Apple Vision Pro，并于 2024 年发售如图 9.14（b）所示。Apple Vision Pro 允许用户在佩戴时既能看到虚拟内容（例如，应用程序界面、视频播放界面等），又能透视外部环境，实现了增强现实与真实世界的融合。

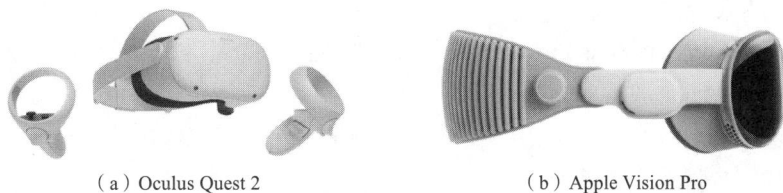

（a）Oculus Quest 2　　　　　　　　（b）Apple Vision Pro

图 9.14　Oculus Quest 2 和 Apple Vision Pro

智能穿戴设备的发展历史是一部充满创新和突破的历史。从最初仅具备简单功能到如今的智能化、多功能化，智能穿戴设备已经成为人们生活中不可或缺的一部分。未来，随着技术的不断进步和应用场景的不断拓展，智能穿戴设备将为人们的生活带来更多的便利和惊喜。

▶▶▶ 9.1.3　智能穿戴设备种类

智能穿戴设备种类多样，覆盖了从健康监测到娱乐应用等广泛领域。以下是主要的智能穿戴设备种类及代表产品。

智能穿戴设备种类

1. 智能手表

智能手表（Smart Watches）是最常见的智能穿戴设备之一。除了时间显示，它还能接收消息、打电话、监测健康数据，并支持应用程序。

代表产品：Apple WatchS10、Samsung Galaxy Watch 5。

2. 运动手环

运动手环（Fitness Trackers）专注于监测用户的运动和健康数据。它可以记录步数、卡路里消耗、心率、睡眠质量等，是运动健身人群的理想选择。

代表产品：Fitbit Charge 5、小米手环 9。

3. 智能眼镜

智能眼镜（Smart Glasses）通过显示屏和摄像头提供增强现实（AR）和虚拟现实（VR）功能，主要被应用于导航、游戏、社交、工作等领域。

代表产品：谷歌智能眼镜。

4. 智能衣物

智能衣物（Smart Clothing）在普通衣物中嵌入传感器和电子元件，能够监测用户的生理数据或提供温度调节等功能，被广泛应用于运动和医疗领域。

代表产品：智能背心 Hexoskin。

5. 医疗穿戴设备

医疗穿戴设备（Medical Wearables）用于健康监测和疾病管理，能够监测用户的生命体征并与医疗系统对接，为慢性病患者提供数据支持。

代表产品：血糖监测仪 Dexcom G6、心电监测仪 Zio Patch。

6. 可穿戴相机

可穿戴相机（Wearable Cameras）用于拍摄视频、记录日常活动，特别受户外运动爱好者和执法人员的青睐。它们通常具有防水、防震等功能。

代表产品：GoPro HERO13、大疆 Osmo Action 5 Pro。

7. 智能耳戴设备

智能耳戴设备（Hearables）包括智能耳机和助听器，不仅可以播放音乐，还集成了语音助手、健康监测和噪声消除等功能。

代表产品：Apple AirPods Pro、B&O Beplay H95。

8. 智能戒指

智能戒指（Smart Rings）体积小巧，可以监测用户的健康数据和活动水平，还可以实现一些如支付和门禁管理等功能。

代表产品：Oura Ring、Samsung Galaxy Ring。

9. 智能鞋

智能鞋（Smart Shoes）内嵌有传感器，可以监测步态、姿势和运动状态，帮助用户提升运动表现，甚至能提供康复辅助。

代表产品：Nike Adapt。

10. 智能头戴设备

智能头戴设备（Smart Headgear）集成了耳机、显示屏和传感器，用于虚拟现实、运动监测和听力增强等。

代表产品：Oculus Quest 2、Apple Vision Pro。

如图 9.15 所示，这些智能穿戴设备通过集成传感器、无线通信、微处理器等技术，被广泛应用于健康、运动、娱乐、医疗等多个领域，并持续推动着科技和生活方式的变革。此外，随着技术的进步和不同品牌的竞争加剧，这些智能穿戴设备的某些功能存在重合。但各品牌在体验细节、精确性、软件生态等方面仍然存在差异，用户可以根据个人需求选择适合的设备。

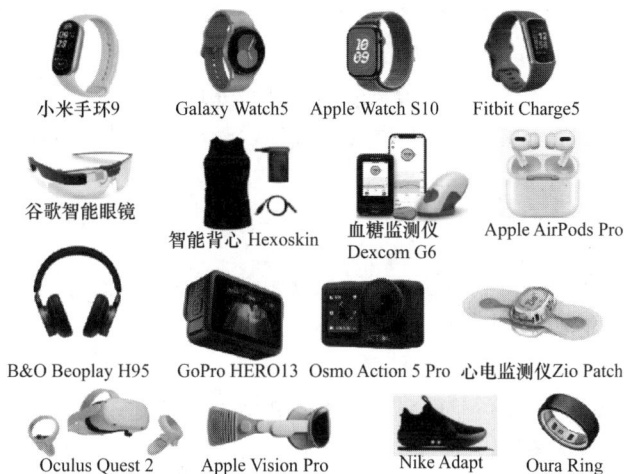

图 9.15　智能穿戴设备种类及代表产品

9.2　智能穿戴设备技术基础

如图 9.15 所示，智能穿戴设备是多种技术的融合。智能穿戴设备的技术基础涵盖了多种先进技术的集成与协同工作。这些技术使得智能穿戴设备能够进行高效的生理数据采集、实时数据传输与处理，以及个性化的智能反馈。本节讨论智能穿戴设备技术基础。

▶▶▶ 9.2.1　常见智能穿戴设备测量原理

1. 心率测量

常见的心率传感器主要有光学心率传感器和电极式心率传感器。如图 9.16 所示，光学心率传感器通过发射特定波长的光（如绿光）照射皮肤，然后检测血液流动对光的吸收变化来测量心率。当心脏跳动时，血液流量会发生变化，从而导致光的吸收量不同。通过分析这种变化可以计算出心率。电极式心率传感器则需要与皮肤直接接触，通过检测心脏电活动产生的体表电势变化来测量心率。

智能穿戴设备测量原理

187

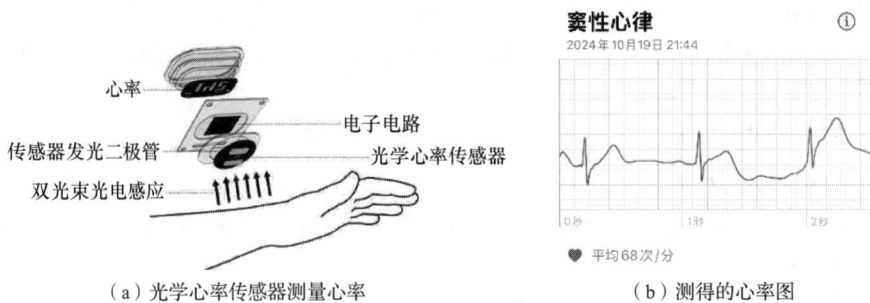

（a）光学心率传感器测量心率　　　　　　（b）测得的心率图

图 9.16　光学心率传感器测量心率及测得的心率图

智能穿戴设备将心率传感器集成在小型化设备（如手环、智能手表）中，并结合硬件与软件技术，实现实时心率监测。以下为具体实现的技术环节。

（1）硬件设计

光源与探测器的选用：多采用绿色 LED 光源（血红蛋白对绿光的吸收率较高），配合高灵敏度光敏探测器。

集成电路：心率传感器芯片负责信号采集与初步处理。

低功耗设计：通过脉冲发光和采样策略，降低设备功耗以延长电池寿命。

（2）软件算法支持

信号处理：滤除由于运动、环境光等干扰引起的噪声（如低通滤波去除基线漂移，高通滤波消除肌电干扰）。

动态校准：通过实时校准环境噪声，调整光源强度与信号增益。

数据融合：结合加速度传感器数据，补偿运动伪影。

（3）测量模式

静态测量：用户静止时，传感器直接测量心率数据，精度较高。

动态测量：在运动状态下，通过运动补偿算法修正测量结果，如使用卡尔曼滤波或深度学习算法进行优化。

（4）数据传输与展示

蓝牙通信：采集的心率数据通过蓝牙传输至手机等设备。

数据存储与分析：心率信息在移动端应用中可视化，提供短期（实时心率）和长期（心率趋势）分析。

2．血氧仪

血氧仪是一种通过非侵入性的方法测量血液中血氧饱和度和脉搏率的医疗设备，其核心技术基于光学吸收原理和脉搏波分析技术，如图 9.17 所示。这种设备广泛应用于医疗诊断、运动健康监测以及高原活动中的健康管理。以下将从其基本组成、工作原理等方面进行详细说明。

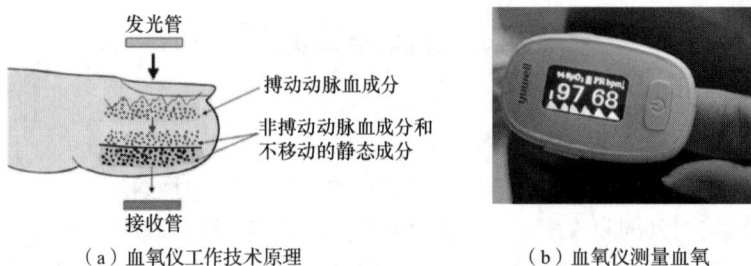

（a）血氧仪工作技术原理　　　　　　（b）血氧仪测量血氧

图 9.17　血氧仪技术原理及其应用

（1）血氧仪的基本组成部分

血氧仪通常由以下三个主要部分组成。

光学传感器：包括发光二极管（LED）和光电探测器。LED 发射不同波长的光（通常是红光和红外光），光电探测器接收透射或反射的光信号。

信号处理单元：通过放大、滤波和数字化，将传感器采集的光信号转换为可处理的数据。

显示单元：将处理后的血氧饱和度和脉搏率数据显示给用户，并可能包括报警或记录功能。

（2）工作原理相关核心技术

血氧仪的工作原理基于以下两个核心技术。

① 光吸收特性

血氧仪利用氧合血红蛋白（HbO_2）和血红蛋白（Hb）的光吸收特性差异进行血氧浓度测量。

- 氧合血红蛋白在红外光（波长约 940nm）下吸收较少，而血红蛋白吸收较多。
- 在红光（波长约 660nm）下，氧合血红蛋白吸收较多，而血红蛋白吸收较少。

血氧仪的发光二极管会交替发射红光和红外光，这些光线通过人体的指尖、耳垂或其他薄组织区域后，由光电探测器接收。通过测量这两种波长光的透射或反射强度，设备能够计算出血氧饱和度。

② 脉搏波分析

由于血液中的动脉血（受心脏搏动影响）是唯一呈现周期性变化的成分，而静脉血和组织对光的吸收是恒定的，血氧仪通过分析光信号中随脉搏变化的动态成分，剔除背景吸收干扰，仅提取动脉血的信息。这种技术称为"脉搏波分析"。通过建立数学模型，设备根据红光和红外光的比值计算出血氧饱和度。

3. 血压计

图 9.18 所示为血压计工作技术原理及实物。智能穿戴设备上的血压传感器主要有两种类型：一种是基于光电容积脉搏波（Photo plethysmo graphy，PPG）技术的血压测量方法；另一种是通过压力传感器直接测量血压。PPG 技术通过分析脉搏波的特征来估算血压，而压力传感器则需要与皮肤紧密接触，通过测量血管内的压力变化来确定血压值。血压是指血液在血管内流动时对血管壁产生的压力，通常以毫米汞柱（mmHg）为单位表示。血压主要分为收缩压（高压，心脏收缩时动脉血管内的最大压力）和舒张压（低压，心脏舒张时动脉血管内的最小压力）。

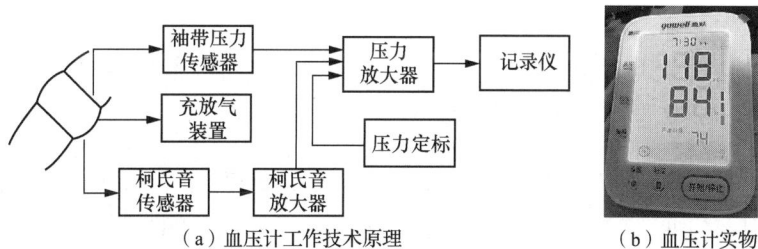

（a）血压计工作技术原理　　　　（b）血压计实物

图 9.18　血压计工作技术原理及实物

血压计的测量依赖于以下几项关键技术。

压力传感器技术：血压计使用半导体压力传感器或电容式压力传感器来检测袖带内的压力变化。传感器精度直接决定了血压测量的可靠性。

信号处理技术：通过滤波和放大技术，提取袖带压力和动脉振动的信号，消除外界噪声干扰。

算法优化：电子血压计采用复杂的数学模型和算法，例如振荡法算法，提高血压测量的准确性和稳定性。

》》》9.2.2　无线通信技术

随着物联网（Internet of Things，IoT）和移动互联网的快速发展，智能穿戴设备如智能手表、智能手环、智能眼镜和智能鞋等，已经成为日常生活中不可或缺的一部分。这些设备不仅可以记录用户的运动和健康数据，还可以实现与其他设备的实时交互与信息共享。而无线通信技术在智能穿戴设备中扮演了核心角色，是实现其功能和价值的技术基础。

1. 蓝牙技术

蓝牙技术是一种短距离无线通信技术，它通过在2.4GHz 频段上进行跳频、扩频通信，实现设备之间的数据传输。蓝牙设备之间通过建立连接，进行数据的发送和接收，如图 9.19 所示。2025 年 1 月，蓝牙技术已经发展到了 6.0 版本。蓝牙技术在智能穿戴设备中的应用非常广泛，它可以与手机、平板计算机等设备进行连接，实现数据的同步、传输和交互。例如，智能手表和

图 9.19　智能手环通过蓝牙与手机连接

手环可以通过蓝牙与手机连接，接收通知、同步运动数据等。蓝牙技术作为智能穿戴设备之间通信的核心技术之一，主要通过短距离无线信号连接不同的设备，实现数据交换和控制。随着智能穿戴设备的普及，蓝牙技术特别是蓝牙低功耗（Bluetooth Low Energy，BLE）技术已经成为智能穿戴设备中最常用的无线通信方式。

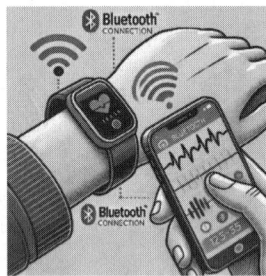

智能穿戴设备与手机或其他设备进行通信时，蓝牙技术通常采用以下工作流程。

（1）设备的发现与配对

蓝牙设备工作时，首先会启动"广播"模式。在广播模式下，蓝牙设备会定期发送信号，表示其存在。这种广播信号可以被周围的蓝牙设备接收到。智能穿戴设备在启动时通常处于"广播"状态，等待接入。

① 广播：智能穿戴设备发送广播信号，通知附近的设备自己可用，并提供必要的基本信息（如设备名称、服务类型等）。

② 扫描：另一设备（如智能手机）会扫描周围的蓝牙信号，查找广播信号并识别智能穿戴设备。

③ 配对：设备之间建立连接前需要配对。这时蓝牙会采用密码、PIN 或简单的确认操作（如确认码）来确保设备之间的安全连接。

（2）连接建立与数据传输

完成配对后，蓝牙设备会建立一个通信连接。在连接建立的过程中，蓝牙协议栈的链路管理层协议（Link Manager Protocol，LMP）会管理和维护设备间的连接状态，包括通信的速率、功耗以及连接的可靠性等。

① 连接（Connection）：一旦配对完成，设备之间会交换通信参数并建立一个持久的连接。此时，智能穿戴设备与手机之间可以交换数据，如健康数据、运动数据、实时通知等。

② 数据传输：通过蓝牙连接，智能穿戴设备可以向智能手机发送实时数据，如心率、步数、运动轨迹等。同时，智能手机也可以向穿戴设备发送指令，例如更新设备设置或推送通知。

（3）断开连接与低功耗工作

为了节省电池寿命，蓝牙技术支持低功耗模式。一旦数据传输完成，智能穿戴设备会主

动切换到低功耗状态，进入"休眠"或"待机"模式，降低功耗。当设备处于待机模式时，虽然不进行数据传输，但它仍然保持广播信号，以便随时恢复连接。

2. Wi-Fi 技术

Wi-Fi（Wireless Fidelity）技术是一种无线局域网技术，它通过在特定频段上进行通信，实现设备之间的高速数据传输。家用无线路由器是一种最常见的 Wi-Fi 设备，其采用载波监听多路访问（Carrier Sense Multiple Access，CSMA）技术实现高吞吐量的数据传输，如图 9.20 所示。截至 2025 年 2 月，最新的 Wi-Fi 版本为 Wi-Fi 7，遵循 IEEE 802.11be 标准。最高速率达 30Gbit/s，可以在 2.4GHz、5GHz 和 6GHz

图 9.20 Wi-Fi 技术

频段上工作。虽然智能穿戴设备通常主要依靠蓝牙与手机连接，但一些设备也支持 Wi-Fi 连接。Wi-Fi 可以提供更快的数据传输速率和更广泛的连接范围，适用于需要大量数据高速传输的场景，如在线观看视频、下载应用程序等。

Wi-Fi 的核心工作原理包括以下几个步骤。

（1）信号传播

Wi-Fi 设备通过无线电波向附近的无线接入点发送信号，接入点再将信号传输到互联网或局域网。

（2）数据包传输

数据以数据包的形式在网络中传输。Wi-Fi 协议定义了如何将数据封装成包、如何处理数据传输中的错误以及如何进行加密。

（3）频率使用

Wi-Fi 通常在 2.4 GHz 和 5 GHz 等频段上工作，这些频段适合短距离无线通信，能够在较大范围内提供较高的传输速率。

Wi-Fi 与蓝牙不同，Wi-Fi 的传输距离通常较远（一般为几十米到几百米），并且可以提供更高的数据传输速率，因此它更适合处理大量数据传输或需要互联网连接的应用。

Wi-Fi 在智能穿戴设备中的工作流程通常包括以下几个步骤。

（1）Wi-Fi 连接的启动与认证

当智能穿戴设备开启 Wi-Fi 功能时，它会扫描附近的 Wi-Fi 网络并选择可连接的网络。一旦选择了正确的网络，设备将尝试与路由器建立连接。为了确保设备与网络的安全性，智能穿戴设备需要输入 Wi-Fi 密码或通过其他身份认证方式进行验证。

（2）数据传输与同步

连接建立后，设备开始通过 Wi-Fi 进行数据交换。智能穿戴设备可能会将用户的运动数据（如步数）和健康数据（如心率等）上传到云端，或者将软件更新，从云端下载到设备。Wi-Fi 的高速传输能够确保数据快速且稳定地同步。

（3）断开连接与节能模式

智能穿戴设备使用 Wi-Fi 时，会消耗较多电能，因此设备通常会在数据传输完成后进入节能模式，断开 Wi-Fi 连接，降低功耗。设备可能会定期重新连接 Wi-Fi 网络进行数据更新，但在空闲状态下，设备会保持低功耗待机。

Wi-Fi 提供比蓝牙更高的带宽，适合大数据量的传输，如视频、图像和其他健康数据。Wi-Fi 的传输距离通常较长（几十米到几百米），因此适用于智能穿戴设备与家中或办公室中的路由器之间的连接。某些智能穿戴设备支持直接连接 Wi-Fi，无须依赖智能手机即可进行网络访问，提升了设备的独立性和便利性。相比蓝牙，Wi-Fi 的功耗较高，这对智能穿戴设备的电池续航功能提出了更高的要求。为了降低功耗，设备通常会在不需要时断开 Wi-Fi 连接。Wi-Fi 的稳定性依赖于网络环境，弱信号区域可能会影响设备的性能和用户体验。此外，不同版本的 Wi-Fi 协议可能导致智能穿戴设备与某些网络设备不兼容，尤其是在老旧路由器或某些网络环境下。

3. 近场通信技术

近场通信（NFC）技术是一种基于射频识别（Radio Frequency Identification，RFID）的短距离通信技术，它通过在 13.56MHz 频段上进行通信，以实现设备之间的快速数据传输和交互。NFC 设备之间通过靠近或接触进行数据的发送和接收。如图 9.21 所示，NFC 可以实现快速连接、便捷支付。NFC 技术主要用于短距离的数据传输和支付功能。例如，一些智能手表和手环支持 NFC 支付，用户可以通过设备进行快速支付，无须携带钱包或手机。此外，NFC 还可以用于设备之间的快速配对和数据传输。

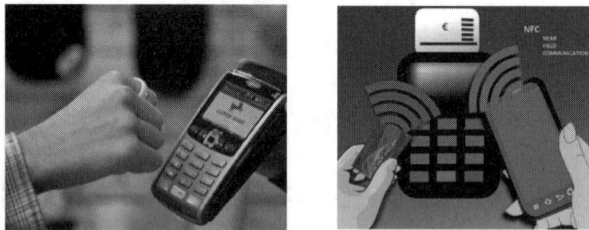

图 9.21　利用 NFC 技术进行支付

NFC 技术主要有以下三种工作模式。

（1）读写模式

NFC 设备可以作为"读写器"读取或写入另一个带有 NFC 标签的设备。例如，智能穿戴设备可以通过 NFC 读取门禁卡上的信息，或者读取其他设备的标签数据。

（2）点对点模式

在点对点模式下，两个 NFC 设备可以相互交换数据。通过这种模式，智能穿戴设备可以与手机、计算机、其他穿戴设备等进行数据交换，如共享运动数据、名片信息等。

（3）卡模拟模式

在卡模拟模式下，智能穿戴设备可以模拟银行卡、交通卡等智能卡的功能。例如，智能手表可以通过 NFC 与支付终端进行近距离支付或通过 NFC 进行门禁控制。

NFC 工作原理基于电磁感应技术：当两个 NFC 设备靠得很近时，其中一个设备会发出无线电波，而另一个设备则通过其内置的天线接收这些电波，从而进行数据传输。NFC 设备之间无须建立复杂的连接和配对过程，极大地简化了设备间的互动。

NFC 技术在智能穿戴设备中的工作流程通常涉及以下几个步骤。

（1）设备唤醒

当智能穿戴设备处于待机状态时，NFC 模块通常处于休眠状态。用户在需要使用 NFC 时，只需激活设备（例如通过触摸屏或按钮），NFC 模块就会被唤醒，准备进行通信。

（2）设备接触与数据传输

当智能穿戴设备与另一支持 NFC 的设备靠近时，NFC 模块开始发出无线电波，另一设备的 NFC 模块接收到这些波，并通过电磁感应技术进行数据交换。这一过程发生在极短的时间内，通常在几毫秒到几秒之间。

（3）数据验证与操作执行

当智能穿戴设备与另一设备完成接触并传输数据后，设备会验证数据的合法性并执行相应操作。例如，在支付场景中，支付终端会验证设备中的支付信息，确保支付请求的合法性，随后完成支付操作。

（4）断开连接与节能

一旦数据传输完成，NFC 连接将自动断开。智能穿戴设备会返回待机状态，NFC 模块重新进入低功耗模式，以节省电池电量。

▶▶▶ 9.2.3 低功耗芯片技术

低功耗芯片技术（Low Power Chip Technology）是指通过优化设计、制造工艺、工作模式等多种手段，使芯片在执行任务时消耗尽可能少的电能的技术。这项技术对智能穿戴设备、物联网（IoT）设备尤其重要，因为这些设备往往需要长期运行且电池容量有限。因此，低功耗芯片技术成为提高设备性能、延长续航时间并减少能源消耗的关键技术之一。

1. 低功耗处理器

图 9.22 所示为两种常见的智能穿戴设备低功耗处理器。低功耗处理器采用先进的制程工艺和低功耗架构设计实现低功耗运行。在智能穿戴设备中，低功耗处理器通常在低功耗模式下运行，仅在需要时唤醒，以降低能耗。例如，智能手表中的处理器可以在低功耗模式下运行，仅在需要时唤醒，以降低能耗。同时，低功耗处理器还可以通过优化算法和指令集，提高处理效率，实现更好的性能表现。

Apple Watch S10 处理器　　骁龙 4100 处理器

图 9.22　两种常见的智能穿戴设备低功耗处理器

2. 电源管理芯片

电源管理芯片负责对设备的电源进行管理和优化，通过监测电池电量、调整电源输出电压和电流等方式实现智能省电。电源管理芯片还可以对电池进行充电管理，以确保电池的安全和寿命。图 9.23 所示为 OPPO 公司和小米公司研制的智能穿戴设备专用电源管理芯片。

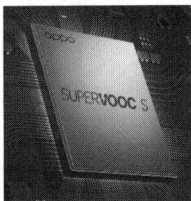

OPPO SUPERVOOC S　　小米澎湃 G1

图 9.23　电源管理芯片

▶▶▶ 9.2.4 软件开发技术

智能穿戴设备的功能实现离不开软件开发技术的支持。

1. 操作系统

在智能穿戴设备中，操作系统可以管理硬件资源、运行应用程序、提供用户界面等。同时，操作系统还可以与其他设备进行连接和交互，实现更多的功能。智能穿戴设备通常采用专门的操作系统（Operating System，OS），如 Wear OS、Watch OS 等。这些操作系统针对智能穿戴设备的特点进行了优化，具有简洁、高效、低功耗的特点。操作系统提供了丰富的应用程序接口（Application Programming Interface，API），方便开发者为设备开发各种应用程序。

2. 应用程序开发

开发者可以利用智能穿戴设备的操作系统和 API 开发各种应用程序，以满足用户的不同需求。应用程序可以通过蓝牙、Wi-Fi 等无线通信技术与其他设备进行连接和交互，实现更多的功能。通过应用程序开发，开发者可以为智能穿戴设备添加各种功能，如健康管理、运动追踪、社交娱乐、导航等。同时，用户还可以根据自己的需求和喜好，选择和安装不同的应用程序，以实现个性化定制。

在智能穿戴设备中，应用程序可以为用户提供各种服务和功能。例如，健康管理应用可以通过传感器采集的数据，为用户提供健康分析和建议；运动追踪应用可以记录用户的运动轨迹和数据，帮助用户更好地进行运动训练；社交娱乐应用可以让用户与朋友分享运动数据和生活点滴；导航应用可以为用户提供准确的位置信息和导航服务。

9.3 智能穿戴设备应用案例

▶▶▶ 9.3.1 智能穿戴设备解锁汽车：开启便捷出行新时代

在科技不断进步的今天，智能穿戴设备已经广泛融入我们的生活。从智能手表到智能手环，它们不仅为我们提供健康监测、运动追踪等功能，还在不断拓展新的应用领域。其中，智能穿戴设备解锁汽车这一创新应用，正逐渐改变着我们的出行方式，为人们带来更加便捷、安全和智能的驾驶体验。

智能穿戴设备应用案例

1. 智能穿戴设备解锁汽车的技术原理

近场通信（NFC）技术：智能穿戴设备解锁汽车主要依赖于 NFC 技术。NFC 是一种短距离无线通信技术，允许两个设备在彼此靠近时进行数据交换。智能穿戴设备如智能手表或手环内置 NFC 芯片，汽车门锁系统也配备相应的 NFC 接收器。当用户携带智能穿戴设备靠近汽车时，设备与汽车之间通过 NFC 建立连接，并进行身份验证。一旦验证通过，汽车门锁自动解锁。图 9.24 所示为智能手表与汽车门锁系统通过 NFC 连接的示意图。智能手表通过添加汽车电子钥匙，当靠近汽车后视镜上的 NFC 识别区域时实现汽车的上锁和解锁。

低功耗蓝牙技术：除了 NFC 技术，低功耗蓝牙技术也在智能穿戴设备解锁汽车中发挥重要作用，如图 9.25 所示。智能穿戴设备与汽车通过蓝牙建立连接，用户可以在一定距离范围内使用设备远程控制汽车解锁。例如，当用户靠近汽车但还未到达车旁时，可以通过智能穿戴设备上的应用程序发送解锁指令，汽车接收到指令后解锁车门。

图 9.24　智能手表通过 NFC 功能解锁汽车

图 9.25　智能手表通过蓝牙与汽车连接的场景

2. 智能穿戴解锁汽车的优势

（1）便捷性

无须携带传统钥匙：传统汽车钥匙容易丢失、损坏或被遗忘，给用户带来不便。而智能穿戴设备通常与用户时刻相伴，如智能手表、智能手环戴在手腕上，用户无须再担心忘记携带钥匙。只需携带智能穿戴设备，就可以轻松解锁汽车，极大地提高了出行的便捷性。

快速解锁：智能穿戴设备解锁汽车的速度非常快，通常只需几秒即可完成解锁过程。用户无须在口袋或包中寻找钥匙，也无须插入钥匙转动锁芯，只需靠近汽车或通过设备远程发送指令，即可快速解锁。

（2）安全性

双重身份验证：智能穿戴设备解锁汽车通常采用双重身份验证机制，确保车辆的安全。例如，除了 NFC 或蓝牙连接的身份验证外，还可能需要输入密码、指纹识别或面部识别等方式进行二次验证。这种双重身份验证可以有效防止他人非法解锁汽车，提高车辆的安全性。

实时监控：一些智能穿戴设备还可以与汽车的安全系统连接，实时监控车辆的状态。例如，当车辆发生异常震动、被非法入侵或被盗时，智能穿戴设备会立即收到警报通知，用户可以及时采取措施，保障车辆的安全。

（3）个性化设置

多用户管理：智能穿戴设备解锁汽车可以支持多用户管理，方便家庭或团队共享车辆。不同的用户可以通过自己的智能穿戴设备解锁汽车，并根据自己的喜好进行座椅位置、后视镜角度、音乐播放列表等个性化设置。当不同用户使用车辆时，汽车会自动调整到相应的设置，为用户提供更加舒适的驾驶体验。

定制化功能：用户可以根据自己的需求，通过智能穿戴设备上的应用程序对汽车解锁功能进行定制化设置。例如，可以设置自动解锁的距离范围、解锁方式（如一键解锁或分步解锁）、解锁提醒等功能。这种定制化功能可以满足不同用户的个性化需求，提高用户的满意度。

▶▶▶ 9.3.2 Apple Watch：促进健康生活方式的转变

（1）功能及案例

Apple Watch 是全球最受欢迎的智能手表之一，它不仅具备基础的时间、通知和通信功能，还通过强大的健康管理系统深度嵌入用户的日常生活。它能监测心率、计算步数、分析睡眠模式，并通过集成的应用程序指导用户进行健康管理，如图 9.26 所示。

Apple Watch：
促进健康生活方式
的转变

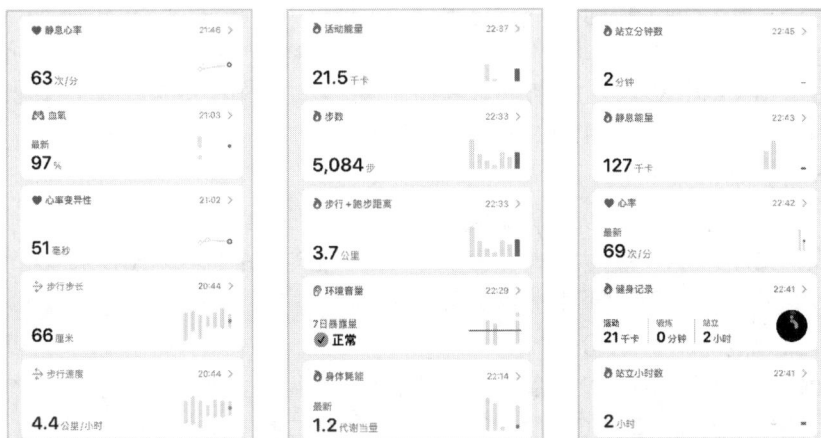

图 9.26 Apple Watch 健康管理系统中检测用户血氧、心率、环境音量等指标的显示界面

一个典型的案例是心脏病患者通过 Apple Watch 的心率监测功能提前发现潜在问题。Apple Watch 内置的光学传感器可以检测用户心率的异常变化，并在用户静止状态下发现心率过高或过低。一名医生乘坐航班时，遇到一位老妇人突然呼吸急促。当他得知这名女子有心脏病史时，他借了一名空乘人员的 Apple Watch 来检查她的血氧饱和度。注意到血氧饱和度较低后，他在机组人员的帮助下使她苏醒过来，并用氧气瓶稳定了她的病情，直到飞机降落。飞机降落后，这名女子立即被送往医院，据报道，她已经完全康复。

（2）优势

健康监测功能的普及：通过持续监测身体健康数据，Apple Watch 等智能手表极大地提升了用户的健康意识。传统的健康检查依赖于定期的医院体检，而智能手表通过日常佩戴为用户提供了一个持续的健康监控系统，尤其对于潜在的疾病提供了早期预警。

个性化健康管理：智能手表不仅可以监测数据，还可以为用户提供个性化的反馈。例如，Apple Watch 可以提醒用户站立、步行，甚至提供呼吸训练指导，帮助他们调整日常行为。这些个性化建议帮助人们更有意识地管理自己的健康状况，并鼓励人们养成更健康的生活方式。

医疗资源的优化：通过提前发现健康问题，用户能够更早地寻求医疗帮助，这样不仅能够帮助个体减少了潜在的健康风险，也能够缓解医疗系统的压力。传统医疗体系中，许多患者可能在病情严重时才会前往医院，而智能手表的使用可能提高疾病的早期发现率，进而减少急诊和住院的可能性。

9.4 智能穿戴设备的未来

在科技飞速发展的时代，智能穿戴设备已经成为人们生活中不可或缺的一部分。从最初的健康监测功能到如今的多功能集成，智能穿戴设备正在不断地拓展其应用领域，这些设备不断地改变着我们的生活方式和交互体验。未来，随着虚拟现实（VR）、增强现实（AR）以及全息投影技术的融合，智能穿戴设备将开启一个全新的智能生活时代。本节将深入探讨智能穿戴设备的未来发展，特别是与虚拟现实技术的结合，探讨其对我们生活的深刻影响。

9.4.1 未来技术发展方向

1. 更强大的传感器技术

未来的智能穿戴设备将配备更先进的传感器，能够实时监测更多生理参数，如血糖水平、血脂等。这些传感器将更加小型化、低功耗，以确保长时间佩戴的舒适性和续航能力。此外，脑机接口技术将更加成熟，人类可以通过佩戴相关脑机设备，通过脑电波控制计算机及其他电子设备。脑机接口技术将在医学、康复、游戏、增强现实等领域有广泛应用。

未来技术发展方向

2. 生物识别技术

生物识别技术将成为智能穿戴设备的重要组成部分。指纹识别、面部识别、虹膜识别等技术将使设备更加安全、可靠。此外，基于心电图和脑电图的生物识别技术也将逐步应用，进一步提升设备的安全性和个性化体验。

3. 人工智能与机器学习

人工智能和机器学习技术将使智能穿戴设备更加智能化。通过分析用户的健康数据和行为模式，设备可以提供个性化的健康建议、运动指导和生活习惯改善方案。此外，AI 助手将能够更好地理解用户的需求，提供更加精准的服务。

⫸⫸⫸ 9.4.2 虚拟现实技术的融合

（1）沉浸式体验

虚拟现实技术将为智能穿戴设备带来全新的沉浸式体验。未来的智能眼镜将不仅是信息展示工具，还可以提供全方位的虚拟现实体验，如虚拟旅行、虚拟战场等。

（2）增强现实应用

如图 9.27 所示，增强现实技术将使智能穿戴设备在现实世界中叠加虚拟信息，提供更加丰富的交互体验。例如，用户可以通过智能眼镜在户外导航时看到实时的道路指引，或者在购物时看到商品的详细信息和评价。此外，未来的增强现实技术还可以提供虚拟人机交互。

（3）全息投影技术

全息投影技术将使智能穿戴设备的显示方式更加灵活多样，如图 9.28 所示。未来的智能手表可以通过微型投影仪在任何平面上显示更大的界面，如地图、文档等。这样不仅提高了信息的可读性和操作的便利性，还为户外活动、商务演示等场景提供了新的解决方案。

图 9.27 增强现实

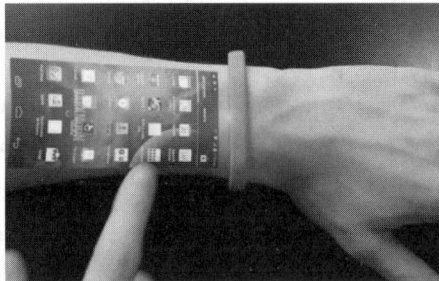

图 9.28 全息投影技术在智能穿戴设备上的应用

⫸⫸⫸ 9.4.3 应用趋势

（1）远程医疗

结合虚拟现实和全息投影技术，未来的智能穿戴设备将在健康医疗领域发挥重要作用。医生可以通过远程虚拟会诊，实时监测患者的生理参数，提供远程诊断和治疗建议。患者也可以通过智能眼镜观看医生的操作过程，更好地理解治疗方案，如图 9.29 所示。

（2）康复训练

如图 9.30 所示，智能穿戴设备可以辅助患者进行康复训练。通过传感器监测患者的动作和姿势，设备可以提供实时反馈和指导，帮助患者更快地恢复健康。虚拟现实技术还可以为患者提供沉浸式的康复训练环境，增加训练的趣味性和效果。

图 9.29 远程医疗

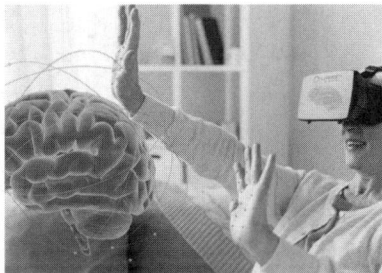

图 9.30 康复训练

虚拟现实技术的
融合

应用趋势

（3）智能家居控制

　　未来的智能穿戴设备将成为智能家居的控制中心。用户可以通过手势、语音或触摸等方式，轻松控制家中的各种智能设备，如灯、空调、电视等。虚拟现实技术还可以为用户提供更加直观的家居控制界面，提高生活的便捷性和舒适度，如图9.31所示。

图9.31　智能家居控制

（4）娱乐体验

　　智能穿戴设备将为用户提供更加丰富的娱乐体验。通过虚拟现实技术，用户可以在家中享受身临其境的游戏和电影体验，如图9.32所示。全息投影技术还可以将任何表面变成游戏屏幕，为用户带来全新的互动娱乐方式。

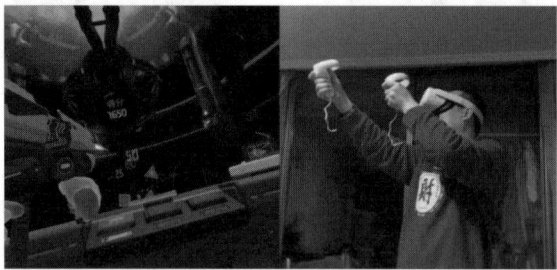

图9.32　娱乐体验

本章小结

　　随着无线通信技术、传感器技术、人工智能、增强现实和虚拟现实等技术的快速发展，智能穿戴设备正以其独特的方式重新定义我们的生活。这些设备将不仅限于简单的健康监测，而是逐渐演变为全面的生活伴侣。首先，智能穿戴设备将极大提升健康管理的个性化和精确度。通过实时监测生理数据和行为习惯，这些设备可以提供针对性的健康建议，帮助用户进行有效的健康管理。这种个性化的健康服务不仅可以预防疾病，还可以提高生活质量，使用户更好地掌控自己的健康。其次，在教育领域，智能穿戴设备将推动学习方式的变革。通过虚拟现实和增强现实的应用，学生将能够沉浸在互动式学习环境中，增强对知识的理解与记忆。这种新型的学习体验将使教育更加生动有趣，提高学习效果。在工作方面，智能穿戴设备将提高工作效率，优化团队协作。

　　尽管智能穿戴设备的未来前景广阔，但也面临诸多挑战。例如，数据隐私和安全问题不容忽视。用户对数据收集的担忧和对隐私的保护需求将成为技术公司必须解决的重要课题。此外，如何让更多人平等地享受到这些技术的便利也是社会各界需要关注的问题。总体来说，智能穿戴设备的未来充满了机遇与挑战。它将引领我们进入一个更加智能、互联的世界，让生活变得更加便捷、高效。展望未来，让我们期待智能穿戴设备在推动社会进步和提升生活质量方面发挥巨大作用，携手迎接这个充满科技魅力的新纪元。

习题

一、选择题

1．哪种无线通信技术最常用于智能穿戴设备与手机之间的短距离数据同步？（　　）

　　A．蓝牙　　　　　　　B．Wi-Fi　　　　　　C．NFC　　　　　　　D．Zigbee

2．智能穿戴设备中支持独立联网的功能通常依赖于哪种技术？（　　）

　　A．NFC　　　　　　　　　　　　　B．蜂窝通信（4G/5G）

　　C．蓝牙　　　　　　　　　　　　　D．Wi-Fi

3．智能穿戴设备常用于近距离支付的无线通信技术是？（　　）

　　A．蓝牙　　　　　　　B．Zigbee　　　　　　C．NFC　　　　　　　D．LoRa

4．为什么蓝牙低功耗（BLE）技术在智能穿戴设备中被广泛采用？（　　）

　　A．它的通信速度最快　　　　　　　B．它支持超远距离连接

　　C．它能耗极低，适合长时间工作　　D．它能够提供 Wi-Fi 功能

5．智能穿戴设备的无线通信模块通常要求低功耗。这是为什么？（　　）

　　A．提高设备处理速度　　　　　　　B．延长设备的电池续航时间

　　C．增强数据传输稳定性　　　　　　D．增强设备的功能扩展性

二、简答题

1．请列举三种常见的智能穿戴设备，并简要说明它们的主要功能。

2．智能手表如何帮助用户管理日常生活和健康?请举例说明。

3．智能手表可以监测哪些健康数据?

4．智能穿戴设备主要采用哪些技术？这些技术的原理是什么？

5．智能穿戴设备通常包括哪些传感器?这些传感器的工作原理是什么?

6．可穿戴设备通常使用哪种无线通信技术与其他智能设备相连接？

7．AR 和 VR 的主要区别是什么？

8．发挥你的想象，畅想未来智能穿戴设备将会是什么样子？

第 10 章
智能驾驶

本章导读

    智能驾驶技术是人工智能领域的重要分支，它通过提高安全性、提升交通效率、节能减碳以及变革商业模式，成为未来交通出行的革命性力量。该技术主要涉及感知、决策、控制和多传感器融合等关键技术，依赖深度学习等人工智能技术实现。智能驾驶的应用场景广泛，从私人用车到商用车，它都有望显著提升运输效率和安全性。随着技术的成熟，智能驾驶将深刻影响我们的出行方式和交通系统。

    总体来说，智能驾驶技术作为一种先进的技术，具有广泛的应用前景和市场潜力。随着技术的不断发展和完善，相信未来智能驾驶技术将会在更多领域得到应用，为人们的生活带来更多的便利和安全。

    本章我们将学习以下内容。
- 智能驾驶系统概述
- 智能驾驶关键技术
- 智能驾驶应用案例

10.1 智能驾驶系统概述

    智能驾驶是指通过先进的传感器、控制系统和人工智能技术，使汽车、无人机等交通工具能够在没有人类操控的情况下自主完成驾驶任务的技术。这种技术旨在提高道路安全、减少交通拥堵并降低能源消耗。

智能驾驶概述

10.1.1 智能驾驶的起源与发展背景

    智能驾驶技术的起源可以追溯到 20 世纪初期。1925 年，发明家弗朗西斯·霍尔迪纳（Francis Houdina）展示了一辆无线电控制的汽车，这是智能驾驶概念的早期体现。这辆车能够在没有人控制方向盘的情况下在曼哈顿的街道上行驶，尽管它并不是真正意义上的智能驾驶，但这一创新为后来的研究奠定了基础。

    20 世纪 50 年代的研究主要集中在自动化和机器人领域。20 世纪 80 年代，随着计算机技术的发展，特别是人工智能和传感器技术的进步，智能驾驶技术开始取得实质性进展。在这一时期，欧洲的研究人员开始探索使用计算机视觉和人工智能技术来实现车辆的自主导航。1986 年，慕尼黑联邦国防军大学的恩斯特·迪克曼斯（Ernst Dickmanns）和他的团队在一辆奔驰面包车上安装了摄像头和计算机系统，实现了世界上第一次智能驾驶系统的公路行驶。

到了 20 世纪 90 年代，全球机动车数量快速增加，交通安全与环境问题日益严重，推动了智能驾驶技术的研究。1997 年，卡内基梅隆大学的 Navlab 团队展示了一辆能够在城市环境中自动驾驶的车辆，标志着智能驾驶技术在复杂环境中的探索进入新阶段。此外，20 世纪 90 年代末，一些科技公司和汽车制造商也相继投入智能驾驶的研发中。

2002 年，美国国防部高级研究计划局（Defense Advanced Research Projects Agency，DARPA）发起了一项挑战，旨在推动智能驾驶技术的发展。尽管最初的挑战没有队伍能够完全自动驾驶穿越莫哈维沙漠，但这次活动激发了全球范围内的研究热情。2004 年，DARPA 再次举办挑战赛，斯坦福大学的 "Stanley" 赢得了比赛，展示了智能驾驶技术的巨大潜力。2009 年，谷歌公司开始秘密开发智能驾驶汽车项目，即 Waymo。谷歌公司的智能驾驶汽车在没有人类驾驶员干预的情况下行驶了数百万英里，证明了智能驾驶技术的可行性。2013 年，特斯拉公司推出了 Autopilot 系统，这是第一个商业化的高级驾驶辅助系统，尽管它仍然需要驾驶员监督。此后，智能驾驶领域快速发展，技术不断进步。激光雷达、计算机视觉、深度学习等技术的不断成熟，使得智能驾驶汽车能更准确地感知周围环境及其动态变化。许多汽车制造商和科技公司纷纷加大投入，特斯拉、谷歌（现为 Waymo）、百度、Uber 等公司纷纷推出各自的智能驾驶项目。2016 年，特斯拉公司的 Autopilot 系统上线，使得智能驾驶技术进入了一种更为应用化的阶段。2017 年，百度公司在中国推出了 Apollo 平台，这是一个开放的智能驾驶汽车平台，旨在加速智能驾驶技术的发展和商业化，如图 10.1 所示。

图 10.1　智能驾驶的发展历程

然而，智能驾驶的发展也面临着监管、伦理、技术"瓶颈"等挑战。各国政府和相关机构正在积极制定智能驾驶相关的法律法规，以确保技术的安全性和可靠性。同时，公众对智能驾驶汽车的接受度和信任度也是推动其发展的重要因素。总体来说，智能驾驶技术从最初的理论探索逐渐演变为现实应用，其发展不仅受到科学技术进步的推动，也与社会对交通安全、智能出行的迫切需求密不可分。

现代智能驾驶技术的商业化进程正在加速。随着技术的进步和成本的降低，智能驾驶汽车正逐渐从实验室走向市场。以下是智能驾驶商业化的几个关键点。（1）技术成熟度：随着传感器、计算平台和人工智能算法的进步，智能驾驶汽车的性能和安全性得到了显著提升。（2）法规和政策：各国政府正在制定相应的法规和政策来支持智能驾驶汽车的测试和商业化。（3）投资和合作：汽车制造商、科技公司和初创企业之间的合作，以及来自风险投资和政府的资金支持，正在推动智能驾驶技术的快速发展。（4）应用场景：智能驾驶技术已经开始在物流配送、共享出行、公共交通等领域得到应用。（5）消费者接受度：随着智能驾驶技术的普及，消费者对于这项新技术的接受度也在逐渐提高。

▶▶▶ 10.1.2　智能驾驶的定义

智能驾驶汽车，也称为自动驾驶汽车、无人驾驶汽车，是指能够在没有人类驾驶员直接控制的情况下，通过车载传感器、计算机系统和人工智能算法，自主完成环境感知、决策规划和驾驶执行等功能的汽车。智能驾驶技术是集感知、决策、执行和服务运营于一体的综合系统，涉及车辆工程、计算机科学、人工智能、通信技术等多个学科领域。智能驾驶等级划分如图 10.2 所示。

智能驾驶关键技术

智驾等级

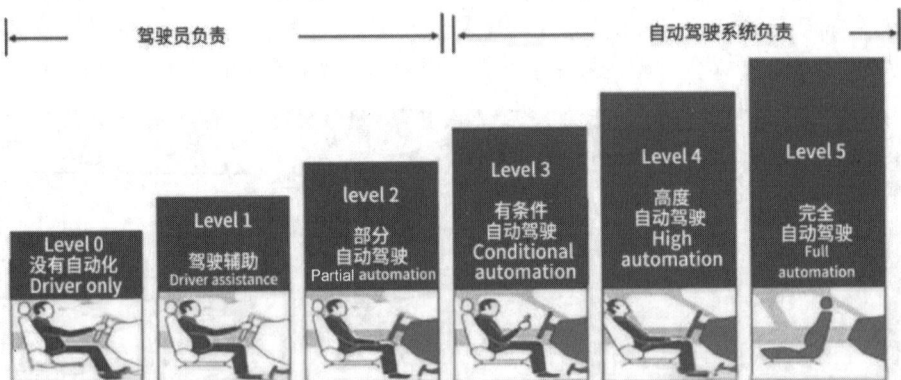

图 10.2　智能驾驶等级划分

智能驾驶汽车的核心技术包括以下几类。（1）感知技术：利用摄像头、雷达、激光雷达、GPS 等传感器收集车辆周围环境的信息。（2）决策技术：通过人工智能算法对感知到的环境信息进行处理和分析，做出行驶决策。（3）执行技术：控制车辆的加速、制动和转向等，执行决策系统给出的驾驶指令。（4）通信技术：通过车对车（V2V）、车对基础设施（V2I）等通信技术实现车辆间的信息交换和协同。智能驾驶核心技术如图 10.3 所示。

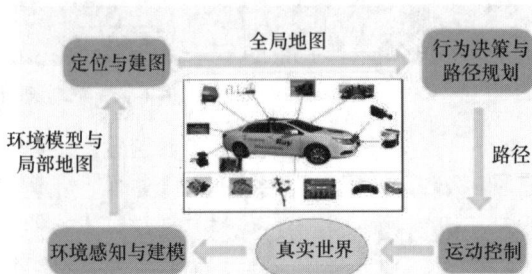

图 10.3　智能驾驶核心技术

尽管智能驾驶技术取得了显著进展，但仍面临着一些技术挑战。（1）复杂环境适应性：智能驾驶汽车需要在各种天气条件和复杂的交通环境中安全行驶。（2）数据处理能力：实时处理大量传感器数据需要强大的计算能力。（3）算法可靠性：决策算法需要能够处理各种突发情况，以确保行车安全。

▶▶▶ 10.1.3　智能驾驶应用场景

智能驾驶技术在物流配送领域的应用（见图 10.4）是当前最活跃的商业化场景之一。随着电子商务的迅猛发展，物流配送需求日益增长，智能驾驶技术的应用能够有效提升配送效率，降低人力成本。无人配送车主要应用于快递、商超配送等场景。例如，京东、苏宁等企业已经在北京、上海等地开展了无人配送车的测试和运营。这些无人配送车能够自主规划路线，避开障碍物，实现精准配送。无人配送车可以实现 24 小时不间断运营，大幅提升配送效率，减少人力成本，特别是在劳动力成本较高的地区。降低因驾驶员疲劳驾驶等人为因素导致的交通事故风险。配送无人机主要应用于偏远地区或紧急情况下的物资配送。例如，疫情期间，无人机被用于医疗物资的快速配送。无人机可以快速到达偏远地区，提高紧急物资的配送速度。无人机不受地形限制，能够到达车辆难以到达的地方。

图 10.4　智能驾驶在物流配送领域中的应用

中商产业研究院发布的《2022—2027 年中国无人驾驶汽车市场需求预测及发展趋势前瞻报告》显示，2023 年我国智能驾驶市场规模约为 3301 亿元，同比增长 14.1%。其中，物流配送是智能驾驶技术应用的重要领域之一。

智能驾驶技术在共享出行领域的应用，如图 10.5 所示智能驾驶出租车，智能驾驶公交车正在逐步改变人们的出行方式。智能驾驶出租车能够提供 24 小时不间断的出行服务，减少交通拥堵，提高出行效率。用户通过手机应用即可预约智能驾驶出租车，享受门到门的服务。智能驾驶出租车通过先进的感知和决策系统，能够避免人为操作失误。智能驾驶公交车能够提供更加准时、高效的公共交通服

图 10.5　智能驾驶在出行中的应用

务。智能驾驶公交车能够严格按照时刻表运行，减少乘客等待时间。

麦肯锡的调研显示，中国消费者对于智能驾驶出租车的接受度较高，愿意为使用该服务支付溢价。百度、文远知行等企业在中国多个城市开展了 Robotaxi 的测试和商业化运营，如

百度的 Apollo Go 服务在北京经济技术开发区的运营。

国家和地方政府出台了一系列政策支持智能驾驶公交车的发展，如《智能汽车创新发展战略》等。多个城市如上海、深圳等已经开展了智能驾驶公交车的试点项目，如上海临港的环湖一路智能公交车。

智能驾驶技术在物流配送、共享出行和公共交通等领域的应用，正在逐步改变传统的运输和出行模式，提升效率和安全性，同时也带来了新的商业机会和挑战。随着技术的不断进步和市场的逐步成熟，智能驾驶技术有望在未来几年内实现更广泛的商业化应用。中国消费者对智能驾驶汽车的消费意愿如图 10.6 所示。

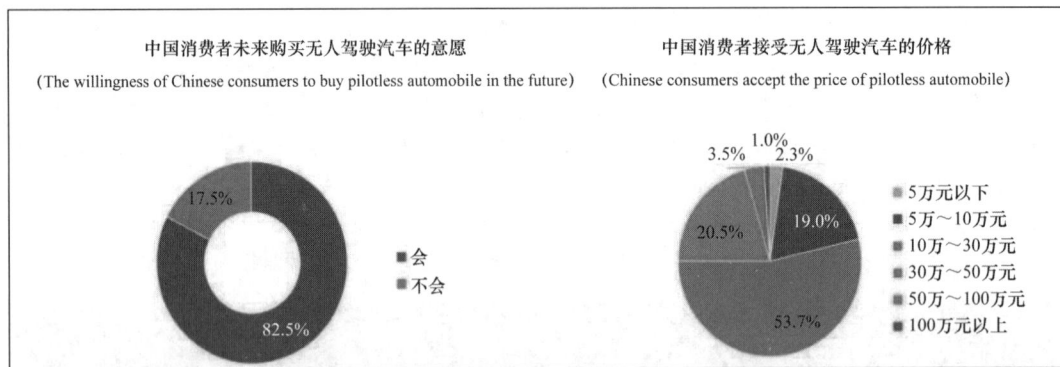

中国消费者未来购买无人驾驶汽车的意愿
(The willingness of Chinese consumers to buy pilotless automobile in the future)

中国消费者接受无人驾驶汽车的价格
(Chinese consumers accept the price of pilotless automobile)

图 10.6　中国消费者对智能驾驶汽车的消费意愿

▶▶▶ 10.1.4　智能驾驶全面数据解读

智能驾驶汽车市场规模在过去几年中呈现出显著的增长趋势。根据中商产业研究院发布的数据，2023 年全球智能驾驶汽车行业市场规模约为 417.5 亿元，同比增长 37.8%。中国市场同样表现出强劲的增长势头，2023 年市场规模约为 3301 亿元，同比增长 14.1%。这一增长趋势得益于技术进步、政策支持、消费者接受度提高以及资本投入的增加。随着 L2 和 L3 级智能驾驶技术的成熟和普及，以及 L4 和 L5 级技术的研发推进，智能驾驶汽车的市场规模有望进一步扩大。

智能驾驶技术的关键组成部分，包括传感器、芯片、软件算法等，都经历了快速的技术进步。例如，激光雷达技术的成本已经显著降低，而性能则得到了提升。此外，人工智能和机器学习算法的改进也使得智能驾驶系统更加智能和可靠。

随着智能驾驶技术的普及和媒体的广泛报道，消费者对于智能驾驶汽车的接受度逐渐提高。艾媒咨询的调研数据显示，超过六成的受访消费者认为智能驾驶汽车的主要优势是减少驾驶疲惫感和减少交通事故的发生。智能驾驶领域的投资热度持续上升。2018 年—2023 年中国无人驾驶汽车行业市场规模整体呈增长态势，显示出资本市场对智能驾驶技术的高度认可和期待，如图 10.7 所示。

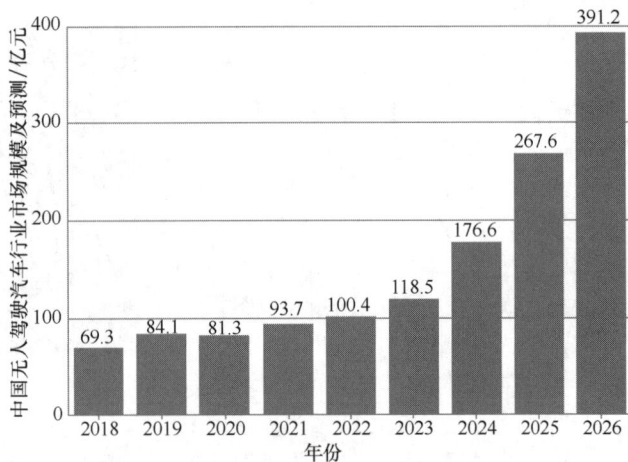

图 10.7　智能驾驶行业前景分析

总体来看，智能驾驶技术的发展受到了政策的大力支持，这为技术的进一步发展和商业化提供了良好的环境。随着技术的成熟和市场的扩大，智能驾驶汽车有望在未来几年内实现更广泛的应用。

10.2 智能驾驶关键技术

随着科技的飞速发展，智能驾驶汽车已经从科幻电影中的场景逐渐变成了现实。然而，要实现完全自主驾驶，仍需要解决许多技术难题。本节将探讨智能驾驶中的关键技术，如环境感知、目标识别和动态决策。

▶▶▶ 10.2.1 智能驾驶中的环境感知

1. 环境感知的技术原理

环境感知在智能驾驶汽车中占据着至关重要的地位。智能驾驶汽车需要准确辨别自身周围的环境信息，才能为后续的行为决策提供可靠的信息支持。就如同人类在行走时，需要通过眼睛观察周围环境、耳朵听取声音等方式来判断自己的行动方向和方式。在智能驾驶汽车中，环境感知系统就相当于人类的感官系统，负责收集周围环境的各种信息，如图 10.8 所示，辅助变换车道、盲点侦测、侧面防撞、车侧警示、刹车辅助、防撞、自适应巡航为雷达应用功能。

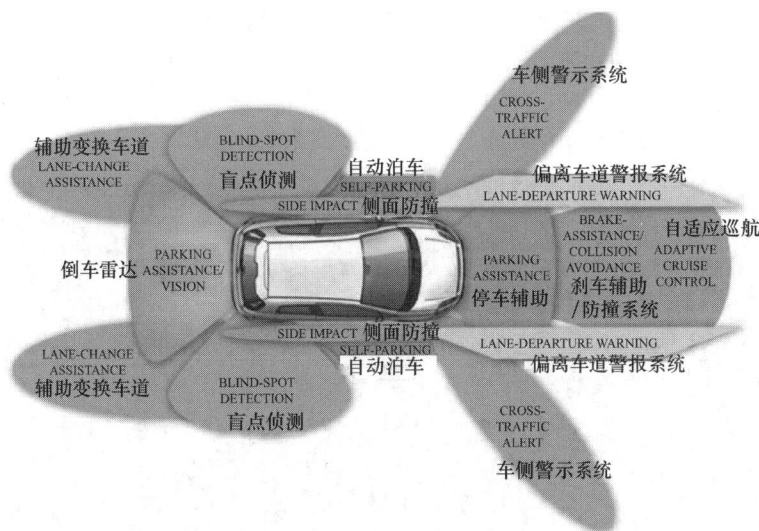

图 10.8　智能驾驶中的环境感知

（1）自身位姿信息测量

智能驾驶汽车自身位姿信息的测量主要依靠一系列传感器。驱动电机可以提供车辆的行驶速度信息，通过对电机转速的监测和计算，可以准确得知车辆的行驶速度。电子罗盘则能够确定车辆的方向，为车辆的导航提供重要依据。倾角传感器可以实时监测车辆的倾斜角度，在车辆行驶于不平坦的路面或者上下坡时，能够及时反馈车辆的姿态变化。陀螺仪则可以测量车辆的角速度，对于判断车辆的转向和稳定性非常有帮助。这些传感器共同协作，能够准确地测量出智能驾驶汽车自身的速度、加速度、倾角等信息，为车辆的行为决策提供基础数据，如图 10.9 所示。

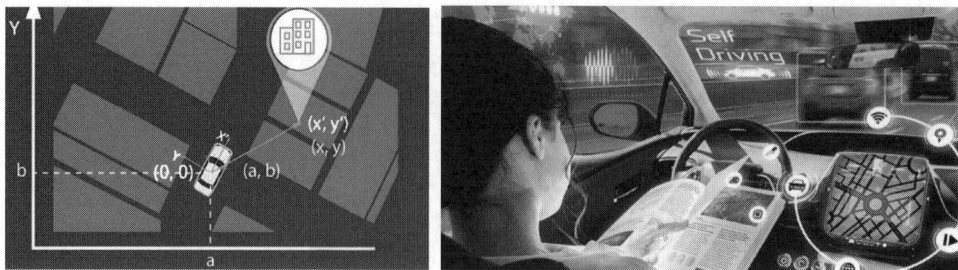

图 10.9　智能驾驶汽车的自身位姿信息测量

（2）周围环境感知

在智能驾驶汽车的周围环境感知中，主动型测距传感器起着主导作用。激光雷达是一种重要的主动型测距传感器，它通过发送激光脉冲并接收反射回来的信号，快速、准确地测量周围物体的距离和位置。毫米波雷达也是常用的主动型测距传感器之一，它具有穿透雾、烟、灰尘等功能强的特点，在恶劣天气条件下也能正常工作。此外，超声波雷达在近距离探测方面具有优势，通常用于车辆的泊车辅助系统。例如在自动泊车过程中，超声波雷达可以精确探测车辆与周围障碍物的距离，帮助车辆顺利完成泊车动作。

2. 环境感知的实现方法

为了提高环境感知的准确性和可靠性，智能驾驶汽车通常采用信息融合的方法，如图10.10 所示，将不同类型的传感器数据进行融合。例如，将激光雷达的高精度距离信息与视觉传感器的丰富图像信息相结合，可以弥补各自的不足，实现优势互补。为了提高感知的准确性和稳健性，工程师们会设计复杂的数据融合算法。数据融合算法可以对来自不同传感器的数据进行处理和分析，利用卡尔曼滤波、贝叶斯网络、深度学习等技术来优化感知结果，提取出更加准确、可靠的环境信息，为智能驾驶汽车的行为决策提供有力支持。此外，还会运用 SLAM（即时定位与地图构建）技术来实现车辆在未知环境中的自主定位和地图构建。

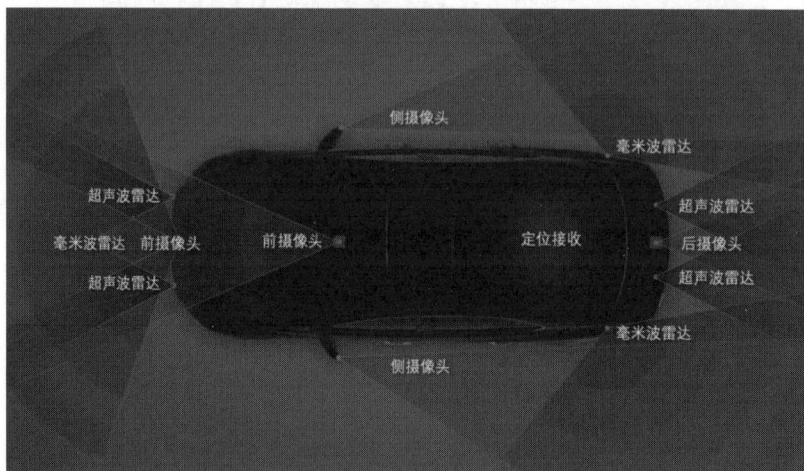

图 10.10　智能驾驶汽车中的传感器

下面我们将具体地介绍各类实现方法。

（1）传感器融合

传感器融合的目的在于充分发挥各种传感器的优势，弥补单一传感器的局限性。例如，激光雷达、摄像头和毫米波雷达各有其独特的性能特点。常见的传感器融合方法主要有三种。第一种为数据层融合，即直接对不同传感器的原始数据进行融合处理，比如将激光雷达的点云数据与摄像头的图像数据相融合，以此获取更为丰富的环境信息。第二种是特征层融合，先从不同传感器的数据中提取各自的特征，再将这些特征进行融合，例如提取激光雷达点云的几何特征以及摄像头图像的视觉特征，融合后用于目标识别。第三种为决策层融合，各个传感器独立进行环境感知和决策，随后将这些决策结果进行融合，例如激光雷达判断前方有障碍物，而摄像头也识别出相同位置的物体为障碍物时，通过融合这两个决策结果来确定最终的行动方案。智能驾驶汽车中的传感器融合如图 10.11 所示。

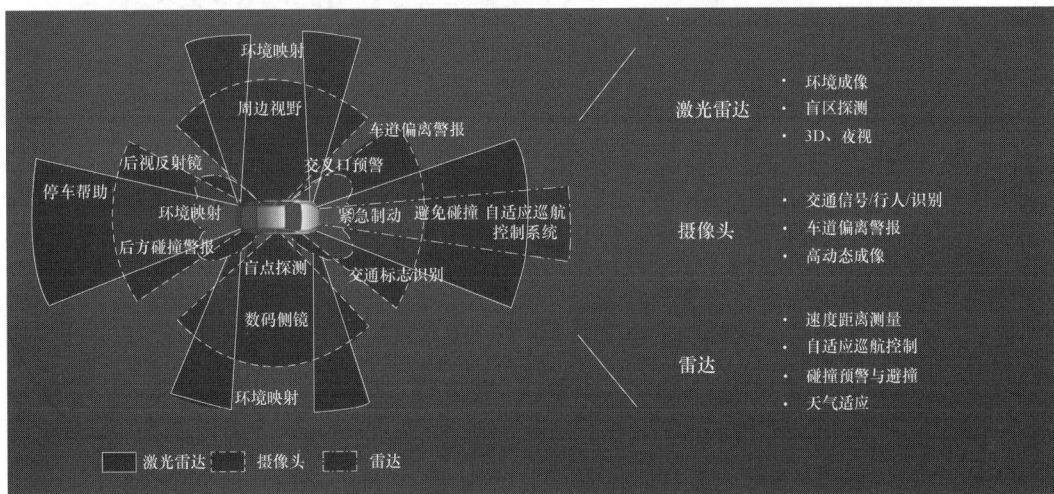

图 10.11　智能驾驶汽车中的传感器融合

第10章　智能驾驶

　　北京时间 2024 年 10 月 11 日上午，特斯拉公司在洛杉矶展示其 Robotaxi（智能驾驶出租车）等一系列产品。Robotaxi 车辆没有方向盘、脚踏板和后视镜，完全依靠智能驾驶技术行驶，如图 10.12 所示。车上配备了多种传感器，如激光雷达、摄像头和毫米波雷达等，能够实时感知周围的环境。激光雷达可以精确地测量车辆与周围物体的距离和位置，摄像头可以识别交通标志、车道线和行人等，毫米波雷达则可以检测车辆周围物体的速度和运动方向。

图 10.12　特斯拉 Robotaxi

（2）地图构建与定位

　　在智能驾驶领域中，即时定位与地图构建（Simultaneous Localization and Mapping，SLAM）起着至关重要的作用。其原理是通过传感器获取周围环境的信息，进而确定车辆在地图中的位置，并且在行驶过程中不断更新地图和车辆位置信息。其中，激光 SLAM 利用激光雷达扫描周围环境，生成三维点云地图，再使用点云匹配算法确定车辆位置；视觉 SLAM 则借助摄像头，提取图像中的特征点，进行特征匹配和相机位姿估计，从而构建地图并确定车辆位置。

此外，高精度地图也不可或缺。其制作方法是通过激光雷达、摄像头等传感器对道路环境进行扫描和采集，随后进行数据处理和标注，最终生成包含道路几何形状、交通标志、车道线、障碍物等信息的高精度地图数据，如图10.13所示。

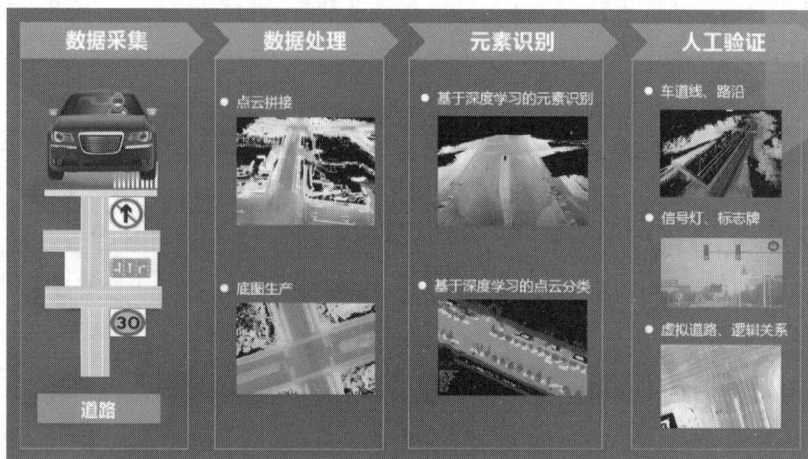

图 10.13　高精地图生产流程

作为最早涉足高精地图领域的地图公司之一，高德地图早在 2015 年就建立起完整的高精地图生产线，并且在精度和采集里程方面都处于行业领先水平。高德高精地图覆盖了国内超过 35 万千米的高速路和城市快速路。高德地图不仅在车道级导航中应用了北斗导航系统，还采用了自研的深度学习模型。通过基于海量数据的训练和面向驾驶者人因工程的 AI 动态视景技术，高德地图能够根据当前位置和道路形态，动态调整导航画面，构建一个虚实结合的数字世界，如图10.14所示。

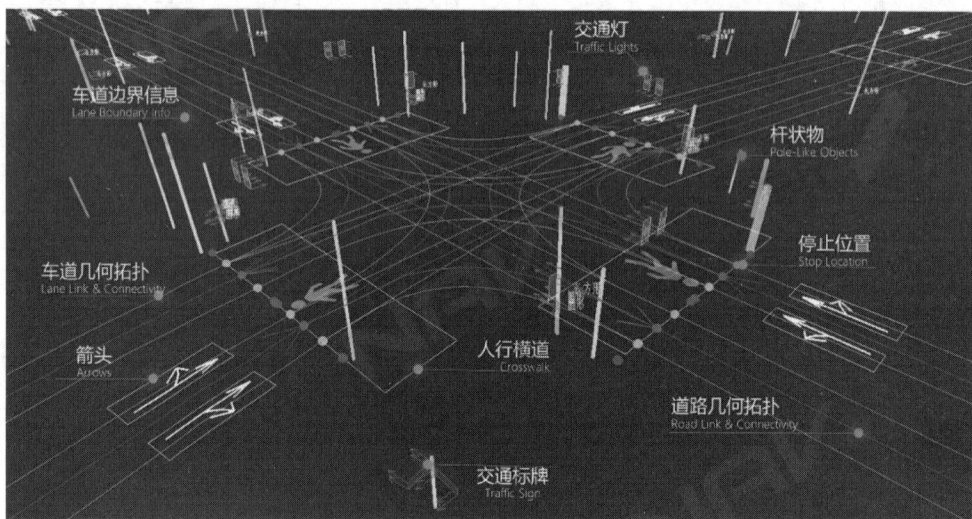

图 10.14　高德自研高精地图

（3）环境预测

在智能驾驶领域，存在两种以下主要的环境预测方法。

① 基于模型的方法。一方面是物理模型，即运用物理学原理构建车辆与周围环境的模型，以此预测车辆的运动轨迹以及周围物体的行为。在智能驾驶中，物理模型可用于预测车辆在各种行驶条件下的动态响应，为路径规划和决策制定提供基础。例如，在规划高速行驶

的路线时，需要考虑车辆的加速性能和刹车距离，以确保安全并高效地到达目的地。另一方面是行为模型，该模型按照人类驾驶员的行为模式构建，用于预测其他车辆和行人的行为。例如，使用马尔可夫模型，它假设行人的行走方向和速度在一定程度上取决于当前状态和历史状态。通过对大量行人行为数据的统计分析，可以建立马尔可夫模型的状态转移概率矩阵，从而预测行人在不同情况下的行为，如图 10.15 所示。

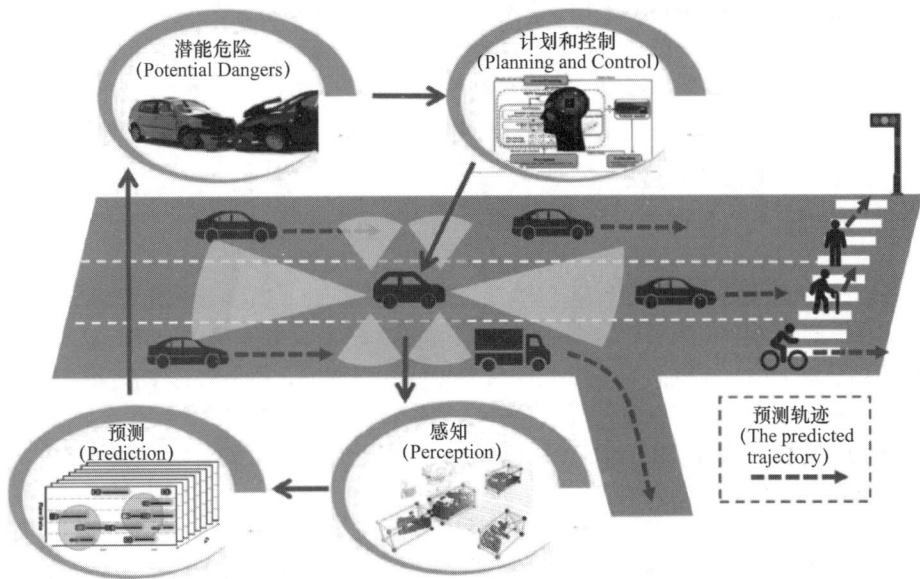

图 10.15　周围环境轨迹预测

② 基于机器学习的方法。它利用大量的历史数据进行训练，使模型自动学习车辆和周围环境的行为模式。神经网络和支持向量机是常见的机器学习方法。神经网络通过构建多层神经元结构，对输入数据进行非线性变换和特征提取，从而实现对其他车辆行驶轨迹的预测。支持向量机则通过寻找一个最优的超平面来对数据进行分类或回归，用于预测车辆的行为。在智能驾驶中，机器学习算法可以根据车辆传感器采集到的历史数据，如车辆的位置、速度、加速度以及周围环境的图像等，训练模型来预测未来的车辆行为和环境变化，如图 10.16 所示。

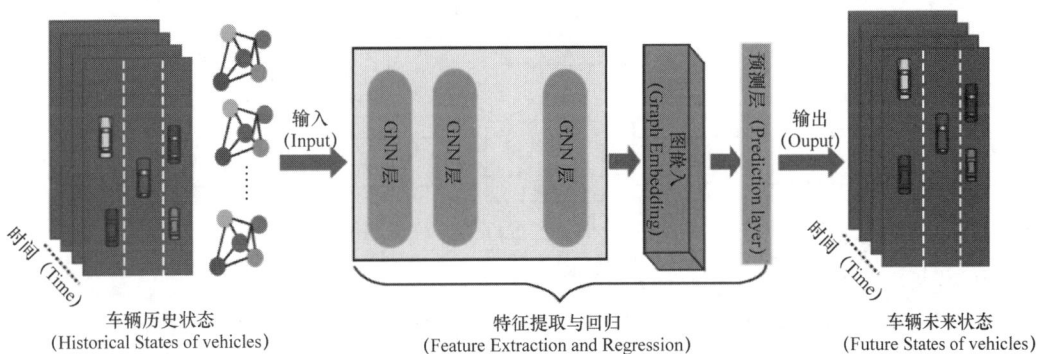

图 10.16　基于 GNN 网络的车辆轨迹预测

在预测到道路可能结冰后，车辆会提前调整驾驶策略，如降低车速、增加跟车距离等。同时，系统也会提醒乘客注意路况变化。这种环境预测技术有助于智能驾驶车辆在不同天气条件下安全行驶，适应各种复杂的天气和道路状况。

▶▶▶ 10.2.2　智能驾驶中的目标识别

1. 目标识别的技术原理

目标识别是指智能驾驶系统通过传感器获取的数据来识别和分类周围的物体，包括车辆、行人、动物、障碍物等，依靠多种传感器与先进算法协同合作达成准确识别目标的目的。从传感器层面来看，不同类型的传感器相互补充，为目标识别提供多元数据基础。在算法方面，深度学习算法尤其是卷积神经网络发挥着核心作用。它能够自动从大量数据中学习目标的特征模式，对行人、车辆、交通标志等进行准确分类识别。通过这些技术原理的综合运用，智能驾驶系统得以在复杂多变的道路环境中精准识别目标，为实现安全、高效的智能驾驶奠定坚实基础。

2. 目标识别的实现方法

在基于环境感知的基础上，传统的目标识别方法如基于特征提取的方法、模板匹配方法难以适应复杂多变的环境和不同类型的目标，对光照、旋转、尺度变化等因素比较敏感，稳健性较差。深度学习的出现为目标识别带来了革命性的变化，其强大的特征提取能力和泛化能力，能够自动学习到不同层次的特征，从低级的边缘、纹理到高级的物体形状和语义信息。深度学习算法对光照、旋转、尺度变化等具有较好的稳健性，可以处理大规模的数据集，学习到更通用的特征表示。

下面我们将分别从传统的目标识别方法以及深度学习引入后的目标识别方法进行介绍。

（1）传统的目标识别方法

① 基于特征提取的方法

如图 10.17 所示，此方法借助人工精心设计的特征提取器，从图像里精准地提取诸如边缘、纹理以及颜色等特定特征。随后运用分类器来分类这些提取出的特征，进而明确目标所属类别。这种方法的优势在于面对一些简单场景和特定目标时，能够收获不错的识别效果，并且计算量相对较小，所以在资源受限的环境中依然能够发挥作用。然而，其缺点也较为显著。由于特征是人工设计的，因此适应性有限，面对复杂多变的环境以及不同类型的目标时往往力不从心，并且对光照变化、目标旋转、尺度改变等情况较为敏感，稳健性欠佳。

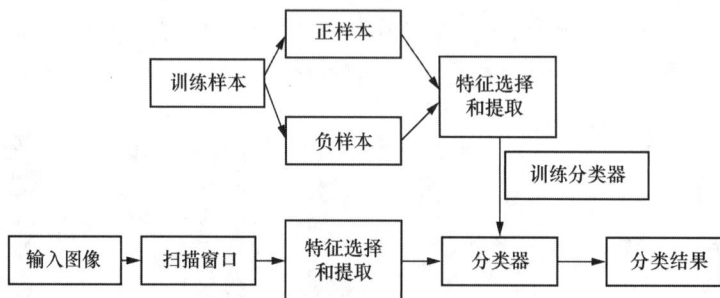

图 10.17　基于特征提取的方法流程图

② 模板匹配方法

如图 10.18 所示，模板匹配方法的原理是把待识别的目标和预先存储好的模板（库内样本）进行匹配，通过计算两者之间的相似度来判定目标的类别。该方法具有简单、直接的优势，当遇到具有固定形状和特征的目标，例如交通标志时，可以迅速且准确地进行识别。但它也存在诸多不足。例如它需要预先存储数量庞大的模板，一旦目标较为复杂或者处于变化的环境中，模板的数量和复杂程度就会急剧上升。此外，这种方法对于目标的变形以及遮挡情况较为敏感，一旦目标发生变形或者部分被遮挡，识别的准确率就会大幅下降。

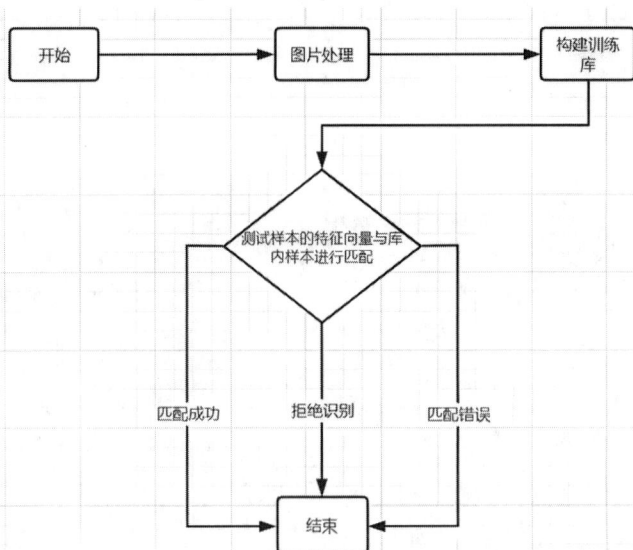

图 10.18 基于模板匹配的方法流程图

传统目标识别方法虽然在一定程度上能够满足部分需求，但随着目标识别场景日益复杂多样，它的局限性逐渐凸显，促使了更先进的目标识别技术不断发展。

（2）基于深度学习的目标识别方法

① 卷积神经网络

卷积神经网络（CNN）在当今的图像识别等领域占据着至关重要的地位。它具备一套完整且高效的体系结构，从输入层接收图像数据开始，经由卷积层利用卷积核与图像进行局部连接并权值共享来提取局部特征，随后池化层对特征图下采样，降低维度、减少计算量，最后全连接层把提取的特征加以整合并通过输出层输出目标的类别概率，如图 10.19 所示。

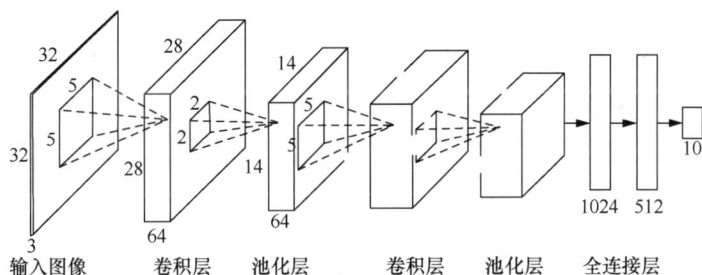

图 10.19 卷积神经网络结构

② 单发多框检测和 YOLO 系列

单发多框检测（Single Shot MultiBox Detector，SSD）和 YOLO 系列都是目标识别中极具影响力的算法。SSD 结合多个不同尺度的特征图进行目标检测，对不同大小的目标具有较好的适应性，在保证一定检测精度的同时拥有较快的检测速度。YOLO 系列则将目标检测转换为回归问题，以速度极快著称，能够实现实时目标检测。其中，YOLO 不断迭代升级，从 YOLOv1 到后续新的版本，在网络结构、数据增强、分类器等方面不断优化，提高了检测精度、对不同大小目标的检测效果以及模型的稳健性等。

百度 Apollo 在自动驾驶目标检测中应用了多种深度学习算法。例如，为 3D 场景设计了 CNSeg 深度学习算法，为二维图像设计了 YOLO3D 深度学习算法等。这些算法能够快速、准确地检测出车辆周围的各种目标，包括其他车辆、行人、交通标志和信号灯等。在实际道路测试中，如图 10.20 所示，Apollo 自动驾驶汽车可以通过深度学习算法对传感器获取的图像、点云等数据进行处理，实时感知周围环境的变化。无论是在城市道路、高速公路还是在复杂的交通路口，都能准确识别出不同的目标，并对其进行分类和定位，为车辆的规划和控制提供准确的信息。

图 10.20　百度 Apollo 在上海正式启动自动驾驶示范应用

▶▶▶ 10.2.3　智能驾驶中的动态决策

1. 动态决策的技术原理

动态决策是智能驾驶的核心。其是指根据环境感知和目标识别的结果，做出合理的驾驶决策。动态决策能力直接关系到智能驾驶系统能否应对各种突发情况，如其他车辆的突然变道、行人的闯入、交通信号灯的变化等。动态决策技术是一种在不断变化的环境中进行决策的方法，它要求决策者能够实时响应环境变化，并根据新信息调整决策。这种技术涉及对不确定性的处理、多回合复杂决策、长期规划和学习。它结合了贝叶斯方法、深度强化学习等多种技术，以实现在复杂和动态环境中优化决策。

2. 动态决策的实现方法

智能驾驶中动态决策的实现综合了多种方法，通过整合数据、运用算法、遵循规则等，在感知环境的基础上实时做出合理决策，以保障行驶安全、高效且智能。

（1）基于规则的方法

智能驾驶汽车基于规则的行为决策方法是最常用的。其主要是将车辆的运动行为进行划分，根据当前任务路线、交通状况、交通法规以及驾驶规则知识库等建立行为规则库，对不同的环境状态进行行为决策逻辑推理，对驾驶员的行为进行输出，同时接受运动规划层对当前执行情况的反馈进行实时动态调整，如图 10.21 所示。

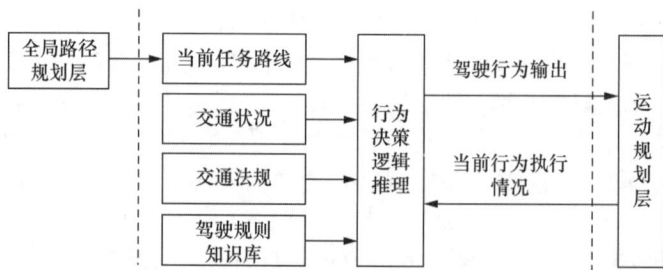

图 10.21　基于规则的行为决策架构图

智能驾驶系统通过传感器获取周围环境信息，然后根据预先制定的规则进行逻辑判断。如果当前情况符合某一规则的条件，则执行相应的决策。例如，当检测到前方路口为红灯时，系统根据规则判断应停车等待。如果检测到前方有行人正在过马路，系统根据让行行人的规则减速或停车。

基于规则的方法简单、直观，易于实现和理解。但这种方法的局限性在于难以应对复杂多变的情况，当出现规则未涵盖的场景时，可能无法做出合适的决策。

（2）基于机器学习的方法

面对复杂多样的智能驾驶任务需求，必须谨慎挑选适配的机器学习模型。对于路径规划任务，强化学习模型如深度 Q 网络（Deep Q-Network，DQN）及其衍生算法展现出独特优势。它能够让车辆在与环境的交互中学习到最优的路径选择策略，根据当前所处位置、周围障碍物分布以及目标地点等信息，确定合适的行驶方向和速度组合。而递归神经网络（RNN）及其变体长短期记忆（LSTM）网络在处理序列数据方面表现卓越，可用于预测车辆的行驶轨迹以及其他动态目标的未来运动趋势，提前为决策提供参考依据，如图 10.22 所示。

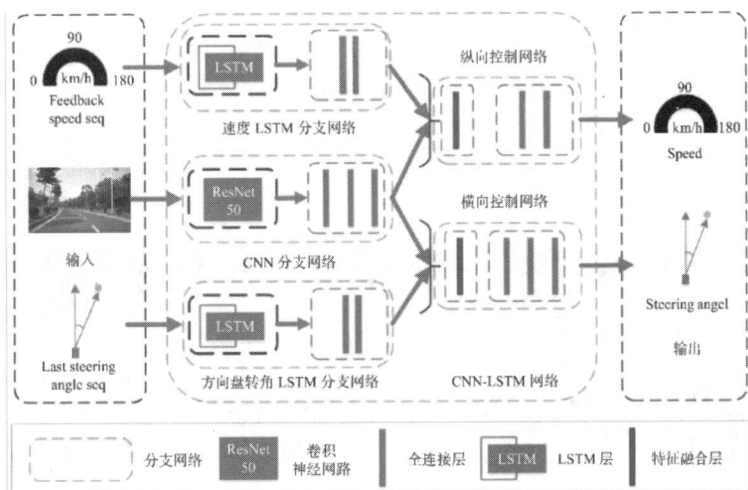

图 10.22　基于贝叶斯网络的决策流程图

训练过程起始于定义损失函数，这是衡量模型预测结果与真实情况差异的关键指标。在目标识别任务中，均方误差常用于衡量预测的边界框坐标与真实坐标之间的偏差，交叉熵则用于分类任务中评估预测类别与真实类别的差距。选择合适的优化算法是提升训练效率和效果的重要步骤。随机梯度下降（Stochastic Gradient Descent，SGD）算法及其变种如 Adam、RMSprop 等被广泛应用。SGD 算法通过沿着梯度下降的方向不断更新模型参数，以最小化损失函数。Adam 算法结合了动量和自适应学习率的优点，能够在训练初期快速找到较优的参数方向，并在后期进行更精细的调整。

10.3　智能驾驶应用案例

在科技日新月异的今天，随着人工智能、大数据、物联网等技术的飞速发展，智能驾驶汽车已经从科幻的概念逐渐变为现实。这一创新不仅代表着交通工具的进化，更是人类生活方式的一次重大转变。智能驾驶汽车融合了人工智能、传感器技术、计算机视觉和复杂的算法，旨在打造一个更加安全、高效和可持续的交通生态系统。

在现代城市的脉络中，公共交通扮演着至关重要的角色。随着城市化进程的加快，人们对高效、便捷且可持续的出行方式的需求日益增长。智能驾驶汽车技术的引入，为公共交通系统带来了革命性的变化，预示着未来出行的新篇章。

我们可以想象以下场景：在繁忙的城市街道上，出租车自主导航，安全、高效地穿梭于每一个角落，无须人为操控，甚至无需司机。这种出行方式不仅是一种全新的出行体验，更是未来城市交通发展的必然趋势。其就是我们下面要介绍给大家的智能驾驶出租车。

智能驾驶出租车首次实验于 2016 年 8 月，麻省理工学院的衍生公司 NuTonomy 成为第一家向公众提供智能驾驶出租车 Robotaxi 服务的公司，该公司开始在新加坡的有限区域内使用 6 辆经过改装的雷诺 Zoe 和三菱 i-MiEV 车队提供乘车服务，由此开启了智能驾驶出租车的研究。2017 年 8 月，Cruise Automation 在旧金山为 250 名员工推出了测试版机器人出租车服务，车队由 46 辆车组成。2018 年 12 月，Waymo 在亚利桑那州启动面向付费客户的智能驾驶出租车服务，名为 Waymo One。2019 年 9 月，百度自动驾驶部门阿波罗推出了 Apollo Go 智能驾驶出租车服务，初期车队由 45 辆智能驾驶汽车组成。此后，Apollo Go 已扩展到 10 多个中国城市。Cruise、Waymo、百度和小马智行均拿到了智能驾驶租车运营许可证。北京时间 2024 年 10 月 11 日，特斯拉展示了两款新车，双座特斯拉 Cybercab 和 14 座（含站立空间）特斯拉 Robovan，最多可搭载 20 名乘客。特斯拉称其公司所有其他车型和皮卡在软件更新和获得监管部门批准后都可以用作智能驾驶出租车，他们预计最早将于 2025 年在加利福尼亚州和得克萨斯州实现应用。Waymo、Cruise、百度、特斯拉等公司的 Robotaxi 分别如图 10.23～图 10.26 所示。

图 10.23　Waymo Robotaxi

图 10.24　Cruise Robotaxi

图 10.25　百度 Robotaxi

图 10.26　特斯拉 Robotaxi

百度旗下的智能驾驶出租车品牌"萝卜快跑"是较早在智能驾驶出租车领域实践的车型。自 2020 年首次对外开放服务以来，萝卜快跑凭借其独特的智能驾驶技术和广泛的市场布局，逐渐赢得了公众的关注和认可。

萝卜快跑，其命名源自智能驾驶出租车的英文 Robotaxi 的直译，Robo 谐音为"萝卜"。2020 年 10 月 10 日，萝卜快跑成为首都第一家对外开放无人车出行服务的品牌，标志着智能驾驶技术正式迈入商业化运营的新阶段。2021 年 5 月 2 日，萝卜快跑首次面向公众开启常态化商业化运营，并在北京冬奥会期间承担了运送首钢园区内运动员和冬奥组委工作人员的任务，进一步展示了其智能驾驶技术的可靠性和实用性。随后，萝卜快跑在全国范围内迅速扩张。截至 2024 年 7 月 10 日已在全国 11 个城市落地自动驾驶出行服务，并在北京、上海、深圳、武汉 4 个城市开展了车内无人的示范运营。萝卜快跑已累计提供超过 600 万次出行服务，成为智能驾驶出租车领域的"领头羊"。

自 2013 年萝卜快跑项目启动以来，如图 10.27 所示，百度通过 Apollo 计划，不断推动智能驾驶技术的发展，实现了从初步测试到全无人化示范运营的跨越。通过数据驱动和大模型技术的应用，百度 Apollo 在决策规划和系统整合方面取得了显著成就，提升了智能驾驶的安全性与效率。百度大模型 Apollo 自动驾驶大模型（Autonomous Driving Foundation Model，ADFM）是全球首个支持 L4 级自动驾驶大模型，能够有效应对复杂环境和极端天气条件，提升智能驾驶的稳定性和安全性。同时，萝卜快跑在高精度地图构建、机器学习驱动的决策算法以及实时数据分析与云端协同优化等方面，也展现出了强大的技术实力和创新能力，这些都为萝卜快跑在智能驾驶领域的领先地位提供了坚实的技术支撑。

图 10.27　百度 Apollo

如果大家想要体验一下智能驾驶出租车，如图 10.28 所示，我们可以通过萝卜快跑应用程序，定位到附近的智能驾驶出租车，输入我们的出发地和目的地，并通过自动系统叫车。百度表示，虚拟现实导航以及遥控汽车喇叭将帮助用户识别汽车的位置。要解锁智能驾驶汽车，我们需要扫描汽车上的二维码以进行身份验证。登上车辆并单击"开始旅程"按钮后，系统将确保安全带系好、车门关闭。只有在完成所有乘客安全协议检查后，旅程才会开始。由于没有安全驾驶员掌舵，5G 远程驾驶服务始终存在，以便在发生特殊紧急情况时，人类操作员可以远程访问车辆。当到达目的地后，按照显示金额付款，我们这一趟旅程就圆满结束了。

图 10.29 所示为萝卜快跑智能驾驶出租车辆的一些功能，包括自主召唤、自主上匝道、密码解锁&无感解锁、自主掉头、自主靠边停靠、障碍车自主避让等。

在介绍了萝卜快跑智能驾驶车的一些功能之后，我们来进一步学习一下这些功能是通过什么技术实现的。智能驾驶汽车通过其感知系统、决策系统和控制系统来实现上述功能。

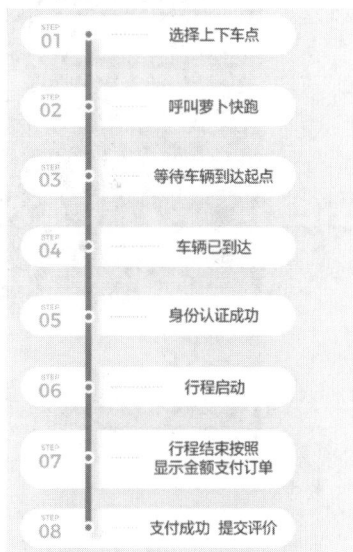

STEP 01	选择上下车点
STEP 02	呼叫萝卜快跑
STEP 03	等待车辆到达起点
STEP 04	车辆已到达
STEP 05	身份认证成功
STEP 06	行程启动
STEP 07	行程结束按照显示金额支付订单
STEP 08	支付成功 提交评价

图 10.28　使用流程

1. 智能驾驶汽车通过感知系统进行路况判断

感知系统是智能驾驶汽车获取外界信息的关键，它通过集成多种传感器技术，如激光雷达、摄像头、毫米波雷达和超声波传感器等，来实时监测和感知汽车周围的环境。如图 10.30 所示，这些传感器能够获取道路、车辆位置和障碍物信息，并将这些信息传输给车载控制中心，为车辆提供决策依据。

图 10.29 功能介绍

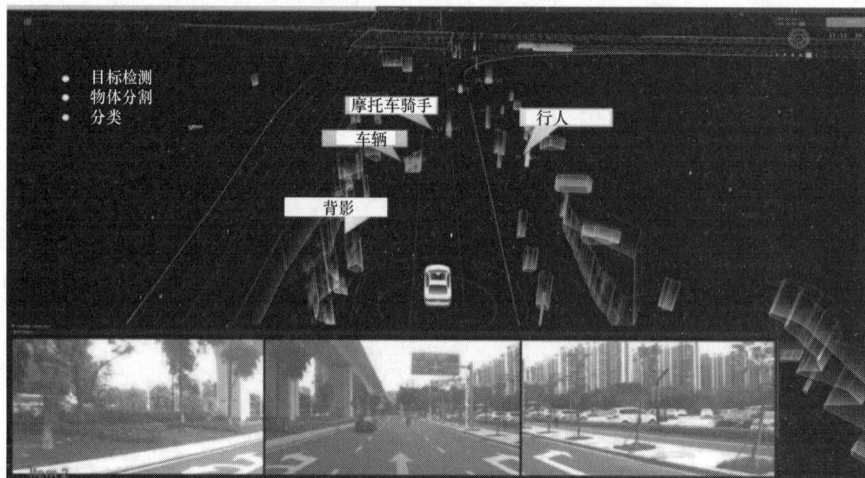

图 10.30 感知系统

　　深度学习和算法优化极大地提升了车辆的实时路况学习与适应能力，使车辆能更好地应对复杂的城市交通环境。通过海量的行驶数据收集，萝卜快跑的智能驾驶系统能够实时学习并理解复杂的交通环境，包括不同城市的驾驶习惯、道路标志的多样性以及临时交通管制情况。此外，系统还能够学习并适应雨雪天气、夜间驾驶以及施工路段等特殊路况，以确保在各种环境下的安全行驶。

　　这一技术的实现，离不开机器学习与大数据分析的结合。萝卜快跑利用先进的机器学习算法对收集到的数十亿千米的驾驶数据进行处理，不断优化模型，使车辆能够实时更新其对环境的理解。这种动态学习技术使得萝卜快跑的智能驾驶车辆能够像经验丰富的驾驶员一样，灵活应对各种突发路况。

车与万物（Vehicle to Everything，V2X）通信技术的集成是一大亮点。V2X 通信技术是萝卜快跑第六代技术中的一个重要组成部分，它允许车辆与交通基础设施、其他车辆以及行人等进行实时通信，极大地提升了智能驾驶的安全性和效率。如图 10.31 所示，通过 V2X 通信技术，萝卜快跑智能驾驶车辆能够获取到传统传感器无法探测到的环境信息，如交通信号灯的状态、前方车辆的刹车信号，甚至是道路施工的实时数据。这种技术的应用，使得智能驾驶系统能够预判并做出更合理的驾驶决策，从而降低交通事故的风险，提高交通流的效率。

图 10.31　基于 V2X 通信技术的萝卜快跑智能驾驶车辆

在传感器融合技术方面，萝卜快跑第六代技术采用了多传感器数据融合架构，包括激光雷达传感器、摄像头传感器、毫米波雷达传感器、超声波传感器等（见表10.1），通过异构传感器数据的协同处理，进行了深度整合，构建了一个全方位、多模态的感知系统，提高了环境感知的准确性和稳健性。这种创新应用使得车辆在雨雪、雾霾等恶劣天气下也能保持稳定的行驶性能，大大降低了环境因素导致的驾驶风险。

表 10.1　硬件功能介绍

传感器	功能
激光雷达	通过发射激光束并接收反射回来的激光信号，测量物体的距离、形状和速度；通过扫描环境，生成高精度的三维地图
摄像头	通过捕捉光线生成图像，模仿人类视觉系统，提供丰富的视觉信息。通常使用多个摄像头形成立体视觉来实现深度感知
毫米波雷达	检测物体，提供物体的距离、速度和角度信息，测量距离较远，且能在雨雪等恶劣天气情形下维持稳定工作
超声波	应用于自动泊车，以及驾驶过程中的短距离感测

在故障检测与自适应补偿机制上实现了传感器的实时监控和故障切换，当某个传感器出现故障时，系统能自动切换到备用传感器，以确保驾驶决策的连续性和安全性。这种设计体现了萝卜快跑对智能驾驶安全性的高度重视，也是其技术核心竞争力的体现之一。

2. 智能驾驶汽车通过决策系统进行路线导航

决策系统是智能驾驶汽车的"大脑"，它负责根据感知系统提供的数据进行分析，并做出驾驶决策。其包括识别车道线、交通标志和周围车辆的位置与速度，以及解决路径规划-使用规划算法（如 A*算法、Dijkstra 算法）计算最优行驶路线（见图 10.32）、交通流预测、障碍物避让等。决策系统通过先进的算法，如模糊推理、强化学习、神经网络和贝叶斯网络技术等，来模拟人类的驾驶行为，以确保智能驾驶车辆能够在复杂的交通环境中安全行驶。

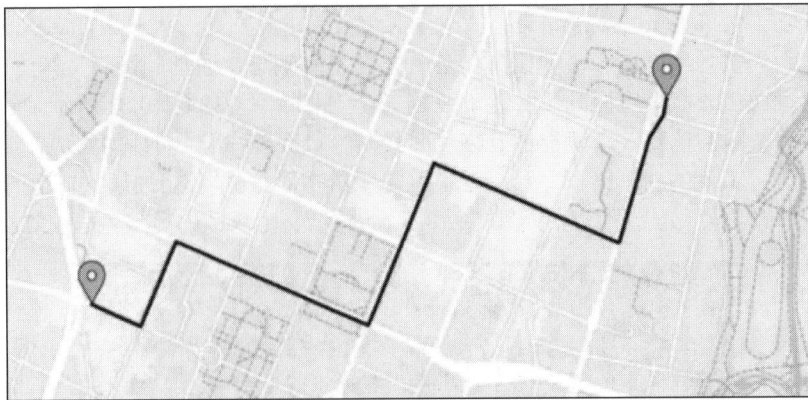

图 10.32　决策系统规划路线

　　智能驾驶车辆为实现智能运行，其数据主要有以下三种来源。第一种是通过激光雷达、摄像头、毫米波雷达等多种传感器获取周围环境的详细信息，涵盖物体位置、速度和形状等；第二种是车辆自身的车速、加速度、转向角度等状态数据，可反映行驶状态；第三种是高精度地图提供道路几何形状、交通标志和信号等以辅助定位与路径规划。为了获取全面且准确的数据，需要在各种实际场景中进行采集，包括城市的拥堵路段、高速公路的快速行驶路段、乡村的崎岖小路以及不同天气和光照条件下的道路环境等，并且要持续积累大量的数据样本，以涵盖尽可能多的特殊情况和罕见场景。如图 10.33 所示，感知系统通过激光雷达、摄像头、毫米波雷达等传感器，实时获取车辆周围环境数据，这些数据传递到决策模块，决策系统基于感知结果、定位信息、预测数据及高精度地图等先验信息，快速制定合理的行驶策略。

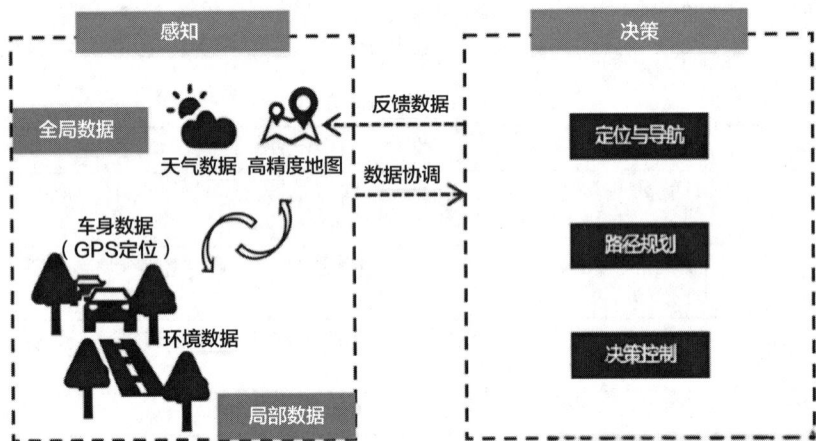

图 10.33　感知与决策的协同

　　传感器在工作过程中可能受到电磁干扰、环境波动等因素影响，产生噪声数据，因此，对传感器数据进行滤波处理，例如采用均值滤波、中值滤波或者卡尔曼滤波等算法，以有效去除因传感器误差或环境干扰引起的噪声，使数据更加平滑和准确。同时，还要识别并剔除异常值，比如因传感器突发故障产生的明显偏离实际情况的数据点，以保证数据的可靠性。在特征提取阶段，对于激光雷达点云数据，通过算法分析物体点云的分布和形状特征，提取出物体的大小、距离、高度等几何特征以及相对车辆的位置坐标信息。从摄像头图像中，利用图像处理技术和深度学习算法，提取交通标志的颜色、形状特征以及车辆的外观、运动方向等视觉特征。如图 10.34 所示，将传感器、摄像头取得的原始数据转换为机器学习算法能够理解和处理的特征向量，为后续的模型训练提供高质量的数据输入。

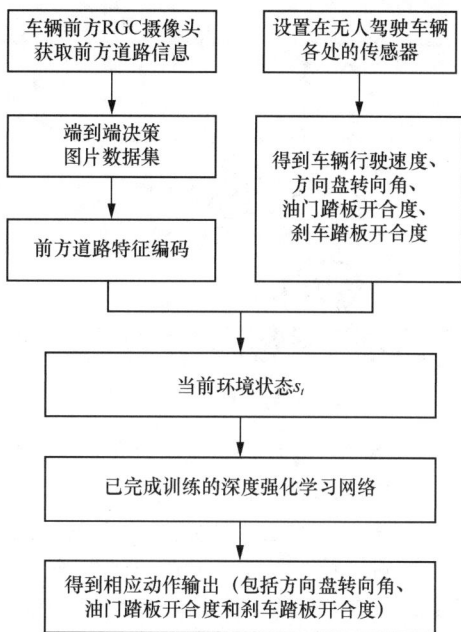

图 10.34 基于深度学习的决策流程

　　数据收集与预处理工作能够为智能驾驶车辆的机器学习算法提供坚实的数据基础,使其能够做出更准确、更智能的决策。

　　高精度地图是萝卜快跑实现动态环境匹配的关键技术之一。如图 10.35 所示,通过高精度地图,智能驾驶车辆能够预先获取道路信息,包括车道线、交通标志、路沿、障碍物等静态信息。这些数据在厘米级的精度下被精确记录,为车辆提供了一个详细的世界模型以确保智能驾驶车辆在复杂多变的交通环境中安全行驶。

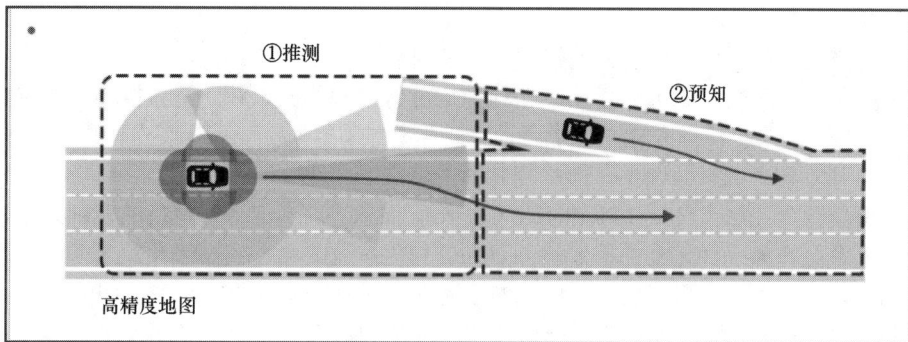

图 10.35　高精度地图

3. 智能驾驶汽车通过控制系统进行汽车操控

　　控制系统是智能驾驶汽车将决策转换为实际行动的部分。如图 10.36 所示,它通过电子控制单元和执行器,控制车辆的加速、制动、转向等行驶动作。控制系统确保智能驾驶车辆按照决策结果进行准确的行驶操作,以实现精确而灵敏的车辆控制。智能汽车的控制系统通常采用分层架构,包括融合感知层、任务决策层和执行层。融合感知层通过多种传感器(如GPS 传感器、激光雷达传感器、摄像头传感器等)实时获取车辆状态和环境信息。任务决策层根据这些信息做出最优控制决策,包括纵向和横向动力学控制,并将指令下发给执行层。执行层负责实施这些指令,控制转向、制动等子系统。

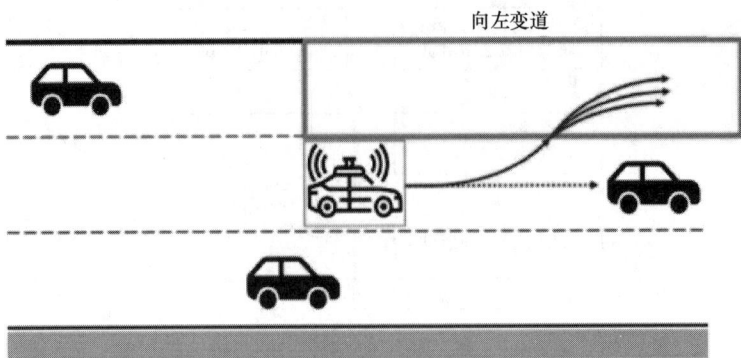

图 10.36　控制系统控制车辆变道

　　智能驾驶汽车的操纵基于车辆动力学模型，通常采用三自由度（纵向、横向、横摆）模型来描述车辆的运动。这些模型包括车辆的质量、速度、加速度、转向角度等参数，以及轮胎的侧偏刚度、车辆的转动惯量等物理特性。智能驾驶汽车的运动控制算法主要有以下几种。

　　（1）模型预测控制：一种先进的控制策略，它通过预测未来的系统行为并优化控制输入来实现对系统未来行为的控制。在智能驾驶汽车中，模型预测控制可以用来控制车辆的横向和纵向运动，以确保车辆按照预定路径行驶，并在动态环境中保持稳定性。考虑到车辆行驶中的多目标需求（如速度、加速度、稳定性等），多目标模糊操纵策略提供了一种综合考虑这些因素的方法。模糊逻辑可以在多个相互矛盾的目标之间找到一个合理的折中方案，实现车辆的平稳操控。

　　（2）基于神经网络的汽车运动控制：利用神经网络的学习功能和非线性映射功能，通过训练数据来学习控制策略。神经网络能够处理复杂的非线性关系，适用于环境感知、运动控制和行为决策等领域。在汽车运动控制中，神经网络可以用于预测车辆的动态行为、优化路径跟踪和避障策略。这种控制方法的一个挑战是网络结构和参数的选择，以及如何确保控制的实时性和稳健性。

　　（3）滑模控制：一种非线性控制策略，以其对参数变化和外部扰动的稳健性而闻名。在汽车运动控制中，滑模控制可以用于车辆的稳定性保持和路径跟踪。滑模控制的主要思想是设计一个滑模面，系统状态在这个面上滑动，直至达到期望的性能。滑模控制的特点是简单、响应快，但可能会产生抖振现象，影响控制的平滑性。

　　（4）模型预测控制（Model Predictive Control，MPC）：一种基于模型的控制策略，它通过预测未来系统行为来优化当前控制输入。MPC利用系统的动态模型来预测未来一段时间内的系统响应，并选择使预测性能指标最优的控制序列。在汽车运动控制中，MPC可以用于车辆的纵向和横向控制，优化车辆的行驶路径和稳定性。MPC的优势在于能够处理多变量控制和约束问题，但需要较高的计算能力来处理优化问题。

　　（5）自适应控制：一种智能控制系统，能够根据环境变化或系统内部参数的变化自动调整控制策略。它不是依赖于精确的系统模型，而是通过在线学习和调整来优化控制效果。自适应控制的关键优势在于其稳健性，能够应对系统不确定性和外部扰动。这种控制方法在处理复杂系统，如智能驾驶车辆的动态控制中尤为重要，因为它可以提供实时的性能优化。简而言之，自适应控制通过不断适应系统的变化，以确保控制的稳定性和有效性。

　　下面我们来介绍智能驾驶出租车的一些优点。

　　首先，智能驾驶出租车可以减少人为驾驶的失误。根据统计数据显示，超过90%的交通事故是由人为驾驶失误引起的，包括分心驾驶、疲劳驾驶、酒驾和违反交通规则等。智能驾驶出租车通过智能驾驶系统，可以大幅减少这些人为失误。同时，智能驾驶出租车配备了先进的传感器和计算机视觉系统，能够实时监控周围环境，并快速响应突发情况。与人类驾驶员相比，智能驾驶系统在处理紧急情况时反应更迅速、决策更准确。智能驾驶系统在所有情况下都能保持一致的驾驶行为，不会因疲劳、情绪波动或其他因素而受到影响，从而提高了整体行车安全性。

其次，智能驾驶出租车还具有全天候运行功能。智能驾驶出租车可以全天候运行，且不受驾驶员工作时间限制，这意味着可以随时提供服务，满足乘客的出行需求，无论是深夜还是早晨。当遇到恶劣天气时，智能驾驶出租车可以通过多传感器融合技术和高精度地图来保持较高的运行可靠性。在恶劣天气条件下，智能驾驶系统的表现往往优于人类驾驶员。

此外，智能驾驶出租车还为我们带来了便利与高效。智能驾驶出租车可以通过 V2X 通信技术与其他车辆和交通基础设施进行实时信息交换，优化行车路线，避免交通拥堵。智能交通管理系统可以协调多个智能驾驶车辆，以实现交通流量的整体优化。智能驾驶出租车还可以通过动态调度系统，根据实时交通状况和乘客需求，优化车辆分配和行驶路线，提高车辆利用率和服务效率。车队管理系统可以协调多个智能驾驶出租车，以实现高效运营管理。乘客可以通过手机随时呼叫智能驾驶出租车，无须等待和寻找停车位，从而实现"门到门"的无缝连接出行。

全球智能驾驶出租车相关技术在许多国家和地区都取得了显著进展，涵盖美国、中国、日本和欧洲部分国家等。各国通过试点项目和示范城市，积累了丰富的技术数据和运营经验，推动智能驾驶技术的不断完善和应用。智能驾驶出租车将为社会带来更多便利和创新。为了实现这一愿景，需要持续关注技术进步的动态，迎接各种挑战，并制定有效的政策和法规，以确保智能驾驶出租车的安全、可靠和可持续发展。

本章小结

智能驾驶技术正在逐步改变我们的出行方式，并且方便了我们的生活。智能驾驶技术已经被应用于公共交通、物流运输等行业，并逐步被应用在一些特殊场景，例如矿山和飞机场等封闭或半封闭区域的自动化作业中。智能驾驶技术为我们带来了便利，它能提高交通效率，减少交通拥堵，提高道路利用率。同时，智能驾驶技术的广泛应用有望大幅降低交通事故的发生率。智能驾驶技术也会促进我们的经济发展，智能驾驶技术的普及将催生新的产业链和服务模式，如无人配送、智慧物流等，为经济增长贡献新动能。智能驾驶技术虽然取得了一定的成就，但在实际推广过程中仍面临诸多挑战。首先，体现在安全性方面，智能驾驶车辆在遇到突发情况时的应急反应能力仍然存在不确定性，如何保证行驶安全是亟待解决的问题。其次，法律法规方面也具有一定的滞后性，现有的交通法规大多数是为人类驾驶员设计的，智能驾驶车辆的合法地位、责任归属等问题尚没有明确的法律规定。最后，体现在社会接受方面，公众对于智能驾驶技术的信任度不一，有些人担心失业问题，有些人则担忧技术故障可能带来的风险。这些都是我们需要考虑的问题，也是我们未来应该解决的问题。

习题

1. 什么是智能驾驶技术？请详细解释其定义和主要组成部分。

2．请列举并简述智能驾驶的等级划分。

3．请列举几个智能驾驶的应用案例。

4．说明激光雷达、摄像头和毫米波雷达在智能驾驶环境感知中的工作原理及各自的优点。

5．解释智能驾驶目标识别中传统方法（基于特征提取和模板匹配）的优缺点，并与基于深度学习的方法进行对比。

6．阐述智能驾驶动态决策技术原理，并讨论如何在复杂的交通环境中确保决策的准确性和安全性。

7．以智能驾驶技术为基础，探讨未来智能驾驶汽车的构想，并阐述其可能带来的影响和挑战。

第11章
智能医疗

本章导读

　　医疗问题始终是全球关注的焦点，因其直接关系到人们的生命健康、生活质量和社会发展的可持续性。随着科技的进步，医疗领域也在不断地经历着革新，以应对日益增长的健康需求和不断出现的医疗挑战。智能医疗，作为当代医疗健康领域的一次革命性进步，通过融合物联网、大数据和人工智能等尖端技术，实现了患者、医疗工作者、医疗机构和医疗设备间的互联互通，极大地提升了医疗服务的质量和效率。这种集成化操作推动了医疗服务向数字化、智能化和互动化的方向发展。得益于医学数据的高效获取和规模庞大，人工智能技术在智能医疗中的作用日益凸显，成为推动医疗行业创新和提升服务水平的重要驱动力。

　　人工智能技术在医疗领域的应用正迅速扩展，特别是在药物发现、医学影像分析、精准医疗、健康管理和大数据挖掘等方面。智能医疗的发展将有助于提升人类健康水平、推动医疗改革、促进科技进步，具有广泛而深远的社会意义。本章内容涵盖了智能医疗的概述、关键技术、典型智能医疗应用案例的探讨以及发展趋势。

本章我们将学习以下内容。
- 智能医疗概述
- 智能医疗关键技术
- 智能医疗案例

11.1　智能医疗概述

　　如图 11.1 所示，智能医疗指的是将人工智能技术、计算机视觉、物联网等先进技术应用于医疗领域，以提高医疗服务的效率、质量和精准性。智能医疗涵盖了从疾病预防、诊断、治疗到康复管理的全过程。其核心在于通过数据驱动和智能算法，辅助医疗决策，提供个性化治疗方案。

11.1.1　智能医疗的主要特点

智能医疗的主要特点包括以下几点。

数据驱动：智能医疗依托于大量的医疗数据，通过机器学习和深度学习

智能医疗的主要特点

算法，从中提取出有价值的医学信息，以支持临床决策。

个性化医疗：通过对患者的基因、病史和其他个人数据的分析，制订个性化的治疗方案。

实时监控：智能医疗设备和应用能够实时监控患者的健康状态，并在出现异常时发出警报或建议。

高效诊断：AI 技术能够在医学影像分析、病理切片识别等领域实现高效、准确地诊断，从而减轻医生的工作负担。

图 11.1　智能医疗的主要技术和内容

▶▶▶ 11.1.2　智能医疗发展历史

智能医疗的概念最早可以追溯到 20 世纪 50 年代。随着计算机技术的发展，医疗领域开始尝试使用计算机来辅助医疗决策，并且最初的探索主要集中在医学影像处理和专家系统方面。20 世纪 60 年代，随着计算机图像处理技术的初步发展，医学界开始尝试将其应用于医学图像处理。其早期的应用主要是利用计算机进行图像的存储和显示，随后逐渐发展到图像的数字化处理，如在 X 射线、计算机断层（Computed Tomography，CT）扫描和磁共振成像（Magnetic Resonance Imaging，MRI）等方面的应用，这些技术的引入，使得医学图像的分辨率和精度得到了显著提高。

智能医疗的发展历史

早期的智能医疗专家系统是人工智能技术在医疗领域应用的先驱，它通过模拟医生的诊断过程来辅助医疗决策，如图 11.2 所示。这些系统的核心组成部分通常包括知识库、交互引擎、用户界面、解释系统和知识获取组件。MYCIN 是早期智能医疗专家系统中最著名的例子之一，由斯坦福大学的爱德华·H. 肖特利弗（Edward H. Shortliffe）等人于 1972 年开始研制。它专注于诊断和治疗感染性疾病，尤其是细菌性败血症。MYCIN 系统内含 450 余份判别规则和 1000 份与细菌感染有关的医学知识，能够根据一线临床医生提供的患者数据推理出合适的诊断结果。除了 MYCIN，20 世纪 70 年代还出现了其他几个重要的医疗专家系统，如 DENDRAL、PROSPECTOR 和 HEARSAY 等，它们主要用于数据解释和故障诊断。随着时间的推移，更多的医疗专家系统被开发出来，如 Internist-I、QMR、DXplain 等，它们在临床实践中的表现得到了验证，并逐渐进入持续发展阶段。尽管这些早期系统在当时的医疗领域中并未广泛应用，但它们奠定了智能医疗发展的基础，揭示了计算机在医学中潜在的巨大价值。

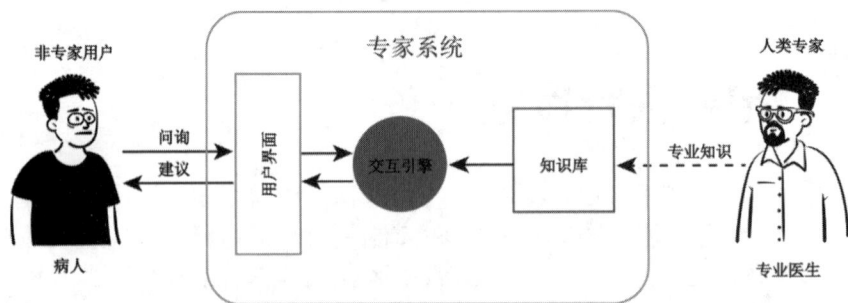

图 11.2　早期智能医疗专家系统（如 MYCIN）示意图

进入 21 世纪，计算能力的大幅提升和数据存储技术的进步，为智能医疗的发展带来了新的契机。尤其是深度学习技术的崛起，为医学影像分析和疾病预测提供了更加精准的工具。早期的医学影像处理技术主要依赖于基于规则的专家系统，这些系统通过一些特定的规则来处理影像。然而，随着深度学习技术的发展，特别是卷积神经网络（CNN）的提出，医学影像分析的自动化和精确度得到了显著提升。从 2015 年开始，深度学习被广泛应用于医学影像分析，其中大多数研究都是基于 CNN。IBM Watson 是一套由 IBM 公司在 2011 年开发的先进人工智能技术，以其在自然语言处理、机器学习和数据分析方面的卓越能力而闻名。它能够快速阅读和理解大量数据，提供深度分析和证据支持的决策建议。在医疗健康领域，Watson 通过分析医学文献、临床指南和病历数据，辅助医生做出个性化的诊断和治疗决策，推动了精准医疗和个性化治疗的发展。此外，Watson 的技术也被应用于药物发现、基因组测序分析、医疗影像诊断等多个方面，展现了人工智能在提升医疗服务质量和效率方面的巨大潜力。DeepMind 是一家专注于人工智能研究的公司，成立于 2010 年，总部位于英国伦敦。DeepMind 以其在人工智能领域的突破性成果而闻名，包括开发了击败围棋世界冠军的 AlphaGo 程序，以及预测全球几乎所有蛋白质结构的 AlphaFold 2 架构，如图 11.3 所示。DeepMind 开发了多种 AI 工具，用于提升医疗影像的分析功能，例如，通过深度学习算法，DeepMind 能够对眼底照片进行分析，以检测糖尿病视网膜病变等眼科疾病。DeepMind 的 AI 系统能够辅助医生提供更准确的诊断和治疗决策，例如，该公司曾与英国国家卫生服务（National Health Service，NHS）合作，开发了一款名为"Streams"的智能手机应用，帮助医生管理急性肾损伤（Acute Kidney Injury，AKI）。

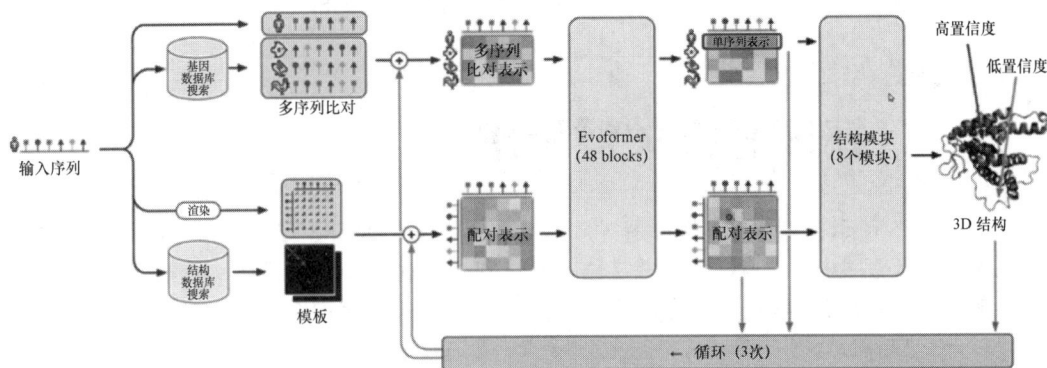

图 11.3　AlphaFold 2 架构

中国的智能医疗起步相对较晚，但是在积极的政策推动和广袤的市场需求下发展迅速。20 世纪 70 年代，北京中医医院关幼波教授牵头研制的"关幼波肝病诊疗程序"是我国第一个医学专家系统，标志着我国医疗 AI 研发的初步尝试。虽然该系统在当时的技术条件下较为简单，但它为后续的智能医疗发展奠定了基础。

进入 21 世纪，智能医疗技术逐渐积累，但大规模的临床应用案例相对较少。然而，一些医疗机构和科研机构开始尝试将 AI 技术应用于医学影像分析、辅助诊断等领域。从 2014 年至今，智能医疗进入发展快车道，各种应用方案和应用场景不断涌现。华为公司推出的全光阅片解决方案，结合第五代固定网络（The 5th Generation Fixed Network，F5G）、有线无线融合、高性能存储和超清、远程交互智能协作功能，实现了秒级影像阅片体验。该解决方案能够大幅提升影像阅片的效率和质量，为医生提供更好的诊断支持。百度灵医大模型通过其强大的数据处理能力，在多家医疗机构中展开应用，显著提升了诊断的准确性和效率。同时，AI 还被用于制订个性化治疗方案，帮助医生实现千人千面的患者管理策略。

2018 年 4 月，国务院办公厅发布了《关于促进"互联网+医疗健康"发展的意见》，旨在健全"互联网+医疗健康"服务体系，完善"互联网+医疗健康"支撑体系。2021 年，由工信部联合国家卫生健康委员会、国家发展和改革委员会等部门印发《"十四五"医疗装备产业发展规划》，明确提出加快智能医疗装备发展，推动信息化与制造业深度融合，加速信息技术融入医疗装备产业，推动医学服务模式发展。这些政策体现了政府对智能医疗行业的重视，旨在通过技术创新和信息化建设，提升医疗服务的质量和效率，实现医疗服务的智能化和便捷化。随着这些政策的实施，预计中国智能医疗行业将迎来更快速的发展，如图 11.4 所示。

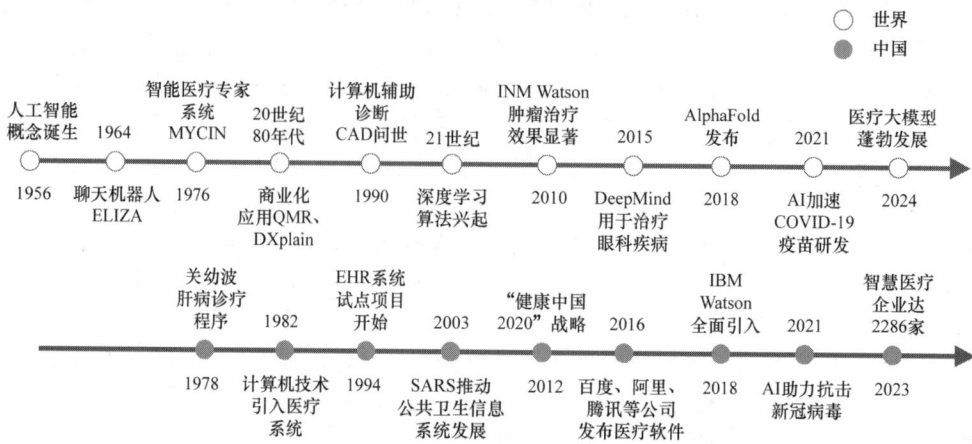

图 11.4　世界和中国的智能医疗发展历史

11.2　智能医疗关键技术

如图 11.5 所示，智能医疗系统是一个将多种关键技术相互交叉应用、协同作用的生态系统。AI、大数据、IoT、计算机视觉等技术的结合，推动了医疗领域从诊断到治疗的各个环节的智能化和精准化发展。这种跨学科的融合极大地提升了医疗服务的质量和效率，同时也为个性化医疗和远程医疗等新兴领域的发展奠定了基础。

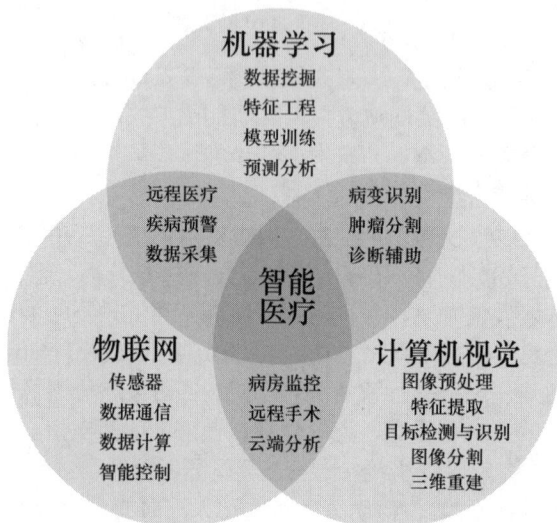

图 11.5　智能医疗中的关键技术及其交叉应用

▶▶▶ 11.2.1　计算机视觉

计算机视觉技术是人工智能领域的一个重要分支，旨在使计算机能够像人类一样"看"

或"理解"图像和视频。通过模仿人类视觉系统的工作原理和模式，计算机视觉技术利用图像处理、模式识别、机器学习（含深度学习）等方法，从图像和视频数据中提取有意义的信息和特征，进而实现各种复杂的视觉任务。计算机视觉领域的关键技术和概念包括图像预处理（如去噪、增强）、特征提取（如边缘检测、角点检测）、目标检测与识别、图像分割、三维重建等。深度学习，尤其是卷积神经网络（CNN），已经成为计算机视觉任务中最为强大和普遍应用的技术之一，被广泛应用于图像分类、目标检测、人脸识别、行为识别等领域。计算机视觉技术在许多领域都有着重要的应用，如智能驾驶技术中的车辆和行人检测、医疗影像分析中的疾病诊断、安防监控中的人脸识别、工业生产中的质量控制等。

计算机视觉技术的工作原理复杂而精妙，主要涉及以下几个关键步骤。

（1）图像采集与预处理：通过相机或其他图像采集设备获取图像或视频，在医疗应用中这些影像通常来自各种专业的医学诊断设备。对采集到的图像数据进行预处理，如去噪、调整亮度和对比度等操作，可以提高后续算法的处理效果。

（2）特征提取：特征是指图像中某些具有代表性的可量化的属性，如边缘、纹理、颜色等。特征提取是通过一系列计算方法从原始图像中提取出这些特征。常用的特征提取算法包括 SIFT、SURF、HOG 等，以及近年来广泛应用的 CNN 自动学习特征的方法。

（3）特征匹配与识别：特征匹配是指对两幅或多幅图像中提取的特征进行比较，以找出相似的特征点或对象。常用的特征匹配算法有暴力匹配、快速近似最近邻库（Fast Library for Approximate Nearest Neighbors，FLANN）匹配等。识别过程则是将提取的特征与事先训练好的模型进行比对，从而识别出目标的类别。这通常涉及模式识别和机器学习技术，如支持向量机（SVM）、深度学习等。

（4）目标检测与定位：目标检测是指在图像或视频中定位和辨别特定的目标。这通常涉及将图像划分为多个区域，并对每个区域进行分类和识别。常用的目标检测算法包括 Haar 特征分类器、R-CNN 系列（如 Fast R-CNN、Faster R-CNN）、YOLO 系列等。这些算法能够实时或接近实时地检测出图像中的目标，并给出其位置和类别信息。

（5）图像分割与语义分析：图像分割是将图像中的像素划分为不同的区域或物体的过程。常用的图像分割算法有 GrabCut、MeanShift 等。语义分析则是对图像中的像素进行分类，将其归属于不同的物体或场景。这通常通过机器学习或深度学习方法实现，如语义分割网络等，如图 11.6 所示。

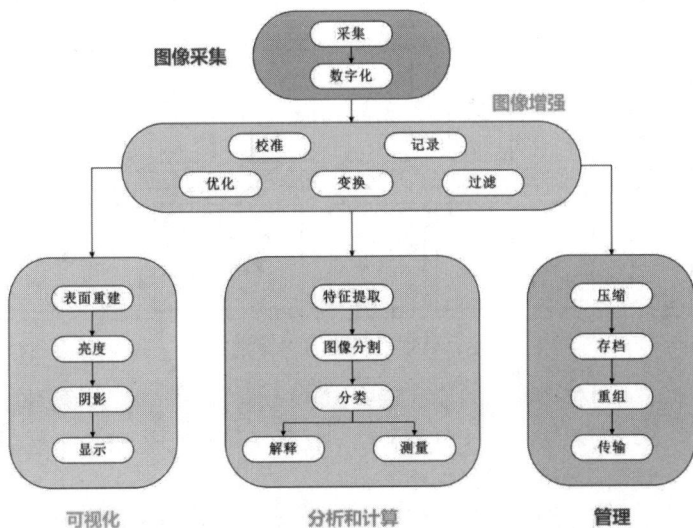

图 11.6　医疗图像分割与语义分析处理流程图

随着深度学习等技术的不断发展，计算机视觉系统将更加智能化。它将能够更好地理解和分析图像及视频中的信息，提供更加准确和有用的信息。同时，计算机视觉技术将与其他技术如自然语言处理、增强现实、物联网等深度融合，形成更加综合和强大的解决方案。此外，随着实时视频处理和边缘计算技术的发展，计算机视觉系统将能够更快速地处理和分析图像及视频数据，为医疗领域提供更低的延迟和更高的实时性，如图 11.7 所示。

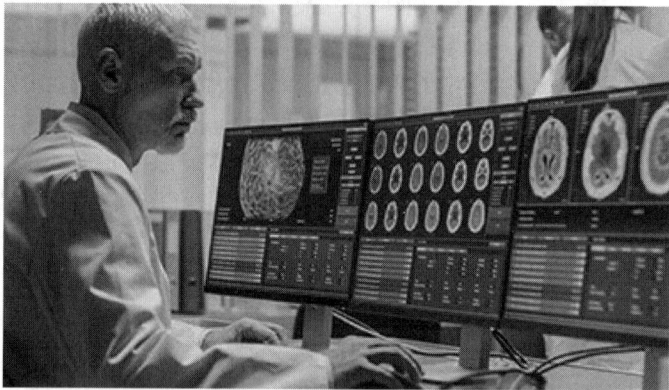

图 11.7　医学科学家借助计算机视觉系统分析病理图像

▶▶▶ 11.2.2　机器学习和深度学习

机器学习是一种让计算机通过学习和训练，自主地提高自身性能和完成任务的功能。其核心原理是通过大量的数据训练模型，使模型能够自主地学习和预测。具体来说，机器学习算法会从数据中提取特征，然后根据这些特征建立模型，并通过不断地调整模型参数来提高模型的准确性和泛化能力。典型的机器学习算法主要包括以下几种类型，如图 11.8 所示。

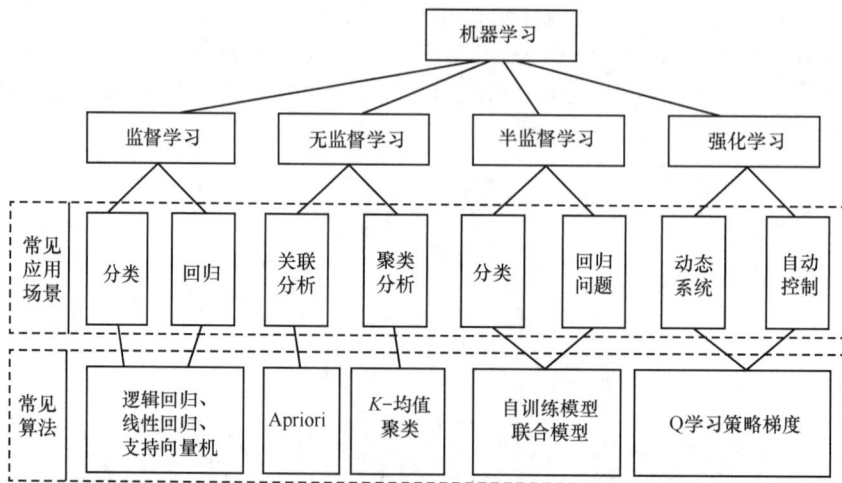

图 11.8　典型的机器学习算法类型

（1）监督学习：通过输入输出对的数据来训练模型，让模型能够根据输入数据预测出相应的输出结果。监督学习算法常用于分类和回归任务，具有代表性的监督学习算法包括逻辑回归、线性回归、支持向量机和神经网络等。

（2）无监督学习：通过无标签的数据来训练模型，模型能够发现数据中的隐藏模式和结构。代表性的无监督学习是各种聚类算法，常用于将相似的数据点分组，如 *K*-均值聚类、主成分分析和自动编码器等。

（3）半监督学习：利用少量的有标签数据和大量的无标签数据来进行模型训练，从而提高模型的性能。半监督学习能够在有标签数据稀缺的情况下，实现较好的学习效果。代表性算法有自训练模型、联合模型和伪标签方法等。

（4）强化学习：原理是通过与环境的交互来学习行为策略，目标是最大化累积奖励。强化学习不同于监督学习和无监督学习，它不需要明确的有标签数据来指导学习过程，而是通过试错和反馈来不断优化策略。常见的强化算法有 Q 学习、策略梯度等。

（5）集成学习：不是一个单独的机器学习算法，通过构建并结合多个机器学习器来完成学习任务。它的基本思想是将多个模型的预测结果组合起来，以降低误差和提高准确率，从而达到更好的分类或回归效果。随机森林、AdaBoost 和梯度提升树等是集成学习的重要算法。

深度学习是机器学习的一个子集，它试图模拟人脑中的神经网络结构，以解决复杂的问题。深度学习的核心在于构建多层非线性处理单元（即神经元）的网络结构，这些网络可以从原始数据中自动提取特征并进行学习。具体来说，深度学习通过构建多网络层的模型和海量训练数据，来学习更有用的特征，从而最终提升分类或预测的准确性。

常见的深度学习模型包括用于图像识别、图像分类和图像分割等任务的 CNN，用于时间序列分析、语音识别和自然语言处理等任务的 RNN，用于生成新的、与真实数据相似的数据等任务的 GAN，以及在自然语言处理领域，特别是在机器翻译和文本理解任务中表现出色的 Transformer 和用于图像中的对象识别和定位的实时对象检测模型 YOLO 系列。

智能医疗中的深度学习技术以其高效、精准和个性化的特点，正在推动医疗行业的智能化和高效化发展。通过自动、高效地处理和分析海量的医疗数据，包括高分辨率的医学影像、详尽的病历记录以及患者的实时生理参数等，为医生提供了前所未有的诊断辅助工具。深度学习算法能够识别出医学影像中细微的病变特征，辅助医生进行更精准、更早期的疾病诊断；同时，通过分析患者的遗传信息、生活习惯和病史等多维度数据，深度学习还能预测患者未来患病的风险，为个性化治疗方案的制订提供科学依据。

▶▶▶ 11.2.3　物联网

物联网是现代信息技术快速发展的产物，其核心理念是实现物与物之间、人与物之间的智能互联，从而为人们的生活、工作和社会等各个领域带来极大的便利和效益。物联网通过嵌入具有感知和通信功能的物理设备来感知周围环境，采集数据，并通过网络传输数据，进行信息处理和决策，最终实现对设备和系统的智能化控制。物联网的层次结构通常包括感知层、网络层、数据处理与存储层以及应用层，如图 11.9 所示。

物联网的工作原理可以概括为通过传感器收集环境数据，通过通信技术将数据传输到云端，再通过数据处理技术进行分析和挖掘，最后通过用户界面展示给用户或者通过控制指令实现对物品的控制。这个过程实现了物与物之间、人与物之间的智能互联和协同。其核心技术主要包括传感器技术、RFID 标签、嵌入式系统技术以及云计算等。

物联网技术在智能医疗中的应用广泛且深入，涵盖了医疗设备监测与管理、远程医疗与健康管理、药品与医疗物资管理、医疗废物处理、智能诊断与辅助决策以及智慧医院建设等多个方面。这些应用不仅提高了医疗服务的效率和质量，还为患者提供了更加便捷和个性化的医疗服务体验。随着技术的不断进步和应用场景的拓展，物联网技术在智能医疗领域的应用前景将更加广阔。

物联网

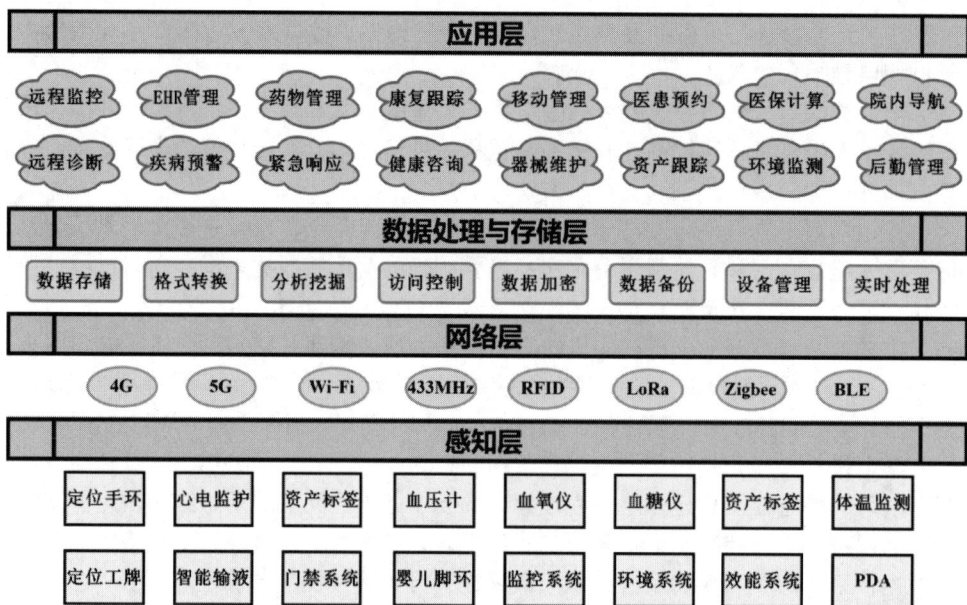

图 11.9　智能医疗中的物联网架构

11.3　典型应用案例

>>> 11.3.1　药物发现

药物发现是一个漫长而昂贵的过程，传统的药物发现过程包括以下主要阶段。

（1）靶点识别：确定与疾病相关的生物学靶点（如蛋白质、基因等），作为药物作用的潜在目标。

（2）靶点验证：通过实验手段验证靶点与疾病之间的因果关联，确认其为有效的药物干预目标。

（3）先导（Lead）化合物发现：通过高通量虚拟筛选、化学合成等方法，发现能够结合靶点并显示出初步活性的 Lead 化合物。

（4）优化 Lead 化合物：通过结构修饰、药代动力学评估等优化 Lead 化合物的活性、选择性和药物性质。

（5）临床前研究：评估优化后的 Lead 化合物在动物模型中的安全性、有效性和毒理学特征。

（6）临床试验：在人体中评估药物的安全性和有效性，分为多期临床试验。

（7）上市审批：向监管机构申请新药上市许可。

确定合适的生物学靶点是药物发现的第一步，也是关键的一步。传统上，这一过程依赖于对已知靶点家族的分析，以及对疾病相关通路的先验了解，效率低下且常常忽略全新的靶点。人工智能算法则可以通过关联分析和无监督学习，从海量的基因组、蛋白质组、表型等数据中发现新颖的疾病相关靶点，为药物发现拓展新的方向。例如，机器学习模型可以将多组学数据与疾病表型进行关联，识别出与疾病密切相关的基因或蛋白质，将其作为潜在的药物靶点。

药物发现

虚拟筛选是指利用计算机模拟方法，从庞大的化合物库中挑选出潜在的 Lead 化合物。这一过程能够大幅节省实验筛选的时间和成本。人工智能算法在虚拟筛选中发挥着重要作用，例如，基于深度学习的模型可以学习化合物的分子结构与生物活性之间的映射关系，对大规模化合物库进行高通量的虚拟筛选，快速发现具有所需生物活性的 Lead 化合物。此外，人工智能还可以辅助分子对接模拟，预测小分子与靶点蛋白的结合模式和亲和力，进一步优化虚拟筛选的效率和准确性。

在发现了初步的 Lead 化合物后，需要对其进行优化，提高其活性、选择性、药代动力学性质等，使之更适合作为临床候选药物。这一过程通常依赖于反复的结构修饰和活性测试，是一个费时费力的循环。人工智能技术可以加速这一优化过程，例如，GAN 可以基于已知的 Lead 化合物结构，生成具有期望性质的新分子结构；深度强化学习等技术则可以自动搜索化学空间，发现性质更优的分子。此外，人工智能还可以通过建模和预测各种理化性质（如溶解度、代谢稳定性等），为化合物优化提供重要参考，避免"无的放矢"。

临床试验是新药研发的关键环节，但其设计和执行过程常常面临诸多挑战，如患者入组困难、试验方案不合理等，导致试验失败或延期的风险很高。人工智能可以通过优化临床试验设计来提高试验的质量和成功率，例如，机器学习模型可以基于历史数据预测患者的纳入难易程度，并优化入组标准，使招募过程更加高效。此外，人工智能还通过模拟和优化试验方案，提高试验的统计功效，减少所需的样本量。

药物重新定位是指将已上市的药物用于治疗新的适应症，这一策略可以大幅缩短新药研发的时间、降低成本。然而，传统的重新定位方法依赖于大量的经验和反复试错，效率低下。人工智能技术为药物重新定位提供了新的解决方案，例如，基于知识图谱的推理系统可以发现已知药物与疾病之间潜在的关联，为重新定位提供线索；基于深度学习的模型则可以直接从海量的分子数据和疾病数据中学习特征映射，预测药物对新适应症的潜在疗效。人工智能赋能的新药研发流程如图 11.10 所示。

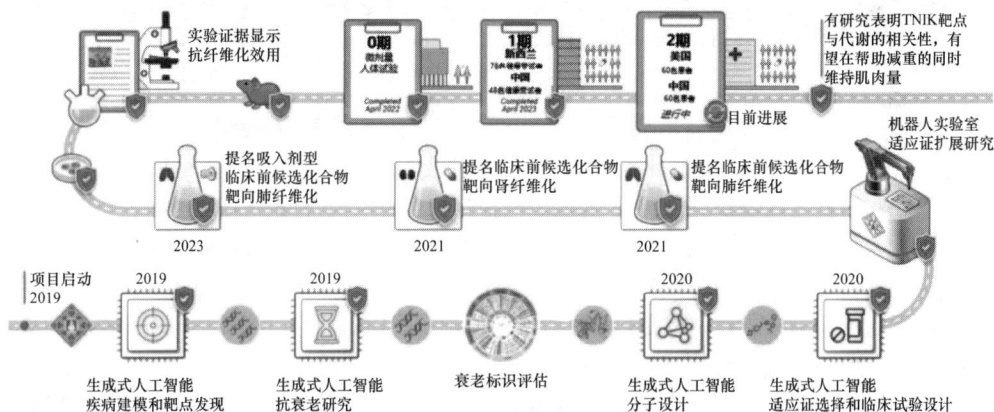

图 11.10　人工智能赋能的新药研发流程

以下是近期几个人工智能加速药物发现进程的成功案例。

2021 年，Insilico Medicine 在仅用 18 个月、投入 260 万美元的情况下，成功完成了从机制发现到新化合物确定的全过程，发现了用于治疗特发性肺纤维化（Idiopathic Pulmonary Fibrosis，IPF）的临床候选药物。首先，团队通过人工智能技术发现了 20 个与纤维化相关的潜在靶点，最终聚焦于一个特定的 IPF 靶点。靶点确定后，研究人员利用 AI 化学生成系统设计了一系列新化合物，目标是选择性抑制该靶点。最初这些分子是通过 Chemistry42 平台的结构基础分子设计生成的，并在细胞和动物模型实验中展现了有效性。实验数据反馈给

AI 系统后，再次生成一批新的优化化合物，提升其活性和成药性。经过多轮设计、合成、评估和优化后，团队最终确定了临床前候选化合物，并通过了内外部专家的评估，进入临床前研究阶段。这种新药具有全新靶点和作用机制，与现有产品相比可能具备更强的抑制效果、更好的安全性和更优的给药方式。该项目是全球首个完全由 AI 驱动完成药物发现全过程的成功案例，是行业的里程碑。

2021 年，华为云与中国科学院上海药物研究所合作，提出了一种全新的深度学习网络架构，对自然界中已存在的 17 亿小分子化合物进行了预训练，生成了一个包含 1 亿个全新小分子的库，其结构新颖性达到了 100%。盘古药物分子大模型不仅可以进行化合物-蛋白结合预测，还可以预测 80 多种小分子属性，并具备小分子优化与生成等药物研发关键环节的功能，如图 11.11 所示。这个大模型在先导药物研发的整个流程中发挥了重要作用，大幅提升了新药研发的效率，并在 20 多项药物发现任务中表现出色。通过华为云的盘古药物设计平台，西安交通大学第一附属医院的刘冰教授成功发现了超级抗菌药 Drug X。这种新型广谱抗菌药物有望成为全球近 40 年来首个新靶点、新类别的抗生素。与传统流程相比，这一过程从数年缩短至一个月，研发成本减少了 70%。Drug X 有潜力解决病人在面对"超级耐药菌"感染时无药可用的困境。

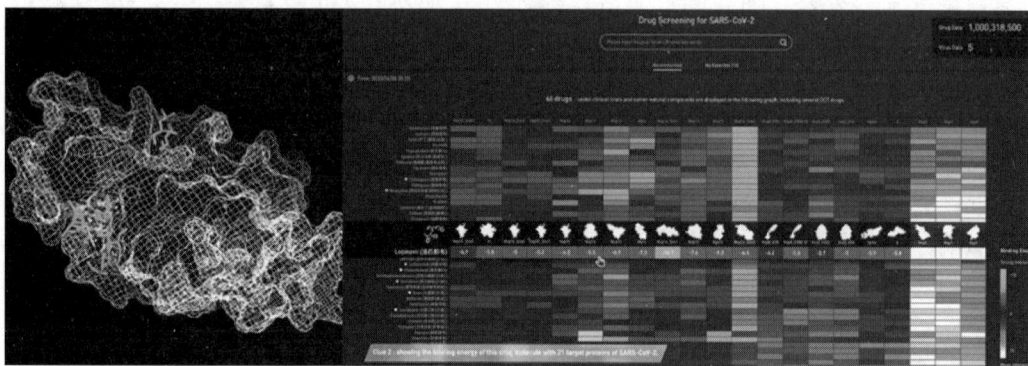

图 11.11　通过华为云 AI 辅助药物设计服务平台进行药物分子筛选

2024 年，剑桥大学的研究人员利用人工智能技术显著加速了帕金森病治疗方法的开发。他们设计了一种基于 AI 的策略，专注于识别能够阻止 α-突触核蛋白（帕金森病的标志性蛋白）聚集的小分子。这项研究成果发表在《自然·化学生物学》杂志上。团队运用机器学习技术，快速筛选了一个包含数百万化合物的化学库，以寻找能够与淀粉样蛋白聚集体相结合并阻止其扩散的小分子，最终确定了 5 种高效化合物。借助 AI 技术，研究人员将初步筛选过程加速了 10 倍，并将成本降低至 1‰，这为帕金森病潜在疗法的快速研发带来了希望。

这些成功案例无疑为药物发现领域描绘了一幅激动人心的未来图景，深刻彰显了 AI 在该领域的革命性潜力和无限应用前景。AI 技术的引入，不仅彻底颠覆了传统药物研发模式的桎梏，更以前所未有的速度、精度和效率为医药科学开辟了一条全新的发展路径。随着技术的不断进步和应用的不断深化，我们有理由相信，AI 将在未来药物研发中扮演更加重要的角色，为全球患者带来更多治疗希望和可能性，推动人类健康事业迈向新的高度。

▶▶▶ 11.3.2　医学影像分析

医学影像是临床诊断和治疗中不可或缺的工具。常见的医学影像技术包括 X 射线、计算机断层扫描（CT）、磁共振成像（MRI）、正电子发射断层扫描（Positron Emission Tomography，PET）等。这些技术可以从不同角度反

医学影像分析

映人体内部结构和功能的信息，为医生诊断疾病提供重要依据。然而，随着影像设备的发展和分辨率的提高，每个患者产生的影像数据量也在不断增加。传统上，医生需要手动浏览和分析这些海量的影像数据，耗时耗力且容易出现疏漏。计算机视觉技术可以通过使用计算机模拟人类视觉系统的功能，对医学影像进行提取、分析、理解和处理。因此，人工智能在医学影像分析领域的应用备受关注，有望大幅提高诊断效率和准确性。

影像分割是将医学影像中的感兴趣区域（如器官、肿瘤等）与背景区分开来的过程，是影像分析的基础步骤。人工智能算法可以自动高效地完成这一任务。常用的影像分割算法包括基于阈值的方法、区域生长法、边缘检测法、级集理论等传统方法，以及近年来兴起的基于深度学习的方法。其中，卷积神经网络（CNN）在医学影像分割任务上表现出色，可以自动学习影像的特征模式，并对目标区域进行精确分割。此外，生成对抗网络（GAN）、注意力机制等技术也被应用于医学影像分割，进一步提升了分割的准确性和稳健性。人工智能分割算法已在多种器官和病变的分割任务中获得应用，如肝脏分割、肺结节分割、脑肿瘤分割等，为后续的影像分析和临床诊断奠定了基础。图 11.12 所示为基于 CNN 与 Transformer 的医学影像分割架构。

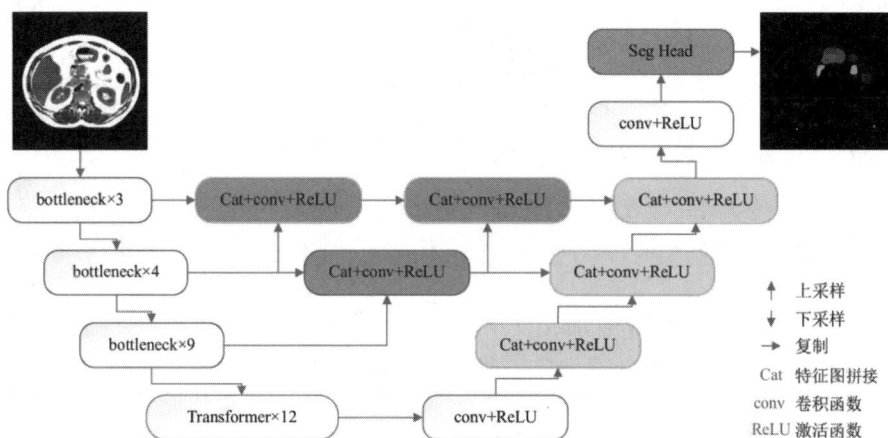

图 11.12　基于 CNN 与 Transformer 的医学影像分割架构

数字病理学是一个新兴的交叉学科，通过对病理切片进行高分辨率数字化扫描，可以获得大量的组织图像数据。人工智能在这些病理图像的分析中发挥着重要作用。传统上，病理医生需要在显微镜下仔细观察每一个病理切片，对组织的形态学特征进行评估和诊断，这是一项非常耗时且容易出现疏漏的工作。人工智能算法可以对病理图像进行分析，自动检测和分类各种细胞和组织，识别异常区域，从而辅助病理诊断。在这一领域，深度学习模型如 CNN 已有优异的表现。研究人员通过训练 CNN 模型，使其能够学习各种细胞和组织的视觉特征，并对癌症等疾病的病理表现进行识别和分类。此外，人工智能还可以用于肿瘤细胞计数、浸润评分等具体任务，以提升病理诊断的效率和准确性。

计算机辅助诊断（Computer-Aided Diagnosis，CAD）系统旨在利用计算机算法分析医学影像，从而辅助医生做出更准确的诊断，如图 11.13 所示。人工智能技术在这一领域的应用可以进一步提升 CAD 系统的性能。以深度学习为代表的人工智能算法可以自主学习影像数据的特征模式，对各种疾病的影像表现进行识别和分类。目前，人工智能辅助诊断系统已在多种疾病的检测中获得应用，如乳腺癌筛查、肺结节检测、脑卒中识别、糖尿病视网膜病变检测等。相比传统的 CAD 系统，基于人工智能的 CAD 系统通常具有更高的敏感性和特异性。它不仅可以检测疾病的存在，还可以对疾病的类型、分期和预后进行评估，为临床决策提供更多信息支持。

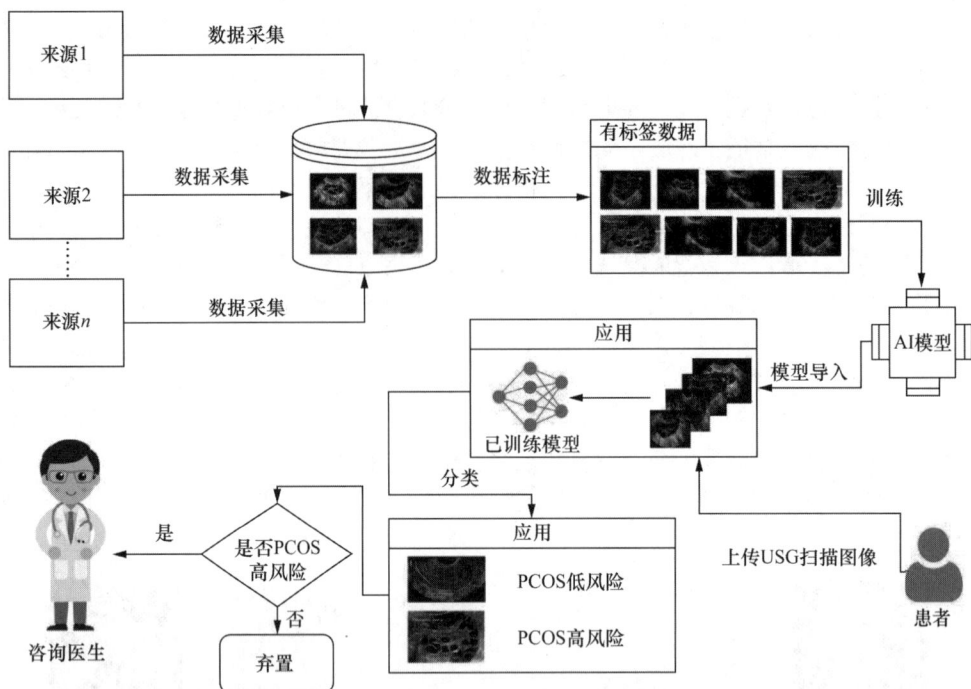

图 11.13　结合医学影像和人工智能对女性多囊卵巢综合征（PCOS）进行辅助诊断

SVM、随机森林等传统机器学习算法在早期的医学影像分析任务中发挥了一定作用。但随着数据量的激增和任务复杂度的提高，深度学习模型如 CNN、RNN 等展现出更强大的能力。CNN 擅长从原始数据（如像素值）中自动学习局部特征模式，并通过层次结构对其进行组合和抽象，非常适合处理具有丰富空间信息的医学影像数据。RNN 则善于捕捉序列数据中的时间依赖关系，可以应用于动态医学影像（如心脏 MRI）的分析。除 CNN 和 RNN 外，GAN、注意力机制、图神经网络等前沿深度学习技术也逐渐在医学影像分析中得到应用，进一步提升了分析的性能和质量。值得注意的是，这些深度学习模型需要用大量高质量的有标签数据进行训练，因此，数据的可获取性和标注质量将直接影响模型的性能表现。

以下是几个人工智能用于医学影像分析的成功案例。

2017 年，LUNA16 挑战赛吸引了来自全球的结节检测和分类算法团队的参与。为了公平比较各种算法，该挑战赛使用了最大公开可用的 LIDC-IDRI 数据集。表现最优的 CAD 系统名为 Combined LUNA16，采用了 CNN 网络，灵敏度达到了 96.9%。该系统通过识别原始 LIDC-IDRI 注释中遗漏的结节，更新了 LIDC-IDRI 的参考标准。Google AI 团队率先开发了基于 CT 图像的端到端深度学习模型，用于预测国家肺部筛查试验（NLST）队列中肺结节的恶性概率，曲线下面积（AUC）达到 94.4%，相比临床专家，灵敏度提高了 5.2%，特异度提高了 11.6%。肺癌预测-卷积神经网络（LCP-CNN）利用 NLST 数据集中性质难以明确的肺结节 CT 图像进行建模，在内部验证队列上取得了优异的性能（AUC 为 92.1%），相比于已在临床验证的风险模型（Brock 模型和 Mayo 模型），其风险分层性能更佳。它在外部验证 5～15mm 肺结节数据集中预测恶性肺结节的性能优于 Brock 模型。

Google Health 开发了一套用于乳腺癌检测的 AI 系统，如图 11.14 所示，其在乳房 X 光检查中表现优于放射科医生。该研究由 Google Health、Alphabet 旗下的 DeepMind 团队，以及来自英国伦敦帝国理工学院和美国多所大学的专家组成的国际团队联合进行。研究人员设计并训练了一个基于近 29000 名女性乳房 X 射线图像的深度学习模型。2020 年，这项研究成果发表于《自然》杂志，结果显示该 AI 系统能够以与放射科专家相当的精准度检测癌症，并将美国组的假阳性率降低了 5.7%，英国组则降低了 1.2%。同时，该系统也减少了美国组 9.4%和英国组 2.7%的假阴性结果。这一成果为未来应用铺平了道路，AI 模型有望在乳腺癌筛查中成为放射科医生的有力辅助工具。

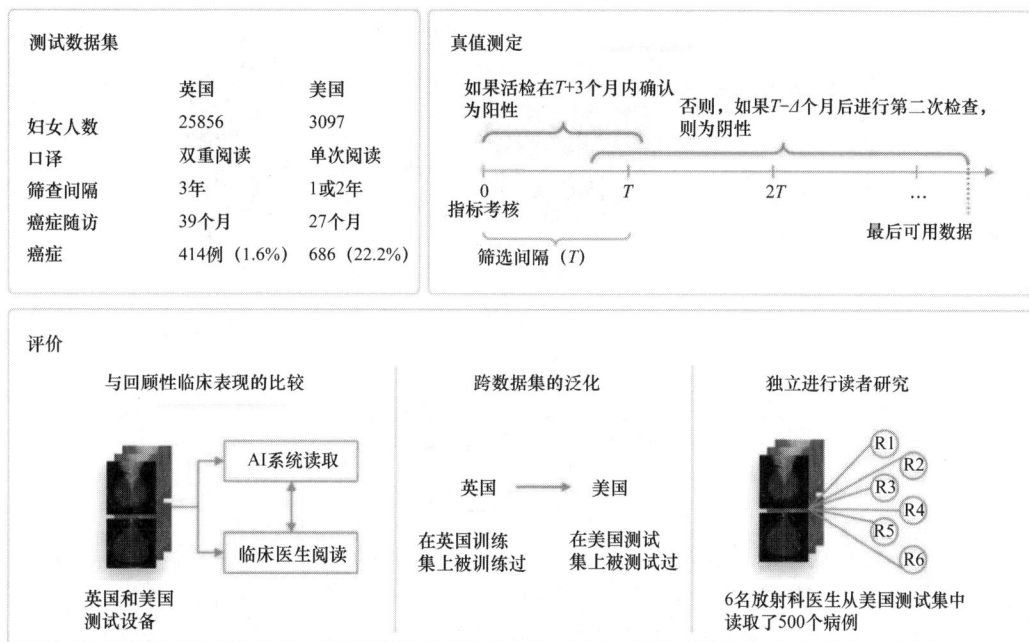

图 11.14　由 Google Health 等团队开发的人工智能乳腺癌筛查系统

2024 年，剑桥大学心理学系的研究团队开发了一种稳健且可解释的预测预后模型（Predictive Prognostic Model，PPM），能够准确预测个体从认知正常或轻度认知障碍（Mild Cognitive Impairment，MCI）进展为阿尔茨海默病（Alzheimer's Disease，AD）的风险和速度，准确率达到 81.66%。他们利用美国阿尔茨海默病神经影像学计划（ADNI）研究队列中 410 名个体的认知测试和结构性 MRI 扫描（显示灰质萎缩）数据来训练和构建 PPM。随后，模型在 609 名来自 ADNI 队列的现实世界数据和 900 名来自多个记忆诊所的独立数据集上进行了样本外验证。研究结果显示，PPM 具有优异的泛化能力和临床实用性，能够稳健预测 MCI 患者是保持稳定还是进展为 AD，从而提供个体化的未来认知能力下降预后指标。与标准临床标志物或诊断相比，这种 PPM 衍生的多模态标志物能更准确地预测 AD 的进展。将此 AI 工具应用于真实临床环境中，可以减少侵入性和高成本诊断测试，提前 6 年预测阿尔茨海默病，并减少 AD 早期阶段的误诊，改善患者福祉。

上述案例表明 AI 在医学影像中的应用已经取得了显著进展，并为医学影像的识别、分析、诊断、治疗和管理带来了革命性的变革。随着技术的不断进步和数据的不断积累，AI 将在医学影像分析领域发挥更加重要的作用，为人类的健康事业做出更大的贡献。

▶▶▶ 11.3.3　医疗保健

临床决策是一个高度复杂的过程，需要综合考虑患者信息、医疗证据、经验判断等多方面因素。人工智能技术可以为临床决策提供有力的支持：知识图谱等技术可以用作医学证据和临床实践指南，以为决策提供规则支持；机器学习模型可以基于患者个体数据，预测其对不同治疗方案的反应，以为个性化决策提供依据；人工智能辅助诊断系统可以综合分析患者的影像、病史等数据，以为临床诊断提供参考意见；基于自然语言处理和知识推理的智能对话系统，可以为医生提供及时的信息查询和决策建议服务，如图 11.15 所示；人工智能可以审查医疗流程和决策的合理性，识别出潜在的差错和风险，以提升医疗质量。

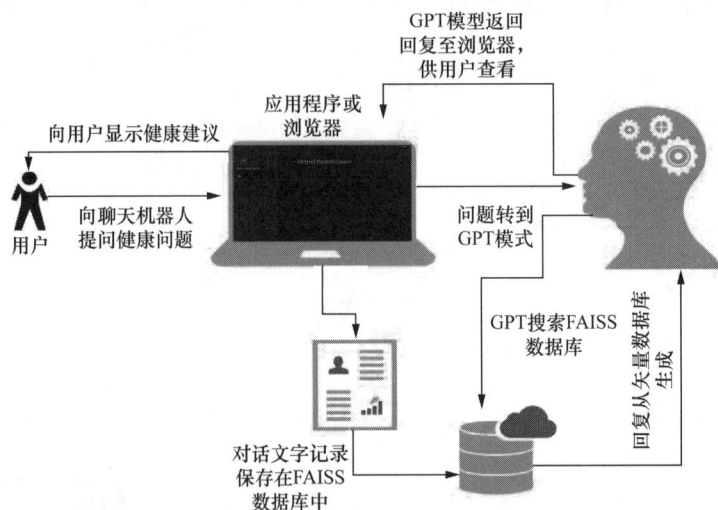

图 11.15　基于人工智能的健康咨询智能对话系统

远程医疗利用信息通信技术，实现医疗资源在时间和空间上的远程传输，从而为偏远地区的患者提供优质的医疗服务。机器人辅助手术则可以提高手术的精确性和可控性，减轻医生的操作负担。人工智能技术在这两个领域发挥着重要作用：基于人工智能的医学影像分析算法可以为远程医疗提供高质量的辅助诊断意见，提高诊断的准确性；人工智能算法可以基于患者的影像数据和病史信息，合理规划手术方法和路径，最小化手术风险；通过计算机视觉、运动规划等技术，人工智能可以辅助控制手术机器人的运动轨迹，提高手术的精准度和安全性；人工智能算法可以实时分析手术过程中的影像、生理数据等，监测手术状态并为临床决策提供支持，如图 11.16 所示。

电子病历系统汇集了大量的患者信息，如病史、检查报告、治疗方案等。人工智能技术可以对这些海量数据进行智能分析，发现隐藏其中的医疗知识和规律。自然语言处理技术可以将非结构化的病历文本转换为标准化的结构数据，以为后续分析奠定基础。信息抽取算法可以从病历中

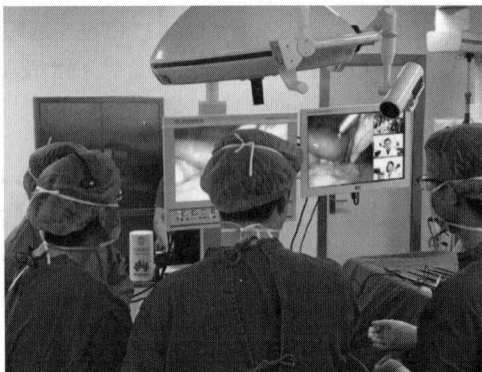

图 11.16　5G 技术驱动的远程手术

提取出诊断结果、症状描述、用药情况等关键信息。通过序列模式挖掘，人工智能可以发现疾病的典型临床路径，为制定临床实践指南提供支持。机器学习模型可以基于病历数据预测患者的疾病风险、预后情况、对治疗的反应等，为个性化决策提供参考。人工智能可以审查病历的完整性、一致性，识别出差错和缺失信息，提高病历质量。

如图 11.17 所示，智能穿戴设备（如手环、智能手表等）可以持续监测人体的生理数据，是重要的医疗和保健监测终端，为健康管理提供重要支持。将其与人工智能技术相结合，可以进一步挖掘这些生理数据中蕴含的医疗知识。机器学习模型可以分析个人的生理数据，评估健康状况，发现异常模式，为健康干预提供依据。基于大数据建模，人工智能可以从生理数据中预测个体的疾病风险，并发出早期预警。通过分析生理数据和环境数据，人工智能可以推断出个体的生活方式，以为健康干预提供个性化建议。人工智能可以基于生理数据监测

药物的治疗效果和不良反应，以为精准用药提供支持。融合自然语言处理等技术，可以构建智能虚拟教练系统，以为个人健康管理提供持续的指导和激励。

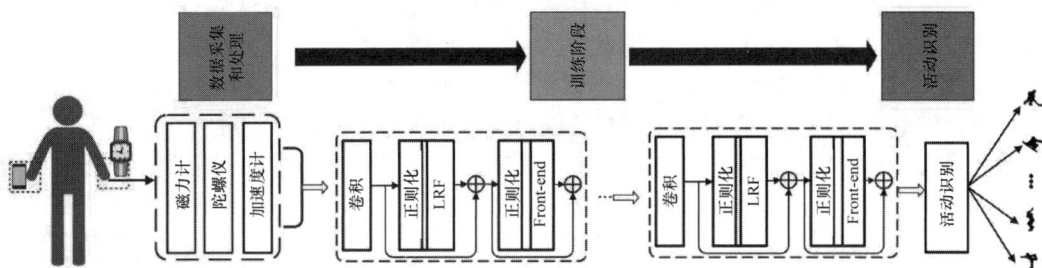

图 11.17　基于智能穿戴传感器的人体活动识别

以下是几个人工智能用于医疗保健的成功案例。

IBM 公司开发的医疗级人工智能 Watson 自 2017 年起引入中国，为肿瘤医生提供临床诊断支持。自 2011 年开始，Watson 接受了全球顶级癌症治疗中心纪念斯隆凯特琳肿瘤中心（MSKCC）的训练，学习了超过 300 种医学专业期刊、250 本医学书籍、1500 万页的论文研究数据以及大量临床案例。医生在 Watson 肿瘤系统中输入患者的个人信息、癌症分期、病理分期、转移病灶、体力评分和各种检查数据后，Watson 在十几秒内即可给出治疗方案，包括总体治疗时间规划、推荐方案、备选方案和不推荐方案等，涵盖当前最前沿的国际诊疗方案及实验入组情况。经过训练，Watson 提供的诊疗方案与 MSKCC 专家团队的方案符合度超过 90%，已覆盖 13 种癌症。

如图 11.18 所示，在以"数智创新赋能智慧医院建设"为主题的 2024 年华夏健康数据与数字医学论坛上，浙江大学医学院附属第二医院正式发布了医疗 copilot，成为全国首家在电子病历系统中集成 AI 大模型的医疗机构。医疗 copilot 基于浙江大学计算机学院的大模型技术开发，现已支持多项 AI 功能，如知识检索与推荐、裸眼 3D 模型展示、检验指标自动生成趋势图、工作量提醒、病历书写及质量提醒、自动生成交接班文件和病历小结，以及中英文文献解析等。这些功能均嵌入复杂的电子病历系统中。医疗 copilot 的知识储备和应用水平已达到医学规培生的程度，实验研究表明，其准确率超过 95%。在长时间工作期间，它能够确保正确性和及时性，显著优于人工处理，完全可以胜任医生助理的工作。

图 11.18　国内首个医疗 copilot 发布仪式

2023 年，上海交通大学、华东师范大学和以色列理工学院组成的科研团队利用高效的单步堆叠技术，设计并制造了一种新型 MISSA 装置，用于识别 VOC 气体。测试结果显示，该装置的检测限低至 0.04ppm，检测范围为 0.2ppm～50ppm，性能稳定，并具备可靠的自修复功能。MISSA 与柔性印制电路板相结合后，可便捷地应用于智能手机等便携设备，实现可穿戴 VOC 气体监测。混合主成分分析（PCA）辅助的机器学习技术展示了不同 VOC 气体的决策边界区分，识别准确率达到 99.77%。凭借其显著特性，MISSA 被认为是一种极具前景的 VOC 气体检测工具，有望成为个人健康监测中可靠且精确的长期日常检测工具。

AI 技术的应用将推动医疗服务的智能化和普惠化。智能导诊、远程医疗等新型服务模式可以打破时间和空间的限制，让优质的医疗资源更加公平、高效地服务于每一个人。从诊断到治疗、从硬件到软件、从实体操作到虚拟关怀，AI 将全方位地提升医疗服务的质量和效率。

》》》11.3.4　生物医学大数据分析

生物医学大数据分析

生物医学研究领域正面临着海量多源异构数据，这些数据来自高通量测序、蛋白质组学、影像组学、电子病历等新兴技术手段。这些数据不仅规模庞大，而且具有高维度、噪声多、异质性强等特点，给传统的数据分析方法带来了巨大挑战。同时，生物医学数据还存在标准缺失、质量参差不齐、隐私敏感等问题，这进一步加剧了数据处理和知识发现的困难。因此，人工智能作为一种强大的数据驱动分析工具，在生物医学研究中的应用备受关注。

基因序列、蛋白质序列是生物医学研究的基础数据。人工智能算法可以辅助对这些序列数据进行高效分析，挖掘出潜在的生物学知识。例如，深度学习模型可以直接从原始序列中学习特征模式，实现功能基因的预测、蛋白质结构域的识别、非编码 RNA 的发现等任务。此外，注意力机制等技术还可以捕捉序列内部的长程依赖关系，提高分析的准确性。除了对单个序列的分析，人工智能还可以应用于大规模的序列比对和聚类，发现新的基因家族和进化模式，为基因功能研究提供线索。

蛋白质的三维结构对于理解其生物学功能至关重要。由于实验测定蛋白质结构的成本高昂且效率低下，因此发展高精度的计算预测方法一直是生物信息学的重要目标。人工智能算法在这一领域取得了突破性进展。例如，DeepMind 的 AlphaFold 系统利用注意力机制和端到端的深度学习模型，从蛋白质序列直接预测其三维结构，在 CASP 竞赛中表现出色，精度接近实验水平。此外，人工智能还可以应用于蛋白质结构预测的上游任务，如接触图预测、二级结构预测等，从而进一步提高整体预测的准确性。蛋白质结构的高精度预测将为阐明蛋白质功能机制、设计新型蛋白质提供重要支持。

系统生物学旨在从整体和动态的角度研究生物系统，涉及多层次、多尺度的生物过程及其相互作用。这一领域所面临的数据复杂性和非线性动力学行为使得人工智能算法展现出独特的优势。例如，机器学习技术可以集成多组学数据（如基因组、蛋白质组、代谢组等），构建细胞或生物系统的计算模型，模拟和预测其在不同条件下的行为；深度强化学习等技术则可以应用于智能设计生物实验，优化实验条件和流程。此外，人工智能还可用于分析生物网络的拓扑结构，发现关键节点和模块，或者从时序多维数据中提取生物节奏和调控模式，揭示生物系统的内在规律。

生物医学实验是研究的重要环节，但其设计过程常常面临诸多挑战，如条件组合困难、实验效率低下等。人工智能技术可以优化实验设计流程，提高实验的质量和效率。例如，基于强化学习的智能实验设计系统可以自主探索不同的实验条件组合，并根据反馈调整策略，从而找到最优的实验方案；基于迁移学习的技术则可以将已有的实验数据和知识迁移到新的实验设计中，以减少从头开始的困扰。此外，人工智能还可以应用于自动化实验流程，通过机器人操作实现高通量、高重复性的实验，以减轻研究人员的工作负担，如图 11.19 所示。

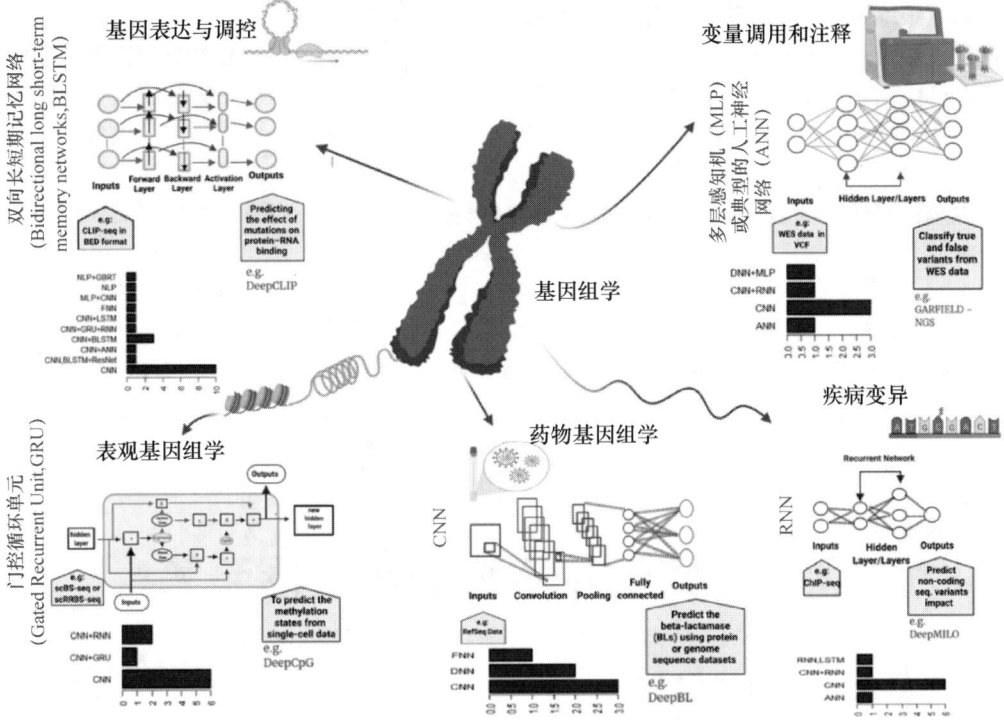

图 11.19　基因组学中的深度学习应用

以下是几个人工智能用于生物医学大数据分析的案例。

2018 年，麻省理工学院与哈佛大学共同创立的 Broad 研究所的研究人员开发了一种名为 DeepSweep 的深度学习工具，专门用于分析基因序列大数据。DeepSweep 利用卷积神经网络（CNN）等深度学习模型，在模拟数据和真实人类基因组数据上进行了训练，并成功标记了 20000 个单核苷酸位点以供进一步研究。研究人员利用 DeepSweep 进一步筛选了来自 1000 个 Genomes Project 的数据，评估了可能处于进化压力下的基因组区域。这项工作有助于推动进化生物学领域的研究，揭示人类基因组的演化历程和适应性变化。

AlphaFold 是由 Google DeepMind 开发的一款深度学习模型，专门用于预测生物分子的三维结构。这款模型在生物信息学和结构生物学领域引起了巨大的轰动，因为它能够以前所未有的精确度预测蛋白质、DNA、RNA 等生物分子的结构，并揭示它们之间的相互作用。初代 AlphaFold 模型于 2018 年年底在 CASP 比赛中崭露头角，准确地预测了多种蛋白质的结构。2020 年，DeepMind 推出了 AlphaFold 2（见图 11.3），该模型实现了蛋白质单体结构的高准确度预测，并在结构预测比赛 CASP 中取得了令人瞩目的成绩。AlphaFold 2 被《科学》杂志评为"年度突破"，被《自然》杂志评为"年度方法"。2024 年 10 月 9 日，DeepMind 公司的 Demis Hassabis 博士和 John M. Jumper 也凭借发明了能够预测蛋白质三维结构的革命性技术 AlphaFold 而斩获诺贝尔化学奖。2024 年 5 月 8 日，DeepMind 联合其子公司 Isomorphic Labs 发布了 AlphaFold 3。该模型在 AlphaFold 2 的基础上进行了重大改进，能够预测包括蛋白质、DNA、RNA、小分子配体等在内的几乎所有生命分子的结构和相互作用，并且预测准确性实现了显著提升。这一进展进一步推动了生物学和医学研究的发展，为理解生命分子的功能和相互作用提供了强有力的工具。

由清华大学智能产业研究院（Institude for AI Industry Research，AIR）研发的系统化蛋白质结构预测解决方案 AIRFold，在 2022 年的 CAMEO 蛋白质结构预测竞赛中连续四周夺得全球第一。AIRFold 不仅在评估期间保持了全球领先的成绩，还在系统响应时间上远远领先其他团队。该系统结合了先进的人工智能算法，在多个难度较高的蛋白质序列上表现出优异的预测性能。例如，在预测 Cas13bt3-crRNA 复合物的结构中，AIRFold 的结构预测显著优于 AlphaFold2，成功形成了正确的 crRNA 结合位点。AIRFold 的成功标志着中国在蛋白质结构预测方面的前沿技术达到了世界领先水平。未来，AIRFold 有望极大地加速 CRISPR/Cas 相关分子工具的挖掘与设计，助力下一代基因编辑疗法的研发。这一进展不仅展示了中国在人工智能和生物信息学领域的强大实力，还为全球科学界提供了一个强有力的工具，推动了生物医学研究的进步。

AI 已经在各种生物医学大数据分析任务中取得令人鼓舞的成就。随着技术的不断进步和应用的深入，AI 在生物医学大数据分析中的应用将更加广泛和深入。一方面，随着医疗数据的不断积累和质量的提升，AI 技术将能够挖掘出更多有价值的信息，为医疗决策提供更加精准和科学的依据。另一方面，随着跨学科合作的加强和技术的融合创新，AI 技术将与其他医疗技术如基因编辑、纳米技术等相结合，推动生物医学领域的全面进步。

11.4 智能医疗的技术挑战和发展趋势

▶▶▶ 11.4.1 技术挑战

1. 数据质量和标准化

高质量的数据是人工智能算法训练和应用的基础。但生物医药领域的数据常常存在质量参差不齐、标准缺失的问题，给人工智能的发展带来了一定阻碍。首先，不同机构、不同设备采集的数据存在标准差异，数据格式、数据类型不统一，给数据融合和共享带来了障碍。其次，部分数据的标注质量较差，存在噪声和差错，影响了模型的训练效果。另外，一些数据存在隐私和安全风险，限制了其在人工智能领域的开放使用。因此，统一数据标准、提高数据质量、保护数据隐私是人工智能发展所面临的重要挑战。这需要相关机构、学界和企业的通力合作，制定统一的数据采集、存储、标注规范，并建立数据质量审查和隐私保护机制。

2. 算力和硬件需求

训练大规模人工智能模型需要极高的计算能力，对硬件资源的要求也与日俱增。例如，OpenAI 的 GPT-3 语言模型拥有 1750 亿个参数，其训练需要耗费数十亿次算力，DeepMind 的 AlphaFold 蛋白质结构预测系统则需要数百万个 GPU·小时的计算资源。这种庞大的计算需求给现有的硬件设施带来了巨大压力，也推动了新型算力硬件（如 GPU、TPU 等）的发展。未来，人工智能的进一步发展有赖于算力硬件的持续突破，包括提高单位硬件的算力、降低能耗、实现算力硬件的智能调度等。此外，高效的模型压缩、知识蒸馏等技术也可以降低人工智能模型的计算需求，为其在终端设备上的应用铺平道路。

3. 可解释性

人工智能系统，尤其是基于深度学习的黑盒模型，其决策过程常常缺乏透明度，给其在生物医药领域的应用带来了一定障碍。可解释的人工智能（Explainable AI）技术正在兴起，旨在提高人工智能系统的可解释性，使其决策过程更加透明，如图 11.20 所示。常见的可解释 AI 方法包括敏感度分析、LIME 算法、shapley 值、注意力可视化等。通过这些技术，我们可以解释人工智能模型内部的工作机制，分析影响其决策的关键因素，从而提高模型的可信度和可控性。在医疗健康等对人类生命至关重要的领域，提高人工智能系统的可解释性显得尤为重要，这将是未来的一个重点发展方向。

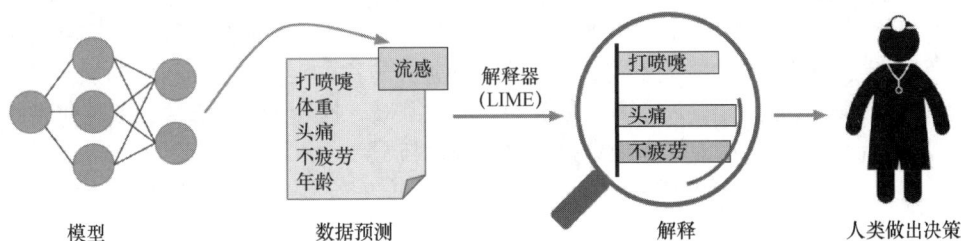
图 11.20　基于 LIME 算法的可解释 AI

4. 监管政策和伦理道德

人工智能在生物医药领域的应用涉及诸多伦理和社会问题，需要制定相应的监管政策。例如，人工智能辅助诊断系统需要经过严格的审查和认证，以确保其安全性和有效性；利用患者数据训练人工智能模型时，需要遵守隐私保护原则；人工智能算法的公平性和可解释性也需要受到重视。此外，人工智能技术的发展可能带来一些伦理道德挑战，如医疗资源分配不公、人机混淆等，需要及时提供伦理规范和引导。相关的法律法规有待于进一步完善，以规范人工智能在生物医药领域的研发和应用。

5. 人机协作

人工智能的目标并非完全取代人类专家，而是作为人类的"合作伙伴"，辅助和增强人类的能力。在生物医药领域，人工智能系统需要与医生、研究人员等专业人员密切协作，发挥各自的优势。例如，在临床诊断中，人工智能可以作为"影像辅助诊断"系统，基于影像数据提供诊断建议，但最终的确诊判断仍需要医生的专业经验；在药物发现过程中，人工智能可以加速化合物筛选和优化，但关键的靶点选择和生物学解释需要科研人员的参与。因此，建立高效的人机协作模式是人工智能发展的重点。这需要明确人工智能系统和人类专家的分工，发挥人工智能在数据处理、模式识别等方面的优势，同时利用人类在经验判断、创新思维等方面的长处，使人机协作达到最佳状态。

▶▶▶ 11.4.2　发展趋势

如图 11.21 所示，智能医疗的发展趋势包括以下几点。

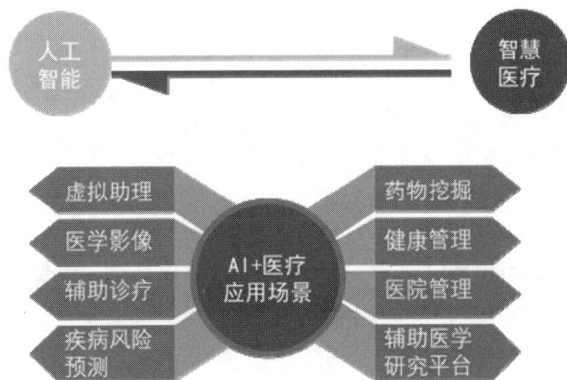
图 11.21　智能医疗的发展趋势

1. 技术创新引领行业发展

AI 技术已成为智能医疗发展的核心驱动力。在影像诊断、辅助诊疗、健康管理、基因检测等多个领域，AI 技术通过深度学习和大数据分析，实现了对医疗数据的精准处理与分析，显著提升了诊断的准确性和效率。未来，随着 AI 算法的不断优化和医疗数据的不断积累，AI 在医疗领域的应用将更加广泛和深入，如个性化治疗方案的定制、新药研发的加速等。同时，物联网技术使得医疗设备、患者数据等能够实时互联，提升了医疗服务的智能化水平。通过云计算平台，医疗机构能够实现数据的集中存储与管理，为远程医疗、智能导诊等新型服务模式提供了有力支持。这种融合趋势将进一步推动医疗资源的优化配置和医疗服务的便捷化。

2. 服务模式创新提升患者体验

随着移动互联网的普及和患者健康意识的提升，线上医疗服务逐渐成为患者就医的重要选择。通过智能医疗平台，患者可以实现在线咨询、远程会诊、电子病历管理等功能，打破了时间和空间的限制，让优质医疗资源更加公平、高效地服务于每一个人。此外，智能医疗技术的发展使得个性化医疗服务成为可能。通过收集和分析患者的遗传信息、生活习惯、健康状况等数据，医生能够为患者定制治疗方案，提高治疗效果和患者满意度。

3. 医疗资源配置的优化

智慧医疗系统通过整合医疗资源、优化医疗流程，提高了医疗服务的整体效率和质量。例如，智慧医院系统能够实现患者信息的全程管理、医疗资源的智能调度等功能，降低医疗成本，提高医院运营效率。通过智慧医疗系统，区域内的医疗机构可以实现信息共享和协同工作，优化医疗资源的配置和利用。这样有助于缓解医疗资源分布不均的问题，提高医疗服务的普及性和公平性。

4. 数据安全与隐私保护

随着智能医疗的发展，医疗数据的安全性和隐私保护问题日益凸显。未来，智能医疗行业将加强数据安全技术的研发和应用，如区块链技术、加密技术等，以确保医疗数据在传输、存储和使用过程中的安全性和隐私性。同时，建立健全的法律法规体系，规范医疗数据的收集、使用和共享行为，保障患者权益。

本章小结

展望未来，人工智能与生物医药的融合将会更加深入，推动医疗健康领域的变革。个性化精准医疗将成为常态，人工智能可以基于个体多组学数据，为每位患者定制最佳的预防、诊断和治疗方案。新药研发流程将加速改革，人工智能将参与药物发现的各个环节，大幅缩短新药上市的周期和成本。智能医疗助手和健康管理系统将广泛普及，为患者和大众提供持续的医疗服务和健康干预。生物医学研究将进入新的"智能化"时代，人工智能将辅助科学家发现新的生物学规律，推动基础研究的进展。医疗资源将得到优化配置，人工智能可以帮助精准评估医疗需求，以实现资源的高效利用。新型人机协作模式将在医疗领域形成，人工智能与人类专家将肩并肩、优势互补，共同服务于人类的健康福祉。总体来说，人工智能正在为生物医药领域带来革命性的变革，开辟出前所未有的机遇。我们有理由相信，在不远的将来，人工智能将成为医疗健康的重要驱动力，造福全人类。

习题

1．请简要定义"智能医疗"，并列举至少三个智能医疗的主要应用领域。

2．在智慧医疗系统中，哪些关键技术发挥着核心作用？请简述每项技术的作用。

3．分析一个具体的智能医疗案例，说明其工作原理、技术实现及对患者和社会的潜在影响。

4．组织一次小组讨论，围绕"智能医疗如何改变医疗服务模式，提高医疗质量和效率"这一主题，从患者体验、医生工作、医疗资源分配等多个角度展开讨论，并总结讨论成果。

5．假设你是一名智能医疗产品开发团队的负责人，需要设计一款针对老年人的健康监测与预警系统，请详细说明系统的设计思路、关键功能模块、所需技术支持及实施步骤。

第 12 章
智能教育

本章导读

　　中国正处于发展的关键时期，面临着百年未有之大变局。教育是国之大计，党之大计。科技的颠覆式创新驱动了新质生产力的形成，孕育了发展新动能，推动高质量发展。教育是影响新质生产力形成的关键变量，新质生产力是助力教育高质量发展的核心动能。

　　智能教育作为教育领域的革新力量，正引领着一场前所未有的学习革命。它重塑了传统教育面貌，巧妙融合人工智能、大数据等前沿科技，为学习者开启了全新的学习之门。《新一代人工智能发展规划》中对智能教育有以下期许："开展智能校园建设，推动人工智能在教学、管理、资源建设等全流程应用。"

　　本章我们将学习以下内容。

- ■ 智能教育的定义与发展
- ■ 智能教育的个性化
- ■ 智能教育实际应用

12.1　智能教育概述

　　人工智能从三个方面深刻改变着教育，分别是知识传播新形态、社会文明新角色、知识发现新方法。在知识传播新形态方面，人工智能成为倍增器，能汇集"集体智慧"，深度赋能人类认知与能力。在社会文明新角色方面，人工智能成为新动能，深度参与社会文明的发展，成为另一种理性存在。在知识发现新方法方面，人工智能成为加速器，驱动科学研究。智能教育不仅是一种新的教育理念，更是现代教育技术发展的必然产物，旨在通过先进的技术手段提升教育质量，满足个性化学习的需求。

智能教育概述

▶▶▶ 12.1.1　智能教育背景

　　智能教育的迅速发展主要得益于以下几个关键因素。

　　首先，人工智能、大数据、云计算等技术的快速发展为智能教育提供了强大的技术支持。机器学习可以通过分析学生的学习数据，识别学习模式和弱点并提出相关建议和资源推荐，自然语言处理、计算机视觉等技术可以确保人机交互更加自然。

其次，智能教育的发展得到了国家层面的高度重视和政策支持，国务院、教育部及地方相关部门陆续出台了多项政策。《中国教育现代化 2035》提出推进教育现代化的总体目标，其中强调了信息技术在教育领域的应用和融合；《新一代人工智能发展规划》明确指出要构建包含智能学习、交互式学习的新型教育体系，开展智能校园建设，开发基于大数据智能的在线学习平台和智能教育助理等，为智能教育的发展提供了明确的方向。这些政策大力支持"人工智能+教育"的融合发展，为智能教育的发展提供了有力的保障和推动力。

此外，随着教育改革的不断深入，人们对教育质量的要求越来越高，智能教育市场需求不断增长。家长和学生对高效、便捷学习方式的需求增加，这进一步推动了智能教育市场的发展。同时，社会对复合型人才的需求也在持续增长。智能教育作为培养未来人才的重要途径，其市场需求将持续扩大，如图 12.1 所示。

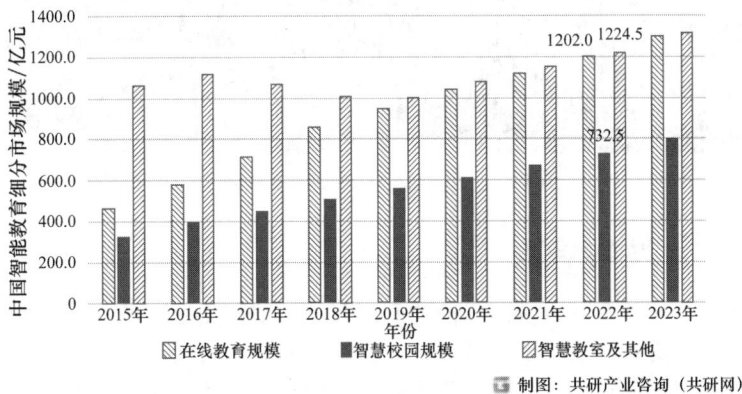

图 12.1　2015 年—2023 年中国智能教育细分市场规模

》》》12.1.2　智能教育的必要性

智能教育适应了科技发展的快速步伐，可以满足学生个性化学习的需求，提高教育质量和教学效率，有助于培养具备创新能力的未来人才，推动教育模式的创新来满足个性化学习需求以及促进教育公平。它已成为教育领域不可或缺的一部分，为教育现代化提供了强大的技术支持和创新动力。

在教育变革方面，智能教育通过深度融入人工智能技术，正在重新定义传统的教育模式，并拓宽教育的边界。它通过构建新型教育场景，极大地延展了教育的深度和广度，打破了时间和空间的限制。例如，学生可以通过在线学习平台随时随地学习，通过智能辅导系统获得即时反馈和答疑解惑，通过模拟仿真学习系统获得对知识的更深入理解，从而提高学习深度和效率。人工智能不仅改变了知识传播的方式，从师生之间的双向互动转向"师—机—生"间的多维互动，还通过整合视频、音频、动画等多种形式的教学资源，为教师提供生动、形象的教学内容，增强学生的体验感，激发学生的学习兴趣。

在个性化需求方面，人工智能不仅能够定制学习计划，还可以根据学生的反馈和表现进行实时调整。这种个性化的支持有望提高学习效果，使学生更容易理解和掌握知识。个性化学习是智能教育的基本特征之一，也是其优势所在。人工智能技术能够全面、准确、及时地收集学习者的学习轨迹，掌握学习者的学习偏好，从而通过精准计算，为学习者提供定制化的学习服务，实现学习者的兴趣、能力与学习资源和学习方式的精准匹配，提升学习效率和效果。

在教育公平方面，人工智能通过互联网等技术整合，能够把优质的教育资源迅速、高效、低成本地辐射到边远贫困地区，并在一定程度上满足个性化教育需求，进一步增加优质资源的适切性。此外，人工智能可以辅助教师进行教学活动，尤其是在师资匮乏的地区，人工智能作为教师的得力助手，提供教学支持，从而提升教育质量，如图 12.2 所示。基于人工智能的学习系统，采取知识图谱、大数据分析、模式识别等技术整合，实现学生学习过程中的个性化推送，并通过人工智能系统更精准地把握学生在不同学科的知识水平、不同知识点的熟练程度，以及知识迁移应用能力，进而实现大规模的因材施教。

图 12.2　智能教育走入乡村小学

▶▶▶ 12.1.3　发展趋势

数字化时代，智能教育正以前所未有的速度蓬勃发展，并带来深刻的变革。随着人工智能、大数据、虚拟现实等前沿技术在教育领域的深入渗透，智能教育从传统教育模式中脱颖而出，其发展趋势愈发清晰地呈现在我们面前。中国 AI+教育产业发展历程如图 12.3 所示，这一历程包括多个重要阶段：先是互联网的普及带来了教育产品的初现；接着云服务等相关技术的发展促使在线教育走向产业化；而后，在特定因素影响下，教育在线化率实现飙升；再到"双减"政策落地后，行业逐步走向规范化。这一系列发展过程，充分体现了教育与 AI 的融合实践在不断成熟，行业持续探索着全新的教育模式。

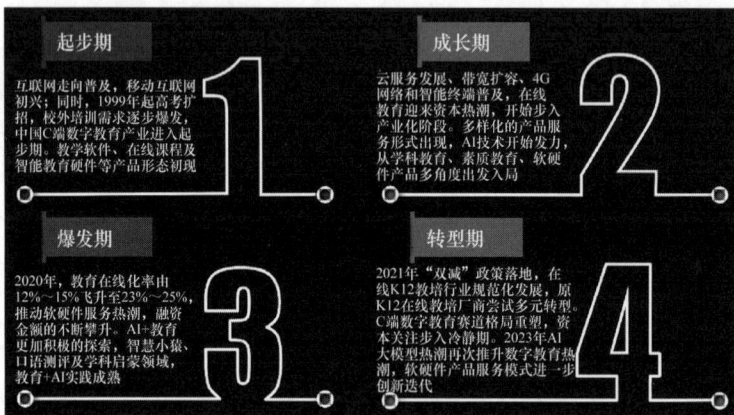

图 12.3　中国 AI+教育产业发展历程

这些发展趋势将深刻影响着学习体验和知识获取方式，值得我们深入探讨和研究。本小节我们将聚焦于智能教育的发展趋势，包括新场景教育、自适应学习以及教育创新等方面，剖析这些趋势背后的技术支撑和教育意义。

1．新场景教育

在教育领域，人工智能通过机器学习等先进算法与工具来分析处理大量教育数据，挖掘教育规律和学生需求。例如，通过机器学习分析学生在线学习行为数据，如学习时间、频率、课程点击量等，可发现学生的学科兴趣点与学习难点，进而创造出传统教育无法实现的教育场景。

在理工科教育中，对于那些因设备昂贵、操作危险或条件苛刻而无法让学生进行的实验，人工智能可构建虚拟实验室。如图 12.4 中所示，学生利用 VR 设备进入虚拟实验室操作虚拟仪器，模拟的物理实验过程和结果都基于真实原理，还能纠正操作错误，保障安全并提供直观体验。同时，人工智能搭建的在线教育平台可打破地域限制连接全球学生。在国际文化交流课程中，能依据学生语言能力和文化背景分组，让不同文化背景的学生合作项目。过程中提供实时语言翻译，克服语言障碍，并根据讨论提供文化资料和引导问题，促进深度交流与协作。

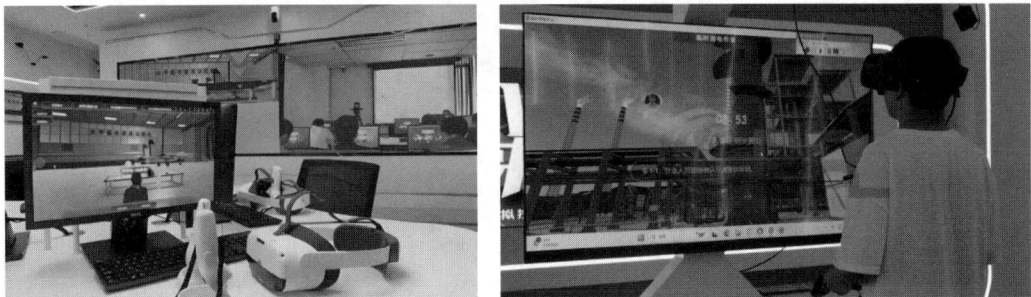

图 12.4　多人协作虚拟仿真实验室打造新的教学模式

2. 自适应学习

自适应学习依赖于先进的人工智能算法和教育数据挖掘技术。在数据采集方面，智能教育系统会记录学生在学习过程中的各种数据，如做题的正确率、答题时间、对知识点的重复学习次数等。通过对这些数据的深度分析，利用机器学习算法构建学生的学习模型。

如图 12.5 所示，对于整个班级学生在物理实验课程中的学习进度，实验 AI 教考系统会自动检测日常学生自主练习时的错误操作，统计错题并提供指导。实验 AI 教考系统会根据每个学生的具体情况，为他们制订个性化的学习计划。对于在某方面操作熟练的学生，系统会减少其在该方面的练习量，加快其在后续实验设计方面的学习进度；对于实验数据处理能力强的学生，系统会安排更多具有挑战性的仪器调试练习和相关拓展实验，确保每个学生都能在自己的基础上稳步提升物理实验能力。

3. 教育创新

智能辅导系统集成了自然语言处理、知识图谱等先进技术。自然语言处理技术使得辅导系统能够理解学生提出的问题，无论是以文字形式还是语音形式输入。知识图谱则帮助系统构建起完整的学科知识体系，将各个知识点之间的关系清晰地呈现出来。

在教育机构和学校层面，大数据的应用带来了教育决策模式的创新。通过收集和整合来自各个教学环节的数据，包括学生的学习成绩、课堂表现、作业完成情况、教师的教学评价、课程资源的使用情况等，利用数据挖掘和分析技术，可以发现隐藏在数据背后的教育教学规律。例如，在一个综合性大学中，对多个专业、多个年级学生的成绩数据进行分析，可以发现某些专业课程的设置顺序是否合理。如果发现某门专业课程的不及格率较高，可以通过进一步结合学生在前置课程的学习数据来进行分析，以判断是前置课程的知识储备不足导致还是该课程本身的教学方法或内容难度存在问题。基于这样的分析结果，学校可以对课程设置进行调整，如优化课程顺序、改进教学方法或调整课程难度等，从而提高整体的教育教学质量。

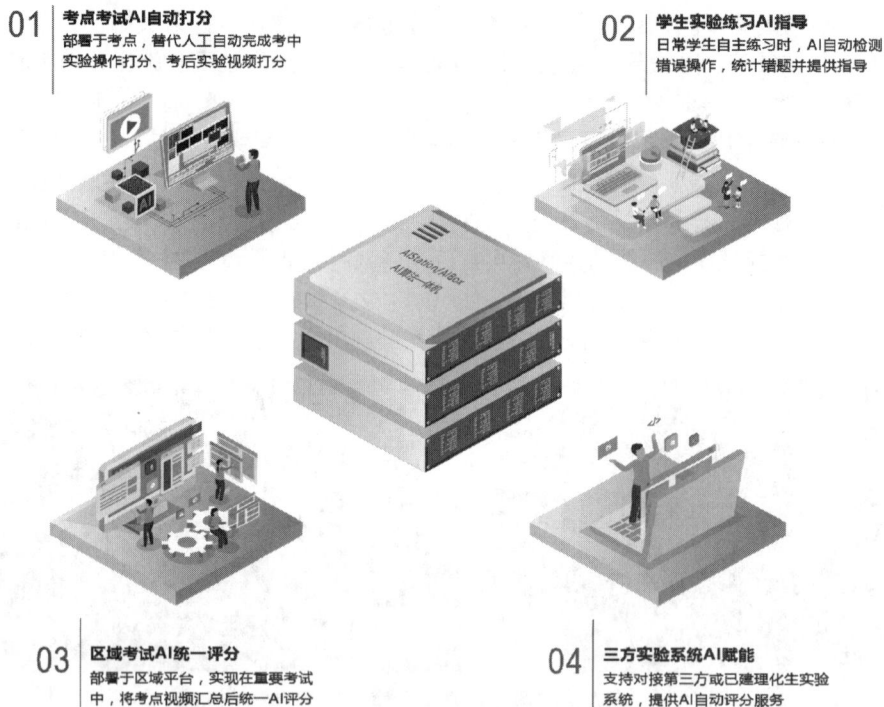

图 12.5　理化生实验 AI 教考系统框架

12.2　智能教育技术

12.2.1　人工智能技术

人工智能技术正在深刻变革教育的传统模式和教学形式。这一变革不局限于技术层面的进步，还涉及教育理念、教学方法和管理手段的全面创新。从个性化学习的精准实现到智能课堂管理的高效优化，人工智能在教育中的应用展现了巨大的潜力。通过数据分析、机器学习、自然语言处理等技术，人工智能能够为学生定制学习计划、实时评估学习进度、优化教学过程，并通过自动化工具减轻教师的工作负担。这一技术的普及，不仅提升了教育的效率和质量，也为实现教育公平提供了新的解决方案。以下是几种核心技术及其在教育中的应用。

智能教育技术

1. 机器学习

机器学习是教育领域实现个性化和智能化的重要基础。通过大数据分析，机器学习技术能够为学生提供量身定做的学习体验，并为教师提供智能决策支持。

机器学习模型能够根据学生的学习历史、知识掌握情况以及学习速度，为每个学生提供个性化学习路径。这种方式提高了学习效率，帮助学生更快掌握薄弱环节。机器学习可以通过对学生的学习习惯和行为模式进行分析，帮助教师发现学生学习中的潜在问题，并提供针对性的解决方案。

一个实际案例是 Duolingo，这是一款语言学习应用程序，利用机器学习技术为用户提供个性化的学习体验。

Duolingo通过应用机器学习技术，提供个性化的语言学习体验。该系统通过分析学生的学习进度和错误模式，动态调整推荐的学习内容，以确保内容与学生的学习需求相匹配。同时，系统根据学生的答题表现自动调整题目的难度，确保学习过程既具有挑战性又不过于困难。此外，Duolingo还可以利用语音识别技术，实时分析学生的发音并提供改进建议，以帮助学生提升发音准确性。这些机器学习应用使得每个用户能够按照最适合自己的节奏进行语言学习，如图12.6所示。

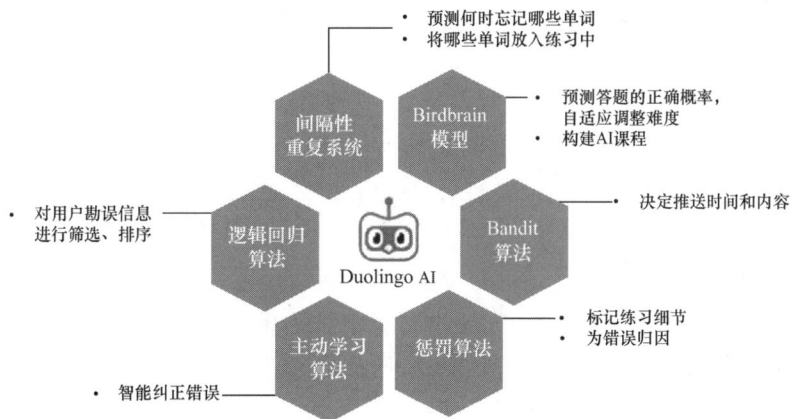

图12.6　Duolingo的AI技术

2. 大模型

大模型（如GPT、BERT等）以其强大的语言理解和生成能力，在教育领域展现出广阔的应用前景。它不仅能生成高质量的文本，还能模拟人类的逻辑思维和知识推理，为教育带来了全新的可能性。

智能答疑助手：学生在学习过程中遇到问题，可以输入自然语言提问，大模型能够提供详细、精准的解答，甚至可以模拟教师的教学风格。

个性化写作辅导：大模型可以为学生的作文提供语法、结构和风格上的改进建议，帮助其提升写作能力。

多语言支持：大模型支持多种语言的学习，包括实时翻译、语法解析和对话练习，为学生提供多语言学习环境。

教师辅助工具：教师可以利用大模型快速生成高质量的课程内容、测验题和教学方案，大大减轻备课负担。

3. 自然语言处理

自然语言处理（NLP）技术赋予计算机理解和生成人类语言的能力，在教育中实现了更自然的交互和更高效的教学支持。

语言学习与语音交互：NLP技术支持语音识别和生成，学生可以与学习系统进行语音对话练习，并获得即时反馈，改善发音和语法。

自动化评分与反馈：作文、简答题等主观题型的批改耗时长，而NLP技术可以自动评估学生的答案，从语法、逻辑和内容多个维度提供评分和反馈，如图12.7所示。

智能问答系统：学生提问后，NLP技术能够快速理解问题并提供精准答案，辅助其自主学习。

内容推荐与知识总结：根据学生的学习记录和需求，NLP技术能够推荐相关的学习资源，同时对长篇文章进行自动摘要，帮助学生快速获取关键信息。

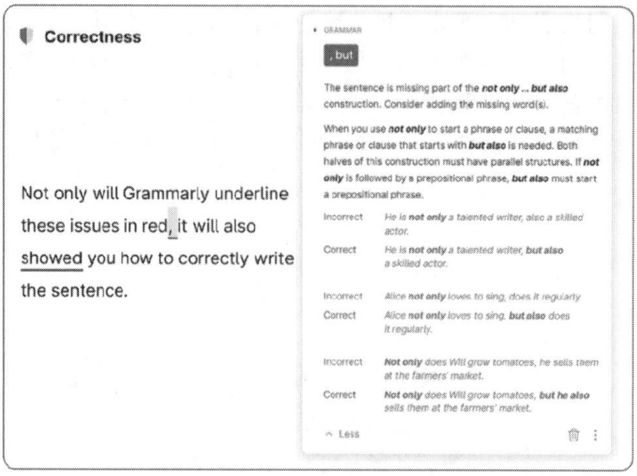

图 12.7　Grammarly 利用 NLP 实时纠正语法错误并优化句子结构

4. 计算机视觉

计算机视觉技术使得计算机能够"看懂"图像和视频，在教育中具有广泛的应用价值，尤其在课堂管理、实验辅助和无障碍教育等方面。图 12.8 所示为用于课堂管理的 AI 课堂专注度分析系统。

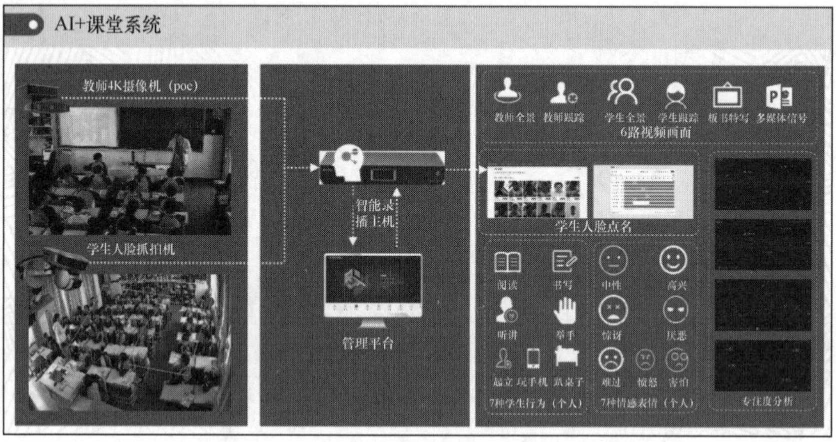

图 12.8　AI 课堂专注度分析系统

智能课堂管理：通过摄像头捕捉学生的面部表情和肢体语言，计算机视觉可以实时分析学生的专注度和参与度，为教师提供课堂动态报告。

手写作业批改：计算机视觉能够识别手写文字，自动批改数学题、作文等作业，提高教师的工作效率。

虚拟实验与 AR（增强现实）学习：在资源有限的情况下，计算机视觉结合增强现实技术，为学生提供虚拟实验环境，使其可以安全、直观地进行化学实验、生物解剖等学习活动。

辅助特殊教育：计算机视觉可以为听障学生提供手语翻译功能，为视障学生提供视觉描述功能，帮助他们更好地参与学习。

▶▶▶ 12.2.2　虚拟现实与增强现实

虚拟现实（Virtual Reality，VR）是一种通过计算机技术生成高度拟真的数字化环境，允许用户通过 VR 设备与数字化环境互动，从而带来沉浸式体验的技术。VR 技术包括计算机、电子信息、仿真技术，其基本实现方式以计算机技术为主，结合三维图形技术、多媒体技术、仿真技术、显示技术、伺服技术等多种技术。VR 的三个基本特征是沉浸（Immersion）、交互（Interaction）和构想（Imagination）。VR 技术旨在满足人的需求，让用户在虚拟世界中体验到身临其境的感觉，如在火星或其他环境中。

增强现实（Augmented Reality，AR）在 VR 的基础上叠加环境感知、高精度定位、光学成像等技术，实现虚拟信息与真实环境在同一时空画面下的动态实时共存，为用户带来"身在现实又超越现实"的新体验。如图 12.9 所示，AR 技术是将真实世界信息和虚拟世界信息内容综合在一起的技术，能够体现出真实世界的内容，同时显示虚拟世界内容，两者相互补充和叠加。AR 的应用领域包括教育、维修、健康医疗等。

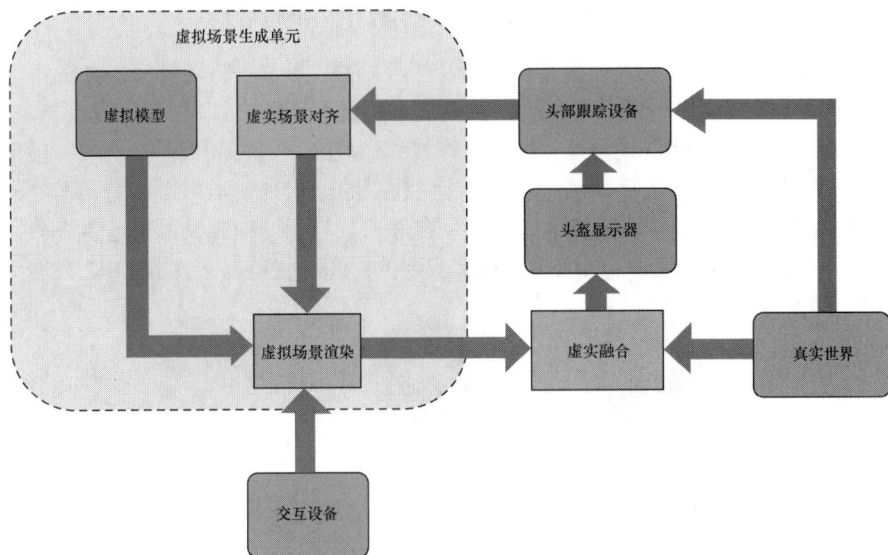

图 12.9　AR 技术原理与系统结构

VR 设备通常包括位置追踪器、数据手套、动作捕捉系统、数据头盔等，而 AR 设备则包括 3D 摄像头，智能手机等带摄像头的产品也可以进行 AR 体验。技术上，VR 核心是计算机图形学技术的发挥，对 GPU 性能要求较高。VR 相关技术包括视野的扩大、头部转动的感应和图像立体感的生成。VR 设备通过凸透镜扩大人眼视觉范围，陀螺仪感知用户头部转动，以及为用户双眼分别显示不同图像来产生立体视觉效果。

AR 则强调复原人类的视觉功能，应用了较多的计算机视觉技术，重视 CPU 的处理能力。应用场景上，VR 因其沉浸感和私密性，在游戏、娱乐以及教育社交等领域有优势，而 AR 则更偏向于与现实交互，适用于生活、工作、生产等领域。AR 系统结构由虚拟场景生成单元、透射式头盔显示器、头部跟踪设备和交互设备构成。VR 系统结构主要由虚拟场景生成单元、用户视觉跟踪单元、虚实融合处理单元和交互设备单元构成。

虚拟现实与增强现实的基本概念解释了这两种技术如何通过模拟和增强现实环境为用户带来沉浸式的体验。AR 技术通过在现实世界中增加虚拟信息，增强用户的感知和交互，而 VR 技术则通过创建一个完全虚拟的环境，使用户能够体验到仿佛身临其境的数字化世界。这些技术能够提供更加直观和互动的学习体验，帮助学生更好地理解和掌握复杂的概念和技能，还能够激发学生的学习兴趣，提高他们的参与度和学习动力，从而提高教育效果。立体化虚拟现实教育应用解决方案如图 12.10 所示。

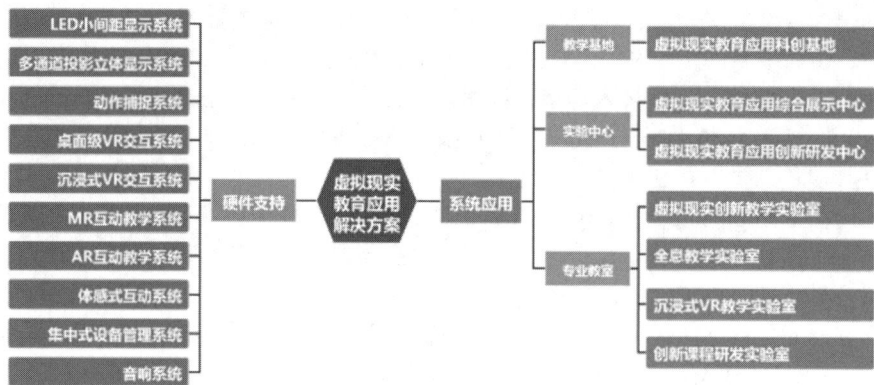

图 12.10　立体化虚拟现实教育应用解决方案

　　虚拟现实与增强现实技术在教育中的四个主要特征：首先，它能够将抽象的学习内容可视化和形象化，通过 3D 模型增强学生对现实情境的视觉感知能力；其次，虚拟现实与增强现实技术支持泛在环境下的情景式学习，使得合作式和情境式学习得到增强；再次，虚拟现实与增强现实技术提升了学习者的存在感、直觉和专注度，通过沉浸式学习媒体增强学生的直觉和专注；最后，虚拟现实与增强现实技术允许使用自然方式与学习对象交互，与传统多媒体技术相比，提供了更加真实的体验感。AR/VR 教育应用的概念、优势与应用如图 12.11 所示。

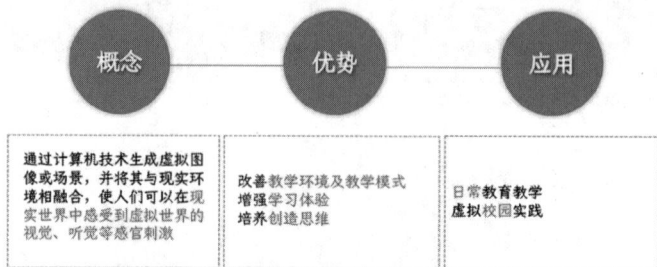

图 12.11　AR/VR 教育应用的概念、优势与应用

　　在把握教育元宇宙发展机遇的同时，也要充分利用其优势，迎接 AR 技术带来的挑战，以期取得更大的成就。AR 应用的本质不在于增加新的学习工具，而在于引入新的学习方式和学习文化。采用全面的创新人才培养模式，提供多元的教育资源，组织各种形式的学习活动，并实施智能化的学习评估，旨在帮助学生发掘自身潜力，实现其智力发展的目标，这是 AR 技术教育应用的重点。

▶▶▶ 12.2.3　智能化学习辅导：基于大模型的个性化教育

1. 大模型与智能辅导系统

　　大模型通过在海量数据上进行训练，具备了强大的语言理解与生成能力，在智能辅导中发挥着至关重要的作用。与传统的教学方式不同，大模型能够实现对学生学习过程的实时分析、动态调整，并根据个体差异提供个性化的辅导方案。这种基于大模型的智能辅导不仅可以提高学习的效率，还可以为学生提供更加个性化的学习体验。

2. 大模型驱动的个性化学习

（1）个性化学习计划

　　传统的教学方式通常采用固定的教材和课程安排，缺乏针对不同学生需求的灵活性。

而大模型能够通过分析学生的学习历史、答题情况和知识掌握度，自动生成与其能力和需求相匹配的学习内容和练习。这使得学生能够在适合自己水平和节奏的情况下进行学习，避免了"一刀切"的教学方式，让每个学生都能在最佳的学习环境中成长。

（2）实时互动与反馈

大模型智能辅导系统能够与学生进行实时互动，为学生提供即时的解答和反馈。无论学生提出什么问题，大模型都能在短时间内生成准确、清晰的回答，甚至可以根据学生的疑问深入剖析问题。

（3）自动批改作业与评估

大模型智能辅导系统具备强大的自动化批改能力，能够迅速评估学生的作业并给出详细反馈。这项技术不仅能处理选择题，还能处理主观性较强的开放性问题，如作文、简答题等。系统通过自然语言处理和深度学习，理解学生的作答内容，识别出其中的错误或不足，并提供改正建议。

（4）动态调整学习内容

大模型智能辅导系统能够根据学生的学习状态和表现进行实时监控，动态调整学习内容和难度。例如，如果学生对某个知识点掌握不牢，系统会自动推荐更多的相关练习或复习材料；如果学生在某一模块表现突出，系统则会推送更具挑战性的内容。

3．大模型智能辅导的优势

（1）提升学习效率

大模型智能辅导能让学生以更加个性化的方式进行学习，不仅能减少不必要的重复练习，还能在短时间内集中精力攻克难点。这种高效的学习模式能够帮助学生在较短时间内达到更高的学习成果。

（2）实现教育公平

大模型智能辅导系统打破了传统教育中因师资、资源等限制而产生的差距。无论是在偏远地区还是在教育资源较少的地方，学生都能通过智能辅导系统获得与其他地区学生相等的学习机会。这种智能化辅导的普及，有助于实现更公平、更高效的教育资源分配。

（3）提高教学质量

对于教师来说，大模型智能辅导系统不仅是辅导学生的好帮手，还能帮助教师更好地了解每个学生的学习状态，提供更具针对性的教学支持。通过自动批改作业和生成学生学习报告，教师可以轻松掌握学生的学习进度和情况，从而更有针对性地进行课堂管理和教学调整。

4．大模型智能辅导的未来前景

随着大模型技术的不断演进，智能辅导系统的能力将不断增强。未来，除了更精确的个性化学习推荐外，系统还能够结合情感计算、学习行为分析等更复杂的算法，全面了解学生的心理和情感需求，提供更加全方位的支持。此外，随着计算能力和数据存储的提升，大模型将支持更加复杂的跨学科教学，为学生提供跨领域的综合性辅导，进一步推动教育的智能化和个性化发展。

个性化教育

12.3 个性化教育

随着人工智能技术的飞速发展，教育领域正经历着一场前所未有的变革。

传统课堂与人工智能课堂对比如图 12.12 所示。传统教育模式往往采用“一刀切”的教学方法，难以兼顾每位学生的个体差异和学习需求。人工智能课堂的出现，为教育者提供了一种全新的工具，能够深入分析学生的学习行为、能力水平及兴趣偏好，从而制订更加个性化的教学方案。

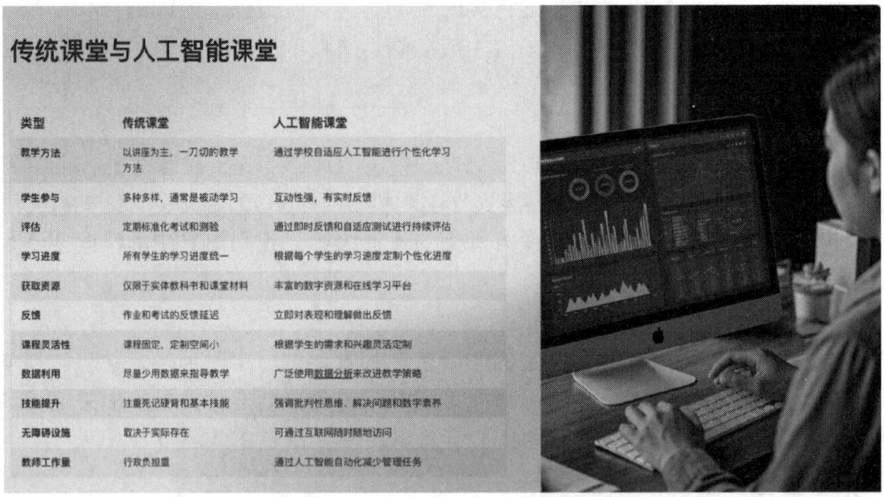

类型	传统课堂	人工智能课堂
教学方法	以讲座为主，一刀切的教学方法	通过学校自适应人工智能进行个性化学习
学生参与	多种多样，通常是被动学习	互动性强，有实时反馈
评估	定期标准化考试和测验	通过即时反馈和自适应测试进行持续评估
学习进度	所有学生的学习进度统一	根据每个学生的学习速度定制个性化进度
获取资源	仅限于实体教科书和课堂材料	丰富的数字资源和在线学习平台
反馈	作业和考试的反馈延迟	立即对表现和理解做出反馈
课程灵活性	课程固定，定制空间小	根据学生的需求和兴趣灵活定制
数据利用	尽量少用数据来指导教学	广泛使用数据分析来改进教学策略
技能提升	注重死记硬背和基本技能	强调批判性思维、解决问题和数字素养
无障碍设施	取决于实际存在	可通过互联网随时随地访问
教师工作量	行政负担重	通过人工智能自动化减少管理任务

图 12.12　传统课堂与人工智能课堂对比

12.3.1　实现方式

为了实现智能教育中的个性化教育，AI 首先通过智能评估系统，对学生的学习能力、基础知识掌握程度进行全面诊断。这一过程可能包括在线测试、作业分析、课堂互动等多维度的数据收集。基于这些数据，AI 就能够准确识别学生的强项与弱项，为后续的学习路径规划提供科学依据。

在完成智能评估后，AI 会根据学生的具体情况，自动调整课程内容、难度及教学方式，生成个性化的学习方案。例如，对于基础薄弱的学生，AI 会推荐更多偏向基础巩固的练习；而对于能力较强的学生，则会提供更具挑战性的进阶内容。此外，AI 还能根据学生的兴趣偏好，推荐相关的学习资源和活动，激发学生的学习兴趣和动力。

此外，个性化教学并非一成不变。AI 系统会持续监测学生的学习情况，包括学习进度、成绩变化及学习态度等，并根据这些反馈动态调整学习方案。当发现学生在学习某一知识点上遇到困难时，AI 会及时推送相应的辅导资料或视频讲解；当学生表现出色时，则会给予鼓励并提供更高层次的学习挑战。这种动态调整机制确保了学习路径始终与学生的实际需求和能力相匹配。

12.3.2　应用场景

（1）智能辅导系统：如图 12.13 所示，智能辅导系统（Intelligent Tutoring System，ITS）包括三个模块，即领域知识模块、教育策略模块和学习者模型。领域知识模块负责提供学科内容，教育策略模块负责选取最适合的教学方法，学习者模型负责评估和适应学习者的当前理解水平和需要。这些模块协同工作，确保智能辅导系统为所有学习者提供真正个性化且具有适应性的学习环境。通过机器学习算法分析学生的学习数据，提供个性化的辅导建议和练习题。例如，智能辅导系统可以通过分析学生在做作业时的表现，及时调整练习题的难度和内容，帮助学生在适当的难度下进行练习。

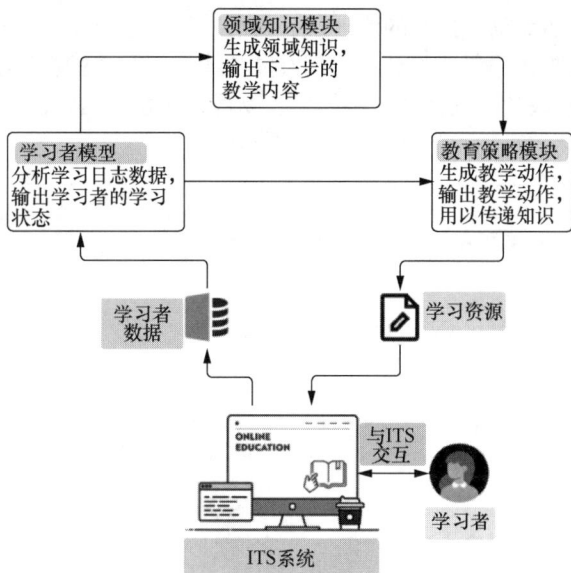

图 12.13　智能辅导系统

（2）自适应学习平台：这些平台使用 AI 来追踪学生的学习进度，实时调整学习材料的内容和难度。例如，智能平台会根据学生在数学、语文或其他学科中的掌握情况，自动推荐适合的学习资源。

（3）实时评估与反馈系统：AI 技术使得学生可以在学习过程中得到及时的反馈，帮助他们更好地理解自己的学习"瓶颈"，并找到解决问题的方法。这样的系统不仅有助于学生提高学习效率，而且为教师提供了数据支持，帮助其调整教学策略。

▶▶▶ 12.3.3　案例介绍

当大多数人提及自适应学习时，大家心中所考虑的往往是差异化学习应用，即评估学生在某个时间点的表现，并以此来确定学生从这时候起的教学内容或对学习材料的接受水平。

在这方面，Knewton 就是一个典型案例。如图 12.14 所示，Knewton 是美国一款在多所学校广泛应用的智能辅导软件，通过收集和分析学生的在线学习行为，如阅读时间、答题速度和正确率，以及学生对不同教学资源的偏好，来构建个性化的学习路径。Knewton 作为自适应学习系统的代表，其典型特征就是为不同的学习者用户提供不同的学习支持服务，即实现系统对学习者学习的自适应服务。据 Knewton 官方报告，使用该系统的学校中，学生的平均成绩提升了 15%～30%，尤其是在数学和科学科目中，成效尤为显著。

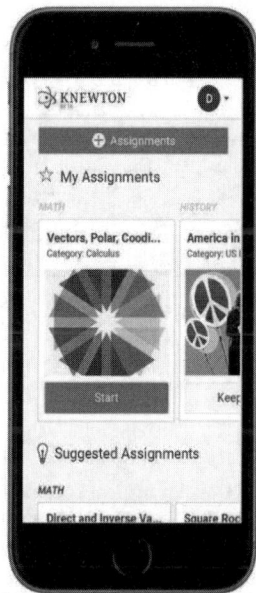

图 12.14　Kewton 应用软件界面

以纽约市的一所公立中学为例，该校自 2015 年起开始使用 Knewton 的智能辅导软件。最初，学校仅在数学和英语两个科目中试点，但很快便扩展到所有学科。通过 Knewton 系统，教师们发现，学生的学习参与度明显提高，特别是在解决复杂问题和批判性思维方面。经过一年的试验，该校学生的标准化测试成绩显著提升，其中数学成绩提高了 22%，英语成绩提高了 18%。

此外，Gauth 是由字节跳动公司的海外子公司研发的一款人工智能驱动的语言学习软件，旨在通过最前沿的 AI 技术提供个性化、自然互动的语言学习体验。其学科分类丰富且全面，如图 12.15 所示，包括数学、统计学、微积分、物理、化学、生物、经济学、文学、商务、写作、社会科学等，涵盖高中生的绝大部分的课程体系。

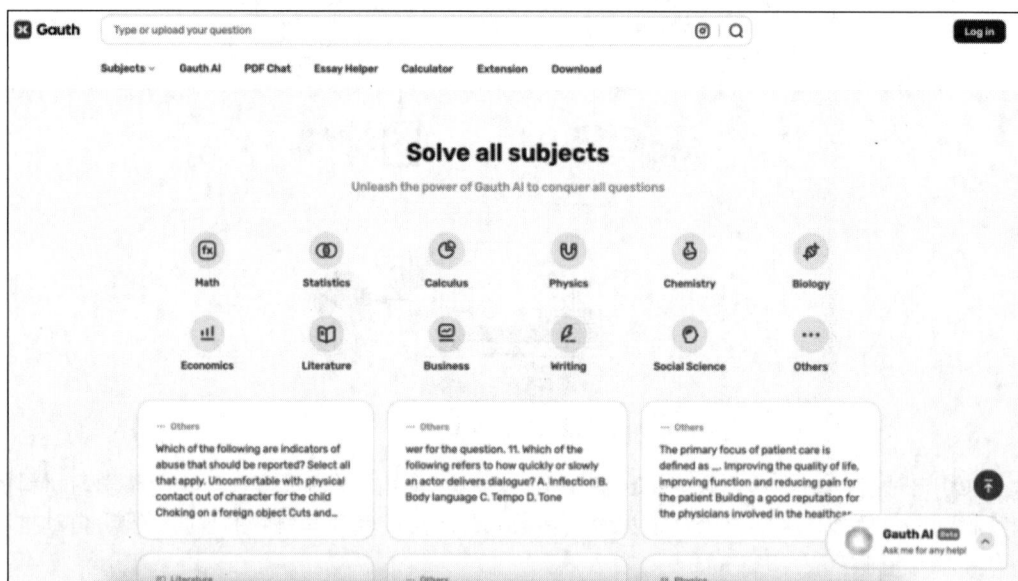

图 12.15　Gauth App 应用界面

Flint 是一个为学校打造的一体化 AI 平台，如图 12.16 所示，旨在为每个学生提供个性化学习体验。它使用 AI 帮助教师定制教学内容，以满足不同学生的学习需求。

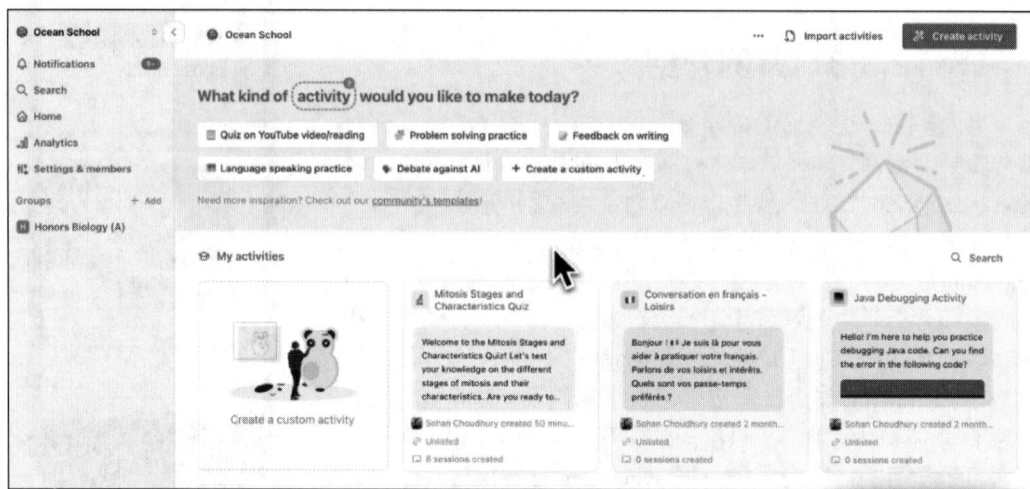

图 12.16　Flint AI 平台

Flint 的主要功能包括以下几种。

（1）个性化学习：如图 12.17 所示，AI 根据学生的水平和学习目标提供个性化的学习材料和反馈，并在学生遇到困难时提供帮助，而不会泄露答案。

（2）自动生成反馈：如图 12.18 所示，AI 可以自动生成学生的学习反馈，帮助教师了解学生的学习情况并提供后续的学习目标。

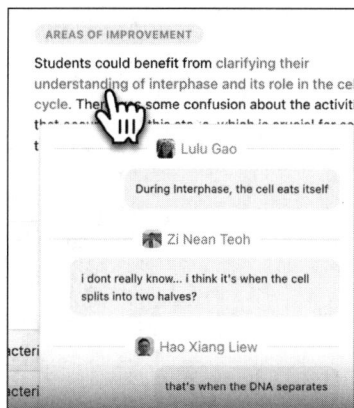

图 12.17　辅助学习问答

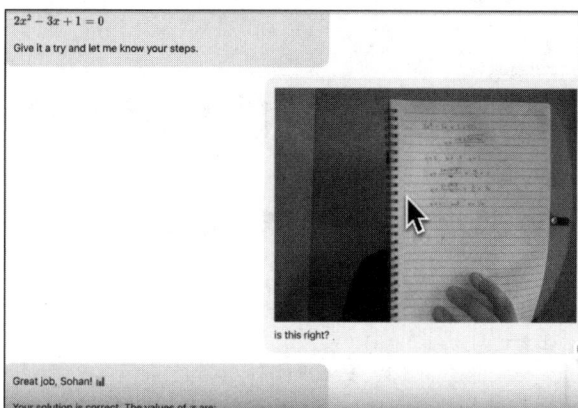

图 12.18　自动生成反馈

Flint 除了帮助学生学习外，还可以帮助教师节省时间和提高效率，例如，AI 可以帮助教师完成一些如批改作业、生成考试试卷、提问等重复性工作，如图 12.19 所示。此外，还可以帮助教师更有效地进行课堂教学，例如提供个性化的辅导和提供更有效的学习资源。Flint还能帮助教师更好地了解学生的学习情况，并根据学生的实际情况调整教学内容和方法。

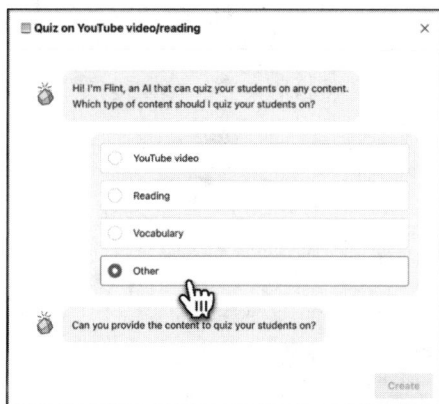

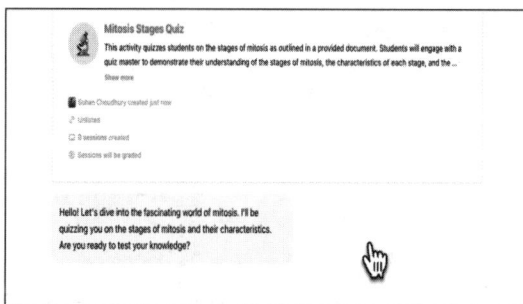

图 12.19　提问系统

作为一款基于 AI 技术的个性化学习平台，Flint 具备自主性、智能性、环境感知、目标导向、自适应性等 AI 智能体的核心特征。它能够自主执行任务，如为学生提供个性化反馈、调节学习难度，并根据学生的表现进行调整。

▶▶▶ 12.3.4　个性化学习优势

学校中的人工智能通过提供个性化学习来帮助学生。通过分析每个学生的强项和弱项数据，人工智能可以为每个学生定制学习计划。这意味着每个学生都能得到充分发挥潜能所需的支持和指导。

教师面临的最大挑战之一就是确保学生在课堂上的参与度和积极性。要抓住并保持他们的注意力是很困难的，尤其是在面对人数较多的班级时。然而，这正是人工智能的用武之地，它向我们展示了如何对教育进行改进。人工智能有能力为每个学生提供个性化学习方案，根据他们的需求和学习方式创造独特而有吸引力的体验。通过使用机器学习算法，人工智能可以收集每个学生的成绩和喜好信息，并为他们定制课程。

随着技术的不断进步，我们可以期待人工智能在学校应用中更多令人兴奋的可能性。

12.4 基于 AI 的教育平台

>>> 12.4.1 教育服务优化

1. AI 辅助教师教学

（1）智能备课

在教学准备阶段，豆包、通义千问、腾讯元宝、ChatGPT 和 Claude 等工具成为了教师们的得力助手。ChatGPT 和 Claude 作为强大的语言模型，能够根据教师输入的课程主题和要求，快速生成课程大纲、教学设计和教案。例如，教师在准备历史课"文艺复兴"时，输入相关要求，AI 便能提供包含时代背景、代表人物、重要作品及影响等内容的教学方案。

（2）AI 辅助制作课件

AI 的一键生成 PPT 功能为教师制作课件带来了极大的便利。教师只需输入课程主题和关键点，AI 就能自动生成包含精美图表、动画效果的 PPT 课件。例如，若一位语文教师要准备"古诗词赏析"的课件，使用 AI 工具（如 Kimi）后，很快就得到了一个图文并茂、生动有趣的 PPT，其中包含诗词的背景介绍、编者生平、诗词赏析等内容，极大地提高了教学效果，如图 12.20 所示。

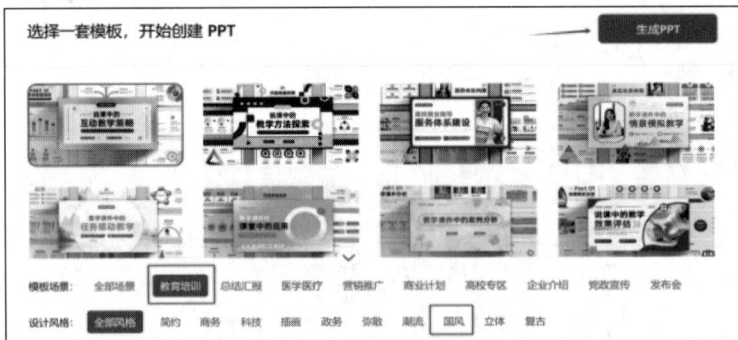

图 12.20　AI 帮助教师编写课件

（3）智能批改

如图 12.21 所示，智能批改解决方案，能够满足中英文作文批改、口算批改、拼音批改等多场景需求，助力教师批改减负、备课辅导提效，实现对学生的高质量个性化反馈，提高家长和学生满意度。比如，在批改学生作文时，智能批改系统不仅能快速指出语法错误和拼写问题，还能对文章结构和内容逻辑给出建议，为教师提供详细的评语，帮助教师更好地了解学生的写作水平和进步情况。智能批改系统利用科技赋能教育场景，集成人工智能、大数据等技术，助力教学和管理效率提升，支撑个性化学习发展，推动教育数字化转型。

（4）课堂管理

良好的课堂管理是教学成功的重要保障，而 AI 智能体在这方面也能发挥积极作用。AI 智能体可以协助教师监控学生的参与度和行为。通过分析学生的面部表情和肢体语言，AI 智能体可以识别出哪些学生可能感到困惑或无聊。当发现有学生出现这些情况时，教师可以及时调整教学策略，如采用更加生动有趣的教学方法、增加互动环节或者进行个别辅导，以提高学生的学习积极性和参与度。此外，AI智能体还可以对课堂纪律进行监控，及时提醒教师注意那些可能违反纪律的学生，如图12.22所示。

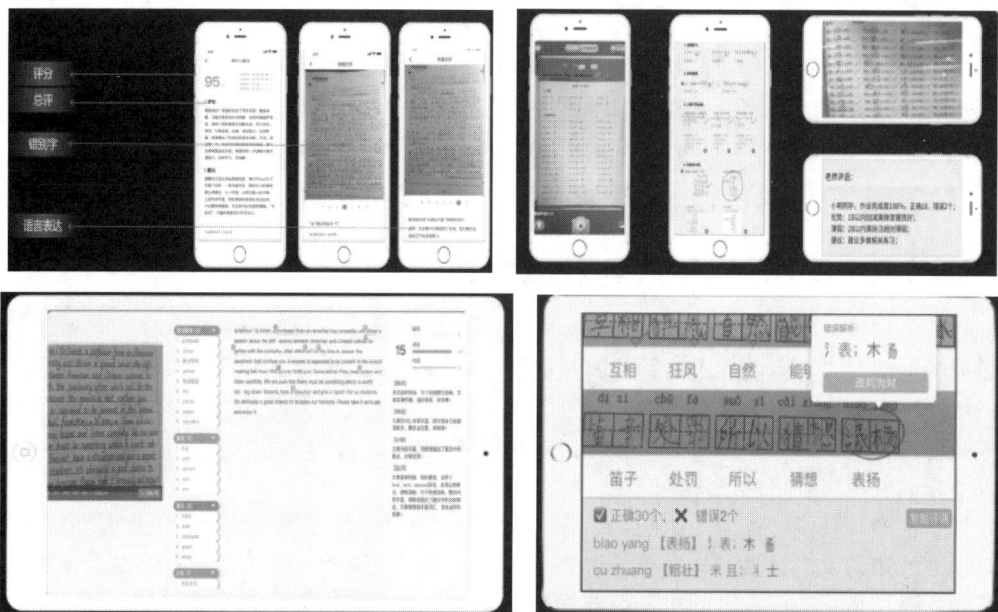

图 12.21　智能批改的应用实例

图 12.22　AI 技术辅助课堂管理

2. AI 辅助学生自学

在传统的学习模式中，学生往往依赖于教师的指导和课堂教学。然而，随着 AI 智能体的出现，学生可以拥有自己的虚拟导师，获得学习支持，AI 智能体可以为他们推荐适合的学习资源和学习方法。无论何时何地，学生都可以向 AI 智能体提问，获取解释和示例。例如，在学习数学函数时，如果学生对某个概念感到困惑，可以向 AI 智能体请教，AI 智能体可以通过文字、图像或动画等形式为学生进行详细的讲解，帮助学生理解和掌握知识点。传统学习流程与 AI 辅助学习流程的对比如图12.23所示。

同时，学习进度的跟踪对于学生来说非常重要，可以帮助学生了解自己的学习情况，及时调整学习策略，设定学习目标，并监控学生朝着这些目标的进展。

最后，AI 智能体可以对学生的学习情况进行全面的分析，为学生提供个性化的学习建议。通过分析学生的学习历史、作业完成情况、测验成绩等数据，AI 智能体可以了解学生的学习习惯、优势和不足。

环节	传统学习流程	AI辅助学习流程
信息获取	书籍、文献	AI搜索、问答，提供实时信息和筛选
理解与提问	自主学习，依赖他人解答	即时互动，连续问答，提供智能解答
知识整合	手动总结，思维导图和笔记	AI归纳、生成结构化知识库
信念与方法生成	自我提炼，依赖个人经验	自动生成逻辑模型和方法论，实时反馈
应用与实践	实际生活中的验证，过程慢	AI模拟应用情境，虚拟练习，实时调整

图 12.23　传统学习流程与 AI 辅助学习流程的对比

12.4.2　知识生产与获取变革

随着信息技术的发展，在人类智能之外，人工智能相关技术逐渐崭露头角，表现出对人脑强大的延伸能力。当前，人工智能以数据训练的方式使机器能够学习人类社会的知识，智能机器能够完成许多过去只有人类才能胜任的工作。随着人工智能的进一步发展，人工智能生成内容（AIGC）作为一类新人工智能技术表现出"类人"思考与强大的生成新知识的能力，为人类知识生产方式带来了深刻变革。

知识生产与获取过程如图 12.24 所示。互联网创造了信息空间，使得人们能够随时随地、平等地进行知识生产、共享与连接，改变了知识的生产与传播方式。基于社会交互的人类群集智能涌现和基于关联挖掘的机器智能涌现，两者呈现出人机融合的发展趋势。

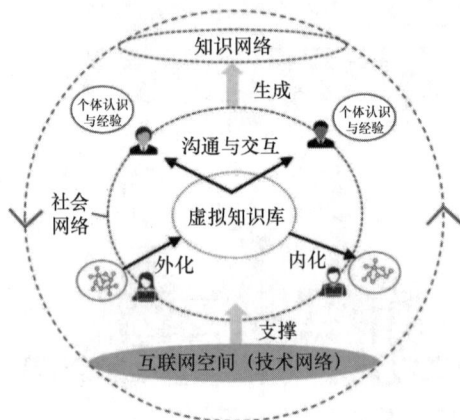

图 12.24　知识生产与获取过程

知识生产是一个主体与客体相互作用的过程。传统上，人是知识生产的主体，但 AIGC 技术的出现使得智能机器也能成为"准主体"，模拟人脑认知功能，生成新知识。智能机器通过大数据分析和计算能力，在知识生产中展现出超越人类的能力，与人共同组成新的知识生产主体，提高效率，降低成本。AIGC 还扩展了知识生产的认知领域，使机器生成的内容成为新的知识生产对象，更贴近需求，易于获取和拓展。此外，AIGC 推动了自动化、智能化的知识生产模式，帮助人类适应快速更新的知识周期，减少重复的脑力劳动，发挥智能机器的认知能力。随着技术进步，智能机器很有可能进化为独立的知识生产主体，开创知识生产的智能时代，以人为中心和以 AI 为中心的知识创造模式如图 12.25 所示。

AI 的发展经历了图灵测试、神经网络、机器学习和深度学习等阶段。从 1950 年图灵提出图灵测试到 2016 年 AlphaGo 击败李世石，AI 在复杂决策问题上取得了重大突破。生成式 AI 是 AI 的一个新分支，能够自动生成数据和内容，通过自我学习和演进生成高质量新知识。生成式 AI 的工作流程包括数据收集、预处理、模型训练、优化和内容生成五个步骤，能够模拟人类创造性思维，生成文本、图像、音频等。这种技术不仅降低了知识创造的复杂性和成本，还为知识生成提供了新方法和路径。

	以人为中心的知识创造模式	以AI为中心的知识创造模式
知识创造范式	由内而外的知识转化范式	由外而内的信息处理范式
知识创造主体	个体和团队	语料创造者、模型开发者、知识需求者
知识创造要素	个体的心智模式和认知加工能力、显性和隐性知识	大语料（以文本、音频、图像等形式存在的数据）、大算力和大模型（算法）
知识创造方式	以个体知识创造作为起始点，形成个体—团队—组织—组织间的集体知识创造	人与AI一对一互动的个性化知识共创过程
知识创造场所	物理空间（实体场）、虚拟空间（虚拟场）或精神空间（认知场）	数字空间

图 12.25　两种知识创造模式比较

生成式 AI 通过提升四个阶段——社会化、外显化、组合化和内隐化——来提高传统知识创造模式的效率和质量。在社会化阶段，AI 帮助个体共享和理解知识；在外显化阶段，AI 将隐性知识转换为显性知识；在组合化阶段，AI 整合不同知识形成新结构；在内隐化阶段，AI 提供个性化学习资源以提升个体技能，如图 12.26 所示。此外，存在一个人与 AI 双循环共创模式，其中人类创造的知识输入到 AI 模型中，AI 的智能输出又反馈给以人为中心的知识创造系统，形成一个持续的自循环和自演进的知识生产与获取过程。

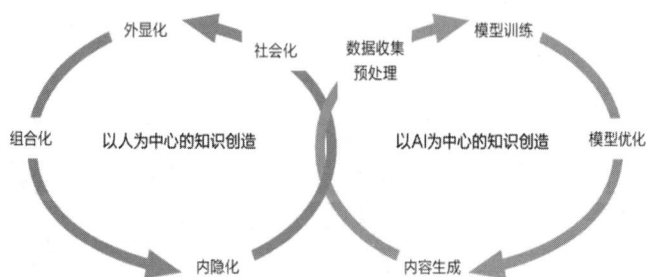

图 12.26　"人+AI"双环知识共创模式

人工智能的应用提高了知识生产的效率和质量，已经开始在各个领域展现其影响力。AI 不仅重塑了我们对知识的理解，还改变了知识生产的流程，这引发了对未来教育的深刻思考。教育作为知识传承的活动，需要适应社会对人才需求的提高，特别是在面对技术带来的社会转变时，教育必须及时、有效地做出回应。教育的"生存"问题是由巨大的社会变化引起的，AI 技术的应用已经在各个领域展开，其可能导致一些职业面临替代性危机，同时新的职业也在出现。教育作为人才培养的重地，必须回归本质，聚焦于人的全面发展，这是教育本质最集中、最鲜明的体现。在人工智能等技术带来的社会转变面前，教育的可持续性生存与发展必须坚守初心，聚焦于人的全面发展的培养目标。

▶▶▶12.4.3　教育大模型

1. 教育大模型的内涵与重要性

在智能教育蓬勃发展的浪潮中，教育大模型作为一项极具前瞻性和变革性的创新成果，正逐渐成为教育领域的核心驱动力。图 12.27 所示的架构中，教育大模型架构分为基础支撑、模型能力、智能体平台和场景应用四个层级。基础支撑是整个架构的基石，包括硬件设施、算法模型、行业通用数据以及教育专属数据训练集等，这些为上层结构提供了底层的硬件保障和数据支持。场景应用涵盖了多个场景应用专业能力（包括教育专有能力，还有 AI 引擎、公共基础构件）和模型评测等，用于支撑整个教育大模型的专业运作。

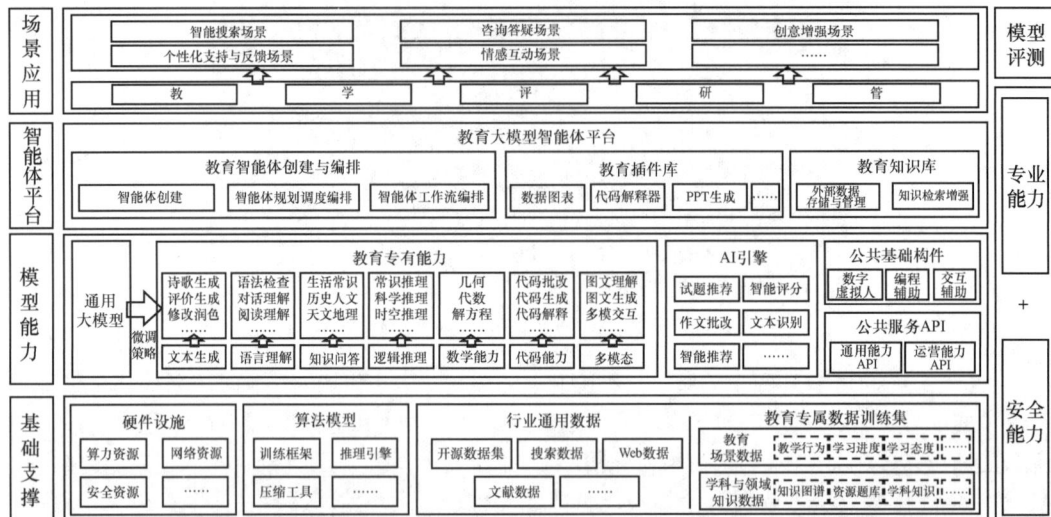

图 12.27　人工智能教育大模型体系架构

2. 数据与模型构建：基石与核心

图 12.28 所示为教育大模型构建架构。在教育大模型的构建过程中，数据与模型的处理是核心关键，这涉及从数据的采集汇聚到预处理，再到模型的训练与优化等多个步骤。

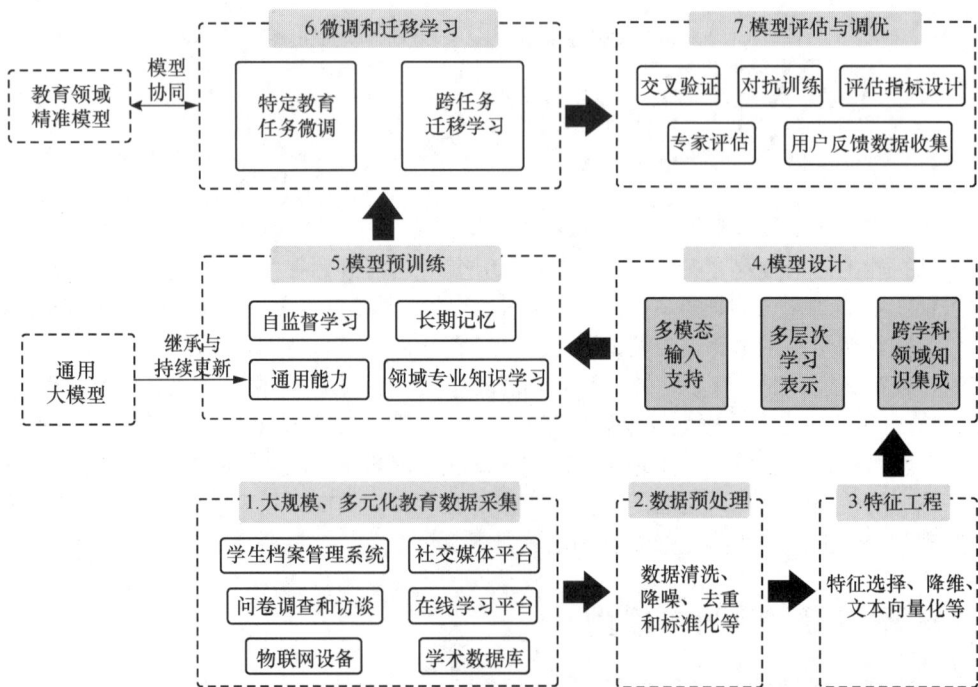

图 12.28　教育大模型构建架构

（1）数据汇聚：构建知识宝库

教育大模型的数据来源广泛多样，提供了丰富的信息基础。学生学习数据是关键部分，其中在线学习平台记录的学习时长、课程访问顺序、作业完成质量等学习行为信息，如同学生学习历程的轨迹，清晰呈现其学习习惯与知识掌握程度。智能学习工具收集的学生对知识点的点击频率、提问内容等交互数据，反映了学生学习中的思考重点与困惑之处。各类考试成绩数据则直观体现了学生对知识的掌握水平。教师教学数据同样不可或缺。学校教学管理系统存储的教学计划、教案、课堂教学视频及教学评价等，为分析教学方法与效果提供了充足的素材。

（2）数据预处理：优化数据质量

原始数据存在诸多问题，需精心预处理。数据清洗作为首要步骤，可以去除噪声、错误和重复信息。例如，纠正学生学习记录中的异常数据，核实教师教学数据中教学评价的真实性与录入准确性，确保数据准确、可靠。数据标注针对无结构化数据，如对教学视频的教学环节标注导入、讲解、练习等阶段，对学生提问文本标注知识点，以帮助模型理解处理。数据归一化也至关重要，将不同来源和格式的数据统一尺度。例如，按合理权重对学生平时作业、测验、考试成绩进行归一化，综合评估学习情况。

（3）模型训练与优化：铸就智能引擎

教育大模型训练基于先进算法架构，常采用 Transformer 架构，其自注意力机制能够有效处理教育数据中的长序列信息，如学生学习轨迹和教师教学过程。训练中依据教育特点优化算法，融入教育知识约束或先验知识，提升模型对教育数据的理解处理能力。

模型训练分预训练和微调阶段。预训练阶段，模型在大规模教育数据上进行无监督学习，挖掘通用教育知识与语言模式，如通过海量教材、文献和课程资料学习掌握学科知识结构、概念关系及表达方式。微调阶段则依据具体教育应用场景，利用针对小规模数据进行优化，如数学教学辅助场景中用数学课程相关数据微调，使模型适应数学教学与学习特点，解决学生数学学习问题。

为提升模型性能，采用多种优化策略。基于反馈的优化：收集用户反馈，如教师和学生对教学建议、学习计划的评价和体验，依此调整模型，满足教育需求。持续学习与更新也不可或缺，教育领域发展带来新政策、方法和技术时，模型及时纳入新信息，保持时效性与适应性。

3. 广泛应用场景：赋能教育全流程

（1）个性化学习支持：助力学生成长

教育大模型在个性化学习支持方面具有强大功能，图 12.29 所示为 2020—2027 年中国消费级教育智能硬件市场规模及 AI 贡献率。从个性化学习支持的角度来看，教育大模型会根据每个学生的独特学习数据和知识掌握情况来设计专属的学习路径。例如，对于在语文学习中阅读理解能力较强但写作能力有待提高的学生，模型会规划先夯实写作基础，再提升写作技巧的个性化学习路径。

教育大模型可以依据学生的学习进度和兴趣偏好精准推送合适的学习内容。例如，对于对历史文化感兴趣的学生，推荐相关的历史纪录片、深度解读文章和互动式历史学习游戏等，激发学生的学习兴趣，拓宽知识视野。不同企业的 AI 大模型和教育硬件产品在教育大模型的个性化学习支持功能方面起到了重要的支撑作用，能够满足学生的多样化学习需求。

（2）教师教学辅助：提升教学质量

对于教师而言，教育大模型是得力的教学助手。在教学方法推荐方面，它根据教学内容和学生特点，为教师提供科学、合理的教学方法建议。例如，在教授物理实验课程时，如果学生的动手能力参差不齐，模型会建议教师采用分组教学、分层指导的方法，让基础较好的学生进行自主探究实验，对基础较弱的学生进行更细致的操作示范和辅导，提高教学效果。

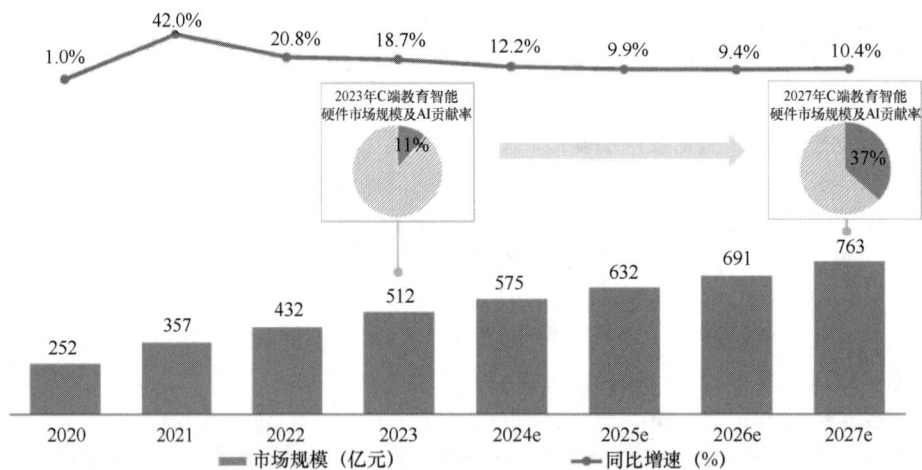

1.0%　42.0%　20.8%　18.7%　12.2%　9.9%　9.4%　10.4%

2023年C端教育智能硬件市场规模及AI贡献率　11%

2027年C端教育智能硬件市场规模及AI贡献率　37%

252　357　432　512　575　632　691　763

2020　2021　2022　2023　2024e　2025e　2026e　2027e

市场规模（亿元）　同比增速（%）

图 12.29　2020—2027 年中国消费级教育智能硬件市场规模及 AI 贡献率

在教学效果评估方面，模型能够综合分析学生的学习数据和课堂表现，为教师提供全面客观的教学效果评估报告。报告不仅包括学生的知识掌握情况、学习态度变化等信息，还能深入分析教学过程中的优势和不足，并提出针对性的改进策略，帮助教师不断优化教学方法和策略。

（3）教育资源整合与推荐：优化教育资源配置

教育大模型在教育资源整合与推荐方面也发挥着重要作用。在教材与教辅推荐上，依据课程标准和教学目标，为学校和教师筛选推荐优质教材和教辅资料。例如，对于新开设的人工智能课程，模型会综合评估市场上众多教材和教辅的内容质量、适用性、更新频率等因素，推荐最符合教学需求的资源，确保教学内容的前沿性和实用性。

在在线课程推荐方面，教育大模型可以为学生和教师推荐高质量的在线课程资源。例如，为教师推荐教育教学方法创新的在线培训课程，帮助教师提升专业素养；为学生推荐拓展知识面、培养兴趣爱好的各类在线课程，如艺术鉴赏、编程入门等，满足学生多样化的学习需求。

2024 年 8 月 3 日，齐鲁工业大学（山东省科学院）正式发布教育垂直应用大模型——新工科教育大模型。该模型为全国高校首个新工科教育大模型，由该校与智慧树网共同研发，为师生提供智能化教育教学一站式服务。

新工科教育大模型架构如图 12.30 所示。该大模型构建了全面而独特的新工科自主知识体系，涵盖该校所有二级学院、各专业、全量课程以及课程下的所有教学内容和知识点；紧密结合行业需求和科技发展趋势，明确新工科专业人才培养目标，精心设计课程体系，从基础理论课程到专业实践课程，从通识教育课程到前沿拓展课程，形成层次分明、内容丰富的课程架构；在课程之下，大模型对教学内容和知识点进行了系统梳理和整合，注重知识的系统性、连贯性和前沿性。该大模型引入人工智能能力赋能教学场景，有效提升教师的数字素养，确保教师能够充分利用现代科技手段，优化教学方法，提升教学质量，从而更好地适应数字化时代的教育需求。

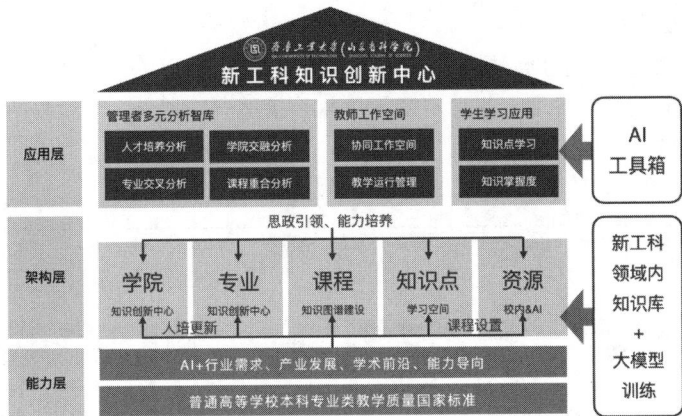

图 12.30　新工科教育大模型架构

12.5　推荐教育或学习资源网站

1. 豆包

答疑解惑是豆包（doubao）的强大功能之一。首先需要清晰地描述问题，包括问题的背景、已知条件和具体要求。例如，"一道数学题：已知三角形的两边长分别为 3 和 4，求第三边的取值范围。"其次可提供相关的知识点或公式，帮助豆包更好地理解问题。若遇到复杂的问题，也可以逐步分析，例如先提出一个简单的问题，然后根据回答逐步深入。

总之，学生可以利用豆包进行自主学习，获得个性化的学习支持，走出更开阔的自我教育之路。

2. CSDN 网站

中国软件开发者网络（Chinese Software Developer Network，CSDN）是一个成立于 1999 年的全球知名中文 IT 技术交流学习平台，旨在为中国软件开发者、IT 从业者及其他人员提供丰富的知识传播、在线学习、职业发展等全生命周期服务。CSDN 拥有庞大的用户群体，注册用户超过 3500 万，覆盖了 95%以上的 IT 相关用户，为 IT 从业者提供了一个全面的学习和发展平台，如图 12.31 所示。

图 12.31　CSDN 学习网站

3. 网易云课堂

网易云课堂（见图 12.32）是中国领先的在线教育平台之一，提供了广泛的学习资源，覆盖了从职业技能、语言学习、生活兴趣到学术研究等多个领域。这个平台上既有免费课程也有付费课程，适合不同需求的学习者。此外，网易云课堂还集合了国内外优质教育资源，包括 TED 演讲、国际名校公开课等，是自我提升的好去处。

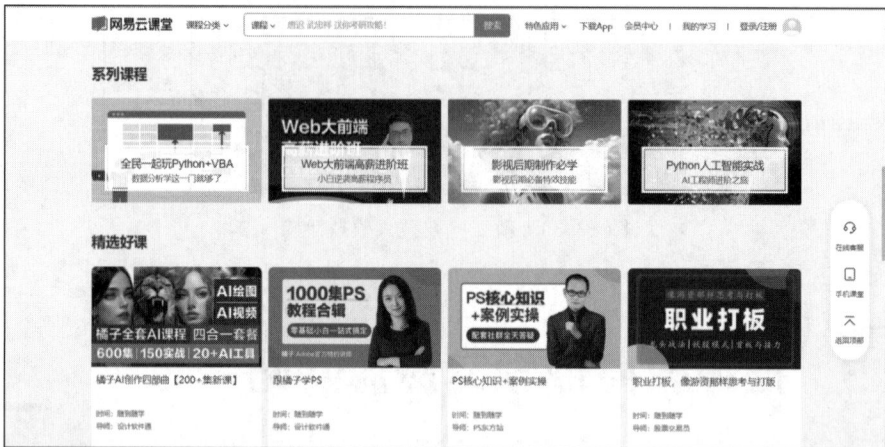

图 12.32　网易云课堂

网易云课堂不仅是一个提供大量在线课程的平台，更是一个集成了多种学习工具和服务的综合学习生态系统，旨在为用户提供一站式的在线学习解决方案。无论你是初学者还是进阶者，都能在这里找到适合自己的学习资源和路径。

4. 阿里云大学

阿里云大学秉持"助力数字化转型，培养云计算及相关领域人才"的理念，依托阿里云强大的云计算技术和丰富的行业经验，整合各类资源，为学习者、开发者以及企业提供多元化的学习与实践平台。它提供认证课免费学服务，涉及弹性计算、云原生、数据库、大数据、人工智能等多个领域，热门课程如"阿里云云计算工程师 ACA 认证免费课程""阿里云大数据工程师 ACA 认证""阿里云人工智能工程师 ACA 认证免费课程""阿里云云原生工程师 ACA 认证免费课程"等。阿里云课程学习界面如图 12.33 所示。

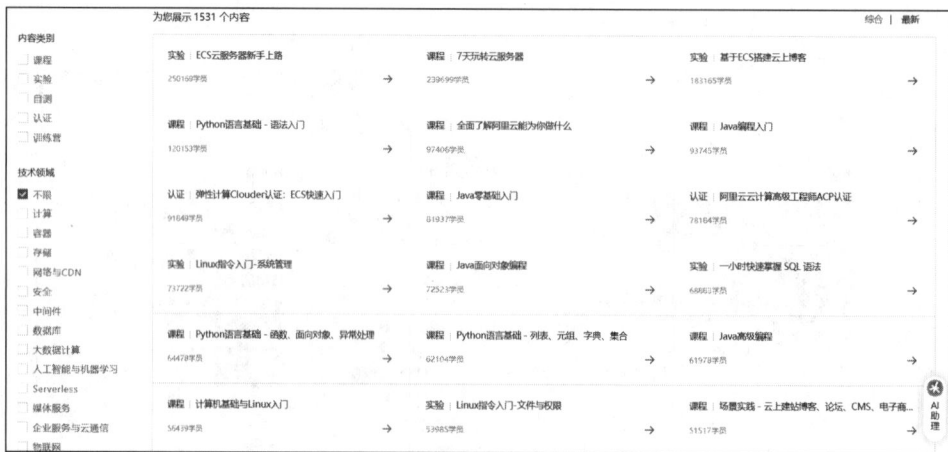

图 12.33　阿里云课程学习界面

5. FreeCodeCamp

FreeCodeCamp 是一个全球知名的免费编程学习平台，通过循序渐进的课程设计和真实项目实践，帮助学习者从零基础成长为具备专业技能的开发者。其课程涵盖了响应式网页设计、JavaScript 算法与数据结构、数据科学、机器学习等多个方向，并为学习者提供免费且权威的认证证书。同时，FreeCodeCamp 拥有一个活跃的全球社区，学习者可通过社区上的论坛和社群进行交流，获得及时的支持与丰富的学习资源。

近年来，FreeCodeCamp 积极融入人工智能技术，以优化学习者的学习体验。例如，平台利用 AI 提供智能化代码调试与优化建议，实时检测语法错误并解释解决方案；通过分析学习者的学习进度和薄弱环节，推荐个性化的学习路径；在项目实践中，AI 自动评估代码质量并提出改进意见。此外，平台还集成了 AI 辅助工具，学习者能够以自然语言提问，获取即时的技术解答与代码示例，甚至通过 AI 技术生成代码模板，从而大幅提升学习效率与开发能力。

6. 慕课

慕课，全称"大规模、开放式在线课程"（Massive Open Online Courses，MOOC），是近年来随着互联网技术的飞速发展而兴起的一种新兴学习方式。慕课课程内容涵盖了从基础教育到高等教育的各个学科领域，包括计算机科学、数学、物理、文学、历史等。它以连通主义理论和网络化学习的开放教育学为基础，旨在打破传统教育的时空限制，拓宽学习的边界。中国大学 MOOC 界面如图 12.34 所示。

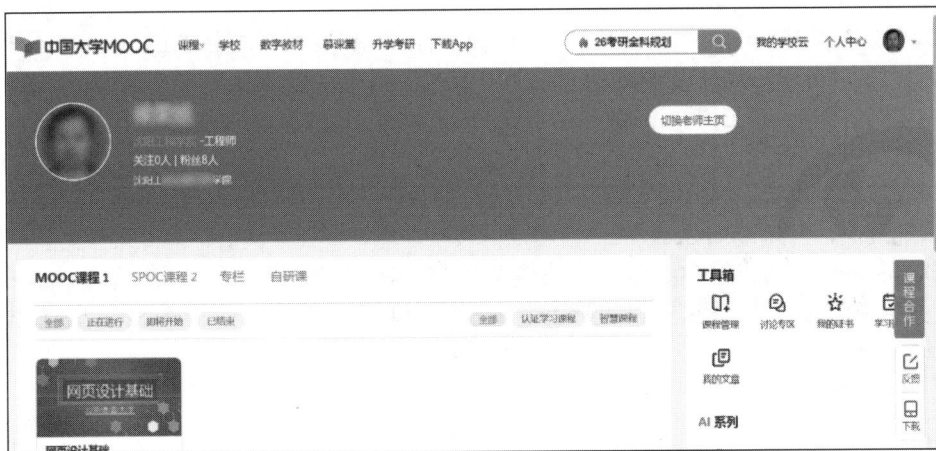

图 12.34　中国大学 MOOC 界面

慕课打破了传统教育的时空限制，使得教育更加普及和公平。无论身处何地、经济条件如何，只要有网络连接，任何人都能获取到优质的教育资源。通过慕课平台，不同高校和教育机构可以共享课程资源和教学经验，提高教育质量和效率。

7. 知乎

知乎是一个集问答、分享和交流于一体的中文互联网社区，它允许用户提出问题并由其他用户基于个人知识或经验提供答案。这个平台覆盖了从科技、文化到教育、商业等多个领域，形成了一个内容丰富多彩的知识库。知乎鼓励用户之间的互动，用户可以通过评论、点赞、收藏和分享来参与讨论，从而提升社区的活跃度。许多行业专家和意见领袖也活跃在知乎上，分享他们的见解和专业知识，使得这个平台成为了获取深度信息的重要渠道。知乎对内容质量有着严格的要求，用户可以通过编辑和举报机制来共同维护内容的高标准。

8. DeepSeek

DeepSeek（深度求索）是国内科技公司开发的先进大语言模型，以开源、低成本和高性能著称，其主界面如图 12.35 所示。其核心目标是通过技术创新降低 AI 的使用门槛，赋能教育、科研与日常生活。自发布以来，DeepSeek 在自然语言处理、数学运算、代码编写等任务中表现卓越，能够比肩国际顶尖模型如 OpenAI 的 GPT 系列，同时训练成本仅为同类模型的 1/10。

图 12.35　DeepSeek 主界面

DeepSeek 的核心优势体现在其开源、免费、高性能与多领域适用性上。作为中国领先的大语言模型，DeepSeek 采用 MIT 开源协议，支持免费商用与二次开发，显著降低了学生使用 AI 技术的门槛。其应用程序编程接口（API）成本极低（输入每百万 token 仅 0.55 美元），适合预算有限的用户。在技术层面，DeepSeek 在数学运算、代码编写、多模态任务（如文生图）等领域表现卓越，部分版本能够在数学竞赛和编程测试中超越国际顶尖模型。此外，模型迭代速度快，例如 DeepSeek V2.5 新增联网搜索功能，增强了实时信息处理能力。

DeepSeek V3 在推理速度上相较历史模型有了大幅提升。在大模型主流榜单中，DeepSeek V3 在开源模型方向位列榜首，与世界上最先进的闭源模型不分伯仲。DeepSeek V3 综合能力如图 12.36 所示。

Benchmark (Metric)		DeepSeek V3	DeepSeek V2.5 0905	Qwen2.5 72B-Inst	Llama3.1 405B-Inst	Claude-3.5 Sonnet-1022	GPT-4o 0513
	Architecture	MoE	MoE	Dense	Dense	-	-
	# Activated Params	37B	21B	72B	405B	-	-
	# Total Params	671B	236B	72B	405B	-	-
	MMLU (EM)	88.5	80.6	85.3	**88.6**	88.3	87.2
	MMLU-Redux (EM)	**89.1**	80.3	85.6	86.2	88.9	88.0
	MMLU-Pro (EM)	75.9	66.2	71.6	73.3	**78.0**	72.6
	DROP (3-shot F1)	**91.6**	87.8	76.7	88.7	88.3	83.7
English	IF-Eval (Prompt Strict)	86.1	80.6	84.1	86.0	**86.5**	84.3
	GPQA-Diamond (Pass@1)	59.1	41.3	49.0	51.1	**65.0**	49.9
	SimpleQA (Correct)	24.9	10.2	9.1	17.1	28.4	**38.2**
	FRAMES (Acc.)	73.3	65.4	69.8	70.0	72.5	**80.5**
	LongBench v2 (Acc.)	**48.7**	35.4	39.4	36.1	41.0	48.1

图 12.36　DeepSeek-V3 综合能力

DeepSeek 适用于学术研究、课程实践与日常生活三大场景。在学术研究方面，它可以辅助文献摘要生成、数学公式推导及代码优化，例如南京大学曾利用其筛选最优科研模型，缩短研究周期。在课程实践中，学生可以借助其编程辅助功能调试代码或生成算法思路，还可以利用其高效整理文献、撰写报告。在日常生活中，DeepSeek 可以解决如路线规划、设备故障排查等实际问题，还可以提供个性化健康管理建议。此外，职场技能提升（如 PPT 制作、数据分析）和跨学科创新也是其亮点。

本章小结

本章探讨了人工智能技术在教育领域的应用和影响。本章首先介绍了智能教育的基本概念，包括个性化学习、自动化评估和智能辅导系统。接着讨论了人工智能如何通过数据分析和机器学习算法来优化教学内容和方法，以适应不同学生的学习需求和风格。此外，本章还涉及智能教育工具如何辅助教师进行课堂管理、学生评估和学习进度跟踪。最后，本章给出了部分教育或者学习资源。通过本章的学习，读者将对智能教育的现状、潜力和未来发展有一个全面的了解。

习题

一、选择题

1. 智能教育的定义中，强调了在哪些方面的全流程应用？（　　）
    A. 教学、管理、资源建设
    B. 娱乐、管理、资源建设
    C. 教学、娱乐、资源建设
    D. 教学、管理、体育建设

2. 以下哪项不是智能教育迅速发展的关键因素？（　　）
    A. 人工智能、大数据、云计算等技术的快速发展
    B. 国家层面的高度重视和政策支持
    C. 教育改革的不断深入和人们对教育质量要求的降低
    D. 家长和学生对高效、便捷学习方式的需求增加

3. 智能教育通过哪种方式打破了时间和空间的限制？（　　）
    A. 传统教室
    B. 虚拟实验室
    C. 纸质教材
    D. 线下辅导

4. AR 技术相比 VR 技术，更侧重于哪个方面？（　　）
    A. 沉浸感和私密性
    B. 与现实交互
    C. 创建一个完全虚拟的环境
    D. 提供更加真实的体验感

二、解答题

1．简述智能教育的必要性。

2．描述一个智能教育中的自适应学习场景，并解释其背后的技术支持。

3．列举并解释智能教育中大模型的几个核心应用。

4．分析 AR 技术在教育中的四个主要特征，并给出具体的应用案例。

参考文献

[1] AHMED M, SERAJ R, ISLAM S M S. The k-means algorithm: A comprehensive survey and performance evaluation[J]. Electronics, 2020, 9(8): 1295.

[2] CUSACK N. M., P. D. VENKATRAMAN, et al. Smart Wearable Sensors for Health and Lifestyle Monitoring: Commercial and Emerging Solutions[J]. ECS Sensors Plus, 2024, 3: 017001.

[3] GOODFELLOW I, POUGET-ABADIE J, MIRZA M, et al. Generative adversarial networks[J]. Communications of the ACM, 2020, 63(11): 139-144.

[4] JIJ, QIU T, ZHANG B, et al. AI Alignment: A Comprehensive Survey[J]. ArXiv abs/2310. 19852 (2023): n. pag.

[5] Kuan Y, Hongkai W. The Application of Interactive Humanoid Robots in the History Education of Museums Under Artificial Intelligence[J]. International Journal of Humanoid Robotics, 2023, 20(6).

[6] KULKARNI, MADHUSUDAN B., SIVAKUMAR RAJAGOPAL, et al. Recent advances in smart wearable sensors for continuous human health monitoring[J]. Talanta, 2024 (272): 125817.

[7] MYERS, RAYMOND H., DOUGLAS C. Montgomery. A tutorial on generalized linear models[J]. Journal of Quality Technology, 1997, 29(3): 274-291.

[8] SHAFIQ M, GU Z. Deep residual learning for image recognition: A survey[J]. Applied Sciences, 2022, 12(18): 8972.

[9] YUTA S. Cooperative Behaviour of the Multiple Autonomous Mobile Robots[J]. Jrsj, 2010, 10(4): 433-438.

[10] 陈嘉俊, 刘波, 林伟伟, 等. 基于 Transformer 的时间序列预测方法综述[J/OL]. 计算机科学, 1-17[2024-12-01]. http://kns.cnki.net/kcms/detail/50.1075.TP.20241030.0909.002.html.

[11] 刘朝阳, 穆朝絮, 孙长银. 深度强化学习算法与应用研究现状综述[J]. 智能科学与技术学报, 2020, 2(4): 314-326.

[12] 刘健. 智慧博物馆发展中的数字人文建设：以上海博物馆的实践为例[J]. 数字人文研究, 2022, 2(3): 39-49.

[13] 刘磊. 基于多层条件随机场的短语音语义识别方法[D]. 中南民族大学, 2016.

[14] 南京博物院. 数字赋能：南京博物院数据可视化探索与实践[N]. 中国文物报, 2023-10-20 (12).

[15] 倪晨旭, 汤佳, 邵宝魁, 等. 智能穿戴设备与老年健康：来自智能手环的证据[J]. 人口学刊, 2023, 45 (6): 50-67.

[16] 童同, 肖阳, 马田瑶, 等. 基于 Stable Diffusion 的图像生成与多模态编辑智能体[J]. 通信世界, 2024, (13): 46-48.

[17] 张驰, 郭媛, 黎明. 人工神经网络模型发展及应用综述[J]. 计算机工程与应用, 2021,

57(11): 57-69.

    [18] 张翼英, 张茜, 张传雷. 人工智能导论[M]. 北京：中国水利水电出版社, 2021.

    [19] 郑凯, 王莴. 人工智能在图像生成领域的应用：以 Stable Diffusion 和 ERNIE-ViLG 为例[J].科技视界, 2022, (35): 50-54.

    [20] 封松林. 智慧博物馆案例[M]. 第 1 辑. 北京：文物出版社, 2017.